"十二五"国家重点图书出版规划项目

中国土系志

Soil Series of China

总主编　张甘霖

浙江卷
Zhejiang

麻万诸　章明奎　著

科学出版社

北　京

内 容 简 介

本书分上、下二篇。上篇简要介绍了浙江省土壤的成土环境、主要土壤形成过程、土壤分类研究的历史、主要土壤类型的诊断依据与标准以及土族和土系鉴定与划分的方法及土系记录的规范。下篇从各土系的高级分类单元归属、分布与环境条件、土系特征与变幅、对比土系、利用性能综述及代表性单个土体等方面对浙江省新建立的 144 个土系进行了详细的介绍。为了便于读者阅读与应用,书后以附录方式提供了浙江省土系与土种参比表。

本书是浙江省土壤系统分类研究的阶段性成果,可供从事土壤学、地理学、生态学、农学和环境科学等相关领域的科研与教育工作者参考。

图书在版编目(CIP)数据

中国土系志. 浙江卷/麻万诸,章明奎著. —北京:科学出版社,2017.4

ISBN 978-7-03-051457-8

I. ①中… II. ①麻… ②章… III. ①土壤地理–中国②土壤地理–浙江

IV. ①S159.2

中国版本图书馆 CIP 数据核字(2017)第 009300 号

责任编辑:胡 凯 周 丹 王 希/责任校对:赵桂芬
责任印制:张 倩/封面设计:许 瑞

科 学 出 版 社 出版

北京东黄城根北街 16 号
邮政编码:100717
http://www.sciencep.com

中国科学院印刷厂 印刷

科学出版社发行 各地新华书店经销

*

2017 年 4 月第 一 版 开本:787×1092 1/16
2017 年 4 月第一次印刷 印张:24
字数:569 000

定价:198.00 元

(如有印装质量问题,我社负责调换)

《中国土系志》编委会顾问

孙鸿烈　赵其国　龚子同　黄鼎成　王人潮

张玉龙　黄鸿翔　李天杰　田均良　潘根兴

黄铁青　杨林章　张维理　郧文聚

土系审定小组

组　长　张甘霖

成　员（以姓氏笔画为序）

王天巍　王秋兵　龙怀玉　卢　瑛　卢升高

刘梦云　杨金玲　李德成　吴克宁　辛　刚

张凤荣　张杨珠　赵玉国　袁大刚　黄　标

常庆瑞　章明奎　麻万诸　隋跃宇　慈　恩

蔡崇法　漆智平　翟瑞常　潘剑君

《中国土系志》编委会

主　　编　张甘霖

副主编　王秋兵　李德成　张凤荣　吴克宁　章明奎

编　　委　（以姓氏笔画为序）

王天巍　王秋兵　王登峰　孔祥斌　龙怀玉

卢　瑛　卢升高　白军平　刘梦云　刘黎明

杨金玲　李　玲　李德成　吴克宁　辛　刚

宋付朋　宋效东　张凤荣　张甘霖　张杨珠

张海涛　陈　杰　陈印军　武红旗　周　清

胡雪峰　赵　霞　赵玉国　袁大刚　黄　标

常庆瑞　章明奎　麻万诸　隋跃宇　韩春兰

董云中　慈　恩　蔡崇法　漆智平　翟瑞常

潘剑君

《中国土系志·浙江卷》作者名单

主要作者　麻万诸　章明奎

参编人员（以姓氏笔画为序）

王　飞　王晓旭　邓勋飞　龙文莉　吕晓男
朱真令　任周桥　刘丽君　许　欢　安玲玲
李　丽　岑汤校　汪　振　吴东涛　朱海平
施加春　张天雨　张耿苗　陆若辉　陈　謇
陈晓佳　单英杰　杨梢娜　倪治华　唐红娟
葛超楠　蒋玉根　雷春松

丛 书 序 一

土壤分类作为认识和管理土壤资源不可或缺的工具，是土壤学最为经典的学科分支。现代土壤学诞生后，近150年来不断发展，日渐加深人们对土壤的系统认识。土壤分类的发展一方面促进了土壤学整体进步，同时也为相邻学科提供了理解土壤和认知土壤过程的重要载体。土壤分类水平的提高也极大地提高了土壤资源管理的水平，为土地利用和生态环境建设提供了重要的科学支撑。在土壤分类体系中，高级单元主要体现土壤的发生过程和地理分布规律，为宏观布局提供科学依据；基层单元主要反映区域特征、层次组合以及物理、化学性状，是区域规划和农业技术推广的基础。

我国幅员辽阔，自然地理条件迥异，人为活动历史悠久，造就了我国丰富多样的土壤资源。自现代土壤学在中国发端以来，土壤学工作者对我国土壤的形成过程、类型、分布规律开展了卓有成效的研究。就土壤基层分类而言，自20世纪30年代开始，早期的土壤分类引进美国C.F.Marbut体系，区分了我国亚热带低山丘陵区的土壤类型及其续分单元，同时定名了一批土系，如孝陵卫系、萝岗系、徐闻系等，对后来的土壤分类研究产生了深远的影响。

与此同时，美国土壤系统分类（soil taxonomy）也在建立过程中，当时Marbut分类体系中的土系（soil series）没有严格的边界，一个土系的属性空间往往跨越不同的土纲。典型的例子是Miami系，在系统分类建立后按照属性边界被拆分成为不同土纲的多个土系。我国早期建立的土系也同样具有属性空间变异较大的情形。

20世纪50年代，随着全面学习苏联土壤分类理论，以地带性为基础的发生学土壤分类迅速成为我国土壤分类的主体。1978年，中国土壤学会召开土壤分类会议，制定了依据土壤地理发生的"中国土壤分类暂行草案"。该分类方案成为随后开展的全国第二次土壤普查中使用的主要依据。通过这次普查，于20世纪90年代出版了《中国土种志》，其中包含近3000个典型土种。这些土种成为各行业使用的重要土壤数据来源。限于当时的认识和技术水平，《中国土种志》所记录的典型土种依然存在"同名异土"和"同土异名"的问题，代表性的土壤剖面没有具体的经纬度位置，也未提供剖面照片，无法了解土种的直观形态特征。

随着"中国土壤系统分类"的建立和发展，在建立了从土纲到亚类的高级单元之后，建立以土系为核心的土壤基层分类体系是"中国土壤系统分类"发展的必然方向。建立我国的典型土系，不但可以从真正意义上使系统完整，全面体现土壤类型的多样性和丰富性，而且可以为土壤利用和管理提供最直接和完整的数据支持。

在科技部基础性工作专项项目"我国土系调查与《中国土系志》编制"的支持下，以中国科学院南京土壤研究所张甘霖研究员为首，联合全国二十多大学和相关科研机构的一批中青年土壤科学工作者，经过数年的努力，首次提出了中国土壤系统分类框架内较为完整的土族和土系划分原则与标准，并应用于土族和土系的建立。通过艰苦的野外工作，先后完成了我国东部地区和中西部地区的主要土系调查和鉴别工作。在比土、评土的基础上，总结和建立了具有区域代表性的土系，并编纂了以各省市为分册的《中国土系志》，这是继"中国土壤系统分类"之后我国土壤分类领域的又一重要成果。

作为一个长期从事土壤地理学研究的科技工作者，我见证了该项工作取得的进展和一批中青年土壤科学工作者的成长，深感完善这项成果对中国土壤系统分类具有重要的意义。同时，这支中青年土壤分类工作者队伍的成长也将为未来该领域的可持续发展奠定基础。

对这一基础性工作的进展和前景我深感欣慰。是为序。

中国科学院院士

2017 年 2 月于北京

丛 书 序 二

　　土壤分类和分布研究既是土壤学也是自然地理学中的基础工作。认识和区分土壤类型是理解土壤多样性和开展土壤制图的基础，土壤分类的建立也是评估土壤功能，促进土壤技术转移和实现土壤资源可持续管理的工具。对土壤类型及其分布的勾画是土地资源评价、自然资源区划的重要依据，同时也是诸多地表过程研究所不可或缺的数据来源，因此，土壤分类研究具有显著的基础性，是地球表层系统研究的重要组成部分。

　　我国土壤资源调查和土壤分类工作经历了几个重要的发展阶段。20 世纪 30 年代至 70 年代，老一辈土壤学家在路线调查和区域综合考察的基础上，基本明确了我国土壤的类型特征和宏观分布格局；80 年代开始的全国土壤普查进一步摸清了我国的土壤资源状况，获得了大量的基础数据。当时由于历史条件的限制，我国土壤分类基本沿用了苏联的地理发生分类体系，强调生物气候带的影响，而对母质和时间因素重视不够。此后虽有局部的调查考察，但都没有形成系统的全国性数据集。

　　以诊断层和诊断特性为依据的定量分类是当今国际土壤分类的主流和趋势。自 20 世纪 80 年代开始的"中国土壤系统分类"研究历经 20 多年的努力构建了具有国际先进水平的分类体系，成果获得了国家自然科学二等奖。"中国土壤系统分类"完成了亚类以上的高级单元，但对基层分类级别——土族和土系——仅仅开始了一些样区尺度的探索性研究。因此，无论是从土壤系统分类的完整性，还是土壤类型代表性单个土体的数据积累来看，仅仅高级单元与实际的需求还有很大距离，这也说明进行土系调查的必要性和紧迫性。

　　在科技部基础性工作专项的支持下，自 2008 年开始，中国科学院南京土壤研究所联合国内 20 多所大学和科研机构，在张甘霖研究员的带领下，先后承担了"我国土系调查与《中国土系志》编制"（项目编号 2008FY110600）和"我国土系调查与《中国土系志（中西部卷）》编制"（项目编号 2014FY110200）两期研究项目。自项目开展以来，近百名项目参加人员，包括数以百计的研究生，以省区为单位，依据统一的布点原则和野外调查规范，开展了全面的典型土系调查和鉴定。经过 10 多年的努力，参加人员足迹遍布全国各地，克服了种种困难，不畏艰辛，调查了近 7000 个典型土壤单个土体，结合历史土壤数据，建立了近 5000 个我国典型土系；并以省区为单位，完成了我国第一部包含 30 分册、基于定量标准和统一分类原则的土系志，朝着系统建立我国基于定量标准的基层分类体系迈进了重要的一步。这些基础性的数据，无疑是我国自第二次土壤普查以来重要的土壤信息来源，相关成果可望为各行业、部门和相关研究者，特别是土壤质量提升、土地资源评价、水文水资源模拟、生态系统服务评估等工作提供最新的、系统的数据支撑。

我欣喜于并祝贺《中国土系志》的出版，相信其对我国土壤分类研究的深入开展、对促进土壤分类在地球表层系统科学研究中的应用有重要的意义。欣然为序。

中国科学院院士

2017 年 3 月于北京

丛 书 前 言

　　土壤分类的实质和理论基础，是区分地球表面三维土壤覆被这一连续体发生重要变化的边界，并试图将这种变化与土壤的功能相联系。区分土壤属性空间或地理空间变化的理论和实践过程在不断进步，这种演变构成土壤分类学的历史沿革。无论是古代朴素分类体系所使用的颜色或土壤质地，还是现代分类采用的多种物理、化学属性乃至光谱（颜色）和数字特征，都携带或者代表了土壤的某种潜在功能信息。土壤分类正是基于这种属性与功能的相互关系，构建特定的分类体系，为使用者提供土壤功能指标，这些功能可以是农林生产能力，也可以是固存土壤有机碳或者无机碳的潜力或者抵御侵蚀的能力，乃至是否适合作为建筑材料。分类体系也构筑了关于土壤的系统知识，在一定程度上厘清了土壤之间在属性和空间上的距离关系，成为传播土壤科学知识的重要工具。

　　毫无疑问，对土壤变化区分的精细程度决定了对土壤功能理解和合理利用的水平，所采用的属性指标也决定了其与功能的关联程度。在大陆或国家尺度上，土纲或亚纲级别的分布已经可以比较准确地表达大尺度的土壤空间变化规律。在农场或景观水平，土壤的变化通常从诊断层（发生层）的差异变为颗粒组成或层次厚度等属性的差异，表达这种差异正是土族或土系确立的前提。因此，建立一套与土壤综合功能密切相关的土壤基层单元分类标准，并据此构建亚类以下的土壤分类体系（土族和土系），是对土壤变异精细认识的体现。

　　基于现代分类体系的土系鉴定工作在我国基本处于空白状态。我国早期（1949年以前）所建立的土系沿用了美国系统分类建立之前的 Marbut 分类原则，基本上都是区域的典型土壤类型，大致可以相当于现代系统分类中的亚类水平，涵盖范围较大。"中国土壤系统分类"研究在完成高级单元之后尝试开展了土系研究，进行了一些局部的探索，建立了一些典型土系，并以海南等地区为例建立了省级尺度的土系概要，但全国范围内的土系鉴定一直未能实现。缺乏土族和土系的分类体系是不完整的，也在一定程度上制约了分类在生产实际中特别是区域土壤资源评价和利用中的应用，因此，建立"中国土壤系统分类"体系下的土族和土系十分必要和紧迫。

　　所幸，这项工作得到了国家科技基础性工作专项的支持。自2008年开始，我们联合国内20多所大学和科研机构，先后组织了"我国土系调查与《中国土系志》编制"（项目编号2008FY110600）和"我国土系调查与《中国土系志（中西部卷）》编制"（项目编号2014FY110200）两期研究，朝着系统建立我国基于定量标准的基层分类体系迈近了重要的一步。自项目开展以来，近百名项目参加人员，包括数以百计的研究生，以省区为单位,依据统一的布点原则和野外调查规范,开展了全面的典型土系调查和鉴定。经过 10 多年的努力,参加人员足迹遍布全国各地,克服了种种困难,不畏艰辛,调查了近 7000 个典型土壤单个土体,结合历史土壤数据,建立了近 5000 个我国典型土系,并以省区为单位,完成了我国第一部基于定量标准和统一分类原则的土系志。这些基础性的数据,无疑是自我国第二次土壤普查以来重要的土壤信息来源,可望为各行业部门和相关研究者提供最新的、系统的数据支撑。

项目在执行过程中,得到了两届项目专家小组和项目主管部门、依托单位的长期指导和支持。孙鸿烈院士、赵其国院士、龚子同研究员和其他专家为项目的顺利开展提供了诸多重要的指导。中国科学院前沿科学与教育局、科技促进发展局、中国科学院南京土壤研究所以及土壤与农业可持续发展国家重点实验室都持续给予关心和帮助。

值得指出的是,作为研究项目,在有限的资助下只能着眼主要的和典型的土系,难以开展全覆盖式的调查,不可能穷尽亚类单元以下所有的土族和土系,也无法绘制土系分布图。但是,我们有理由相信,随着研究和调查工作的开展,更多的土系会被鉴定,而基于土系的应用将展现巨大的潜力。

由于有关土系的系统工作在国内尚属首次,在国际上可资借鉴的理论和方法也十分有限,因此我们对于土系划分相关理论的理解和土系划分标准的建立上肯定会存在诸多不足乃至错误;而且,由于本次土系调查工作在人员和经费方面的局限性以及项目执行期限的限制,文中错误也在所难免,希望得到各方的批评与指正!

张甘霖

2017 年 4 月于南京

前　言

　　土壤分类是人类对土壤认识的经验总结，同时也是更进一步认识了解土壤的重要途径，更是因地制宜进行综合利用的依据，因此也历来受到相关科研人员的极大关注。当前的土壤分类有三大主要派系，即美国诊断土壤分类（系统分类）、苏联发生学土壤分类和西欧形态发生分类，而以标准化、定量化为基础的系统分类则是当前国际土壤分类的主流。浙江省对土壤系统分类的研究始于20世纪80年代，是从高级分类单元研究开始的。90年代后，有了以小范围样区研究为试点的基层分类研究，开始探索土族土系的划分原则和方法。2000年出版的《浙江省土系概论》即是这一时期浙江省系统研究的重要成果之一。继而到了2008年，国家科技基础性工作专项"我国土系调查与《中国土系志》编制"（2008FY110600）项目的正式立项和实施，则为大范围的系统分类和基层分类研究拉开了序幕。

　　本书的编写是在历时5年（2009~2013年）覆盖浙江省陆域全境的野外调查采样和详实的室内理化测试数据进行梳理、分析的基础上，充分利用《浙江土壤》《浙江土种志》《浙江省土系概论》《浙江省第二次土壤普查数据册》等历史土壤分类研究成果资料，经总结、汇编而成。书中的浙江省影像数据来自谷歌影像地图，地理边界、行政区划等数据均来自浙江省测绘与地理信息局，42个站点的历年气象数据来自浙江省气象局。本次调查共调查区域典型剖面145个，观察剖面205个，采集盒装标本145个，分层样品588份，拍摄考察照片3500多张，行程约3万km。

　　全书分上、下两篇，上篇为总论，下篇为区域典型土系，共11章。第1章为区域概况和成土因素，由于成土因素是相对稳定的，本章在编写上主要参考了《浙江土壤》的相关内容；第2章为主要成土过程与诊断特征，介绍浙江土壤主要成土过程以及出现的诊断层、诊断特性和诊断现象；第3章为土壤分类，介绍浙江省土壤分类沿革以及本次调查技术方法和土族土系划分标准；第4~11章分别介绍人为土、盐成土、潜育土、均腐土、富铁土、淋溶土、雏形土和新成土8个土纲的典型土系，从分布与环境条件、土系特征与变幅、代表性单个土体、对比土系以及利用性能综述等方面，按照从高级到基层分类检索的顺序，逐个描述新建的144个土系。

　　本书在编写和出版过程中得到了中国科学院南京土壤研究所、浙江省农业科学院数字农业研究所和浙江大学环境与资源学院的大力支持，土系调查得到浙江省农业科学院魏孝孚老先生赐教，初稿承蒙浙江大学厉仁安教授和浙江省农业科学院魏孝孚研究员修改，编写过程中得到中国科学院南京土壤研究所张甘霖研究员审阅、李德成研究员悉心指导，在此谨表谢意。同时，对于在本次土系调查过程中给予帮助和支持的浙江省土肥站、宁波市农业技术推广总站及浙江省各市县土肥部门同仁，在此一并表示诚挚感谢！

　　《中国土系志·浙江卷》共涉及8个土纲、13个亚纲、28个土类、52个亚类，划分出106个土族，建立了144个土系，覆盖浙江省分布面积较大、农业利用重要性较高和具有区域特色的主要土壤类型。由于浙江地形地貌复杂、农业利用多样,本次调查虽然覆盖全省的陆域范围,但尚属点上工作,未及面上铺开,因而未能明确土系分布边界并形成土系图,缺少分布面积统计。此外,因调查不全,浙江土系尚未入志者犹多。然土系志是一个开放的体系,土系内容可随着今后进一步的调查而不断地补充、不断地完善。本书虽经多次的再稿修订,但由于编者水平的限制,疏漏、不妥之处,终是难免,恳请广大读者不吝指正,以期完善!

编　者

2016 年 6 月于杭州

目　录

上篇　总　论

下篇 区域典型土系

上篇　总　　论

第1章 区域概况与成土因素

1.1 区 域 概 况

浙江省地处东经 118°~123°，北纬 27°~31.5°，属长江三角洲南翼，东濒东海，南接福建，西靠安徽、江西，北临太湖，与江苏、上海接壤。钱塘江是境内最大的河流，又称"折江""之江""浙江"，以此定省名为浙江。浙江省的行政区划如图 1-1 所示。

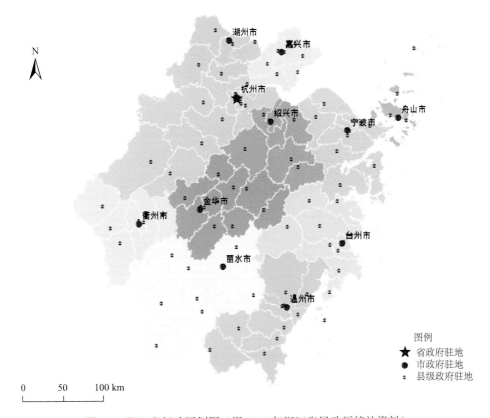

图 1-1　浙江省行政区划图（据 2014 年浙江省民政厅统计资料）

根据 2006 年统计资料，浙江省东西和南北的直线距离均为 450 km 左右，全省陆域面积 10.5 万 km²，约占全国陆地总面积的 1.06%，是我国国土面积最小的省市之一。在陆域中，丘陵山地约占 71.6%，平原约占 22.0%，河湖水面约占 6.4%，俗称"七山一水二分田"。浙江省海域辽阔，海岸线曲折，近海岛屿星罗棋布，浅海大陆架海域面积约22 万 km²，为陆域面积的 2 倍多。其中面积大于 500 m² 的岛屿有 2251 个，约占全国岛屿总数的 1/3，有 31 个县市位于沿海和岛屿地带，占全省县、市总数的 40%。

新中国成立以来，浙江省行政区划设置有过几次较大的变动，根据 2014 年年底浙江省民政厅统计，当前共有杭州、宁波、温州、绍兴、湖州、嘉兴、金华、衢州、舟山、台州、丽水 11 个地级市（图 1-1），其中杭州（省会）、宁波（计划单列市）为副省级城市；下分 90 个县级行政区，包括 35 个市辖区、20 个县级市、35 个县（其中 1 个自治县）；下分 1321 个乡级行政区，包括 629 个镇、258 个乡和 434 个街道办事处。

2013 年，浙江省常住人口 5490 多万，据普查结果表明，56 个民族在浙江省内均有居住，汉族为主要民族，约占总人口的 99.1%。世居少数民族主要是畲族、回族和满族 3 个。在全省 55 个少数民族中，人数在 10 000 人以上的有苗族、土家族、畲族、布依族、侗族、壮族、彝族、回族、仡佬族、水族、白族、满族和瑶族 13 个民族。畲族也是浙江省内人口最多的少数民族，约 17 万人，占浙江人口总数的 0.4%左右，主要分布于浙南的莲都、景宁、苍南、泰顺、遂昌等县市区。

浙江是中国经济最活跃的省份之一，改革开放以来，在充分发挥国有经济主导作用的前提下，快速发展民营经济，形成了独具特色的"浙江经济"，至 2013 年，人均居民可支配收入连续 21 年位居全国第一。

浙江历史悠久，文化灿烂，是中国古代文明的发祥地之一，吴越文化的重要发祥地。早在 5 万年前的旧石器时代，浙江就有原始人类"建德人"活动，境内有距今 7000 年的河姆渡文化、距今 6000 年的马家浜文化和距今 5000 年的良渚文化。

1.2 成 土 因 素

根据道库恰耶夫的"土壤形成因素学说"，土壤是母质、气候、生物、地形和时间五大自然因素综合作用的产物；所有的成土因素始终是同时存在，并同等重要和相互不可替代地参与了土壤的形成过程；土壤永远受制于成土因素的发展变化而不断地形成和演化；土壤是一个运动着的和有生有灭或有进有退的自然体；土壤形成因素存在着地理分布规律，特别是有由极地经温带至赤道的地带性变化规律。因此，在研究土壤和进行分类时，需考虑各大成土因素进行综合分析。

1.2.1 地形因素

浙江省地势西南高，东北低，海拔均在 2000 m 以下（图 1-2）。西南部为中低山，山高谷深，最高峰为龙泉市的黄茅尖，海拔 1929 m；中部为低山、丘陵、盆地区；东北部为平原区，地势低平，河网密布。

根据形态成因原则，浙江省的地貌类型可分为陆地地貌和海岸地貌两大类。陆地地貌又可细分平原和山地。根据这一原则，由最高峰至海拔 1000 m 为中山；500~1000 m 为低山；200~500 m 为高丘；200 m 以下为低丘，全省可划分为 6 大地貌类型区（图 1-3）。

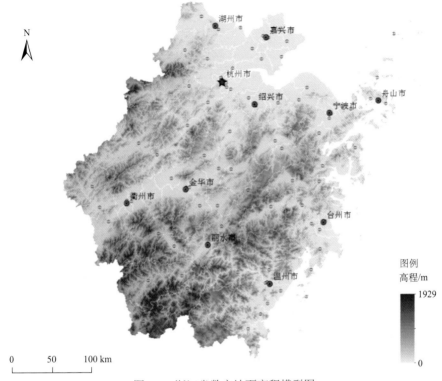

图 1-2　浙江省数字地面高程模型图

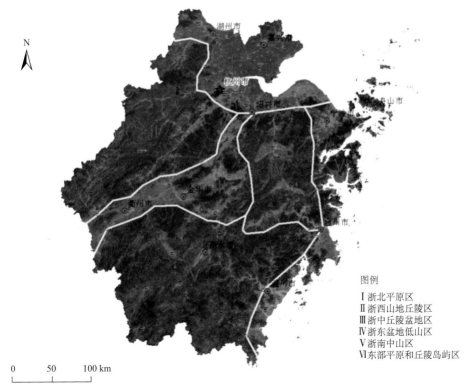

图例

Ⅰ 浙北平原区
Ⅱ 浙西山地丘陵区
Ⅲ 浙中丘陵盆地区
Ⅳ 浙东盆地低山区
Ⅴ 浙南中山区
Ⅵ 东部平原和丘陵岛屿区

图 1-3　浙江省地貌类型分区图

1) 浙北平原区

包括杭嘉湖平原、宁绍平原，是浙江省最大的近代河湖相沉积平原，沉积体深厚，质地匀细，间或有腐泥层或泥炭层。区内地势平坦，河浜荡漾密布，是浙江省水耕人为土分布最集中的地区。

2) 浙西山地丘陵区

天目山脉和千里岗山脉由东北向西南展布于浙皖边界，钱塘江贯穿其中，区内河系发达，地形破碎，低山丘陵占主体，岩性以砂岩、泥页岩和石灰岩为主，溶岩地貌发育。

3) 浙中丘陵盆地区

包括金衢盆地、浦江盆地、永康盆地、江山盆地等，系由红砂岩、紫砂岩构成的低丘、岗地，呈波浪状起伏，地形开阔。低丘顶部多为第四纪更新世所覆盖，厚度自数十厘米至数米不等。衢江、金华江、浦阳江等水系贯穿其中，形成了众多的河谷平原。

4) 浙东盆地低山区

区内以低山丘陵为主，会稽山、四明山、天台山、大盘山等耸立其间，低陷处为诸暨盆地、新嵊盆地、天台盆地、仙居盆地等。区内基底岩层以火成岩和变质岩为主，红砂岩、紫砂岩等也有广泛分布，山顶台地发育，尤以玄武岩台地最为突出，更新世红土残留则较少。

5) 浙南中山区

该区域在省内所占的面积最大，海拔最高，夷平面发育，包括苍山、雁荡山、洞宫山、仙霞岭诸山以及庆元的荷地、举水，景宁的大漈、上标，文成的南田等夷平面，均以高、平、开阔而著称，平畴沃野，景观迥异。区内分布着丽水、碧湖、松古、遂昌、缙云诸盆地。区内主要基岩为火山岩系，庆元、龙泉、遂昌一带有变质岩和花岗岩裸露，洞宫山南段有少量紫砂岩分布。

6) 东部平原和丘陵岛屿区

濒临东海，包括温州、瑞安、平阳、乐清平原，椒江、黄岩、临海平原，舟山群岛及浙中、浙南诸岛屿。丘陵岛屿的岩性以火山岩为主，有花岗岩穿插其中。区内港湾发达，水产丰盛。

浙江省江河湖泊众多，境内流域面积大于 1 万 km^2 的河流有 2 条，流域面积为 3000~10 000 km^2 的有 4 条。人工运河、水库及平原湖泊遍布全省。河系水文的主要特征是：水源丰富，流量大；水位年内变幅大，有暴涨暴落现象；河流含砂量少，矿化度低；河流上游坡陡流急，水力资源丰富；河口落差大，感应河段长。

浙江省河流共分为 8 大水系，按境内流域面积排序依次为：钱塘江，42 265 km^2；瓯江，17 958 km^2；椒江，6390 km^2；苕溪，6140 km^2；曹娥江，5921 km^2；甬江，5036 km^2；飞云江，3731 km^2；鳌江，1542 km^2。除苕溪注入太湖外，其余 7 大水系均注入东海。

在不同的地形地貌区，土壤类型的分布也有较为明显的差别。山地丘陵区以富铁土、淋溶土、雏形土、新成土为主，有少量的均腐土；低丘岗地区以富铁土、雏形土为主；盆地和水网平原区以水耕人为土为主；东部沿海外缘以新成土为主，有少量盐成土。

1.2.2　气候因素

浙江省依陆面海，属亚热带湿润季风气候。气温适中，四季分明，热量充足，雨量充沛，空气湿润，气候环境条件较为优越。

根据观测资料，全省平均日照时数约 1700~2100 h，由于受云雾的影响，总体呈现西南部少，东北部多的态势（图 1-4）。全省各地太阳年总辐射量约 4300~4900 MJ/m²。

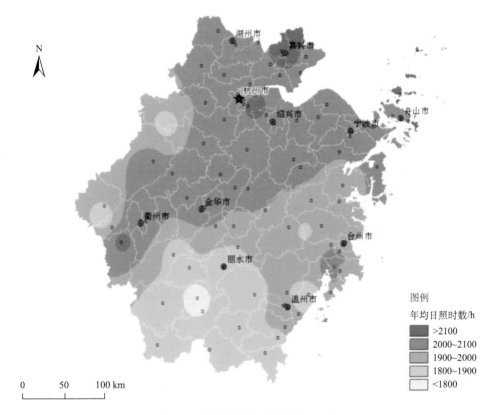

图 1-4　浙江省年均日照时数分布图

全省区域年平均气温为 15.4~18.1℃，南部高于北部，温差约 3℃，年均温等值线大致与纬度平行。以平均气温 10℃和 22℃为界，则春、秋两季各占 4 个月左右，夏、冬两季各占 2 个月左右。全年无霜期从北到南约 230~275 d（图 1-5）。

全省年均降水量约为 1100~1900 mm，沿海少于内陆，平原少于山地，由西南向东北递减（图 1-6）。东南沿海和西南山区因受台风影响和山地气流抬升作用，降水量较多，一般在 1500~1900 mm，局部可达 2000 mm 以上，是全省雨量最多的地区。浙北平原和东部岛屿降水量稍少，一般在 1200~1300 mm 以下。一年中 5~6 月份是雨季高峰，7 月份和 8 月份则相对干旱。主要灾害性气候有春秋季的梅雨、暴雨和洪涝，夏秋季的干旱、台风等。

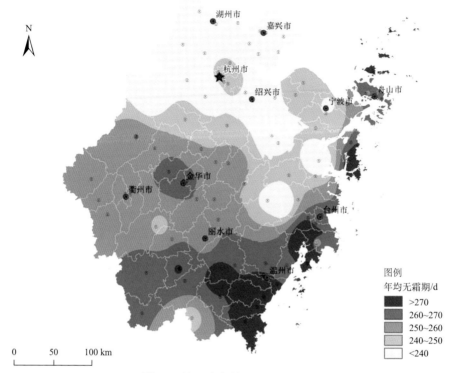

图 1-5　浙江省年均无霜期分布图

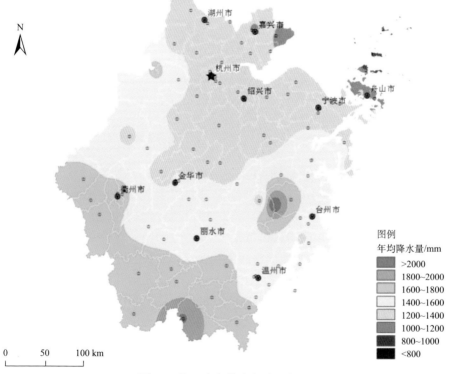

图 1-6　浙江省年均降水量分布图

气候在山地垂直带上有明显差异，一般而言，气温随海拔增高而下降，根据文献数据，浙江省海拔每升高 100 m，气温下降 0.5℃。由于浙江省的地形地貌类型复杂，山地占到全省陆域面积的近 70%，若考虑海拔高度的影响，则全省的年均气温的分布差异也较大，约 7.9~18.5℃（图 1-7）。例如西天目仙人顶（海拔 1490 m），年均气温 7.9℃，≥10℃积温 2529℃，降水量 1625 mm，蒸发量 902 mm；山腰（海拔 800~1200 m）地段，年均气温 8~12℃，≥10℃积温 3000℃左右，降水量 1800 mm，温凉湿润；而西天目山麓和山前低丘陵区，在海拔 42 m 处，年均气温达 17.0℃，≥10℃积温 5000℃左右，降水量为 1390 mm，蒸发量为 908 mm。

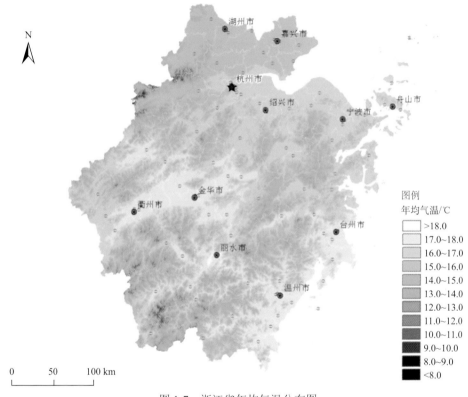

图 1-7　浙江省年均气温分布图

1.2.3　植被因素

浙江省地处中亚热带湿润季风常绿阔叶林地带，自然环境复杂，水热条件优越，植物类型多样，植物资源丰富。据 2009 年调查，全省森林面积达 601.36 万 hm²，森林覆盖率达 60.58%，仅次于台湾和福建。

浙江省的植物分布主要有以下 4 个特征：一是植物种类丰富；二是植物型谱具有明显的亚热带特点；三是植物古老，特有种、单种属、寡种属较多；四是植物区系复杂，热带成分占优势。

浙江省的植被以常绿阔叶林为典型，但因长期受人为活动的影响，加之生境复杂，目前所见到的类型并非单一。主要的自然植被类型可分为以下 7 种：常绿阔叶林、落叶阔叶林、常绿阔叶落叶阔叶混交林、亚热带针叶林、亚热带竹林、亚热带灌木草丛、水生植被。

为保护浙江省一些珍稀动植物物种资源和生态环境，从 1960 年开始，经国务院和浙江省人民政府批准，及至目前已建立了 10 个国家级自然保护区，分别为：天目山国家级自然保护区、清凉峰国家级自然保护区、古田山国家级自然保护区、大盘山国家级自然保护区、九龙山国家级自然保护区、凤阳山-百山祖国家级自然保护区、乌岩岭国家级自然保护区、南麂列岛海洋国家级自然保护区、长兴地质遗迹国家级自然保护区和象山韭山列岛国家级自然保护区。

植被的垂直地带性分布与土壤的垂直地带性分布也有着密切的关系，在低海拔地区多常绿阔叶林，区域内富铁土分布较多；在高海拔区以落叶阔叶林为主，淋溶增强，区域内淋溶土分布相对密集。在植被茂密、枯枝落叶厚积的山区，特别是人为活动影响较少的山地自然保护区内，土体腐殖质黏粒积累明显，暗沃、暗瘠表层分布较为普遍，淋溶则相对较弱，在相对低洼处还分布有少量的潜育土。

1.2.4　母质因素

根据地形-地貌及物质来源和组成上的差别，浙江省成土母质可分为两大项十五类（图 1-8）。一项是残坡积母质类，它们主要是各类自型土的母质；另一项是再积母质类，它们是平原、谷地中各种水成土的母质。

1）残坡积母质类

基岩风化物就地残积及因重力、片状流水等作用经短距离搬运到山坡下部的坡积物，这二者难以截然分开，所以统称残坡积物。浙江省山地面积大，岩石类型多，各种岩浆岩、火山岩、沉积岩、变质岩均有出露。岩性复杂多变，不同岩性的夹层、互层经常出现，从而导致浙江省残坡积母质的多样性、复杂性和过渡性。此外，在大小红色盆地中广布的第四系更新统（Q_2、Q_3）红土，系古土壤，暂归属于残坡积母质。残坡积母质可按风化产物的颗粒组成特征、化学成分及其他因素进行归类，分述如下。

（1）花岗岩类残坡积物

由中、粗晶花岗岩、花岗斑岩、正长斑岩等风化而成，主要分布在景宁、云和、缙云、开化、奉化、温州、天台、江山等地，风化物中石英砂粒含量较高。分布于缓坡地或侵蚀不强的山地时，则来自岩石中的长石、云母，风化后形成的黏粒可保存于风化体中，使母质的质地砂黏并存，且含有较丰富的钾素。若在陡坡或侵蚀较强的山地时，易使黏粒流失，而石英砂含量相对提高，多为砂质显著的残坡积母质。花岗岩风化层往往很深厚，有几米至十多米，其结持性弱，松散，易遭侵蚀。

（2）流纹岩及凝灰岩类残坡积物

多为侏罗纪的流纹岩、凝灰角砾岩、凝灰岩、熔结凝灰岩、凝灰熔岩等风化物。连片分布在浙江东南部，在浙江的西北部多呈孤岛状、块状分布。

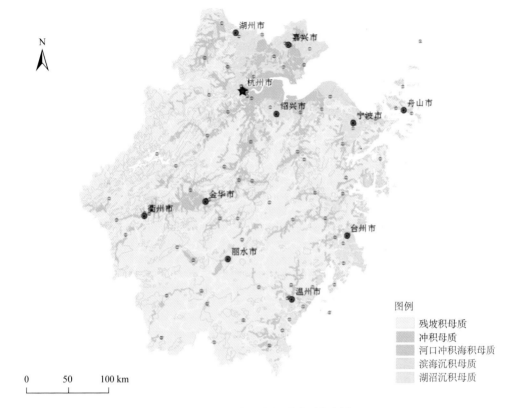

图 1-8　浙江省成土母质类型分布图

由于这些母岩中铁、镁矿物含量低，风化产物的颜色均浅淡，以浅黄棕色为主。这些岩石构成的山地，多悬崖峭壁、地势陡峻，除山麓有较厚的残坡积风化体外，余皆瘠薄。风化物质地多数为黏壤土-壤质黏土。又可按其石英砂砾含量而分为两种：一是流纹岩、流纹质凝灰岩、流纹质熔凝灰岩风化物，含有较多的石英砂砾，形成的土壤较粗松；二是凝灰角砾岩、凝灰岩（晶屑凝灰岩、英安质凝灰岩）等风化物，因不含或少含石英，形成的土壤较黏细，风化体的厚度中等。

（3）基性及中性岩类残坡积物

在浙江省主要由玄武岩、安山岩、闪长岩、辉绿岩等风化而成，但其面积远不及酸性岩类。玄武岩分布于新嵊盆地和江山、武义等地，安山岩主要分布在湖州及义乌和诸暨两地交界处，闪长岩、辉绿岩成岩株、岩脉产出，散见于浙东各地。这两类岩石富含铁、镁，风化体较均质而深厚，多呈棕红或暗红棕色，少含石英及砾石，质地黏重。

（4）变质岩类残坡积物

该类母质随母岩类别不同而有很大差异，大体可划分为：由岩浆岩类变质而成的片麻岩、片岩等变质岩系列，主要分布在龙泉、遂昌、诸暨等地；其次是由沉积岩变质形成的板岩、千枚岩系列，零星出现在开化、淳安、临安、安吉等地。

（5）灰岩类残坡积物

这一类母质的特征是其基岩均含碳酸钙、镁，母质本体常含风化残留的碳酸盐，有时亦因母岩风化液的回注而呈碳酸盐性。

（6）砂、砾岩类残坡积物

包括砂岩、石英砂岩、砾岩等风化物。常见于志留系上统，泥盆系、石炭系下统的地层中，主要分布在浙江的西北部。母岩的岩性坚硬，富含石英，其含量随母岩性质而异。风化后砂性均较显著，颜色较浅，疏松。

（7）泥页岩类的残坡积物

包括粉砂岩、泥岩、页岩等风化的残坡积物。广泛分布于浙西奥陶系、志留系、二叠系、三叠系等地层的丘陵山地。由于母岩是经过搬运分选的沉积体形成的，当它们风化后，首先是母岩中的胶结物被破坏，使原来的匀细颗粒被解散而成为风化产物或母质的主体。因此，该类母质的性状首先取决于母岩原有的机械组成，其中泥岩、页岩风化物多为黏性母质，风化层可超过 1 m，但大部分地区侵蚀较强，残存的风化层很薄，有明显的半风化层。这些母质中的黏粒的矿物学组成，将深刻影响所发育土壤黏粒的组成，在土壤研究中应予以重视。

（8）紫色砂页岩类残坡积物

包括紫色砂页岩、凝灰质紫色粉砂岩等风化残坡积物。主要分布在浙江省各构造盆地的白垩系、侏罗系地层中。其风化物大多带紫色，细砂质及粉砂质较显明，可分为石灰性紫色砂页岩和非石灰性紫色砂页岩、砂砾岩残坡积物两种。

（9）红砂岩残坡积物

浙江省以金衢盆地分布最广，属白垩系和第三系地层。其中以红色细砂岩和粉砂岩居多，所夹砾石成分为凝灰岩或凝灰质砂岩。岩石普遍呈石灰性，极易风化为细砂含量较高的细砂壤土-黏壤土，呈酸性反应。风化层厚薄不一，在低丘的坡麓较厚，顶部或边坡凸形处母岩裸露。

（10）第四系更新统红土母质

分布于大小盆地中，属中更新统和上更新统的古红土层。中更新统红土（Q_2）为古山溪性河流冲洪积、坡积物，经中更新世湿热气候条件下形成的富铁铝、低硅性、强酸性、黏重、红色的古土壤。剖面上部为红土层，中部为紧实的红白网纹层，下部为磨圆度较高的卵石层。红土层深厚，因地形部位及侵蚀情况不同，可使网纹层或红土砾石层出露地表。上更新统红土（Q_3）为古山溪性河流冲洪积物形成的古土壤，颜色大都呈棕黄色，网纹层不普遍，有些地方能见到黄白网纹，砾石的磨圆度较差，风化圈较薄。

2）再积母质类

岩石风化物经流水、潮流、波浪、风等动力的搬运和分选，在一定部位沉积下来的松散堆积物，称再积母质。这些母质都是在地质上 12 000 多年以来的全新世时期（Q_4）形成的，属全新统地层。在这地质历史时期内，沉积环境各地不同，同一地方的沉积环境先后也有变化，所以这些物质的同期异相和同相异期情况是普遍存在的。据此，可将浙江省这些沉积母质划分 5 个成因类型。在各类型之下，再根据对土壤有较大影响的沉积相划出若干亚型。分述如下。

（1）冲积母质

洪冲积相母质。分布在河流上游的狭小河谷内，紧贴小溪河床或壅塞于山口。它沿河床呈宽狭不一的条状分布，在山口则以扇形展布。这些山溪性小河常年流水不断，雨季溪水呈大流量，多为山洪；旱季则为涓流，大旱时期也会断流。所以这种洪冲积相母质的特点表现为：沉积层总厚度常不足数米，有些地方在 1 m 内可见河床下的岩层，沉积体的砾石、粗砂、黏土相混杂，分选性不明显；局部可见夹砂、砾的透镜体；砾石的磨圆度不高。在溪流靠近基岸或山麓部位，其沉积物中常夹杂着由基岸坍落的残坡积物。

河床相母质。分布在河床上。河流的上游及小溪的河床，由于水流湍急，只能沉积大小不一的砾石、卵石或粗砂，在河边还可形成砾石滩。河流的中下游，其河谷开阔，水流较缓和，河床内可形成砂壤质滩地，其凸岸可形成黏粒含量极低的清水砂滩。由于河床摆动迁徙，造成河谷地的河漫滩沉积体的二元结构，因而河床相的砾（卵）石层或粗砂层可埋藏在河漫滩沉积体中，称为滩地砾石塥或砂塥。一些河谷地的古河道旧址常有这种埋藏或裸露的河床相母质。

河漫滩相母质。主要分布在中游河谷地，上游较开阔的河段也广布着河漫滩。洪水泛滥而超出河床后，即在两侧低平地段淤积泥砂。其同期淤积物的粒度较为均匀，平均粒度较河床相细得多。这种沉积物呈现着由河床向两侧基岸逐渐变细的分布规律：在不受河流改道或支流影响的河漫滩上，靠近河边的自然堤为粗砂和细砂质沉积物；而在河漫滩中部则逐渐变成壤质、黏壤质及壤黏质沉积物，厚度各地不一。在宽大的河漫滩中，沉积体常可达一米至数米，上游河谷的小滩地的河床相沉积物上，也可盖上薄层的河漫滩相沉积物。

平原河流相母质。主要分布在河网平原区。当大河进入平原后，与人工开挖的河道及天然湖泊相交织，构成了平原区的水网。但这些河床的比降很小，平江缓流，所挟带的冲积物以其粒度极为匀细而区别于河漫滩相，它的质地主要为壤质黏土-黏土。当洪水泛滥时，上游挟带物质较粗，其质地为黏壤质或壤质的平原河流相母质。

牛轭湖相母质（含平原古河道相母质）。分布在中下游河谷平原的古河道形成的洼地上，由于后来的缓和泛滥，将一些较细的泛滥物淤填其中，形成质地较细的冲积物与湖积物相叠合或混合的沉积物。因其地势相对低洼，沉积物较周围河流冲积物细，内排水较差，质地为黏壤土-壤黏土。在其局部地段还可见到残留的白螺蛳壳。这种母质也可见于河漫滩内侧与山麓交接的洼地中。

（2）河口冲积及海积母质

分布在入海河口两岸，成条状，系咸水、淡水交互影响而形成的沉积物，含易溶盐、钙镁碳酸盐及海生贝壳碎屑等。分布在防潮堤外受江水和海水周期性淹没的称江涂，防潮堤内则已成陆而逐渐脱盐、脱钙，有些成陆较早的，在 1 m 深母质层内游离碳酸盐已基本上淋失殆尽。

河口冲积海积母质与冲积母质及海积母质在分布上呈逐渐过渡，无明显界线。一般以咸潮上溯的上界作为与冲积母质的交界，在钱塘江，大致在袁浦—闻堰一线。它与海积母质分布的交界，大致就在河口地段。钱塘江的河口，北岸在海盐长山东南嘴，南岸在余姚的西三闸一线，此线以西为冲积海积母质，以东为海积母质。瓯江河口内侧的七都、灵昆等岛亦属冲积海积母质。

（3）滨海沉积母质

分布在河口、滨海平原和岛屿周围（包括潮间带），其内侧接水网平原。筑堤后，堤外仍受海潮浸淹，堤内进入脱盐、脱钙过程。

滨海沉积母质的物质来源：浅海区的沉积物；从长江口南迁的泥砂；浙江省入海河流所带的泥砂；基岩海岸的风化物。这一类母质由于所处的地形部位及海洋动力条件不同，会出现不同的沉积相。浙江省自 6000~7000 年前的全新世海侵以来，海面高程虽有变化，但均未超过最高海面，因滨海沉积物不断向海推进，其同期异相及同相异期现象非常普遍。据此，滨海沉积母质可续分为下列 5 种。

砂相母质及河口砂堤。分布在基岩岬角小海湾及岛屿或半岛迎风强浪地段的潮间粗砂、细砂及贝壳碎屑，其中分选性好的纯净石英砂母质尤为常见。此母质具有微向海倾斜的平行层理、单斜层理和微斜层理。

河口砂堤（或称沿岸堤）出现在河口两侧岸，以迎东北风的海边较发育。此类砂堤大体与海岸平行，而与河床垂直。由于砂堤形成于河口外侧，具有河口砂嘴的性质，故不归到冲积海积母质类别而归到滨海沉积母质中去（但瓯江口的灵昆岛砂堤属于河口砂岛，则归入冲积海积母质类）。砂堤的组成物质为细砂及粉砂，堤顶较粗，细砂含量较高；堤带两侧细砂减少，为粉砂、泥质层所覆盖，呈透镜体状；堤顶最厚，两侧变薄，倾没于其他沉积物之下。

粉砂相母质。主要分布在杭州湾南北两侧以及三门坡坝港口东南面的海涂和堤内，其粗粉粒的含量特别高，与河口砂坎沉积物相似，但易溶盐及碳酸钙、镁含量较冲积海积相母质高，贝壳碎片亦较多。

粉砂淤泥相母质。分布在杭州湾新浦以东，甬江、椒江、瓯江、飞云江、鳌江等河口，沿海岛屿或半岛的背风面以及潮流较缓的海涂及岛屿小平原。质地为粉砂质黏壤土-壤质黏土-粉砂质黏土。

淤泥相母质。分布在象山港、三门湾、乐清湾、沿浦湾的海涂和滨海平原上，质地以黏土为主。

（4）湖沼沉积母质

淡水湖沼相母质。主要分布在杭嘉湖、宁绍平原。1 m 深沉积体内常有厚约数厘米至十余厘米的腐泥层或泥炭层，质地以壤质黏土-粉砂质黏上为主，没有海生动物化石。

潟湖相母质。其沉积体含有质地黏重的腐泥或泥炭层。浙江省一些潟湖目前已发育成淡水湖，形成了近期的淡水泥炭，如杭州西湖泥炭，则应归属淡水湖沼相母质。

滨湖沉积母质。主要分布在太湖南岸，由于波浪作用，湖岸发生混砂流而在迎风面的湖滨堆积而成。其质地较粗，为粉砂质壤土，结构疏松，沉积体可厚达数米，常被波浪推顶堆积成高出平原水平面 1~3 m 的自然堤地貌。

（5）风积母质

风积母质分布在舟山群岛的泗礁、普陀、朱家尖、桃花等岛屿的砂滩顶部，它是滨海砂相沉积物在风力作用下，吹拍到附近的丘陵上沉积而成。泗礁岛的风积砂可沉积在高程为 80 m 的丘陵上，颗粒组成与滨海砂滩上的相似，甚至颗粒更为均一，但已不含盐分。其总厚度可达数十厘米至数米，具有交错层理，呈灰白至淡棕色，保水性极差，在浙江省的分布面积很小。

1.2.5　时间因素

不同的地貌类型区的土壤，所经历的成土时间也各不相同。

在丘陵山区的土壤，大都经历了较长的成长时间，但在侵蚀强烈的情况下，会形成年幼的新成土。山区不同高度的夷平面，代表了不同发育年代，但大都是古近—新近纪的古土壤。在海拔较高的高山上，由于新构造抬升或者是处于夷平面未遭侵蚀而保存下了一部分红色的古土壤，俗称高山红土。在天目山、九龙山、括苍山、雁荡山等地均有分布，以浙东一带的玄武岩台地上分布最为明显，如东阳尖山、新昌回山等。在低丘和相对平坦的古老阶地上，分布着带网纹的红色古土壤，多出现于浙西，一般认为形成于中更新世的湿热环境。在河谷地区，因河流改道，成土年龄差异较大，通常阶地级数越高，成土时间愈久。如在二级及以上的高阶地上，一般分布着更新统（Q_2）时期的古土壤，在一级等低阶地上则分布着更新统（Q_3）时期的古土壤。

在平原地区，成土时间则相对较短。如杭嘉湖平原，一般认为成陆的时间约5000~7000 年；钱塘江口，从 12 世纪至今，岸线也发生了极大的变化，有较大范围的土壤成土年龄较短；绍兴平原，由于钱塘江对曹娥江和浦阳江的影响，12 世纪以来，在古平原的基础上有过大规模的淤积和河网改道；宁波平原的成陆时间约 7000~8000 年；浙东南平原则主要是受晚更新世以来三次海侵的影响，自 6000~7000 年前开始形成。

1.2.6　人类活动

人类活动是影响土壤形成的重要原因之一，在一定程度上，其作用比其他任何一种因素的作用都要强烈，特别是人为土纲的形成。据考证，在浙江省，早在 6000~7000 年前的河姆渡就已开始水稻栽培，表明那时就已经有了水耕措施，这也是现今水耕人为土开始形成的最初原型。在滨海平原外侧，则因人类围垦的影响，成土时间几十年至几百年不等，越向外缘土壤越是年幼。

在人多地少的浙江省，人类活动对土壤的影响尤为强烈，受经济利益的驱动，土地利用类型频繁地发生变化，这种强烈的变化可使土体在较短的时间内便发生结构和类型上的改变。由于种植经济作物（如蔬菜、水果、花木等）比种植水稻具有更高的经济效益，水田改旱作的现象在浙江省内普遍存在。水改旱之后，土体的水、气环境发生了明显的变化，从而也影响到了土体中的能量、物质循环和积累。吴崇书等（2014）对 30 组水田改种蔬菜、苗木、果树和茶树的成对表层土壤研究结果表明，水改旱后表层土壤总氮明显下降。杨东伟等（2014）对长期种植水稻和改种雷竹林 6 年、10 年、15 年的代表性剖面研究表明，随着水改旱年限的增加，水耕表层逐渐被破坏，但土体中水耕氧化还原特征仍长期保留，土壤类型逐渐由普通铁聚水耕人为土向普通铁质湿润雏形土、最后向黄色铝质湿润雏形土演化。

复杂的地形地貌、适宜的气候环境、多样的生物群落、丰富的母质种类和悠久的人类活动等原因的综合作用，造就了浙江省复杂多样、发育完善的土壤类型，这使得人为土、盐成土、潜育土、均腐土、富铁土、淋溶土、雏形土和新成土等各个土纲的土壤在浙江省范围均有或多或少的分布。

第2章 主要成土过程与诊断特征

成土过程也称为土壤形成过程,它是指在各种成土因素的综合作用下,土壤发育、变化的过程。成土过程是土壤中各种物理、化学和生物作用的总和,包括岩石的崩解、矿物质和有机质的分解、合成以及物质的淋失、淀积、迁移和生物循环等。在不同的地形部位、气候条件、生物类型的组合下,其物理、化学和生物作用的主次、强弱也各不相同,具有优势的作用,其结果就会在土壤剖面中得以显性表现,从而形成具有特定剖面形态和肥力特征的土体。

2.1 主要成土过程

浙江省地处亚热带湿润季风区,地形地貌复杂、气候多变、生物多样、人为活动频繁,成土过程也相对复杂多样。全省土壤主要有人为土、盐成土、潜育土、均腐土、富铁土、淋溶土、雏形土和新成土等土纲,主要的成土过程有有机质聚积过程、脱硅富铁铝过程、盐积与脱盐过程、钙积与脱钙过程、黏化过程、潜育化与潴育化过程、耕作熟化过程等。

2.1.1 有机质聚积过程

有机质聚积过程是指草本、木本植被的枯枝落叶、根系等植物残体或分泌物所产生的有机物质进入土体并在其上部不断聚积的过程。有机质聚积过程在各种土壤类型中都存在,这一过程可简单概括为三种类型:草毡化、腐殖化和泥炭化。浙江省地处亚热带沿海,水、热条件充足,有机物质的分解较快,土体有机质聚积过程以腐殖化和泥炭化为主。在山地土壤中,枯枝落叶分解至表土腐殖大量淀积并向风化淀积层渗透,形成了暗瘠表层、暗沃表层和腐殖质特性;在水网平原区、滨海平原区,湖沼相、湖海相沉积物母质发育的土壤中,有机物质在高水位、厌氧环境下,形成了腐泥层、泥炭层。

2.1.2 脱硅富铁铝过程

在热带、亚热带高温高湿的条件下,土壤物质由于硅酸盐矿物的风化、分解,释放出大量的盐基物质,从而使土壤溶液趋向中性或弱碱性反应,可溶性盐、碱金属、碱金属盐基及硅酸随着水分运动迁出土体并大量流失,形成了脱硅过程。与此同时,土壤中的铁、铝等元素则在中性及碱性环境下生成沉淀而滞留,造成铁、铝、锰等氧化物的相对富集,这样的一个过程称之为脱硅富铁铝过程。盐基的淋失和活性铁、铝的富集,形成了铁铝层和低活性富铁层等诊断特征。

浙江省地处亚热带季风气候带,富铁铝作用的强度中等,低活性富铁层较常见,而铁铝层则较少形成。

2.1.3　盐积与脱盐过程

盐积过程主要是指地表水、地下水及其母质中所含的盐分在土壤水运动的作用下逐渐在土体中积聚的过程。脱盐过程则是本身含盐较高或受盐积影响的土壤在自然水或人工灌水的淋洗作用下，盐分随水流失的过程。在浙江省，盐积与脱盐过程主要发生在滨海土壤中，盐积过程主要由海水涨落浸退而引起，多发生于河口、海岸潮间带。

2.1.4　钙积与脱钙过程

钙积是指土壤水中的可溶性重碳酸盐在土壤脱水或二氧化碳分压减少的情况下，平衡反应向碳酸根方向移动，转化为难溶的碳酸钙、碳酸镁等碳酸盐沉淀，残留于土体中。脱钙过程则是在淹水条件下，由于水中 CO_2 的存在，平衡朝着碳酸氢根方向移动，难溶性碳酸盐转化为可溶的重碳酸盐随水流失。在浙江省，钙积与脱钙的过程主要发生于滨海土壤中，主要由海水浸退引起。

土壤溶液中还存在着如下的平衡：$CO_3^{2-}+H_2O+CO_2 \rightleftharpoons 2HCO_3^-$。

在浙江省滨海土壤中，盐积与脱盐过程以及钙积与脱钙过程都同时并存，以河流入海口附近尤为明显。这一过程中，河流入海所携带的大量泥砂随着地势变平、流速降低以及海水的顶托絮凝作用不断沉积，海岸线向外延伸而形成潮间带，在潮汐的影响下土体不断受海水浸渍，盐分不断积累，随着海水落退，土体中二氧化碳分压减少，碳酸盐絮凝淀积。因而在滨海土壤中，盐积与脱盐、钙积与脱钙这四个过程总是伴随发生的，在不同的成土时期，各个过程所处的主导地位不一。

浙江省海岸线曲折，近海泥砂沉积明显，受海水影响的土壤分布也相对较广，但由于受长江和省内河流淡水的影响，含盐量相对较低，因此沿岸土壤中具有高盐含量的盐积层的海积盐成土分布面积也相对较少，低含量的盐积现象土层则分布较广。由于浙江省人多地少，土壤资源相对稀缺，滨海浅滩被认为是浙江省最为重要的土壤资源储备，滩涂围垦是浙江省对这一资源开发利用的重要途径之一，人工干预的脱盐脱钙是围垦土壤的主导成土过程。

2.1.5　黏化过程

黏化过程是指由于淋溶淀积或土内风化等作用而使土体的部分土层黏粒含量相对增加的过程。土壤黏化过程可分为淀积黏化和残积黏化。

淀积黏化是指在暖温带或北亚热带的湿润气候地区，土壤表层（亚表层）的层状硅酸盐黏粒经过分散，随着土壤水悬浊液向下迁移至下层土体并淀积的过程。淀积黏化所形成的黏化层具有明显的泉华状光性定向黏粒，结构面上有明显的胶膜。在此过程中，黏粒只作迁移淀积而本身未发生变化，因此也称原生黏化。浙江省地处亚热带，土壤的黏化过程以淀积黏化，即原生黏化为主。

残积黏化是指在温暖的半湿润半干旱地区，土壤中的原生矿物在土体内继续风化形成黏粒并就地聚集的过程，也称之为次生黏化。在这个过程中，黏粒的形成可以是由原生矿物蚀变而来，也可以是由可溶性或无定形风化产物合成。水、二氧化碳和有机酸是这些原生矿物发生风化的主要营力。在水解作用、溶解作用、离子交换作用和氧化还原作用的影响下，这些原生矿物经降解变质，形成了以2∶1型或2∶1∶1型黏粒矿物为主的残积黏化层。

2.1.6　潜育化与潴育化过程

由于土壤长期渍水，土体中的有机物质嫌气分解，铁、锰氧化物强烈还原，土体基色向蓝灰色或青灰色变化的这一过程，称之为潜育化过程。潜育化过程的发生需有两个必备条件：一是土体渍水；二是有机物质的嫌气分解。当土体常年或季节性淹水时，土体中的水、气失调，氧化还原电位降低，还原性物质富集，土体中显色的铁、锰等氧化物被还原成低价离子或形成络合物，随着水分运动而产生淋溶迁移或流失。受潜育化作用影响，土体中往往可见黄褐色的亚铁斑团——潜育斑。

潴育化过程则是由于地下水位的起伏、波动而引起土体中氧化还原作用的交替出现，从而土体中铁、锰元素随着水分上下运动和产生分离。受潴育化作用水分上下运动的影响，土体中的铁、锰氧化物分离，由于锰离子的移动性较铁离子稍强，在该土层中往往铁富集于层次中部，而锰则相对富集于层次的上下两端，形成了铁、锰的相对分离。

潜育化过程主要发生于地势相对低洼的水耕人为土或沼泽地潜育土中，底土层出现较普遍，潴育化过程的发生部位较潜育化稍高。在浙江省杭嘉湖平原、宁绍平原及温瑞平原地势相对低洼的、发源于湖沼相母质的水耕人为土，因地下水位较高，60 cm内即有潜育特征出现，形成了潜育水耕人为土。浙南的丘陵山区，受田面长期人为滞水的影响，潜育特征出现层位也较高，山谷荡田中有较多的潜育水耕人为土分布。

2.1.7　耕作熟化过程

浙江省地处长江下游，农耕历史悠久，长期循环往复的耕作、施肥、灌溉以及种植、收获等过程对土壤的形成产生了极为深刻的影响，这种人为活动的影响，促进了土壤中水、肥、气、热等因素的不断协调，使成土过程向着有利于农作物高产、优质的方面转化，这样一种特殊的成土过程，称之为耕作熟化过程。耕作熟化过程是人为土形成的最主要过程，可分为水耕熟化和旱耕熟化。

水耕熟化是指经过人工平整的土地在长期、周期性的淹水条件下进行耕作、培肥和改良。水耕人为土是浙江省最重要的耕作土壤类型，无论是平原盆地区还是丘陵河谷区均有分布，总面积达200万 hm^2，占全省土壤总面积的20%以上。水耕熟化过程主要发生于水耕表层（耕作层和犁底层）。在周期性的排灌、施肥、耕耘、轮作下，耕作层土壤经历着频繁而强烈的氧化还原交替作用，表现出一个明显的"假潜育"过程：施入土壤的有机肥或残留于土中的根茬、秸秆等有机物质在嫌气、好气、兼性的作用下分解，充当了土壤电化学中强而有力的电子授体，从而使土壤中占有一定比例的易变价、显色的游离态铁、锰获得电子而被还原，而原先相对稳定的高价铁、锰化合物则变成还原态易迁移的活性成分，部分随着静水下渗而向下移动，部分随着地表排水而流失，土体基色向青灰色变迁。当耕层排水落干后，强烈的氧化作用又随之发生，滞留于土体中的低价铁、锰又随即被氧化，沉积为红色的无定形铁、锰氢氧化物凝胶或隐晶、微晶针铁矿和纤铁矿。在淹水条件下，耕作层的粉黏粒及可溶性磷、钾等养分元素，也随着地表排水和土体下渗而发生迁移、流失，粉黏粒、磷素等物质在下层土体中淀积，使亚表层与表层土壤在结构、理化性质上都形成了明显的差异，容重比达 1.1 以上，从而形成了水耕人为土的特有土层——犁底层。

旱耕熟化是指自然土壤经人为垦耕后，种植水果、蔬菜及旱粮等作物，在长期耕作、施肥等影响下，形成具有特定属性的旱作土壤的过程。相对于水耕熟化过程，旱耕对土壤形成的影响明显要少，因而熟化的过程也相对缓慢。浙江省地形地貌复杂多样，耕地资源有限，在不宜水耕的丘陵山区，旱作耕种零星而普遍存在。土壤进行旱耕后，随着熟化度的提高，表层有机质含量显著增加，且由于施肥和生物积累作用，土壤复盐基明显，盐基饱和度也相应增加。

2.2　诊　断　层

土壤诊断层是指土壤系统分类中用于鉴定土壤类别的，在性质上有一系列定量规定的特定土层，它是土壤发生层的定量化和指标化。若用于分类目的的不是土层，而是具有定量规定的土壤性质，则称为诊断特性。若在性质上已发生明显变化，但不能完全满足诊断层或诊断特性规定的条件，但在土壤分类上具有重要意义，即足以作为划分土壤类别依据的，则称为诊断现象。所有这些诊断层以及符合诊断特性、诊断现象的性状，均称为诊断特征。

《中国土壤系统分类检索（第三版）》设有 33 个诊断层、20 个诊断现象和 25 个诊断特性（表 2-1）。

表 2-1　中国土壤系统分类诊断层、诊断现象和诊断特性

诊断层			诊断特性
（一）诊断表层	（二）诊断表下层	（三）其他诊断层	
A.有机物质表层类	1.漂白层	1.盐积层	1.有机土壤物质
1.有机表层	2.舌状层	盐积现象	2.岩性特征
有机现象	舌状现象	2.含硫层	3.石质接触面
2.草毡表层	3.雏形层		4.准石质接触面
草毡现象	4.铁铝层		5.人为淤积物质
B.腐殖质表层类	5.低活性富铁层		6.变性特征
1.暗沃表层	6.聚铁网纹层		变性现象
2.暗瘠表层	聚铁网纹现象		7.人为扰动层次
3.淡薄表层	7.灰化淀积层		8.土壤水分状况
C.人为表层类	灰化淀积现象		9.潜育特征
1.灌淤表层	8.耕作淀积层		潜育现象
灌淤现象	耕作淀积现象		10.氧化还原特征

续表

诊断层			诊断特性
（一）诊断表层	（二）诊断表下层	（三）其他诊断层	
2. 堆垫表层	9. 水耕氧化还原层		11. 土壤温度状况
堆垫现象	水耕氧化还原现象		12. 永冻层次
3. 肥熟表层	10. 黏化层		13. 冻融特征
肥熟现象	11. 黏磐		14. *n* 值
4. 水耕表层	12. 碱积层		**15. 均腐殖质特性**
水耕现象	碱积现象		**16. 腐殖质特性**
D. 结皮表层类	13. 超盐积层		17. 火山灰特性
1. 干旱表层	14. 盐磐		**18. 铁质特性**
2. 盐结壳	15. 石膏层		**19. 富铝特性**
	石膏现象		**20. 铝质特性**
	16. 超石膏层		**铝质现象**
	17. 钙积层		21. 富磷特性
	钙积现象		富磷现象
	18. 超钙积层		22. 钠质特性
	19. 钙磐		钠质现象
	20. 磷磐		**23. 石灰性**
			24. 盐基饱和度
			25. 硫化物物质

注：加粗字体为浙江省土系涉及诊断层、诊断现象和诊断特性

　　根据浙江省的成土环境及其特点，本次土系调查涉及 6 个诊断表层：暗沃表层、暗瘠表层、淡薄表层、堆垫表层、肥熟表层、水耕表层；7 个诊断表下层：漂白层、雏形层、低活性富铁层、聚铁网纹层、耕作淀积层、水耕氧化还原层、黏化层；1 个其他诊断层：盐积层；13 个诊断特性：岩性特征、石质接触面、准石质接触面、土壤水分状况、潜育特征、氧化还原特征、土壤温度状况、均腐殖质特性、腐殖质特性、铁质特性、铝质特性、石灰性和盐基饱和度；6 个诊断现象：堆垫现象、肥熟现象、耕作淀积现象、盐积现象、潜育现象和铝质现象。诊断层、诊断特性和诊断现象的具体指标参数，详见《中国土壤系统分类检索（第三版）》。

2.2.1　暗沃表层

　　暗沃表层是自然土壤中有机质在表层大量聚积的结果，并且它要求盐基饱和度>50%，主要分布于森林和草原土壤中。在浙江省，主要分布于丘陵山区，母质以玄武岩、泥质灰岩和灰质泥岩为主，pH 为 5.5 以上，表层（含亚表层）厚度约 25~40 cm，有机碳含量为 10~20g/kg。由于浙江省地处亚热带，有机物质分解较快，且丘陵山区土壤以酸性为主，因此相对不利于暗沃表层的形成，分布面积相对较少。

2.2.2　暗瘠表层

暗瘠表层也是自然土壤中有机质在表层大量积累的结果，除盐基饱和度<50%外，其余指标均同暗沃表层，因此它的母质来源限制相对要宽，在酸性岩母质上仍可形成。在浙西、浙南的森林或草地土壤中，分布面积较暗沃表层要大。在浙江省部分落叶林或草被植物分布茂盛的区域，表层有机碳含量可达 40~80g/kg（如天堂山系），盐基饱和度则为 30%~50%，甚至低于 30%。

2.2.3　淡薄表层

淡薄表层是浙江省旱地土壤中分布最广的诊断表层。由于气温较高，降水量较大，有机物质相对不易在表层中大量聚积，它们或是高有机碳表层的厚度不足 25 cm，或是表层颜色相对于母质层无明显暗化。

淡薄表层普遍存在于富铁土、淋溶土、雏形土和新成土等土壤中，相对而言，表层有机碳达到 6g/kg 更易形成（表 2-2），因此表层厚度和颜色是影响淡薄表层形成的主要原因。

表 2-2　淡薄表层表现特征统计

| 土纲 | 厚度/cm | | 干态明度 | 干态彩度 | 润态明度 | 润态彩度 | 有机碳/（g/kg） | |
（土系个数）	范围	平均					范围	平均
富铁土（4）	6~20	12.5	5~6	4~8	4~5	4~8	10.6~21.3	14.9
淋溶土（21）	6~27	17.5	3~7	2~8	3~7	2~8	2.4~52.4	17.5
雏形土（42）	5~30	16.9	4~7	2~8	3~6	2~8	0.9~51.5	17.0
新成土（10）	10~30	18.7	4~8	2~8	3~8	2~6	1.5~15.2	6.4
合计（77）	5~30	17.4	3~8	2~8	3~8	2~8	0.9~52.4	17.1

2.2.4　堆垫表层和堆垫现象

在浙北水网平原区，河塘清淤以及水田开辟的过程中，在河道两旁或田埂之间堆积土壤，形成旱作耕地这一极为普遍的现象，由于长期施用土粪、土杂等，因而就形成了堆垫表层和堆垫现象。这些旱作耕地或用于种植蔬菜、杂粮，或用于种植桑树，堆垫层的厚度为 20~60 cm，部分区域甚至可达 100 cm，土壤有机碳含量加权约 10~20 g/kg，细土质地以壤土-粉砂壤土为主。

2.2.5　肥熟表层与肥熟现象

浙江省农耕历史悠久，但耕地资源稀缺，因此无论是滨海平原区、水网平原区，还是河谷平原区、丘陵山区，旱作都普遍存在。河谷平原和水网平原区的旱地，特别是城市近郊的耕地，耕作历史相对更长，且在过去长期种植蔬菜等，大量施用人畜粪尿、厩肥和土杂肥，更易形成厚度 25~35 cm 的耕作表层（含亚表层）。在丘陵山区以梯地为主，零散分布,滨海平原区则相对有连片大畈,但这两大区域的旱作耕地的耕作历史相对较短,一般不易形成厚度 25 cm 以上的肥熟表层,而以肥熟现象为主。

浙江省属沿海经济相对发达的地区,近年来,随着经济发展和人民生活水平的提高,人畜粪尿、厩肥、土杂肥等有机肥源和使用都越来越少,因此耕作层退化再现较为普遍和严重,特别城市化的发展,近郊的耕地大量转变为建筑用地,具有肥熟表层的土壤也在不断减少。

2.2.6　耕作淀积层与耕作淀积现象

耕作淀积层是指旱地土壤长期受农业耕作影响而使腐殖质、黏粒、磷素等物质在耕作层之下形成一定量的淀积的土层,因此它是紧接于肥熟表层或具有肥熟现象的耕作层之下。因此,耕作淀积层和耕作淀积现象总是随着肥熟表层或肥熟现象的存在而产生,是旱地耕作土壤的表下层。

2.2.7　水耕表层与水耕氧化还原层

长期而周期性的淹水耕作和培肥,形成了特有的水耕表层和水耕氧化还原层等诊断特征。水稻是浙江省最主要的农作物之一,且种植历史悠久,因此具有水耕表层和水耕氧化还原层的水耕人为土也是浙江省最主要的耕地资源之一。

水耕表层由耕作层和犁底层组成,其总厚度要求≥18 cm,并且要求犁底层与耕作层的容重之比≥1.1(表 2-3)。因种植水稻的收益相对较低,为追求更高的经济效益,近十几年来浙江省水田改旱作的现象普遍存在。同时,为减少劳动力成本,少耕免耕技术也在浙江省平原区大力推广。这些现象和农作措施,在短期内尚不足对水耕氧化还原层产生明显的影响,但它一方面使水耕表层不断变浅,另一方面也使犁底层不断遭受破坏。因此,若严格按照定义的尺度来界定,则具有水耕表层的土壤也在不断减少,逐步退化为水耕现象。

表 2-3　水耕表层属性统计

土类	耕作层		犁底层		容重比	
	厚度/cm	容重/(g/cm³)	厚度/cm	容重/(g/cm³)	范围	平均
潜育水耕人为土	12~18　15.7	0.76~1.14　0.95	4~13　9.1	1.03~1.41　1.20	1.13~1.71	1.27
铁渗水耕人为土	15~24　18.8	0.94~1.23　1.07	8~12　9.5	1.36~1.54　1.42	1.13~1.63	1.34
铁聚水耕人为土	9~20　15.3	0.89~1.32　1.08	6~19　11.6	1.13~1.51　1.29	1.11~1.44	1.20
简育水耕人为土	11~21　16.3	0.89~1.22　1.08	9~22　13.2	1.03~1.43　1.28	1.10~1.28	1.19
合计/年均	9~24　15.9	0.76~1.32　1.06	4~22　11.6	1.03~1.54　1.29	1.10~1.71	1.22

2.2.8　漂白层

由于受地下水或侧渗水的影响,土体中的黏粒和游离态氧化铁淋失,土体颜色发生淡化,形成以砂粒和粉粒为基色的漂白物质,即为漂白层。它要求厚度≥1 cm,漂白物质占土体 85%以上。在浙江省，具有漂白层的土壤主要出现于丘陵缓坡地带或河谷阶地外缘的人为土中。因受地下水、侧渗水影响作用的不同，漂白层在土体中出现的层位也有差异，其中受侧渗水影响明显的一般于土体 60 cm 内出现（如西江系），主要受地下水影响的则一般出现于土体 60 cm 以下或底部（如环渚系）。

2.2.9　雏形层

在浙江省，雏形层主要形成于常湿、潮湿和湿润土壤水分状况的土壤中，风化层已形成了土壤结构发育，但尚无明显的黏粒、腐殖质等物质淀积和铁、锰等氧化物的明显迁移，以雏形土纲为主，均腐土、富铁土、淋溶土等土纲也有少量存在。

2.2.10　低活性富铁层

浙江省地处亚热带，土壤中脱硅富铁铝过程较为明显。低活性富铁层是指在湿热、温热的条件下，矿物中度风化、盐基强烈淋溶、铁铝氧化物相对富集、低活性黏粒聚积而形成的诊断特征。在浙江省，低活性富铁层主要分布于浙西南变质岩母质和金衢盆地第四纪红土母质发育的土壤中，其黏粒 CEC_7 约 20~24 cmol/kg，润态色调约 5YR~7.5R，游离态氧化铁（Fe_2O_3）含量约 25~50 g/kg，厚度约 50~100 cm，出现层位 30~80 cm。

2.2.11　聚铁网纹层

聚铁网纹层是指由铁、黏粒和石英等混合，并分凝成多角状或网状红色或暗红色的富铁、贫腐殖质聚铁网纹体组成的诊断特征的土层，在浙江省主要分布于第四纪红土母质发育的土壤中，出现于土体底部，具体层位 40~120 cm。

2.2.12　黏化层

黏化层主要是指由上覆土层的黏粒随悬浊液向下迁移淀积的原生淀积作用或由原生矿物经内风化而就地形成黏粒的次生黏化作用导致黏粒在一定深度内积聚并达到一定量的诊断特征。在浙江省，具有黏化层的土壤在省内各地均有分布，以浙中、浙南土壤中相对较多。由于母质类型、地形部位和地表植被等差异，黏化层的出现层位、厚度和黏粒含量的变幅差异也较大，出现层位 10~80 cm，厚度约 30~180 cm，黏化层的黏粒含量在各个土类、亚类中无明显的变化规律，黏粒含量在 125~150 g/kg 的，较上覆盖土层黏粒含量增加 30 g/kg 以上；黏粒含量 150~400 g/kg 的，为上覆淋溶层的 1.2 倍以上；黏粒含量在 400~530 g/kg 的，则较上覆盖淋溶层增加 8%以上。

2.2.13　盐积层与盐积现象

浙江省地处东南沿海，盐积层和盐积现象均出现于东部的滨海涂地土壤中，土壤中的盐分主要来源于海水浸渍影响。受长江口、钱塘江口淡水影响，浙江省沿海的海水含盐量相对较低，因而沿岸受海水浸渍的土壤，其可溶性全盐含量也均不高。距江河出海口较远且尚未利用的潮滩土壤，其含量约 10~20 g/kg，且分布面积也较小；靠近江河出水口的未利用地，含盐量则在 2~10 g/kg，以盐积现象为主，分布面积稍大。

2.3　诊　断　特　性

2.3.1　岩性特征

根据浙江省的成土母质类型分布特点,土表至 125 cm 内土壤性状明显或较明显地保留母岩或母质的岩石学性质特征的岩性类型主要有:冲积物岩性特征、砂质沉积物岩性特征、紫色砂-页岩岩性特征、红色砂-页-砂砾岩岩性特征和碳酸盐岩岩性特征。在浙北和东部平原区,以冲积物岩性特征为主;金衢盆地、新嵊盆地、天台盆地等,则是砂质沉积物、紫色砂-页岩、红色砂页岩岩性特征的主要分布区;碳酸盐岩岩性特征主要分布于钱塘江、浙西和浙西北地区。

2.3.2　石质接触面与准石质接触面

石质接触面是指土壤与紧实黏结的下垫物质(岩石)之间的界面层,不能用铁铲挖开。根据浙江省母岩岩性特征,石质接触面主要发生于花岗岩、凝灰岩、变质岩、石英砂岩、石灰岩等风化物母质发育的土壤中,出现层位 20~150 cm。

准石质接触面是指土壤与连续黏结的下垫物质之间的界面层,湿时用铁铲可勉强挖开。在浙江省内,这类土壤母质以砂岩、泥页岩和花岗岩半风化体为主,出现层位 15~100 cm。

2.3.3　土壤水分状况

浙江省地处亚热带季风气候区,全省年均降水量约 1100~1900 mm,局部小于 800 mm或大于 2000 mm,土壤水分状况主要包括人为滞水、滞水、常潮湿、潮湿、常湿润、湿润等类型(表 2-4)。

表 2-4　土壤水分状况统计

亚纲名称	土壤水分状况	土系数	亚纲名称	土壤水分状况	土系数
水耕人为土	人为滞水	54	潮湿雏形土	潮湿	15
旱耕人为土	潮湿	2	常湿雏形土	常湿润	6
正常盐成土	常潮湿	2	湿润雏形土	湿润	24
滞水潜育土	滞水	2	人为新成土	潮湿	1
湿润均腐土	润湿	2	冲积新成土	常潮湿	2
湿润富铁土	湿润	4	冲积新成土	潮湿	3
湿润淋溶土	湿润	21	正常新成土	湿润	6

2.3.4　潜育特征与潜育现象

潜育特征和潜育现象主要出现于具有人为滞水土壤水分状况、滞水土壤水分状况和潮湿土壤水分状况的土体中,以水耕人为土亚纲和潜育土土纲为主,少量出现于具有潮湿土壤水分状况的雏形土、新成土土体底部。

2.3.5　氧化还原特征

氧化还原特征是指由于潮湿、滞水或人为滞水土壤水分状况的影响，土体在大多数年份受季节性水分饱和，发生氧化还原交替作用而形成的特征，主要以铁锰锈纹锈斑等物质为表征。浙江省年均降水丰富，且在季节分布上较为不均，因此土体出现季节性水分饱和的情况较为常见，氧化还原特征的出现较为普遍，但在不同的土壤中，其出现层位和强度可能存在较为明显的差异。

2.3.6　土壤温度状况

土壤温度状况是指土表下 50 cm 深处或浅于 50 cm 的石质、准石质接触面处的土壤温度。浙江省地处亚热带季风气候区，受海拔、经纬度等影响，年均气温约 7.9~18.5℃，50 cm 深度年均土温约 10.4~21.0℃，南高北低，南北温差约 3℃，年均土温较年均气温高 2.5℃，只有部分海拔 600~800 m 以上的中山区具有温性土壤温度状况。

2.3.7　均腐殖质特性

均腐殖质特性是指森林或草原土壤中的土体有机质随着根系分布深度而减少，但无陡减的特性，要求土表至 20 cm 处与土表至 100 cm 处的腐殖质含量比（Rh）≤0.4，且土体上部无有机现象，C/N<17（表 2-5）。

表 2-5　典型土系代表性土体均腐殖质特性属性统计

土系名称	土族名称	100 cm SOC 储量 / （kg/m²）	Rh	C/N
大明山系	壤质硅质混合型酸性温性-普通简育滞水潜育土	30.75	0.08	14.2
着树山系	黏壤质混合型非酸性热性-斑纹黏化湿润均腐土	8.95	0.28	8.0
天荒坪系	粗骨壤质硅质混合型非酸性热性-普通简育湿润均腐土	11.01	0.30	15.6
天堂山系	砂质硅质混合型酸性温性-腐殖铝质常湿雏形土	25.36	0.34	12.7

2.3.8　腐殖质特性

腐殖质特性是指土体中除表层外，在 B 层也有腐殖质的淋溶淀积或重力淀积的现象，且从上向下逐渐减少，并且土表至 100 cm 深度内土壤有机碳总储量≥12 kg/m²。腐殖质特性零星分布于浙江省的林地土壤中（表 2-6）。

2.3.9　铁质特性与铝质特性

铁质特性要求土体整个 B 层的润态色调为 5YR 或更红，或者游离态氧化铁含量≥20 g/kg。铝质特性指的是除铁铝土和富铁土以外的土壤中铝富集并有大量 KCl 浸提性铝存在的特性。浙江省地处亚热带地区，土壤脱硅富铁铝过程明显，丘陵山区土壤中整个 B 层或是部分亚层存在铁质特性、铝质特性或铝质现象的情况较为普遍。

表 2-6　典型土系代表性土体腐殖质特性属性统计

土系名称	土族名称	100 cm SOC 储量 / (kg/m²)
大明山系	壤质硅质混合型酸性温性-普通简育滞水潜育土	30.75
上山铺系	壤质硅质混合型酸性温性-腐殖铝质湿润淋溶土	20.92
天堂山系	砂质硅质混合型酸性温性-腐殖铝质常湿雏形土	25.36
东天目系	壤质硅质混合型酸性温性-腐殖铝质常湿雏形土	13.37
西天目系	壤质硅质混合型酸性温性-腐殖铝质常湿雏形土	16.02
黄源系	壤质硅质混合型酸性温性-腐殖铝质常湿雏形土	21.19
大溪系	粗骨壤质硅质混合型热性-腐殖酸性湿润雏形土	18.05
许家山系	砂质硅质混合型热性-腐殖酸性湿润雏形土	13.04

2.3.10　石灰性

石灰性要求土体 0~50 cm 内各层的 $CaCO_3$ 当量物 ≥10 g/kg，用 1:3 的 HCl 溶液处理时具有泡沫反应。在浙江省，这类土壤主要分布于东南沿海具有海相、河海相沉积物母质地区的盐成土、雏形土和新成土等土纲，另外在水耕人为土中也有少量土系土体的中下部层次具有石灰性。

2.3.11　盐基饱和度

对于铁铝土和富铁土之外的土壤中，盐基饱和度 ≥50% 则称为盐基饱和，<50% 则称之为盐基不饱和；而对于铁铝土土纲和富铁土土纲，则当盐基饱和度 ≥35% 时即称之为盐基饱和，<35% 时称之为盐基不饱和。

第3章 土壤分类

土壤分类是土壤科学发展水平的标志，是土壤调查制图的理论基础，是因地制宜合理利用土壤资源、培肥改良土壤和推广农业技术的依据之一，也是国内外土壤信息交流的媒介。因此，在自然科学领域，土壤分类具有学术理论和生产实践上的重要意义。随着科学的进步，土壤分类也在迅速地发展。自20世纪30年代起至今，浙江省近代土壤分类研究工作大致经历了马伯特分类、发生分类和系统分类三个发展阶段。

3.1 土壤分类沿革

3.1.1 马伯特分类

20世纪30年代初，美国土壤学家梭颇（J.Thorp）来华帮助工作，他在《中国之土壤》一书中采用了当时美国的土壤分类——马伯特分类。我国的老一辈土壤工作者根据野外实地考察和室内研究结果，吸取国外土壤分类经验，首次制定了我国土类—亚类—土系—土相4个级别的中国土壤分类体系，至40年代末已在全国初步确立了2000个土系。同期，老一辈土壤学家马寿徵、余皓、侯光炯、朱莲青、宋达泉、马溶之等相继在浙江省从事土壤调查工作，他们密切联系生产和土壤利用状况，对浙江省内的土壤概况作了阐述，划分出了灰棕壤、红壤、幼红壤、紫棕壤、无石灰性冲积土、湿土、盐渍土和脱盐土8大土类，在土类下对一部分重要土壤再进行了详细研究，提出了类似土族的分类名称，如"通透性湿土"和"黏闭性湿土"。

50年代初期，浙江省农业科学研究所土肥系的吴本忠、俞震豫、周介方、王士卓、李实烨等老一辈科学家先后对钱塘江两岸的棉麻区旱地土壤和附近的水稻土、衢州专区、新登县等土壤进行了调查，绘制了1：10万的土壤分布图和农作物分区图。通过调查，确立了红壤、黄壤、石质土、紫色土、冲积土、湿土和盐土等土类及下分若干土系，首次编制了《浙江省土壤分类表》。

3.1.2 土壤发生分类

1954年，我国土壤学界学习前苏联土壤分类经验，受土壤地带性学说影响，采用以地理发生为基础、以成土条件为依据、以土类为基本单元的分类体系，称之为土壤发生分类。该分类包括土类、亚类、土属、土种和变种五级分类制，沿用至今。

1958~1959年，在全省范围开展了第一次土壤普查，以耕地为重点进行详细调查。对全省土壤类型的划分，首先根据农民群众区分土壤的方法，以耕作性能、生产性能和具体的理化性状差别为依据，把最小的分类单元称为土种，然后逐级归纳至土组、土科，形成了三级分类制，把全省土壤划分为391个土种，归纳为73个土组，19个土科，归属于四大自然土区：滨海滩涂区、河网平原区、河谷平原区和丘陵山岳区。20世纪 70

年代，为使该分类体系对全省的发生类型具有更大的概括性和更具体地反映占 70% 的山地土壤属性，俞震豫提出在土科之上，增设土类、亚类两级，对原有 19 个土科进行必要调整和增补，将全省土壤划分为 7 个土类、18 个亚类、32 个土科。

1979 年，全国开展了第二次土壤普查，提出了一个全国统一的分类体系——《全国第二次土壤普查土壤工作分类暂行方案》，供各地参照执行。浙江省在俞震豫、王人潮、严学芝、魏孝孚等土壤学家的带领下，历时 5 年，完成了以县级为单位的全省土壤调查，再经 5 年，经过县、地（市）、省三级的数据汇总，6 次修订，于 1989 年 2 月完成了浙江省土壤分类系统定稿。该分类系统为土类—亚类—土属—土种四级分类制，把全省土壤共划分为 10 个土类、21 个亚类、99 个土属、277 个土种。长达 10 年的第二次土壤普查成果丰硕：每个调查县都形成一套县级土壤志和 1∶5 万土壤图；地市级汇总形成一套市级土壤志；省级形成了 1∶25 万、1∶50 万土壤图各 1 套，1∶100 万系列图（土壤图、母质图、利用现状图、改良利用分区图、酸碱度碳酸钙图、有机质图、全氮图、全磷图、全钾图、速效磷图、速效钾图、有效铜图、有效铁图、有效锰图、有效锌图、有效硼图、有效钼图）1 套，《浙江土壤图集》、《浙江土壤》和《浙江土种志》各 1 套。浙江省第二次土壤普查是以全国第二次土壤普查分类系统为基础，是一个半定量的分类体系，仍属于地理发生分类。

3.1.3　土壤系统分类

定量化、标准化、国际化是目前世界土壤分类的发展趋势，为了便于国际交流，从 1984 年开始，在中国科学院南京土壤研究所的主持下，先后同 30 多个高等院校和研究所合作，进行了长达 10 年的中国土壤系统分类研究。经多次交流和修改，于 1991 年出版了《中国土壤系统分类（首次方案）》，1995 年出版了《中国土壤系统分类（修订方案）》，把我国土壤高级单元共划分为 14 个土纲、39 个亚纲、141 个土类、595 个亚类。土族、土系等基层单元的分类研究起步相对较晚。

20 世纪 90 年代初，浙江农业大学土化系和浙江省农业科学院土壤肥料研究所开始了浙江省土壤系统分类研究。1993 年，俞震豫等根据《中国土壤系统分类（首次方案）》，结合浙江省第二次土壤普查分类系统，初步拟定了《浙江省土壤系统分类表》。随后，魏孝孚、历仁安、章明奎等在国家和浙江省自然科学基金的资助下，以衢县白水畈为样区，进行了土族、土系的基层分类调查和制图研究。

3.1.4　历史土系划分

早在 1999 年，魏孝孚、历仁安、章明奎等以土系作为制图单元，在浙江省衢州市衢县（今衢江区）杜泽镇白水畈进行了 1∶1 万土壤调查制图研究，共建立了 25 个土系（表 3-1），并绘制了样区土系分布图（魏孝孚等，2001）。

结合样区调查，章明奎等又以《浙江土种志》和相关的第二次土壤普查数据为依据，通过系统分类检索，建立了 152 个土系（其中包含有样区调查中建立的 4 个土系），并于 2000 年出版了《浙江省土系概论》。

表 3-1　浙江省衢县（衢江区）样区土系划分简况

土系	土族	诊断特征	主要性状
西江系	壤质硅质混合型热性-普通潜育水耕人为土	水耕表层、青泥层	粉砂壤土-粉质黏壤土，在水耕表层下即为具有潜育特征的青泥层，厚度 30 cm 左右，灰色（10Y 4/1，润），软糊无结构，有亚铁反应，Fh 值为 0.63
白水系	壤质硅质混合型热性-普通铁渗水耕人为土	水耕表层、铁渗淋层、砾石层	粉砂壤土，在水耕表层下即为铁渗淋层，厚度 30 cm 左右，浅灰色（2.5Y 5/1，润），块状或碎块状结构，其下部夹有砾石，Fh 值为 1.03，土体 50 cm 以下为砾石层
坎头村系	壤质硅质混合型热性-普通铁聚水耕人为土	水耕表层、铁锰斑纹层	粉砂壤土，水耕表层呈棕色（7.5YR 或 10YR，润），20~50 cm 为铁锰斑纹层，呈棕色（7.5YR 5/3，润）至黄棕色（2.5Y 5/4，润），块状或棱块状结构，中量或大量铁锰斑纹，Fh 值为 1.7~2.0
黄金龙系	壤质硅质混合型热性-普通铁聚水耕人为土	水耕表层、铁锰斑纹层、聚铁网纹层	粉砂壤土，铁锰斑纹层厚度为 50~70 cm，呈棕色（7.5YR 4/5，润）或黄棕色（10YR 5/6，润），块状或棱块状结构，中量或大量铁锰斑纹，Fh 值为 1.7~2.0，在 50 cm 以下出现母质中的聚铁网纹层，粉砂壤土，块状，紧实
前林系	壤质硅质混合型热性-普通铁聚水耕人为土	水耕表层、铁锰斑纹层、焦砾斑纹层	粉砂壤土，铁锰斑纹层厚 20~30 cm，以黄棕色（10YR，润）为主，块状结构，中量或大量铁锰斑纹，Fh 值为 1.51~2.02，40~50 cm 处为焦砾层，砾石含量 150~500 g/kg，细土为砂壤土或壤土，中量铁锰斑纹，Fh 值为 1.7~1.9
古山头村系	壤质硅质混合型热性-普通铁聚水耕人为土	水耕表层、铁锰斑纹层、砾石层	粉砂壤土，铁锰斑纹层厚 40~50 cm，黄棕色（10YR 6/3，润），黏壤土，块状结构，中量或大量铁锰斑纹，Fh 值>3.0，一般 60 cm 以下为砾石层
东溪系	砂壤质硅质混合型热性-普通简育水耕人为土	水耕表层、铁锰斑纹层、砾石层	砂壤土，水耕氧化还原层厚为 20~25 cm，黄棕色（10YR 6/3，润），碎块状结构，中量铁锰斑纹，夹有较多砾石，Fh 值>1.0，50 cm 以下为砾石层
下井系	壤质云母混合型非酸性热性-普通简育水耕人为土	水耕表层、铁锰斑纹层	暗紫色或红紫色（7.5RP~10RP，润），粉砂壤土-粉黏壤土，水耕氧化还原层厚 40~70 cm，块状或棱块状结构，中量孔状锈纹，Fh 值为 1.2~1.45
郑家系	壤质硅质混合型热性-普通简育水耕人为土	水耕表层、焦砾斑纹层、砾石层	水耕表层厚 30 cm，灰色（7.5Y 5/1，润），壤土，焦砾层厚 20~30 cm，砾石含量 350 g/kg 左右，中量铁锰斑纹，Fh 值为 1.24，细土质地壤土，其下即为砾石层
童家系	壤质硅质混合型热性-黄色简育湿润富铁土	暗瘠表层、均质红土层、褐斑红土层、聚铁网纹层	表层厚度 20~25 cm，灰棕色（7.5YR 4/2，润），有机碳含量 16~22 g/kg，低活性富铁层厚 30 cm 左右，以橙色（7.5YR，润）为主，粉砂壤土-粉质黏壤土，块状结构，微酸性，游离氧化铁含量 30~40 g/kg，黏粒 CEC_7 20~23.5 cmol/kg，土体中下部为褐斑红土层，中量铁锰斑纹（15%），夹有褐色豆状铁锰结核（10%）。90~100 cm 以下为聚铁网纹层

续表

土系	土族	诊断特征	主要性状
上林岗系	黏壤质硅质混凝土合型热性-网纹简育湿润富铁土	淡薄表层，均质红土层、聚铁网纹层	表层厚度 20~24 cm，浊红棕色（2.5YR 4/8，润），有机碳含量 20 g/kg 左右，粉质黏壤土，均质红土层厚 100~120 cm，暗红色（10R 4/8，润），粉质黏壤土，块状结构，酸性，游离态氧化铁含量 40~445 g/kg，黏粒 CEC$_7$ 20~22 cmol/kg，聚铁网纹层出现在 150 cm 处左右
上南山系	粗骨黏质高岭石型热性-网纹简育湿润富铁土	粗骨淡薄红土层、均质红土层、聚铁网纹层	表层为粗骨淡薄红土层，厚度<10 cm，砾石含量>500 g/kg，细土呈红棕色（2.5YR 4/8，润），有机碳含量<4.0 g/kg 左右，低落活性富铁层厚度为 30 cm 左右，暗红棕色（10R 4/8，润），黏土，夹中量砾石，土壤游离态氧化铁含量 70~80 g/kg，黏粒 CEC$_7$ 21~22.5 cmol/kg，40~50 cm 以下为聚铁网纹层
十里坪系	黏质高岭石型热性-网纹简育湿润富铁土	淡薄表层，均质红土层、聚铁网纹层	表层有机碳含量 15 g/kg 左右，浊棕色（7.5YR 4/6，润），粉砂壤土，屑粒状结构，微酸性，均质红土层厚 60~80 cm，红棕色（2.5YR 4/8，润），粉黏土，块状结构，酸性，游离态氧化铁含量 35~40 g/kg，黏粒 CEC$_7$ 22~23.5 cmol/kg。聚铁网纹层出现在 100 cm 以下
塘沿系	壤质硅质混合型热性-普通暗色潮湿雏形土	暗瘠表层、雏形层、聚铁网纹层	表层厚度 15 cm 左右，棕黑色（10YR 2/3，润），壤土，屑粒状结构，有机碳含量 26.5 g/kg，雏形层厚 40~50 cm，浊棕色（10YR 4/3，润），粉砂壤土，碎块状结构，中性，60~100 cm 出现下埋的聚铁网纹层
杜泽系	壤质硅质混合型热性-普通暗色潮湿雏形土	暗瘠表层、雏形层、砾石层	表土厚度≥20 cm，棕黑色（2.5Y 3/2，润），壤土，有机碳含量 10.5~25 g/kg，雏形层厚 15~20 cm，暗灰黄色（2.5Y 4/2，润），壤土，碎块状结构，微酸性，夹有较多砾石，40~50 cm 以下为砾石层
王村系	砂壤质硅质混合型热性酸性-淡色潮湿雏形土	淡薄表层、雏形层、砾石层	因长期耕作，表土为熟化层，可作为耕作熟化相，雏形层厚 20 cm 左右，亮黄棕色（10YR 6/6，润），砂壤土，块状或碎块状结构，少量铁锰斑纹与砾石，酸性，pH 为 4.5~5.0，40~60 cm 出现砾石层
西庄系	砂壤质硅质混合型热性酸性-淡色潮湿雏形土	淡薄表层、焦砾层、砾石层	因长期耕作，表土为熟化层，可作为耕作熟化相，其下为焦砾层，厚 20~30 cm，棕色（7.5YR 4/6，润），细土质地为砂壤土，碎块状结构，夹大量砾石与铁锰氧化物胶结紧实土层，酸性，pH 为 4.0~5.0，40~50 cm 以下为砾石层
章家系	壤质硅质混合型热性酸性-淡色潮湿雏形土	淡薄表层、雏形层、砾石层	因长期耕作，表土为熟化层，可作为耕作熟化相，雏形层厚 60~80 cm，黄棕色（10YR 5/6，润），壤土，块状结构，少量或中量铁锰斑纹，酸性，pH 为 4.0~5.0，砾石层出现在 80 cm 以下

土系	土族	诊断特征	主要性状
杜村系	壤砂质硅质混合型热性-普通淡色潮湿雏形土	淡薄表层、雏形层、砾石层	因长期耕作，表土为熟化层，可作为耕作熟化相，雏形层厚 10~15 cm，黄棕色（10YR 5/8，润），壤砂土，碎块状结构，少量铁锰斑纹，微酸性，pH 为 5.5~6.0，30~40 cm 以下为砾石层
分水系	砂壤质硅质混合型热性-普通淡色潮湿雏形土	淡薄表层、雏形层、砾石层	因长期耕作，表土为熟化层，可作为耕作熟化相，雏形层厚 50~70 cm，棕色（10YR 4/6，润）或黄棕色（10YR 5/8，润），砂壤土，碎块状结构，少量铁锰斑纹，微酸性，pH 为 6.0 左右，80 cm 以下为砾石层
将军坝系	壤砂质硅质混合型热性-普通淡色潮湿雏形土	淡薄表层、雏形层、砾石层	因长期耕作，表层为耕作熟化相，雏形层厚 80~90 cm，棕色（10YR 4/6，润），壤土，碎块状结构，少量铁锰斑纹，微酸性，pH 为 5.5~6.0，100~110 cm 以下为砾石层
上塘系	壤质云母混合型热性-普通紫色湿润雏形土	淡薄表层、雏形层	表层厚度≥18 cm，灰红紫色（7.5RP 5/4，润），壤土，有机碳含量 7~8 g/kg，雏形层厚 80~100 cm，浊紫红色（5RP 5/4，润），壤土，碎块状结构，稍紧，酸性，100 cm 以下为半风化物，母岩有石灰性反应
上录系	壤质云母混合型热性-普通紫色湿润雏形土	淡薄表层、雏形层	表层厚度≥10 cm，灰红紫色（105RP 5/4，润），粉砂壤土，有机碳含量 10~15 g/kg，土体厚度 50 cm 以内，雏形层厚 20~30 cm，灰紫红色（7.5RP 5/4，润），粉砂壤土，碎块状结构，紧实，微酸性，30~50 cm 出现半风化物，50 cm 以下为母岩，具有石灰性反应
上阁系	砂质长石混合型热性-普通潮湿冲积新成土	淡薄表层、砂土层、砾石层	表层厚度 10 cm 左右，浅棕色（10YR 4/4，润），壤砂土，屑粒状结构，有机碳含量 4.1~5.0 g/kg，其下为砂土层，厚 60~80 cm，黄棕色（10YR5/8，润），砂土-壤砂土，散粒状，中性，砾石层出现在 90 cm 以下
铜山源系	粗骨砂质混合型热性-普通潮湿冲积新成土	淡薄表层、砾石层	表层呈黄棕色（10YR 5/4，润），壤砂土，散粒状结构，有机碳含量为 2.5~3.0 g/kg，土体自上而下均有大量砾石，其含量在 350 g/kg 以上，细土质地为壤砂土-砂土

注：内容引自"中国土壤系统分类中基层分类研究"课题《样区土系调查与制图实践报告》

3.2 本次土系调查

3.2.1 依托项目

本次浙江省土系调查是在利用现有的浙江省第二次土壤普查成果以及《浙江省土系概论》和衢县（衢江区）白水畈样区土系调查等历史资料为参考的基础上，以国家科技基础性工作专项项目"我国土系调查与《中国土系志》编制"（2008FY110600，2009—2013）的子专题"浙江省土系调查与《中国土系志·浙江卷》编制"为依托而完成的。

3.2.2 调查方法

1）典型剖面采集

土系是指发育于相同的母质上，具有相似的景观特征、土层排列和形态特征的土壤集合体。因此，土系的分布也是各成土因素综合作用的表现，在土系典型剖面布设时，即可以综合地理单元法大致确定布点坐标。本次调查时间为 2009~2013 年，综合考虑各项成土因素的影响，结合不同土壤类型在浙江省内的分布状况，在全省范围内布设取样点，共取土系典型剖面样本 145 个（图 3-1）。在剖面点位的布设上，首先参考第二次土壤普查主剖面点的分布，使新的土系剖面点尽可能地靠近土壤普查时的主剖面点位，并采挖相同类型的剖面样品，以便形成历史数据对比。

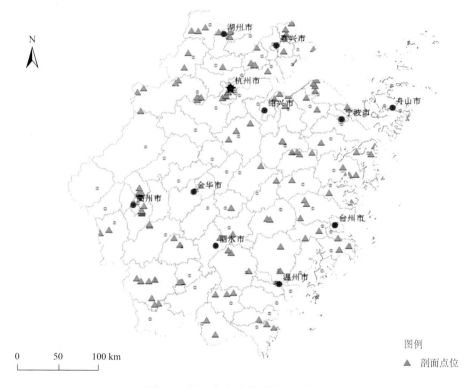

图 3-1　浙江省土系典型剖面分布图

2）样品理化分析

土样样品测定分析方法依据张甘霖和龚子同主编的《土壤调查实验室分析方法》（2012）。

3）高级单元分类归属的确定

本次土壤系统分类调查中，从土纲至亚类的高级分类单元划分，均以中国科学院南京土壤研究所土壤系统分类课题组以及中国土壤系统分类课题研究协作组主编的《中国土壤系统分类检索（第三版）》（2001）为依据，经逐级检索而确定。

4）土族和土系的划分

土族和土系作为系统分类的基层单元，携带有从土纲到亚类的高级单元以及自身的一系列用以定义各级单元的土壤性质，是所属高级分类单元的续分。同时，土族和土系兼具为土地利用和评价服务的目的性，因此不能单纯地将基层分类作为高级分类的演绎产物而使基层分类受到限制。土族的划分和土系的建立，均依据土系调查总项目组制订的《中国土壤系统分类土族和土系划分标准》（张甘霖等，2013）而界定。

《中国土壤系统分类土族与土系划分标准》（张甘霖等，2013）具有以下特点。

（1）借鉴国内外经验，结合中国实际

如对于有机土和具有火山灰、浮石等物质或特性的土壤，由于此类土壤在我国甚少，也缺乏相关研究经验，故直接采纳美国土壤系统分类中对这类土壤土族的划分。对于土族温度等级的划分，美国根据其作物种植类型和种植方式确定了 8℃、15℃、22℃ 分别为冷性、温性、热性、高热性的临界点，而中国受冬、夏季风的影响明显，物候特征与美国大陆有所不同，根据张慧智等（2009）的研究，在中国土壤系统分类土族与土系划分标准中，结合受季风气候影响的特点与农作物空间种植和生产布局的实际状况，将土族温度等级临界点分别提高 1℃，即设为 9℃、16℃、23℃。

（2）鉴别特征简化，实用性强

对土族鉴别特征与土系划分标准进行简化，只选用显著且稳定影响土壤行为的属性；对强对比颗粒大小级别（即土壤层次之间的颗粒大小存在显著差异），仅规定形成强对比颗粒大小级别的标准而不作一一列举，这些都使该标准更具有一定的灵活性而易于操作。

土族作为土纲的续分，主要反映与土壤利用管理有关且相对稳定的土壤理化性质的分异，特别是能显著影响土壤功能潜力发挥的鉴别特征。本次土族的划分，选择了颗粒大小级别、矿物类型、石灰性反应类别和土壤温度等级 4 个要素作为最基本的鉴别特征。

本次土系调查的最大特点即是在野外调查和理化分析获得一手数据资料的基础上，充分利用现有的历史数据资料。因土系典型剖面采集的数量相对较少，在土系建立的过程中，其属性变幅确立，一是依据野外观察记录，二是理化分析测试数据，三是结合浙江省第二次土壤普查成果资料——《浙江省土系概论》。

本次土系调查，浙江省共采集区域代表性单个土体 145 个，观察剖面 205 个，采集分层土壤样品 588 份，理化分析测定累计 20 000 多项次。通过数据分析，结合历史资料比对，经检索分类和筛选归并之后，共分为 8 个土纲、13 个亚纲、28 个土类、52 个亚类、106 个土族、144 个土系。

在《浙江省土系概论》中，浙江省已经建立了 152 个土系，但在这部分已建立的土系中，绝大部分是根据《浙江土种志》中的剖面数据直接转译而来，且数据内容在详实性（如无典型土体的坐标位置等）和规范要求上，与本次通过实际野外调查、理化分析而建立的土系存在着较大的差异，因此在本次土系建立中，主要作为参考数据或参比土系应用。对于衢县样区调查中建立的 25 个土系，在数据详实可考的情况下，继承了原有部分土系，并以新调查的数据进行充实、完善。因此，本次研究是在《浙江土系概论》和衢县样区调查成果的基础上，根据《中国土壤系统分类土族和土系划分标准》，新建土系 144 个。

下篇 区域典型土系

第4章 人　为　土

4.1　铁聚潜育水耕人为土

4.1.1　罗塘里系（Luotangli Series）

土　族：粗骨壤质硅质混合型石灰性热性-铁聚潜育水耕人为土

拟定者：麻万诸，章明奎

分布与环境条件　主要分布于临安、富阳、仙居、黄岩等县市区低山丘陵区的山溪性河谷洪冲积扇内缘，海拔<200 m，地势低洼，梯田，母质为山溪河谷的洪冲积物，利用方式以单季水稻为主，以山泉为灌溉水源，除水稻收割季节外，一年中大部分时间田面涵水，土体长期处于滞水、淹水状态。属亚热带湿润季风气候区，年均气温约 15.0~16.5℃，年均降水量约 1410 mm，年均日照时数约 2025 h，无霜期约 235 d。

罗塘里系典型景观

土系特征与变幅　诊断层包括水耕表层、水耕氧化还原层；诊断特性包括热性土壤温度状况、人为滞水土壤水分状况、潜育特征。该土系分布于山溪性河谷的洪冲积扇内缘，三面环山，山体岩性为石灰岩，地势低洼，地下水位较高，一般在 80 cm 左右。土体 25~30 cm 开始出现潜育特征，厚度约 20~30 cm，土体呈橄榄黄色至灰橄榄色，色调 5Y~7.5Y，润态明度 5~6，彩度 2~3，>2 mm 的粗骨砾石含量<10%，明显低于上覆和下垫土层，土体滞水，软糊无结构或弱块状结构，细土质地以粉砂壤土为主，黏粒含量约 100~200 g/kg，具有亚铁反应。潜育特征亚层之下土体紧实，田表滞水下行至此相对受阻。整个水耕氧化还原层的游离态氧化铁（Fe_2O_3）含量约 40~60 g/kg，与耕作层之比约 1.6~2.0。洪冲积物母质，粗骨岩石碎屑含量较高，平均达 25%~30%，水耕氧化还原层下部土体砂粒的含量高达 450~550 g/kg。由于受山体石灰岩的影响，耕作层以下土体呈中性至微碱性，pH 为 7.0~8.5，水耕氧化还原层具有强石灰反应。土体约 60 cm 开始粗骨岩石碎屑粒含量明显增加，约占土体 30%~40%，无明显潜育特征。由于田面长期滞水，耕作层呈软糊状，

结构较差，有机质含量可达 50 g/kg 以上，全氮 3.0~4.0 g/kg，碳氮比（C/N）约 10~11，有效磷 5~8 mg/kg，速效钾 60~80 mg/kg。

Bg，潜育特征亚层，开始出现于 25~30 cm，厚度约 20~30 cm，土体呈橄榄黄色至灰橄榄色，色调 5Y~7.5Y，润态明度 5~6，彩度 2~3，>2 mm 的粗骨砾石含量<10%，明显低于上覆和下垫土层，土体滞水，软糊无结构或弱块状结构，细土质地以粉砂壤土为主，黏粒含量约 100~200 g/kg。

对比土系　龙港系，同一亚类不同土族，为黏壤质云母混合型非酸性。东溪系，同一土类不同亚类，均分布于低山丘陵区，田面长期滞水，土体潜育特征明显，剖面形态相似；发源于洪冲积物母质，颗粒组成较粗，粗骨岩石碎屑含量加权>25%。区别在于东溪系分布海拔>650 m，土体常年较凉，为温性土温，属粗骨壤质硅质混合型酸性温性-普通潜育水耕人为土。

利用性能综述　该土系分布于山溪河谷，长期受山谷来水、山泉等凉水浸渍影响，通气性较差，土体内还原性有毒物质积累，导致水稻迟发僵苗，产量较低。耕层有机质和全氮含量较高，但磷、钾素水平较差，再者洪冲积物母质的土体砂砾含量较高，保肥性能稍差。该土系属于典型的低产土壤之一，在改良利用上，需增施磷、钾肥；开沟排水、搁田晒土以提高土体通气性，降低还原性物质含量。

参比土种　烂泥田。

代表性单个土体　剖面（编号 33-042）于 2010 年 12 月 10 日采自浙江省杭州市临安市板桥镇罗塘里村乌竹坞西，30°10′25.5″N，119°45′42.4″E，低丘谷底洪冲积扇内缘，海拔 46 m，水田，母质为洪冲积物，50 cm 深度土温 19.0℃。

33-042

罗塘里系代表性单个土体剖面

Ap1：0~18 cm，浊黄棕色（10YR 5/4，润），浊黄橙色（10YR 7/3，干）；细土质地为粉砂壤土，小块状结构，疏松；大量的杂草细根系盘结；土体中有较多直径 1~2 cm 的砾石，约占 15%；pH 为 6.3；向下层平滑清晰过渡。

Ap2：18~28 cm，灰色（7.5Y 5/1，润），灰橄榄色（7.5Y 6/2，干）；细土质地为粉砂壤土，棱块状结构，稍紧实；土体中有少量杂草根系；有少量的锰斑，少量潜育斑；直径 0.5~1.0 cm 的砾石占 15%左右；pH 为 8.2，强石灰反应；向下层平滑清晰过渡。

Bg：28~60 cm，橄榄黄色（5Y 6/3，润），橄榄黄色（5Y 6/4，干）；细土质地为粉砂壤土，软糊无结构或弱块状结构，稍紧实；有少量黄褐色锰斑纹；具有亚铁反应；直径 2~5 mm 的砾石占土体 5%左右；pH 为 8.2，强石灰反应；向下层平滑清晰过渡。

Brx：60~82 cm，浊黄棕色（10YR 4/3，润），浊黄橙色（10YR 7/3，干）；细土质地为壤土，小块状结构，紧实；铁、锰结核密集，形成了一个轻度胶结的黑褐色焦砾层；新生体；土体中有大量 2 mm 以上的砾石，约占土体 30%；pH 为 7.3，强石灰反应；向下层平滑清晰过渡。

Cr：82~110 cm，棕色（10YR 4/6，润），浊黄橙色（10YR 6/4，干）；细土质地为砂质壤土，小块状结构，紧实；有大量的铁、锰锈斑，较上层明显减少，约占 10%~15%；有大量直径 1~2 cm 的砾石，约占土体 35%；pH 为 8.0。

罗塘里系代表性单个土体物理性质

土层	深度 /cm	砾石[*] (>2mm, 体积分数) /%	细土颗粒组成（粒径:mm）/（g/kg）			质地	容重 /（g/cm³）
			砂粒 2~0.05	粉粒 0.05~0.002	黏粒 <0.002		
Ap1	0~18	20	215	595	190	粉砂壤土	0.76
Ap2	18~28	15	145	621	234	粉砂壤土	1.29
Bg	28~60	10	336	560	104	粉砂壤土	1.45
Brx	60~82	35	456	457	87	壤土	1.63
Cr	82~110	40	522	372	106	砂质壤土	1.60

*包括>2mm 的岩石、矿物碎屑及矿质瘤状结核，下同。

罗塘里系代表性单个土体化学性质

深度 /cm	pH		有机质 /（g/kg）	全氮（N） /（g/kg）	全磷（P） /（g/kg）	全钾（K） /（g/kg）	CEC_7 /（cmol/kg）	游离铁 /（g/kg）
	H_2O	KCl						
0~18	6.3	5.6	60.9	3.24	0.65	18.8	17.0	28.5
18~28	8.2	—	27.2	1.77	1.13	22.6	16.7	33.2
28~60	8.2	—	14.7	0.76	1.55	22.1	17.0	54.6
60~82	7.3	—	9.0	0.55	0.50	23.2	13.5	45.4
82~110	8.0	—	7.7	0.61	0.28	20.8	14.0	50.6

*游离铁即为游离态氧化铁（Fe_2O_3），下同。

4.1.2 龙港系（Longgang Series）

土　族：黏壤质云母混合型非酸性热性-铁聚潜育水耕人为土
拟定者：麻万诸，章明奎

分布与环境条件　主要分布于浙南水网平原低洼处，以乐清、瓯海、鹿城、瑞安、平阳、苍南等县市区分布面积较大，区内河网发达，地势平坦，坡度<2°。母质为老海相或湖海相沉积物，利用方式以单季水稻为主，地表排水不畅，土体长期滞水。属亚热带湿润季风气候区，年均气温约 16.5~18.5℃，年量降水量约 1635 mm，年均日照时数约 1865 h，无霜期约 275 d。

龙港系典型景观

土系特征与变幅　诊断层包括水耕表层、水耕氧化还原层；诊断特性包括热性土壤温度状况、人为滞水土壤水分状况、潜育特征。该土系地处浙南水网平原低洼处，发源于老海相或湖海相沉积物，有效土层厚度在 120 cm 以上，颗粒均细，土体中几乎没有>2 mm 的粗骨屑粒，细土质地为黏壤土或粉砂质黏壤土，黏粒含量约 250~350 g/kg。土体地下水位约 50~70 cm，土体黏闭，长期处于潜育化过程中。约 30 cm 开始即出现潜育特征，特征层厚度在 50~80 cm，土体呈灰色，色调 5Y，润态明度约 5~7，彩度 1，土体垂直结构发达，易成纵向开裂，裂隙上形成了灰色胶膜。结构面上有少量的铁、锰氧化物结核。受排水改善、水位下降的影响，潜育特征层具有脱潜趋势，但仍有较强的亚铁反应。颗粒细腻，无>2 mm 的粗骨屑粒，细土质地为黏壤土或粉砂质黏壤土，0.1~2 mm 的砂粒含量<50 g/kg。该土系水耕历史悠久，剖面分化明显，犁底层与耕作层的容重之比达 1.20~1.25，氧化铁迁移淀积明显，水耕氧化还原层的游离态氧化铁含量约 15~20 g/kg，耕作层约 10~15 g/kg，二者之比可达 1.5~1.7。土体呈微酸性至微碱性，pH 约 5.5~8.5，由表层向下增加，120 cm 内土体已完全脱盐脱钙，无石灰反应，可溶性盐含量<0.5 g/kg。耕作层厚度 15~20 cm，有机质约 30~50 g/kg，全氮 2.0~3.0 g/kg，有效磷 5~8 mg/kg，速效钾 50~80 mg/kg。

　　Bg，潜育特征亚层，起始于 30 cm 左右，厚度在 50~80 cm，土体呈灰色，色调 5Y，润态明度约 5~7，彩度 1，土体垂直结构发达，易成纵向开裂，裂隙上形成了灰色胶膜。结构面上有较多的铁、锰氧化物淀积。受排水改善、水位下降的影响，具有脱潜趋势，但仍有较强的亚铁反应。颗粒细腻，无>2 mm 的粗骨屑粒，细土质地为黏壤土或粉砂质黏壤土，0.1~2 mm 的砂粒含量<50 g/kg。

对比土系 罗塘里系，同一亚类不同土族，为粗骨壤质硅质混合型石灰性。张家圩系，均分布于水网平原或滨海平原内侧，地势低洼，母质来源、质地相似，均以粉砂质黏壤土为主，土体水耕氧化还原层中游离铁积聚。区别在于龙港系 30~60 cm 范围内的土体具有潜育特征，而张家圩系则因地下水位相对较低，潜育特征开始出现于 80~90 cm，属黏壤质云母混合型非酸性热性-底潜铁聚水耕人为土。

利用性能综述 该土系起源于老海相或湖海相沉积物，土层深厚，质地细腻，土体相对黏闭，渗透性和通气性较差，内排水不良，土体长时间处于潜育状态。排灌条件改善后，上部土体的水气矛盾有所改善。肥水保蓄性能较好，供肥能力尚可，土体中有机质和氮素水平极高，有效性磷、钾稍缺。地处水网平原，河网发达，灌溉保证率高，属于农业生产潜力较好的土壤。在利用管理中，仍需完善排灌渠系，需深沟排水，降低地下水位，提升土壤通气性和养分有效性。

参比土种 青紫塥黏田。

代表性单个土体 剖面（编号 33-111）于 2012 年 3 月 7 日采自浙江省温州市苍南县龙港镇大店村，27°32′28.7″N，120°31′17.7″E，滨海平原，海拔 10 m，母质为老海相沉积物，冬闲水田，田面涵水，地下水位 60 cm，50 cm 深度土温 21.0℃。

Ap1：0~17 cm，灰色（5Y 5/1，润），淡灰色（5Y 7/2，干）；细土质地为黏壤土，小团块状结构，稍疏松；土体黏闭，透气性差；有少量铁锈斑和根孔锈纹；pH 为 5.6；向下层平滑清晰过渡。

Ap2：17~30 cm，灰色（5Y 5/1，润），灰橄榄色（5Y 6/2，干）；细土质地为黏壤土，块状结构，紧实；土体黏闭，透气性差；有少量的根孔锈纹，大量小斑点状铁锰斑，直径 1~2 mm，占结构面的 15%~20%；pH 为 7.5；向下层平滑清晰过渡。

Bg1：30~70 cm，灰色（7.5Y 5/1，润），淡灰色（7.5Y 7/1，干）；细土质地为粉砂质黏壤土，块状结构，较紧实；土体黏闭，透气性差；结构面上有大量灰色胶膜；土体中有少量斑点状的浅棕色氧化铁淀积，直径 1~2 mm，占 3%~5%，并有少量锰斑；具有亚铁反应；pH 为 7.9；向下层平滑渐变过渡。

Bg2：70~110 cm，灰色（7.5Y 6/1，润），灰橄榄色（7.5Y 6/2，干）；细土质地为粉砂质黏壤土，块状结构，较紧实；

龙港系代表性单个土体剖面

土体可见少量气孔；结构面上有大量灰色胶膜；有少量棕色氧化铁淀积物，呈连片状，约占 10%~15%；有少量的锰结核，直径 1~3 mm，与铁锈斑叠加分布；具有弱亚铁反应；pH 为 8.0。

龙港系代表性单个土体物理性质

土层	深度/cm	砾石（>2mm，体积分数）/%	细土颗粒组成（粒径:mm）/（g/kg）			质地	容重/（g/cm³）
			砂粒 2~0.05	粉粒 0.05~0.002	黏粒 <0.002		
Ap1	0~17	0	211	488	301	黏壤土	1.14
Ap2	17~30	0	274	424	302	黏壤土	1.41
Bg1	30~70	0	175	554	271	粉砂质黏壤土	1.21
Bg2	70~110	0	98	614	288	粉砂质黏壤土	1.14

龙港系代表性单个土体化学性质

深度/cm	pH		有机质/（g/kg）	全氮（N）/（g/kg）	全磷（P）/（g/kg）	全钾（K）/（g/kg）	CEC_7/（cmol/kg）	游离铁/（g/kg）
	H_2O	KCl						
0~17	5.6	4.4	45.8	2.43	0.49	22.1	14.0	12.2
17~30	7.5	—	10.9	0.80	0.38	23.4	15.4	19.6
30~70	7.9	—	7.9	0.58	0.30	24.8	15.2	18.5
70~110	8.0	—	6.7	0.55	0.43	24.8	14.5	15.4

4.2　普通潜育水耕人为土

4.2.1　十源系（Shiyuan Series）

土　　族：粗骨砂质硅质混合型酸性温性-普通潜育水耕人为土
拟定者：麻万诸，章明奎

分布与环境条件　零星分布于
浙西、浙南海拔>700 m 的狭谷
和山垄中，以文成、苍南、龙泉、
遂昌等县市分布面积较大，地形
坡度约 15°~25°，母质为洪积物，
利用方式为单季水稻。土体常年
受山谷冷泉和侧渗冷水的浸渍，
土壤温度较低。属亚热带湿润季
风气候区，年均气温约 12.0~
13.4℃，年均降水量约 1690 mm，
年均日照时数约 1850 h，无霜期
约 260 d。

十源系典型景观

土系特征与变幅　诊断层包括水耕表层、水耕氧化还原层；诊断特性包括温性土壤温
度状况、人为滞水土壤水分状况、潜育特征。该土系分布于浙西、浙南的山区的狭谷、
山垄出口处，地势稍趋平缓，属山垄梯田，母质为山溪性的洪冲积物。以山谷冷泉为
灌溉水源，土体常年受凉水浸泡和山体侧渗凉水影响，年均土温约 12.0~13.5℃，土体
从上到下兼具潜育特征，游离态氧化铁（Fe_2O_3）含量约 12.0~18.0 g/kg，土层间无明显
的迁移特征。有效土层厚度一般为 70~100 cm，洪积母质，颗粒大小混杂，土体中粗骨
屑粒平均含量高达 25%~40%，砾石磨圆度较差。细土质地以壤土和砂质壤土为主，砂
粒含量约 450~650 g/kg，其中直径 2~0.25 mm 的粗中砂平均含量 250 g/kg 以上。耕层
有机质约 25~30 g/kg，全氮 1.5~1.8 g/kg，有效磷约 30~50 mg/kg，速效钾约 50 mg/kg。

　　Bg，潜育特征亚层，起始于 25~30 cm 左右，紧接于犁底层之下，厚度约 40~60 cm，呈
灰色或青灰色，色调 5Y，润态明度 4~5，彩度 1~2，亚铁反应强度中等，颗粒大小混杂，土
体中有红、黄、白等各色半风化屑粒夹杂，>2 mm 的粗骨屑粒平均含量在 25%~40%。

对比土系　东溪系，同一亚类不同土族，颗粒大小级别为粗骨壤质。

利用性能综述　该土系地处丘陵山地谷口处，地势相对低洼，土体常年为冷泉凉水浸渍，
田面涵水，耕层土壤呈糊泥状，植株不易固定。土温较低，水稻容易晚发晚收、分蘖少，
是浙江省典型的低产土壤类型之一。

参比土种　烂浸田。

代表性单个土体　　剖面（编号 33-061）于 2011 年 11 月 17 日采自浙江省温州市文成县十源乡新坑村东 300 m，27°54′10.4″N，120°02′00.4″E，海拔 718 m，母质为洪冲积物，

低山谷底，坡度约 15°~20°，山垄梯田，单季水稻，50 cm 深度土温 15.8℃。

Ap1：0~18 cm，黑棕色（2.5Y 3/2，润），灰白色（2.5Y 8/2，干）；细土质地为壤土，糊泥状尢结构，松软；中量的水稻根系；2~5 mm 的砾石含量较高，约占土体 15%；pH 为 5.1；向下层平滑清晰过渡。

Ap2：18~25 cm，暗灰黄色（2.5Y 4/2，润），黄灰色（2.5Y 5/1，干）；细土质地为壤土，棱块状结构，紧实；有极少量水稻根系；粒间孔隙度较高；有大量 2~10 mm 的砾石，占土体 20%~30%，磨圆度较差，类型混杂；有少量锈纹；pH 为 5.3；向下层平滑清晰过渡。

Bg1：25~45 cm，灰色（5Y 4/1，润），淡黄色（5Y 7/3，干）；细土质地为壤土，块状结构，较紧实；无根系；总孔隙度中等，多无效孔隙；有大量 2~10 mm 的砾石，磨圆度较差；75%以上土体呈灰色，夹有少量锈纹；具有亚铁反应；pH 为 5.2；向下层平滑清晰过渡。

十源系代表性单个土体剖面

Bg2：45~70 cm，灰色（5Y 5/1，润），淡黄色（5Y 7/3）；细土质地为砂质壤土，结构不明显，松软；无根系；85%以上土体呈灰色，夹有较多红、白色的半风化砾石，直径 2~20 mm；土体具有强亚铁反应；pH 为 5.0；向下层平滑清晰过渡。

Cg：70 cm 以下，直径 30 cm 以上的石块占土体 85%以上且连片分布，属根系限制层；细土部分呈灰色，具有亚铁反应。

十源系代表性单个土体物理性质

土层	深度 /cm	砾石 (>2mm, 体积分数) /%	细土颗粒组成（粒径:mm）/ (g/kg)			质地	容重 / (g/cm³)
			砂粒 2~0.05	粉粒 0.05~0.002	黏粒 <0.002		
Ap1	0~18	20	511	403	86	壤土	1.03
Ap2	18~25	30	497	408	95	壤土	1.19
Bg1	25~45	10	495	401	104	壤土	1.28
Bg2	45~70	45	611	274	115	砂质壤土	1.30

十源系代表性单个土体化学性质

深度 /cm	pH		有机质 / (g/kg)	全氮（N） / (g/kg)	全磷（P） / (g/kg)	全钾（K） / (g/kg)	CEC_7 / (cmol/kg)	游离铁 / (g/kg)
	H₂O	KCl						
0~18	5.1	4.4	26.2	1.53	0.49	20.1	6.6	16.1
18~25	5.3	4.5	20.7	1.13	0.24	22.1	7.5	16.5
25~45	5.2	4.1	18.1	0.89	0.17	23.1	7.1	16.9
45~70	5.0	3.9	4.1	0.78	0.19	27.8	5.8	14.6

4.2.2 东溪系（Dongxi Series）

土　　族：粗骨壤质硅质混合型酸性温性-普通潜育水耕人为土
拟定者：麻万诸，章明奎

分布与环境条件　少量分布于浙南、浙西的中山山垄和山岙中，以文成、苍南、龙泉、遂昌等县市的分布面积稍大，富阳、临安、余姚、黄岩等县市区也有少量的分布，海拔＜650 m，坡度约 15°~25°，母质为山谷洪冲积物和坡积再积物，利用方式为单季水稻，以山溪冷泉为灌溉水源，土体全年受凉水浸泡。属亚热带湿润季风气候区，年均气温 12.5~13.5℃，年均降水量约1600~1800 mm，年均日照时数约1820~1860 h，无霜期约 260~265 d。

东溪系典型景观

土系特征与变幅　诊断层包括水耕表层、水耕氧化还原层；诊断特性包括温性土壤温度状况、人为滞水土壤水分状况、潜育特征。该土系主要分布于浙南的中山区的狭谷山垄，以洪冲积母质为主，属山垄梯田，有效土层厚度一般 60~100 cm。土体中粗骨岩石碎屑含量较高，平均达 25%~40%，细土质地一般为壤土或砂质壤土，砂粒含量约 450~550 g/kg，黏粒低于 150 g/kg。以山谷冷泉为灌溉水源，土体常年受凉水浸泡和山体侧渗地下水影响，除水耕表层外，全土体具有潜育特征，亚铁反应较强，呈灰黄色或灰色，色调 5Y~10Y，润态明度 4~5，彩度 1~2。游离态氧化铁（Fe_2O_3）含量约 20~25 g/kg，在土体内尚无明显迁移，水耕氧化还原层与耕作层的含量之比约 1.0~1.1。30 cm 以下土体中可见较多黄褐色斑团，直径 1 cm 左右，偶有风化度较高的大石块。耕层有机质约 25~30 g/kg，全氮 1.2~1.5 g/kg，有效磷约 15~20 mg/kg，速效钾约 30~50 mg/kg。

　　Bg，潜育特征亚层，开始出现于 20~30 cm 左右，紧跟于犁底层之下，厚度约 20~30 cm，润态呈灰黄色或灰色，亚铁反应强度中等。母质组成混杂，半风化粗骨屑粒的平均含量约 30%~40%，土体中偶有风化度较高的大石块，结构面中可见较多黄褐色的亚铁斑纹，直径 1 cm 左右。

对比土系　罗塘里系，同一土类不同亚类，分布地形部位相近，土体受山泉浸渍，潜育特征明显，但具有铁聚特征，为铁聚潜育水耕人为土。十源系，同一亚类不同土族，颗粒大小级别为粗骨砂质。

利用性能综述　该土系地处狭谷山垄，海拔较高，光、温条件相对较差，以山溪冷泉为灌溉水源，土体冷水浸渍，土体温度常年较低，耕层糊烂无结构，不利于农作物的生长。土体中粗骨碎屑含量较高，保水保肥性能较差，且因温度较低，养分的有效性也稍差，水稻易迟发少发，分蘖不足，收获期偏晚。一般该土系都种植单季水稻，产量较低，是典型的低产土壤之一。在肥水管理方面，一是要搁田晒田，增加土体含氧量；二是要在田内侧长沟引水，缓冲水温，避免冷泉直接入田；三是在施肥上要多次施用，施足分蘖肥和后期灌浆肥。

参比土种 烂灰田。

代表性单个土体 剖面（编号 33-062）于 2011 年 11 月 17 日采自浙江省温州市文成县东溪乡外林村，27°54′51.2″N，120°07′09.3″E，中山山谷中上部，海拔 687 m，坡度约 20°~25°，梯田，母质为洪积物和坡积再积物，50 cm 深度土温 15.9℃。

东溪系代表性单个土体剖面

Ap1：0~13 cm，浊黄棕色（10YR 5/3，润），浊黄橙色（10YR 7/3，干）；细土质地为砂质壤土，糊泥状无结构，松软；有大量水稻根系；弱亚铁反应；有少量直径 1 cm 左右的砾石；pH 为 5.9；向下层平滑清晰过渡。

Ap2：13~21cm，灰黄棕色（10YR 4/2，润），浊黄橙色（10YR 6/3，干）；细土质地为砂质壤土，棱块状结构，紧实；弱亚铁反应；pH 为 5.5；向下层平滑清晰过渡。

Bg：21~42cm，暗灰黄色（2.5Y 5/2，润），黄棕色（2.5Y 5/3，干）；细土质地为壤土，块状结构，紧实；土体中有少量直径 5~10 mm 的黄褐色（2.5Y 6/5，润）斑团；土体有亚铁反应；有大量直径 1~3 cm 的砾石，约占土体的 30%；pH 为 5.3；向下层平滑清晰过渡。

Cg：42~70 cm，暗灰黄色（2.5Y 5/2，润），黄棕色（2.5Y 5/3，干）；细土质地为壤土，块状结构，紧实；土体中直径 1~2 cm 的砾石约占 50%，并夹有直径 10~30 cm 或更大的石块；pH 为 6.2。

东溪系代表性单个土体物理性质

| 土层 | 深度/cm | 砾石（>2mm，体积分数）/% | 细土颗粒组成（粒径:mm）/（g/kg） | | | 质地 | 容重/（g/cm³） |
			砂粒 2~0.05	粉粒 0.05~0.002	黏粒 <0.002		
Ap1	0~13	10	529	383	88	砂质壤土	1.02
Ap2	13~21	20	550	385	65	砂质壤土	1.14
Bg	21~42	35	485	414	101	壤土	1.31
Cg	42~70	55	475	397	128	壤土	1.30

东溪系代表性单个土体化学性质

| 深度/cm | pH | | 有机质/（g/kg） | 全氮（N）/（g/kg） | 全磷（P）/（g/kg） | 全钾（K）/（g/kg） | CEC₇/（cmol/kg） | 游离铁/（g/kg） |
	H₂O	KCl						
0~13	5.9	5.3	27.8	1.90	0.49	20.1	8.1	22.4
13~21	5.5	4.6	25.7	1.38	0.24	22.1	7.2	22.2
21~42	5.3	4.2	23.8	1.25	0.17	23.1	7.7	23.6
42~70	6.2	5.2	6.2	0.76	0.19	27.8	6.4	22.5

4.2.3 大塘坑系（Datangkeng Series）

土　　族：砂质硅质混合型非酸性热性-普通潜育水耕人为土
拟定者：麻万诸，章明奎

分布与环境条件　零星分布
于新昌、嵊州、江山、武义、
义乌等县市玄武岩、安山岩
等基、中性岩发育的中低丘
山垄和谷底，地势相对低洼，
海拔一般<300 m，小地形坡
度约 5°~10°，母质为基性
岩、中性岩风化物的洪积物
和再积物，利用方式为单季
水稻或绿肥-水稻。属亚热带
湿润季风气候区，年均气温
约 16.3~17.5℃，年均降水量
约 1280 mm，年均日照时数
约 2020 h，无霜期约 235 d。

大塘坑系典型景观

土系特征与变幅　诊断层包括水耕表层、水耕氧化还原层；诊断特性包括热性土壤温度
状况、人为滞水土壤水分状况、潜育特征。该土系发源于玄武岩风化洪积物和再积物，
有效土层厚度约 60~100 cm。水耕表层细土质地以壤土为主，水耕氧化还原层以砂质壤
土为主。地处中低丘山垄和谷底，地势相对低洼，排水较差，冬季地下水位较高，约 50~
70 cm。一年中有较长的时间土体都处于滞水潜育状态，约 20~30 cm 开始，土体中出现
潜育特征，厚度 20~30 cm，土体润态呈灰橄榄色，色调为 5Y，润态明度 5~6，彩度 2~3，
具有亚铁反应。该土系的水耕历史约有 40~50 年，犁底层与耕作层的容重之比约 1.1~1.2，
剖面中氧化铁尚未发生明显的迁移，水耕表层的游离态氧化铁（Fe_2O_3）含量约 25.0~
30.0 g/kg，水耕氧化还原层约 30.0~35.0 g/kg，二者之比约 1.0~1.2。土体呈酸性至中性，
pH 约 4.5~7.0，从表层向下升高。耕作层有机质>50 g/kg，全氮>2.0 g/kg，碳氮比（C/N）
约 12.0~15.0，有效磷约 15~20 mg/kg，速效钾约 100~120 mg/kg。

　　Bg，潜育特征亚层，开始出现于 25 cm 左右，紧接于犁底层之下，厚度约 20~30 cm，
土体颗粒稍粗，>2 mm 的粗骨屑粒含量约 10%~20%，细土质地以砂质壤土为主，土体
润态呈灰橄榄色，色调为 5Y，润态明度 5~6，彩度 2~3，具有亚铁反应。

对比土系　罗塘里系，同一土类不同亚类，具有铁聚特征，为铁聚潜育水耕人为土。十
源系、东溪系，同一亚类不同土族，颗粒大小级别分别为粗骨砂质和粗骨壤质。

利用性能综述　该土系发源于洪积或再积母质，心底土颗粒较粗，土体渗透性尚好，但
因地处低丘山垄或谷底，地势相对低洼，排水较差，一年中土体有较长时间处于滞水状
态，具有还原性。耕作层土壤质地适中，结构良好，保肥性能强，土体有机质和氮、磷、

钾素养分含量都较高。在利用管理上，需完善排灌渠系，减少土体滞水时间。

参比土种　棕泥砂田。

代表性单个土体　剖面（编号 33-093）于 2012 年 2 月 24 日采自浙江省绍兴市新昌县雨林街道大塘坑村，29°31′24.0″N，120°57′50.5″E，低丘山垄，海拔 63 m，水田，单季水稻，母质为玄武岩风化物的洪积物和再积物，50 cm 深度土温 19.4℃。

大塘坑系代表性单个土体剖面

Apr1：0~12 cm，棕色（10YR 4/4，润），浊黄棕色（10YR 5/4，干）；细土质地为壤土，团块状结构，松软；有大量水稻根系；有大量的水稻根孔锈纹，结构面中形成少量的连片锈纹——鳝血斑；pH 为 4.8；向下层平滑清晰过渡。

Apr2：12~24 cm，浊黄棕色（10YR 5/4，润），黄棕色（10YR 5/6，干）；细土质地为壤土，团块状结构，稍紧实；有少量的水稻根系；结构面中有大量连片的锈纹——鳝血斑，约占结构面的 5%~10%；pH 为 5.8；向下层平滑清晰过渡。

Bg：24~50 cm，灰橄榄色（5Y 5/2，润），黄棕色（2.5Y 5/3，干）；细土质地为砂质壤土，块状结构，紧实；土体中有较多青灰色的腐泥斑团，约占土体 5%~8%；具有亚铁反应；有较多的直径 2~5 cm 的卵石，约占土体 10%；pH 为 6.9；向下层平滑清晰过渡。

C：50~100 cm，灰橄榄色（5Y 5/3，润），黄棕色（2.5Y 5/4，干）；细土质地为砂质壤土，块状结构，紧实；土体中有少量的潜育斑，约占土体 1%~3%；有较多直径 1~2 cm 的细卵石，约占土体 10%；pH 为 6.5。

大塘坑系代表性单个土体物理性质

| 土层 | 深度 /cm | 砾石（>2mm，体积分数）/% | 细土颗粒组成（粒径:mm）/（g/kg） | | | 质地 | 容重 /（g/cm³） |
			砂粒 2~0.05	粉粒 0.05~0.002	黏粒 <0.002		
Apr1	0~12	2	254	489	257	壤土	0.90
Apr2	12~24	5	370	425	205	壤土	1.04
Bg	24~50	10	654	250	96	砂质壤土	1.31
C	50~100	10	611	228	161	砂质壤土	1.28

大塘坑系代表性单个土体化学性质

| 深度 /cm | pH | | 有机质 /（g/kg） | 全氮（N）/（g/kg） | 全磷（P）/（g/kg） | 全钾（K）/（g/kg） | CEC$_7$ /（cmol/kg） | 游离铁 /（g/kg） |
	H$_2$O	KCl						
0~12	4.8	4.3	69.4	3.01	0.95	14.0	25.5	29.6
12~24	5.8	5.0	42.3	2.07	0.74	13.8	23.9	27.2
24~50	6.9	6.1	10.5	0.61	1.11	15.6	23.2	32.2
50~100	6.5	5.2	8.3	0.90	1.26	15.3	19.0	30.3

4.2.4　阮市系（Ruanshi Series）

土　族：黏壤质云母混合型非酸性热性-普通潜育水耕人为土
拟定者：麻万诸，章明奎

分布与环境条件　主要分布于河谷冲积平原的谷底，所处地形四周高中间低，由江河受阻泛滥淤积而形成的湖泊、沼泽地等经人工改良而形成水耕人为土，集中分布于诸暨市境内，地势相对低洼，海拔<15 m，土体长期处于潜育化过程。利用方式以单季水稻或水稻-绿肥为主。属亚热带湿润季风气候区，年均气温约 15.8~17.0℃，年均降水量约 1360 mm，年均日照时数约 2060 h，无霜期约 230 d。

阮市系典型景观

土系特征与变幅　诊断层包括水耕表层、水耕氧化还原层；诊断特性包括热性土壤温度状况、人为滞水土壤水分状况、潜育特征。该土系地处河谷平原低洼处，由河流泛滥淤积而成的湖沼经人工围筑而成，常年地下水位较高，一般 30~40 cm。土体深厚，1.5 m 以上，细土质地为粉砂壤土或壤土，水耕表层以下土体长期处于潜育化过程，厚度 50~80 cm，呈青灰色，色调 5Y~7.5Y，润态明度 3~4，彩度 1，具有强亚铁反应，故称青泥田。该土系的水耕历史约有 40 年以上，土体呈现微酸性，pH 约 5.0~6.0，游离态氧化铁（Fe_2O_3）含量约 20~30 g/kg，土层间无明显迁移特征，耕作层略高于水耕氧化还原层。潜育特征亚层土体中可见较多原湖沼植株的残体，全土体有机质含量均较高，在 20 g/kg 以上。耕作层有机质约 30~40 g/kg，全氮 2.0~2.5 g/kg，有效磷 20~40 mg/kg，速效钾 50~80 mg/kg。

　　Bg，潜育特征亚层，起始于 20~30 cm，紧接于犁底层之下，厚度在 50 cm 以上，土体呈青灰色，色调 5Y~7.5Y，润态明度 3~4，彩度 1，亚铁反应强烈，有较多的青黑色的腐烂植物残体，土体有机质含量约 20~40 g/kg。

对比土系　崇福系，同一土族，分布位置、母质来源及颗粒组成均相似。区别在于崇福系犁底层与潜育特征亚层之间有厚度 10~15 cm 的水耕氧化还原层，60~70 cm 处出现腐泥层，阮市系犁底层之下整个土体均有潜育特征。

利用性能综述　该土系地处低洼中心，地下水位高，土体黏闭，通气性差。由于土体软糊，耕性较差，易致人、畜、犁具下陷，水稻沉苗。土体还原性较强，养分不易被作物吸收利用，易导致水稻前期僵苗，后期晚熟。在管理和改良上，一是要深沟排水，降低地下水位；二是要冬耕晒垡，水旱轮作，提高土体通气性。

参比土种　烂青泥田。

代表性单个土体　剖面（编号 33-072）于 2011 年 11 月 21 日采自浙江省绍兴市诸暨市阮市镇阮元村南，29°52′03.6″N，120°23′21.9″E，河谷平原低洼处，海拔 5 m，母质为河湖相沉积物，种植单季水稻，冬闲，50 cm 深度土温 19.5℃。

阮市系代表性单个土体剖面

Apr1：0~15 cm，棕色（7.5YR 4/4，润），淡棕灰色（7.5YR 7/2，干）；细土质地为粉砂壤土，块状结构，稍疏松；有大量水稻细根；根孔锈纹密集，结构面中可见大量连片的锈斑——鳝血斑，占土体的 30% 以上；pH 为 5.6；向下层平滑渐变过渡。

Apr2：15~25 cm，黄灰色（2.5Y 4/1，润），灰黄色（2.5Y 6/2，干）；细土质地为粉砂壤土，棱块状结构，稍紧实；有少量的根孔锈纹，结构面中有大量连片的亮红棕色（5YR 5/8，润）锈斑——鳝血斑，占 35% 以上；pH 为 5.6；向下层平滑突变过渡。

Bg1：25~52 cm，灰色（7.5Y 4/1，润），灰橄榄色（7.5Y 6/2，干）；细土质地为粉砂壤土，弱块状结构或无结构，稍紧实；土体中有大量垂直方向的根孔，直径 0.5~1 mm，约 5~8 孔/dm^2；亚铁反应强烈；pH 为 5.7；向下层平滑渐变过渡。

Bg2：52~80 cm，灰色（7.5Y 4/1，润），灰橄榄色（7.5Y 5/2，干）；细土质地为粉砂壤土，弱块状结构或无结构，稍紧实；土体中垂直方向气孔发达；有较多直径 1~2 cm 的腐根孔，约占土体 3%~5%；土体结持性差，易发生塌落；具有较强的亚铁反应；pH 为 5.4；向下层平滑渐变过渡。

Bg3：80~120 cm，灰色（7.5Y 4/1，润），灰橄榄色（7.5Y 5/3，干）；细土质地为粉砂壤土，弱块状结构，紧实；土体中有大量的毛细气孔；具有较强的亚铁反应；pH 为 5.2。

阮市系代表性单个土体物理性质

土层	深度 /cm	砾石（>2mm，体积分数）/%	细土颗粒组成（粒径：mm）/（g/kg）			质地	容重 /（g/cm^3）
			砂粒 2~0.05	粉粒 0.05~0.002	黏粒 <0.002		
Apr1	0~15	5	222	608	170	粉砂壤土	0.87
Apr2	15~25	5	219	611	170	粉砂壤土	1.03
Bg1	25~52	5	211	572	217	粉砂壤土	1.03
Bg2	52~80	5	195	580	225	粉砂壤土	0.93
Bg3	80~120	5	218	576	206	粉砂壤土	0.89

阮市系代表性单个土体化学性质

深度 /cm	pH		有机质 /（g/kg）	全氮（N）/（g/kg）	全磷（P）/（g/kg）	全钾（K）/（g/kg）	CEC$_7$ /（cmol/kg）	游离铁 /（g/kg）
	H$_2$O	KCl						
0~15	5.6	4.3	37.1	2.07	0.67	19.2	18.4	30.1
15~25	5.6	4.2	29.5	1.16	0.64	18.7	18.3	25.5
25~52	5.7	4.3	21.6	1.17	0.51	20.2	15.9	26.3
52~80	5.4	3.7	25.8	1.30	0.48	21.5	14.7	22.2
80~120	5.2	3.7	30.7	1.89	0.43	19.8	15.8	25.2

4.2.5 崇福系（Chongfu Series）

土　族：黏壤质云母混合型非酸性热性-普通潜育水耕人为土
拟定者：麻万诸，章明奎

分布与环境条件　主要分布于
浙江省的杭嘉湖平原、宁绍平
原等水网平原区，以鄞州、余
姚、嘉善、平湖等县市区的分
布面积较大，地势稍低洼，母
质为湖沼相沉积物，海拔一般
2~10 m，利用方式以水稻-油菜
或水稻-绿肥为主。属亚热带湿
润季风气候区，年均气温约
15.5~16.5 ℃，年均降水量约
1290 mm，年均日照时数约
2060 h，无霜期约 225 d。

崇福系典型景观

土系特征与变幅　诊断层包括水耕表层、水耕氧化还原层；诊断特性包括热性土壤温度
状况、人为滞水土壤水分状况、潜育特征。该土系地处水网平原稍低处，起源于湖沼相
沉积物，土体深 1.5 m 以上，土质细腻，细土质地为粉砂壤土或粉砂质黏壤土。水耕表
层厚度约 20~25 cm，结构面中有大量的黄色铁锈纹——鳝血斑。紧接其下有一厚度 10~
20 cm 的水耕氧化还原层，有大量淡黄色的锈纹锈斑。因地势相对低洼，地下水位较高，
约 60~80 cm。土体约 30~40 cm 处开始长期处于潜育化过程中，土体呈暗橄榄灰色至暗
绿色，润态色调 5GY~7.5GY，明度 4~6，彩度 1，具有亚铁反应。约 70~80 cm 处出现腐
泥层，有机碳含量较上覆土层明显增加，达 20~30 g/kg，具有强亚铁反应。该土系的水
耕历史在 50 年以上，由于地势较低，水分的上下运动并不强烈，因而剖面中的氧化铁并
未产生明显的层次分化趋势，约 16~24 g/kg。耕作层有机质 40~60 g/kg，全氮 1.0~1.5 g/kg，
有效磷 8~12 mg/kg，有效钾 40~60 mg/kg。

　　Bg，潜育特征亚层，开始出现于 30~40 cm，厚度 20~30 cm，呈暗橄榄灰色至暗绿
色，润态色调 5GY~7.5GY，明度 4~6，彩度 1，具有亚铁反应，有机碳含量约 5~10 g/kg。

　　Abg，潜育特征亚层，腐泥层，出现于 60 cm 以下，厚度 30~40 cm，土体呈暗橄榄
灰色至暗绿色，润态色调 5GY~7.5GY，明度 4~6，彩度 1，具有强亚铁反应，有机碳含
量较上覆土层明显增加，达 10~15 g/kg。

对比土系　阮市系，同一土族，分布位置、母质来源及颗粒组成均相似。区别在于阮市
系犁底层之下整个土体具有潜育特征，有机碳含量 20~40 g/kg；崇福系犁底层之下有一
厚度 10~15 cm 的水耕氧化还原层，直至 60~70 cm 出现腐泥层后，土体有机碳突然从低
于 10 g/kg 增加至 20~25 g/kg。

利用性能综述　该土系发源于湖沼相沉积物，土层深厚，质地适中。表层土体锈纹锈斑
密集、通透性较好，保肥供肥能力都较强，水气协调，灌溉保证率高，属水网平原区高

产稳产的较好土壤类型之一。因地势低洼，排水条件稍差，心底土的还原性较强。在改良利用上，需排灌分开、深挖排水沟渠，冬季深耕晒垡，增加土体的通气性。

参比土种　烂青紫泥田。

代表性单个土体　剖面（编号 33-082）于 2011 年 11 月 12 日采自浙江省嘉兴市桐乡市崇福镇毛桥村，30°31′59.7″N，120°27′01.8″E，水网平原，海拔 7 m，母质为湖沼相沉积物，种植单季水稻，50 cm 深度土温 18.7℃。

崇福系代表性单个土体剖面

Apr1：0~17 cm，暗灰黄色（2.5Y 5/2，润），淡黄色（2.5Y 7/3，干）；细土质地为粉砂壤土，团块状结构，疏松·根孔锈纹密集，约占土体 15%~20%，结构面中有连片的锈斑——鳝血斑；pH 为 5.1；向下层平滑清晰过渡。

Apr2：17~21 cm，浊黄色（2.5Y 6/3，润），灰黄色（2.5Y 7/2，干）；细土质地为粉砂壤土，团块状结构，稍紧；根孔锈纹密集，占土体 10%~15%，结构面中有鳝血斑；pH 为 6.2；向下层平滑清晰过渡。

Br：21~33 cm，黄棕色（2.5Y 5/4，润），灰黄色（2.5Y 7/2，干）；细土质地为粉砂壤土，块状结构，稍紧；土体中有大量的根孔锈纹，约占土体 10%；pH 为 6.8；向下层块状清晰过渡。

Bg1：33~50 cm，暗橄榄灰色（5GY 4/1，润），淡橄榄灰色（2.5GY 7/1，干）；细土质地为粉砂壤土，弱块状结构或无结构，紧实；土体中有较多根孔锈纹；有较多的青灰色腐烂植物残体，具有亚铁反应；pH 为 6.8；向下层平滑清晰过渡。

Bg2：50~76 cm，暗橄榄灰色（5GY 4/1，润），橄榄灰色（2.5GY 6/4，干）；细土质地为粉砂壤土，弱块状结构或无结构，稍疏松；有大量根孔；土体中有大量青黑色的腐烂植物残体，具有亚铁反应；pH 为 6.4；向下层波状渐变过渡。

Abg：76~110 cm，腐泥层，润暗绿灰色（7.5GY 4/1，润），橄榄灰色（5GY 6/1，干）；细土质地为粉砂质黏壤土，弱块状结构或无结构，稍紧实；土体黏闭，透气性差；具有强亚铁反应；pH 为 6.9。

崇福系代表性单个土体物理性质

土层	深度/cm	砾石（>2mm，体积分数）/%	细土颗粒组成（粒径：mm）/（g/kg）			质地	容重/（g/cm³）
			砂粒 2~0.05	粉粒 0.05~0.002	黏粒 <0.002		
Apr1	0~17	5	213	569	218	粉砂壤土	0.95
Apr2	17~21	5	248	555	197	粉砂壤土	1.27
Br	21~33	5	288	562	150	粉砂壤土	1.33
Bg1	33~50	2	220	584	196	粉砂壤土	1.40
Bg2	50~76	0	208	572	220	粉砂壤土	1.62
Abg	76~110	0	181	531	288	粉砂质黏壤土	1.18

崇福系代表性单个土体化学性质

深度/cm	pH H₂O	pH KCl	有机质/（g/kg）	全氮（N）/（g/kg）	全磷（P）/（g/kg）	全钾（K）/（g/kg）	CEC₇/（cmol/kg）	游离铁/（g/kg）
0~17	5.1	4.6	54.3	2.08	0.49	20.1	15.5	20.8
17~21	6.2	5.1	22.4	1.23	0.42	19.1	13.5	18.7
21~33	6.8	5.9	13.6	0.71	0.43	20.1	14.1	20.8
33~50	6.8	5.6	8.3	0.63	0.45	19.4	12.6	16.4
50~76	6.4	5.1	7.6	0.58	0.46	19.4	11.6	24.0
76~110	6.9	5.8	20.7	1.42	0.51	21.1	16.1	23.8

4.3 普通铁渗水耕人为土

4.3.1 贺田畈系（Hetianfan Series）

土　族：黏壤质硅质混合型非酸性热性-普通铁渗水耕人为土
拟定者：麻万诸，章明奎

分布与环境条件　主要分布于
河谷平原或盆地内老河漫滩阶
地向低丘过渡的地带或洪积扇
的前缘，以江山市和衢江区分
布面积较大，母质为河流冲积
物，土体长期受侧渗水漂洗影
响，利用方式为水稻-油菜或水
稻-绿肥。属亚热带湿润季风气
候区，年均气温约 16.5~18.0℃，
年均降水量约 1630 mm，年均日
照时数约 2090 h，无霜期约 255 d。

贺田畈系典型景观

土系特征与变幅　诊断层包括水耕表层、水耕氧化还原层、漂白层；诊断特性包括热性土
壤温度状况、人为滞水土壤水分状况。该土系地处老河漫滩阶地向低丘过渡的地带，母质为
河流洪冲积物，土体厚度 80~120 cm，颗粒匀细，细土质地为粉砂壤土或壤土，土体黏闭，孔
隙度较低。该土系的水耕历史较为悠久，剖面层次分化明显，犁底层与耕作层容重之比可达
1.25~1.40。土体呈微酸性至中性，pH 约 5.5~7.0。地下水位约 70~80 cm，土体长期受侧渗水
和地下水漂洗的影响。紧接于犁底层之下即出现黄灰色的渗淋层，色调 2.5Y~5Y，润态明度
5~6，彩度 1~2，氧化铁含量明显低于水耕表层，游离态氧化铁（Fe_2O_3）含量<10.0 g/kg。60 cm
以下土体受地下水位和侧渗水双重影响，呈淡灰色至灰白色，因黏粒和氧化铁的流失而形成
了漂白层，游离态氧化铁含量<5.0 g/kg。耕作层有机质 50~80 g/kg，全氮 2.5~3.5 g/kg，有效
磷 15~20 mg/kg，速效钾 40~60 mg/kg。

　　Br，铁渗淋亚层，紧接于犁底层之下，厚度约 30~40cm，受侧渗水影响，土体呈灰
黄色，色调 2.5Y~5Y，润态明度 5~6，彩度 1~2，土体中有少量的铁锈斑，氧化铁明显较
上层减少，游离态氧化铁含量<10.0 g/kg。

　　E，漂白层，开始出现于土体 60~90 cm，厚度 30 cm 以上，受地下水长年漂洗影响，
土体呈淡灰色至灰白色，色调 N，润态明度 7~8，彩度 0，黏粒和氧化铁明显流失，游离
态氧化铁含量<5.0 g/kg。

对比土系　陆埠系，同一亚类不同土族，分布地形部位相似，母质类型不同，发源于河
湖相沉积物，渗淋作用更为强烈，颗粒大小级别更粗。土体 100 cm 内无漂白层，100 cm

以下有潜育特征，属壤质硅质混合型非酸性热性-普通铁渗水耕人为土。

利用性能综述　该土系地处老河漫滩阶地，发源于冲积物母质，土体深厚，颗粒匀细，孔隙度低，土体较为黏闭，通透性较差，但保肥性能较好，土体有机质和氮素水平较高，钾素较为欠缺。在肥水管理上，一是要深沟排水，降低地下水位，减少侧渗水影响，深耕晒垡，提高土体通透性；二是要补足磷肥，重施钾肥。

参比土种　白泥田。

代表性单个土体　剖面（编号33-128）于2012年3月28日采自浙江省衢州市江山市贺村镇连里村贺田畈，28°39′34.3″N，118°32′51.1″E，老河漫滩外缘，海拔120 m，母质为河流冲积物，50 cm深度土温20.1℃。

Ap1：0~24 cm，浊黄棕色（10YR 5/3，润），灰黄棕色（10YR 6/2，干）；细土质地为粉砂壤土，团块状结构，疏松；有大量水稻细根系，根表有明显的棕红色锈纹，结构面有少量的连片锈斑——鳝血斑，约占10%~15%；pH为5.9；向下层平滑清晰过渡。

Ap2：24~32 cm，棕灰色（10YR 5/1，润），浊黄棕色（10YR 5/3，干）；细土质地为粉砂壤土，块状结构，紧实；有少量毛细根；孔隙锈纹较明显，偶有直径1~2 mm的氧化铁斑纹；土体中偶有直径2~5 cm砾石；pH为5.9；向下层平滑清晰过渡。

Br：32~80 cm，黄灰色（2.5Y 6/1，润），淡灰色（2.5Y 7/1，干）；细土质地为壤土，棱块状结构，稍紧实；土体中有少量浅棕色的氧化铁斑纹，直径3~5 mm，约占土体3%~5%；有少量垂直方向的根孔；受侧渗水影响，颜色较上覆土层明显变浅，离铁基质占土体90%以上；pH为6.3；向下层平滑清晰过渡。

E：80~120 cm，淡灰色（N 7/0，润），灰白色（N 8/0，干）；细土质地为粉砂壤土，棱块状结构，稍紧实；有少量垂直方向的细根孔；地下水位80 cm；受地下水和侧渗水影响，黏粒明显减少，颜色较上层更淡；pH为6.9。

贺田畈系代表性单个土体剖面

贺田畈系代表性单个土体物理性质

土层	深度 /cm	砾石 （>2mm，体积分数）/%	细土颗粒组成（粒径：mm）/（g/kg）			质地	容重 /（g/cm³）
			砂粒 2~0.05	粉粒 0.05~0.002	黏粒 <0.002		
Ap1	0~24	1	343	553	104	粉砂壤土	1.04
Ap2	24~32	3	287	524	189	粉砂壤土	1.37
Br	32~80	3	300	460	240	壤土	1.45
E	80~120	0	339	500	161	粉砂壤土	1.60

贺田畈系代表性单个土体化学性质

深度 /cm	pH		有机质 /（g/kg）	全氮（N） /（g/kg）	全磷（P） /（g/kg）	全钾（K） /（g/kg）	CEC₇ /（cmol/kg）	游离铁 /（g/kg）
	H₂O	KCl						
0~24	5.9	5.1	66.0	3.27	0.54	18.7	12.3	22.5
24~32	5.9	4.6	18.7	1.07	0.19	22.1	7.8	20.0
32~80	6.3	5.2	17.7	0.83	0.10	29.2	8.2	4.7
80~120	6.9	5.5	4.5	0.12	0.08	33.8	5.5	4.7

4.3.2 陆埠系（Lubu Series）

土　族：壤质硅质混合型非酸性热性-普通铁渗水耕人为土
拟定者：麻万诸，章明奎

分布与环境条件　主要分布
于滨海平原区的河谷两侧，
以余姚市的姚江两侧分布最
为集中，海拔一般<20 m，土
体受地下水位起伏和低丘侧
渗水的影响，母质为河湖相
沉积物，利用方式以单季水
稻为主。属亚热带湿润季风
气候区，年均气温
15.5~16.5℃，年均降水量约
1280 mm，年均日照时数约
2070 h，无霜期约240 d。

陆埠系典型景观

土系特征与变幅　诊断层包
括水耕表层、水耕氧化还原层；诊断特性包括热性土壤温度状况、人为滞水土壤水分状
况、潜育特征。该土系地处滨海平原区的河谷两侧，母质为河湖相沉积物。土体厚度在120
cm 以上，细土质地为粉砂壤土，极细砂与粉粒含量之和>700 g/kg。该土系水耕种稻历史
悠久，剖面层次分化明显，犁底层与耕作层容重之比达 1.4~ 1.8。由于所处海拔较低，
受两旁低丘侧渗水和地下水位上下波动的影响，犁底层之下土体黏粒减少，氧化铁明显
流失，形成了一个厚度40~50 cm 的黄灰色铁渗淋亚层，色调 2.5Y~5Y，润态明度 4~6，
彩度 1，土体中有较多的铁锰锈纹和锈斑，游离态氧化铁（Fe_2O_3）含量<10 g/kg，但尚
未形成漂白层。地下水位 100~110 cm，约 100 cm 以下土体中出现潜育特征。耕作层有
机质>50 g/kg，全氮>3.0 g/kg，碳氮比（C/N）约 9.0~11.0，有效磷约 8~12 mg/kg，速效
钾 30~50 mg/kg。

Br，铁渗淋亚层，紧接于犁底层之下，厚度约 40~50 cm，土体呈黄灰色至灰色，色
调 2.5Y~5Y，润态明度 4~6，彩度 1，黏粒淋失，游离态氧化铁渗淋明显，含量<10.0 g/kg。

对比土系　西眺系，同一土族，但分布地形和母质来源不同，西眺系分布于低丘斜坡地，
发源于凝灰岩风化残坡积物母质，土体颜色更红，色调为 10YR，且土体不受地下水影响。
贺田畈系，同一亚类不同土族，分布地形部位相似，贺田畈系土体颗粒更细，且地下水位
较高，土体受地下水影响强烈，60~100 cm 出现了漂白层，属黏壤质硅质混合型非酸性热
性-普通铁渗水耕人为土。环渚系，二者分布地形部位、母质相似，土体颗粒组成相仿，
犁底层之下土体受侧渗水影响明显。区别在于环渚系在 60 cm 内出现了致密的腐泥层，阻
止了水下渗运动，致使犁底层之下土体尚未形成铁渗淋亚层，属普通简育水耕人为土。
利用性能综述　该土系发源于河湖相沉积物母质，土体深厚，细土质地稍轻，细砂粒和

粉粒的含量偏高，易产生淀浆板结。地处滨海平原河流两侧，渠系完善，灌溉保证率高，排涝抗旱能力较好。因全土体细砂、粉粒含量较高，土体通透性能较好，但保肥能力稍差，水稻容易后期脱力早衰。耕作层土壤有机质和氮素水平较高，但磷、钾素欠缺。在利用管理上，需增施磷、钾肥，施肥方法上要进行少量多次施用。

参比土种 白粉泥田。

代表性单个土体 剖面（编号33-088）于2012年1月13日采自浙江省宁波市余姚市陆埠镇塘头村江南新村（距离姚江约800 m），30°00′19.3″N，121°14′32.4″E，滨海头干原河谷，海拔5 m，母质为河湖相沉积物，地下水位100 cm，种植单季水稻，50 cm深度土温19.1℃。

Ap1：0~20 cm，棕灰色（10YR 4/1，润），灰黄棕色（10YR 6/2，干）；细土质地为粉砂壤土，团块状结构，疏松；有大量水稻根系；结构面上有较多的锈纹，根孔锈纹密集；pH 为5.1；向下层平滑清晰过渡。

Ap2：20~30 cm，灰黄棕色（10YR 5/2，润），浊黄橙色（10YR 7/2，干）；细土质地为粉砂壤土，棱块状结构，紧实；土体中有大量的根孔；根孔锈纹密集，有铁锰斑，直径1 mm左右，约占3%~5%；pH 为7.0；向下层平滑清晰过渡。

Br1：30~70 cm，黄灰色（2.5Y 5/1，润），黄灰色（2.5Y 6/1，干）；细土质地为粉砂壤土，棱块状结构，紧实；垂直方向毛细孔发达；土体中有大量铁锰斑，结核直径约0.5 mm，约占土体5%；垂直结构发达，结构面有明显的黏粒淀积，呈灰白色；pH 为8.1；向下层平滑清晰过渡。

Br2：70~105 cm，橄榄棕色（2.5Y 4/3，润），灰黄色（2.5Y 6/2，干）；细土质地为粉砂壤土，棱块状结构，稍紧实；垂直方向毛细孔发达；土体中有大量垂直条状的黄色（10YR 6/8，润；5YR 6/8，干）铁锈纹，约占土体的15%，夹有较多的铁锰结核，直径1~2 mm；pH 为8.1；向下层波状清晰过渡。

陆埠系代表性单个土体剖面

Cg：105~140 cm，灰色（5Y 4/1，润），灰色（5Y 5/1，干）；细土质地为粉砂壤土，块状结构，稍紧实；具有亚铁反应；垂直结构明显，结构面上有黏粒淀积；pH 为7.0。

陆埠系代表性单个土体物理性质

| 土层 | 深度/cm | 砾石（>2mm，体积分数）/% | 细土颗粒组成（粒径：mm）/（g/kg） | | | 质地 | 容重/（g/cm³） |
			砂粒 2~0.05	粉粒 0.05~0.002	黏粒 <0.002		
Ap1	0~20	5	267	596	137	粉砂壤土	0.94
Ap2	20~30	0	221	636	143	粉砂壤土	1.54
Br1	30~70	1	229	635	135	粉砂壤土	1.50
Br2	70~105	3	328	557	115	粉砂壤土	1.24
Cg	105~140	0	238	607	154	粉砂壤土	1.19

陆埠系代表性单个土体化学性质

| 深度/cm | pH | | 有机质/（g/kg） | 全氮（N）/（g/kg） | 全磷（P）/（g/kg） | 全钾（K）/（g/kg） | CEC₇/（cmol/kg） | 游离铁/（g/kg） |
	H₂O	KCl						
0~20	5.1	4.8	69.1	4.43	0.51	20.7	13.4	5.0
20~30	7.0	6.1	7.6	0.84	0.34	21.0	11.1	16.3
30~70	8.1	—	4.9	0.34	0.19	19.6	11.9	9.8
70~105	8.1	—	6.3	0.39	0.54	18.0	13.7	12.8
105~140	7.0	6.6	14.9	0.69	0.57	18.6	16.8	8.9

4.3.3　西旸系（Xiyang Series）

土　　族：壤质硅质混合型非酸性热性–普通铁渗水耕人为土
拟定者：麻万诸，章明奎

分布与环境条件　主要分布于全
省各市的低山丘陵中坡或岗背，
以丽水、温州两市的分布面积较
大，坡度约 15°~25°，海拔<600 m，
母质为凝灰岩风化残坡积物。由
人工筑坎、淹水耕作形成梯田，
地表排水良好，土体受山坡侧渗
水影响，利用方式为单季水稻或
水稻–绿肥。属亚热带湿润季风气
候区，年均气温约 14.5~16.5℃，
年均降水量约 1870 mm，年均日
照时数约 1850 h，无霜期约 255 d。

西旸系典型景观

土系特征与变幅　诊断层包括水耕表层、水耕氧化还原层；诊断特性包括热性土壤温度状况、
人为滞水土壤水分状况。该土系分布于海拔<600 m 的低山丘陵斜坡地，凝灰岩风化残坡积
物母质，经人工筑坎和淹水耕作形成梯田。有效土层厚度约 60~100 cm，细土质地为粉砂壤
土或壤土，黏粒含量约 150~250 g/kg。该土系水耕种稻的历史约 50~80 年，剖面层次分化明
显，水耕表层厚度 25 cm 左右，游离态氧化铁（Fe_2O_3）含量约 15~18 g/kg，犁底层与耕作
层的容重之比约 1.1~1.2。土体顶渗水的下行遇黏闭紧实的残积母质层后受阻，再受山体侧
渗水的影响，在水耕表层与残积母质层之间形成了明显的灰黄棕色铁渗淋亚层，厚度约
30~50 cm，游离铁含量明显低于上覆和下垫土层，约 10~12 g/kg，土体润态色调为 10YR，
明度 6~8，彩度 2~3。铁渗淋亚层之下土体紧实黏闭，黏粒含量明显增加，以残积母质为主。
土体呈酸性至微酸性，pH 约 5.0~6.5，从表层向下增高，100 cm 内无地下水。耕作层有机质
约 20~30 g/kg，全氮 1.0~1.5 g/kg，有效磷 15~20 mg/kg，速效钾 30~50 mg/kg。

　　Br，铁渗淋亚层，介于犁底层和残积母质层之间，厚度 30~50 cm，受山体侧渗和表
渗水影响，土体颜色变淡变灰，润态色调为 10YR，明度约 6~8，彩度约 2~3，黏粒和氧
化铁流失，游离态氧化铁含量约 10~15 g/kg。

对比土系　陆埠系，同一土族，分布地形部位、母质来源不同，陆埠系地处滨海平原区，
发源于河湖相沉积物，土体颜色更淡，色调为 2.5Y~5Y，受地下水影响，100 cm 以下有
潜育斑或潜育特征。鹤城系，所处地形部位相似，母质类型相同，区别在于鹤城系所处
地形相对平缓，侧渗水影响稍小，犁底层之下尚未形成铁渗淋亚层，属铁聚水耕人为土。

利用性能综述　该土系地处低山丘陵斜坡地，梯田，土体厚度中等，质地适中，通透性
和保蓄能力尚好，水气较为协调。因坡度较大且所处地势相对较高，水利条件较差，基
本以山谷小溪为水源，灌溉保证率低，易受夏秋干旱威胁。土体有机质和氮、磷素水平

中等，钾素含量较低。在利用管理中，一是要储蓄水源，完善灌溉渠系；二是要注重养分补充和平衡。

参比土种 黄泥田。

代表性单个土体 剖面（编号33-115）于2012年3月10日采自浙江省温州市泰顺县西旸镇村底村西岭，27°26′08.7″N，119°52′25.3″E，海拔583 m，低山中上坡，坡度约15°~20°，母质为凝灰岩风化残坡积物，种植水稻，50 cm深度土温19.0℃。

西旸系代表性单个土体剖面

Ap1：0~15cm，浊黄棕色（10YR 5/3，润），浊黄橙色（10YR 6/3，干）；细土质地为粉砂壤土，团块状和小块状结构，稍紧实；有大量的水稻根系；有少量的根孔锈纹和锈斑，约占土体1%~3%；pH为5.5；向下层平滑清晰过渡。

Ap2：15~27 cm，浊黄棕色（10YR 5/4，润），浊黄橙色（10YR 7/3，干）；细土质地为壤土，块状结构，非常紧实；有少量水稻细根；结构面中有较多的铁锈斑，有大量垂直方向的根孔锈纹，新生体总量约占结构面的10%~15%；pH为5.7；向下层平滑清晰过渡。

Br1：27~60 cm，灰黄棕色（10YR 6/2，润），浊黄橙色（10YR 6/3，干）；细土质地为粉砂壤土，棱块状结构，紧实；结构面上有明显的氧化铁斑纹，有大量垂直方向的棕红色根孔锈纹，总量约占结构面的15%~20%；土体中有较多直径2~5 cm的砾石，约占10%；全土体颜色较上覆和下垫土层明显变灰变淡，离铁基质达90%以上；pH为5.8；向下层平滑清晰过渡。

Br2：60~100 cm，亮黄棕色（10YR 6/8，润），黄橙色（10YR 7/8，干）；细土质地为粉砂壤土，块状结构，紧实；无明显的铁锰氧化物淀积；土体中有大量直径5~10 cm的砾石，约占20%，并有一些直径30 cm以上的大石块；pH为5.7。

西旸系代表性单个土体物理性质

| 土层 | 深度 /cm | 砾石 （>2mm,体积分数）/% | 细土颗粒组成（粒径:mm）/（g/kg） | | | 质地 | 容重 /（g/cm³） |
			砂粒 2~0.05	粉粒 0.05~0.002	黏粒 <0.002		
Ap1	0~15	5	312	538	150	粉砂壤土	1.23
Ap2	15~27	3	369	479	152	壤土	1.39
Br1	27~60	10	293	546	161	粉砂壤土	1.37
Br2	60~100	20	221	572	207	粉砂壤土	1.23

西旸系代表性单个土体化学性质

| 深度 /cm | pH | | 有机质 /（g/kg） | 全氮（N） /（g/kg） | 全磷（P） /（g/kg） | 全钾（K） /（g/kg） | CEC₇ /（cmol/kg） | 游离铁 /（g/kg） |
	H₂O	KCl						
0~15	5.5	4.6	26.2	1.12	0.53	14.0	6.6	16.3
15~27	5.7	4.7	16.1	0.73	0.28	11.3	5.5	17.1
27~60	5.8	4.7	14.3	0.68	0.24	12.5	6.1	11.9
60~100	5.7	4.6	10.3	0.41	0.21	11.4	5.7	24.8

4.4　底潜铁聚水耕人为土

4.4.1　陶朱系（Taozhu Series）

土　族：黏质高岭石型非酸性热性-底潜铁聚水耕人为土
拟定者：麻万诸，章明奎

分布与环境条件　分布于河谷平原内侧的平坦谷地低洼处，坡度 2°~5°，母质为 Q_2 红土再积物，以诸暨、桐庐、建德等县市的分布面积较大，利用方式以水稻-油菜或水稻-蔬菜为主。属亚热带湿润季风气候区，年均气温约 15.8~17.0 ℃，年均降水量 1365 mm，年均日照时数 2045 h，无霜期 240 d。

陶朱系典型景观

土系特征与变幅　诊断层包括水耕表层、水耕氧化还原层；诊断特性包括热性土壤温度状况、人为滞水土壤水分状况、潜育特征。该土系地处河谷平原内侧的平坦谷地，地势相对较低，土体厚度一般为 100~150 cm，地下水位一般为 80~100 cm。发源于 Q_2 红土母质，颗粒组成细腻，细土质地为粉砂壤土-粉砂质黏土，黏粒含量从表层向下逐层增加，到水耕氧化还原层底土为 420 g/kg 以上，土体矿物以次生黏粒矿物——高岭石为主。该土系耕作历史悠久，在 100 年以上，土体层次分化，氧化铁迁移明显，水耕氧化还原层游离态氧化铁可达 20~30 g/kg，与耕作层之比达 3.0~4.0。土体呈微酸性至微碱性，pH 约 6.0~8.0，从表层向下增高。受地下水影响，约 80~90 cm 处出现潜育特征，红色土块间隙出现大量灰白色的黏粒淀积，土体结持性较差，易发生垂直方向崩裂。表土有机质 40~50 g/kg，全氮 2.0~2.5 g/kg，有效磷 20~40 mg/kg，速效钾 30~50 mg/kg。

　　Br，水耕氧化还原层，开始于 30~40 cm，厚度约 40~60 cm，Q_2 红土母质，内部呈红棕色，受地表渗水和地下水上下波动浸渍的影响，下部出现潴育现象，大块状结构间有明显的灰白色黏粒淀积，但亮红棕色（色调 2.5YR~5YR，润态明度 4~6，彩度 6~8）仍为土体基色，黏粒含量>350 g/kg，游离态氧化铁约 20.0 g/kg，与水耕表层之比>3.0。

　　Cg，潜育母质层，开始出现于 80~90 cm，长期受地下水浸渍，呈潜育状态，亚铁反应明显。

对比土系　张家圩系，同一亚类不同土族，为黏壤质云母混合型。塘沿系，同一土类不同亚类，母质来源相同，地形部位相似，土体以红棕色为基色，区别在于塘沿系土体 60~125 cm 内均无潜育特征，为普通铁聚水耕人为土。

利用性能综述　该土系发源于 Q_2 红土再积母质，土体深厚，质地较为黏重，耕性不良，地处低洼处，地下水位高，排水不易，通气性和渗透性差，土壤养分释放缓慢，易引起水稻僵苗。在耕作管理上，一是要深沟排水，降低地下水位；二是要冬耕晒垡、搁田烤田，水旱轮作。在施肥上，水稻种植前期需及时补充磷、钾肥，促早发。

参比土种　黄筋泥田。

代表性单个土体　剖面（编号 33-071）于 2011 年 11 月 21 日采自浙江省绍兴市诸暨市陶朱街道新石村南，29°46′44.9″N，120°12′19.6″E，河谷平原低地，海拔 15 m，母质为 Q_2 红土再积物，50 cm 深度土温 19.5℃。

Ap1：0~12 cm，橄榄棕色（2.5Y 4/3，润），灰黄色（2.5Y 6/2，干）；细土质地为粉砂壤土，团粒状结构，疏松；水稻根系密集；根孔锈纹密集，结构面有大量直径 2~5 cm 的锈斑；pH 为 6.0；向下层平滑清晰过渡。

33-071

Ap2：12~20 cm，暗灰黄色（2.5Y 4/2，润），黄灰色（2.5Y 5/1，干）；细土质地为粉砂壤土，块状结构，较紧实；有少量水稻根系；有少量的根孔锈纹；土体中偶有直径 2~5 cm 的砾石；pH 为 7.2；向下层平滑清晰过渡。

Br1：20~30 cm，橄榄棕色（2.5Y 4/6，润），浊黄色（2.5Y 6/4，干）；细土质地为粉砂质黏壤土，块状结构，紧实；土体中有较多的锰结核，少量锈纹，约占 3%~5%；pH 为 7.6；向下层波状清晰过渡。

Br2：30~85 cm，亮红棕色（5YR 5/8，润），亮红棕色（5YR 5/6，干）；细土质地为粉砂质黏土，大块状结构，很紧实；土体黏闭；有大量的铁锰结核和锈斑，占 20%~30%；受地下水位起伏影响，土块间有大量的黏粒淀积，呈灰白色（2.5Y 6/1，润；2.5Y 7/1，干）；pH 为 7.6；向下层平滑清晰过渡。

陶朱系代表性单个土体剖面

Cg：85~120 cm，棕灰色（10YR 5/1，润），淡灰色（10YR 7/1，干）；细土质地为粉砂质黏壤土，棱块状结构，很紧实；土体黏闭，长期受地下水浸渍影响，结持性较差，明显的亚铁反应；pH 为 7.7。

陶朱系代表性单个土体物理性质

土层	深度/cm	砾石（>2mm，体积分数）/%	细土颗粒组成（粒径:mm）/（g/kg）			质地	容重/（g/cm³）
			砂粒 2~0.05	粉粒 0.05~0.002	黏粒 <0.002		
Ap1	0~12	5	204	597	199	粉砂壤土	0.92
Ap2	12~20	5	193	579	228	粉砂壤土	1.13
Br1	20~30	5	160	557	283	粉砂质黏壤土	1.51
Br2	30~85	2	104	453	443	粉砂质黏土	1.57
Cg	85~120	10	139	531	330	粉砂质黏壤土	1.40

陶朱系代表性单个土体化学性质

深度/cm	pH		有机质/（g/kg）	全氮（N）/（g/kg）	全磷（P）/（g/kg）	全钾（K）/（g/kg）	CEC₇/（cmol/kg）	游离铁/（g/kg）
	H₂O	KCl						
0~12	6.0	5.6	43.4	2.31	0.55	12.4	16.8	7.7
12~20	7.2	—	34.1	1.28	0.38	12.8	16.7	12.2
20~30	7.6	—	35.3	0.40	0.29	14.3	16.6	27.5
30~85	7.6	—	10.3	0.38	0.17	15.5	21.2	20.8
85~120	7.7	—	6.9	0.30	0.23	17.1	22.7	19.7

4.4.2 张家圩系（Zhangjiawei Series）

土　族：黏壤质云母混合型非酸性热性-底潜铁聚水耕人为土
拟定者：麻万诸，章明奎，王晓旭

分布与环境条件　主要分布于杭嘉湖平原的地势稍低处，以嘉善、平湖、秀洲、长兴、吴兴、南浔等县市区分布面积较大，海拔 2~5 m，母质为湖沼相或湖海相沉积物，利用方式为水稻-油菜或水稻-小麦。属亚热带湿润季风气候区，年均气温约 14.5~16.0℃，年均降水量约 1225 mm，年均日照时数约 2100 h，无霜期约 230 d。

张家圩系典型景观

土系特征与变幅　诊断层包括水耕表层、水耕氧化还原层；诊断特性包括热性土壤温度状况、人为滞水土壤水分状况、潜育特征。该土系起源于湖沼相或湖海相沉积物，经长期淹水耕作，形成了水耕人为土。该土系土体深厚，有效土层厚度 1 m 以上，由于排灌设施良好，冬季地下水位约 80~100 cm。该土壤水耕历史悠久，土体层次分化较为明显，犁底层与耕作层容重之比约 1.10~1.25。土体约 30 cm 犁底层之下，土层颜色变淡，厚度约 20~30 cm，结构面呈淡灰色，上部彩度≥3，下部≤2，但离铁基质所占比例<50%，游离铁无明显迁出，尚未形成铁渗淋亚层。土体约 80~100 cm 处开始出现厚度 10~20 cm 的青灰色腐泥层，润态色调 N，明度 4~5，彩度 0，有机碳约 8~10 g/kg，腐殖质 1.5~2.5 g/kg，亚铁反应强烈，具有明显的潜育特征。表土有机质约 30.0~40.0 g/kg，全氮 2.0~3.0 g/kg，碳氮比（C/N）约 10~11，有效磷 10~12 mg/kg，速效钾 120~150 mg/kg。

　　Bg，潜育特征亚层，腐泥层，开始出现于 80~100 cm 处，厚度 10~20 cm，呈青灰色，润态色调 N，明度 4~5，彩度 0，受地下水影响，土体软糊黏腻，黏粒含量约 300 g/kg，有机碳含量约 8~10 g/kg，亚铁反应强烈。

对比土系　陶朱系，同一亚类不同土族，为黏质高岭石型。诸家滩系，分布地形部位相似，母质类型相同，且均于 80~100 cm 处出现潜育腐泥层。区别在于诸家滩系上部土体氧化铁无明显迁移，未形成铁聚层次，属底潜简育水耕人为土。

利用性能综述　该土系土体深厚，耕层质地稍偏黏重，保肥、供肥能力尚好。排灌渠系较为完善，抗旱能力为 70 天以上。耕层土壤有机质、氮、钾水平较高，磷素水平中等。由于该土系土体粉黏粒含量偏高，内部排水渗透能力稍差，在耕作管理上需开沟排水，深耕晒垡。

参比土种　黄斑青紫泥田。

代表性单个土体　剖面（编号 33-033）于 2010 年 11 月 16 日采自浙江省嘉兴市嘉善县

丁栅镇神仙村和藏荡，31°00′20.9″N，120°57′10.8″E，水网平原，海拔4 m，水田，种植水稻，大地形坡度<2°，母质为湖海相沉积物，50 cm深度土温17.1℃。

张家圩系代表性单个土体剖面

Ap1：0~15cm，浊黄色（2.5Y 6/3，润），灰黄色（2.5Y 6/2，干）；细土质地为粉砂壤土，团粒状结构，疏松；有大量水稻中、细根系，根系周围有少量锈纹，但不明显；pH为5.3；向下层平滑清晰过渡。

Ap2：15~30 cm，黄灰色（2.5Y6/1，润），暗灰黄色（2.5Y 5/2，干）；细土质地为粉砂壤土，棱块状结构，较紧实；有较多的根孔；土体黏闭，透气性差；断面中有较多的连片锈纹——鳝血斑，约5%；pH为7.0；向下层平滑清晰过渡。

Br1：30~73 cm，黄棕色（2.5Y 5/3，润），黄灰色（2.5Y 5/1，干）；细土质地为粉砂质黏壤土，棱块状结构，较紧实；土体黏闭，透气性差；结构面可见大量的铁锰斑纹，约占5%~8%，直径0.5 mm左右，铁锰无明显分离；土体中可见少量直径5 mm左右的垂直方向孔洞，表面形成了明显的灰色胶膜；pH为7.7；向下层平滑渐变过渡。

Br2：73~90 cm，暗灰黄色（2.5Y 5/2，润），黄灰色（2.5Y 5/1，干）；细土质地为粉砂质黏壤土，棱块状结构，较紧实；土体黏闭，透气性差；与上层相比，铁斑数量变少，多为深色的锰斑，但呈渐变过渡，密集处约占10%；pH为7.4；向下层平滑清晰过渡。

Bg：90~120 cm，腐泥层，灰色（N 4/0，润），灰色（7.5Y 5/1，干）；细土质地为粉砂质黏壤土，整块状无结构，紧实；土体黏闭，透气性差；具有强亚铁反应；土体垂直方向气孔发达，可见少量浅褐色的斑纹；pH为6.4。

张家圩系代表性单个土体物理性质

土层	深度 /cm	砾石（>2mm,体积分数）/%	细土颗粒组成（粒径:mm）/（g/kg）			质地	容重 /（g/cm³）
			砂粒 2~0.05	粉粒 0.05~0.002	黏粒 <0.002		
Ap1	0~15	3	189	565	246	粉砂壤土	1.02
Ap2	15~30	5	265	535	200	粉砂壤土	1.14
Br1	30~73	1	185	508	307	粉砂质黏壤土	1.18
Br2	73~90	5	182	526	292	粉砂质黏壤土	1.23
Bg	90~120	5	188	512	300	粉砂质黏壤土	1.25

张家圩系代表性单个土体化学性质

深度 /cm	pH		有机质 /（g/kg）	全氮（N） /（g/kg）	全磷（P） /（g/kg）	全钾（K） /（g/kg）	CEC₇ /（cmol/kg）	游离铁 /（g/kg）
	H₂O	KCl						
0~15	5.3	4.4	38.8	2.09	0.67	13.7	19.2	14.3
15~30	7.0	—	27.5	1.39	0.54	16.6	20.6	23.1
30~73	7.7	—	9.7	0.52	0.43	16.6	22.1	22.4
73~90	7.4	—	12.6	0.55	0.41	16.6	20.9	22.6
90~120	6.4	5.0	15.5	1.23	0.46	17.6	18.6	21.7

4.5 普通铁聚水耕人为土

4.5.1 古山头系（Gushantou Series）

土　　族：粗骨砂质硅质型非酸性热性-普通铁聚水耕人为土
拟定者：麻万诸，章明奎，刘丽君

分布与环境条件　主要分布于钱塘江、瓯江等河流的上游及支流两侧的河漫滩和阶地上，以兰溪、义乌、诸暨、嵊州、淳安、临安等县市的分布面积较大，地形坡度 2°~5°，母质为河流冲积物，土体中粗砂、砾石含量较高，有效土层浅薄，利用方式以单季水稻或水稻-油菜为主。属亚热带湿润季风气候区，年均气温约 15.5~17.5 ℃，年均降水量约 1600 mm，年均日照时数约 2050 h，无霜期约 260 d。

古山头系典型景观

土系特征与变幅　诊断层包括水耕表层、水耕氧化还原层；诊断特性包括热性土壤温度状况、人为滞水土壤水分状况。该土系分布于丘陵河谷的河漫滩或一级阶地上，母质为河流冲积物，土体内排水良好，有效土层厚度一般为 40~80 cm。淹水耕作的历史约有 50~60 年，土体层次分化明显，犁底层与耕作层的容重之比约 1.2~1.3。水耕表层浅薄，一般 15~20 cm，<2 mm 的细土质地为粉砂壤土或壤土。水耕氧化还原层为砾石夹砂层，>2 mm 的粗骨岩石碎屑含量超过 50%，细土质地为砂质壤土，砂粒含量达 500~600 g/kg，铁锰锈纹锈斑密集，游离态氧化铁（Fe_2O_3）含量约 30~40 g/kg，与耕作层之比达 3.0~5.0。水耕氧化还原层与水耕表层交界的区域，由大量铁锰锈纹锈斑与砂粒相胶结，形成了一个 5 cm 左右较为坚硬的磐层，俗称焦砾塥层。地下水位较低，一般在 100 cm 以下，土体中无渗淋层和潜育特征。耕作层有机质约 30~40 g/kg，全氮 1.0~1.5 g/kg，有效磷 12~16 mg/kg，速效钾<50 mg/kg。

　　Brx，紧接于水耕表层之下，厚度约 30~50 cm，河流冲积物母质，粗骨砾石含量约 40%~60%，粗砂、卵石相混杂。受表渗影响，与水耕表层交界处，铁锰淀积，游离态氧化铁含量约 30~40 g/kg，与砂砾形成了弱胶结。

对比土系　下方系，同一亚类不同土族，分布地形部位相似，母质来源相同，土体上部颗粒大小级别为壤质，下部为粗骨砂质，形成了强烈对比。草塔系，同一亚类不同土族，颗粒大小级别为粗骨壤质。

利用性能综述 该土系分布于河漫滩或一级阶地，灌溉可基本保证。但该土系土体质地偏砂，粗骨屑粒含量高，肥水保蓄能力较差。耕层浅薄，耕性较差，易因破坏犁底层而致田面渗漏。耕作层有机质、氮、磷养分尚可，钾素稍缺。该土系所处地形较为平坦，利于机械作业，在条件适宜的地方，可采取适当的客土堆垫以增加耕作层厚度，提高耕性和保肥保水能力。

参比土种 焦砾塥泥砂田。

代表性单个土体 剖面（编号 33-025）于 2010 年 11 月 2 日采自浙江省衢州市衢江区杜泽镇白水村东，29°04′48.8″N，118°57′39.3″E，衢江支流铜山溪流域河漫滩，海拔 77 m，母质为河流冲积物，50 cm 深度土温 20.0℃。

Ap1：0~9 cm，黄灰色（2.5Y 4/1，润），淡灰色（2.5Y 7/1，干）；细土质地为粉砂壤土，团块状结构，疏松；有大量的水稻细根系；有少量直径 2~5 cm 的磨圆砾石；极少量（<1%）的根孔锈纹；pH 为 4.9；向下层波状清晰过渡。

Ap2：9~20 cm，浊黄色（2.5Y 6/4，润），灰黄色（2.5Y 7/2，干）；细土质地为粉砂壤土，块状结构，紧实；结构面中有中量的铁锰锈纹，有少量直径 2~5 cm 的磨圆砾石；pH 为 5.7；向下层波状清晰过渡。

Brx：20~70 cm，淡灰色（2.5Y 7/1，润），灰白色（2.5Y 8/1，干）；细土质地为砂质壤土，团块状结构，紧实；土体中有大量的铁锰锈纹和结核，平均约占结构面的 20%；>2 mm 的粗骨岩石碎屑含量占土体 50%以上，其中夹杂有 10%左右的 5~10 cm 的卵石；与 Ap2 层交界处有 5 cm 左右的弱胶结层，

古山头系代表性单个土体剖面

铁锰锈纹锈斑密集，与砂粒形成了轻度的胶结；pH 为 7.3。

古山头系代表性单个土体物理性质

土层	深度 /cm	砾石 (>2mm，体积分数) /%	细土颗粒组成（粒径:mm）/（g/kg）			质地	容重 /（g/cm³）
			砂粒 2~0.05	粉粒 0.05~0.002	黏粒 <0.002		
Ap1	0~9	10	306	558	136	粉砂壤土	0.97
Ap2	9~20	10	368	550	82	粉砂壤土	1.22
Brx	20~70	55	590	352	58	砂质壤土	1.43

古山头系代表性单个土体化学性质

深度 /cm	pH		有机质 /（g/kg）	全氮（N） /（g/kg）	全磷（P） /（g/kg）	全钾（K） /（g/kg）	CEC₇ /（cmol/kg）	游离铁 /（g/kg）
	H₂O	KCl						
0~9	4.9	4.1	39.3	2.05	0.75	15.5	12.1	6.9
9~20	5.7	4.4	14.0	0.78	0.54	15.5	10.8	20.2
20~70	7.3	—	3.5	0.42	0.52	27.0	7.6	33.9

4.5.2 大洲系（Dazhou Series）

土　族：粗骨壤质硅质型酸性热性-普通铁聚水耕人为土
拟定者：麻万诸，章明奎，刘丽君

分布与环境条件　主要分布于浙江省内海拔<250 m的低山丘陵山垄或谷口洪积扇内侧，以龙泉、缙云、建德、临安等县市的分布面积较大，坡度约8°~15°，排水良好，母质为洪冲积和再积物，利用方式以单季水稻和水稻-油菜为主。属亚热带湿润季风气候区，年均气温约14.5~16.5℃，年均降水量约1610 mm，年均日照时数约2040 h，无霜期约255 d。

大洲系典型景观

土系特征与变幅　诊断层包括水耕表层、水耕氧化还原层；诊断特性包括热性土壤温度状况、人为滞水土壤水分状况。该土系分布于山溪性河谷的谷口洪积扇内侧梯田，地下水位1m以下，地表排水良好，母质为花岗岩发育的富铁土洪冲积和再积物。该土系犁底层浅薄，与耕作层的容重之比约1.10~1.15，有效土层厚度为50~80 cm。水耕氧化还原层中具有大量的粗骨岩石碎屑，占土体15%~20%。母质层中粗骨岩石碎屑占土体30%以上，并有较多直径　　10 cm以上的大石块。水耕表层细土质地一般为壤土，氧化还原层为砂质壤土或砂质黏壤土，2~0.25 mm的中粗砂含量约250 g/kg左右，黏粒含量约100~200 g/kg。水耕表层与氧化还原层在颜色上具有清晰、突变的界线。水耕氧化还原层中有大量的铁锰斑，在接近水耕表层的部位斑纹更为密集，结构面中所占比例约30%，游离态氧化铁（Fe$_2$O$_3$）含量约20~30 g/kg，与耕作层之比约2.5~3.0。土体呈酸性，pH为4.5~5.5。耕作层有机质含量约35~45 g/kg，全氮1.0~1.2 g/kg，有效磷达50~80 mg/kg，速效钾>180 mg/kg。

　　Br，水耕氧化还原层，厚度约20~40 cm，土体中粗骨砾石含量较高，达15%~20%，细土质地为砂质壤土或壤土，土体呈红棕色，色调为2.5YR~5YR，游离态氧化铁含量约20~30 g/kg。

对比土系　鹤城系，同一亚类不同土族，剖面形态相似，鹤城系分布于丘陵山区的岗背和坡脊，母质以残积、坡积为主，土族控制层段内土体中粗骨岩石碎屑含量加权<25%，且有部分亚层pH为>5.5，属壤质硅质混合型非酸性热性-普通铁聚水耕人为土。

利用性能综述　该土系发源于洪冲积母质，谷口梯田，土体中粗骨屑粒和粗砂粒的含量较高，水耕表层浅薄，但细土质地较为适中，耕性尚好。耕层土体有机质、磷、钾含量较高，氮素含量中等，临近水源，灌溉保证率高，是适合水稻种植的丘陵山区土壤之一。

由于田块面积较小，不利于机械化耕作和规模化生产。

参比土种　黄泥砂田。

代表性单个土体　剖面（编号33-017）于2010年5月27日采自浙江省衢州市衢江区大洲镇西山边村虹桥头南500 m，28°51′05.4″N，118°58′30.1″E，海拔175 m，谷口洪积扇内缘，大地形坡度10°~15°，母质为富铁土的洪冲积、再积物，距离小溪约10~20 m，梯田，50 cm深度土温18.5℃。

33-017

大洲系代表性单个土体剖面

Ap1：0~11 cm　黑棕色（7.5YR 3/2，润），浊橙色（7.5YR 7/3，干）；细土质地为壤土，块状结构，疏松；有大量的水稻根系；土体中有少量直径1~2 cm的磨圆砾石；pH为5.0；向下层平滑渐变过渡。

Ap2：11~18 cm，暗棕色（7.5YR 3/3，润），灰棕色（7.5YR 6/2，干）；细土质地为壤土，块状结构，稍紧实；有中量的水稻根系；有少量的根孔锈纹；pH为5.1；向下层平滑突变过渡。

Br：18~37 cm，红棕色（5YR 4/8，润），橙色（5YR 6/6，干）；细土质地为砂质壤土，块状结构，紧实；与Ap2层交界处有大量的铁锰斑纹和结核聚积，厚度约3~5 cm，斑纹直径2~5 mm，约占土体的15%，下部有少量的铁锰斑纹；土体中偶有砖块等侵入体；pH为5.1；向下层平滑清晰过渡。

BC：37~70 cm，红棕色（5YR 4/6，润），橙色（5YR 7/6，干）；细土质地为壤土，块状结构，紧实；土体中有大量的砾石，直径10~20 cm的约占土体的30%；土体中偶有砖块等侵入体；pH为4.8。

大洲系代表性单个土体物理性质

土层	深度 /cm	砾石 （>2mm，体积 分数）/%	细土颗粒组成（粒径:mm）/（g/kg）			质地	容重 /（g/cm³）
			砂粒 2~0.05	粉粒 0.05~0.002	黏粒 <0.002		
Ap1	0~11	5	434	435	131	壤土	1.13
Ap2	11~18	15	502	329	169	壤土	1.26
Br	18~37	15	763	126	111	砂质壤土	1.30
BC	37~70	35	430	391	179	壤土	1.33

大洲系代表性单个土体化学性质

深度 /cm	pH		有机质 /（g/kg）	全氮（N） /（g/kg）	全磷（P） /（g/kg）	全钾（K） /（g/kg）	CEC₇ /（cmol/kg）	游离铁 /（g/kg）
	H₂O	KCl						
0~11	5.0	3.9	41.8	2.47	0.46	15.8	9.4	9.6
11~18	5.1	3.9	35.6	2.31	0.47	15.9	6.5	11.3
18~37	5.1	3.6	10.0	0.68	0.12	13.1	7.6	27.9
37~70	4.8	3.5	7.5	0.47	0.11	14.5	9.2	23.3

4.5.3 草塔系（Caota Series）

土　族：粗骨壤质硅质混合型非酸性热性-普通铁聚水耕人为土
拟定者：麻万诸，章明奎

分布与环境条件　主要分布于钱塘江、瓯江等河流支流源头的谷口洪冲积扇上，以兰溪、义乌、诸暨、嵊州、淳安、临安等县市的分布面积较大，坡度<2°，母质为洪冲积物，利用方式以单季水稻或水稻-油菜为主。属亚热带湿润季风气候区，年均气温约16.0~17.0℃，年均降水量约1370 mm，年均日照时数约2040 h，无霜期约245 d。

草塔系典型景观

土系特征与变幅　诊断层包括水耕表层、水耕氧化还原层；诊断特性包括热性土壤温度状况、人为滞水土壤水分状况。该土系地处山溪河谷谷口，地势平坦，土体厚度一般为30~50 cm。土体质地较粗，水耕表层粗骨岩石碎屑含量在20%以上，水耕氧化还原层粗骨碎屑含量在50%~75%，细土质地为粉砂壤土或壤土。该土系淹水种稻的历史较久，在50年以上，剖面层次明显分化，犁底层与耕作层容重之比约1.25~1.40。土体中氧化铁发生了明显的迁移，水耕氧化还原层的游离态氧化铁（Fe_2O_3）含量>30 g/kg，水耕表层含量约10~15 g/kg，二者之比约2.5~3.5。地下水位较低，一般在100 cm以下。耕作层有机质约30~40 g/kg，全氮1.5~2.0 g/kg，有效磷20~30 mg/kg，速效钾50~80 mg/kg。

Brx，水耕氧化还原层，砂砾层，紧接于犁底层之下，厚度约20~30 cm，粗骨砂砾占50%以上。受表渗影响，铁锰氧化物大量淀积，与砂砾形成了弱胶结，游离态氧化铁含量达30~50 g/kg。

对比土系　古山头系，同一亚类但不同土族，颗粒大小级别为粗骨砂质。

利用性能综述　该土系土层较厚，质地稍粗，孔隙发达，渗透性和通气性较好，但肥水保蓄能力稍差，水稻易出现后期早衰。因地势较平坦，排灌渠系等水利条件较好。在耕作管理方面，宜少量多次施肥，特别需注重后期穗肥的及时补充。

参比土种　泥砂田。

33-070

草塔系代表性单个土体剖面

代表性单个土体　剖面（编号 33-070）于 2011 年 11 月 20 日采自浙江省绍兴市诸暨市草塔镇后村，29°41′13.6″N，120°06′35.5″E，洪积扇中部，海拔 122 m，母质为河流冲积物，水田，50 cm 深度土温 19.4℃。

Ap1：0~12cm，灰色（5Y 4/1，润），棕灰色（10YR 6/1，干）；细土质地为粉砂壤土，团块结构，疏松；水稻根系密集，土体黏闭；土体中有较多直径 2~5 mm 的砂砾，约占土体的 20%；pH 为 5.2；向下层平滑清晰过渡。

Ap2：12~20 cm，橄榄黑色（5Y 3/2，润），灰色（7.5Y 6/1，干）；细土质地为粉砂壤土，棱块状结构，稍紧实；有少量的水稻根系；土体黏闭；与水耕氧化还原层交界处有少量黄色锈纹；土体中有大量直径 2~5 mm 的砾石，约占 30% 以上；pH 为 5.3；向下层平滑清晰过渡。

Brx：20~45 cm，砂砾层，棕色（10YR 4/6，润），浊棕色（10YR 4/4，干）；细土质地为壤土，碎块状或屑粒状结构，很紧实；粒间孔隙发达；有大量颜色较基色稍深的铁、锰斑纹和结核；直径>2 mm 的粗骨砂砾占土体的 50%~70%；pH 为 5.7。

草塔系代表性单个土体物理性质

土层	深度 /cm	砾石（>2mm，体积分数）/%	细土颗粒组成（粒径：mm）/（g/kg）			质地	容重 /（g/cm³）
			砂粒 2~0.05	粉粒 0.05~0.002	黏粒 <0.002		
Ap1	0~12	20	348	629	23	粉砂壤土	1.17
Ap2	12~20	35	360	552	88	粉砂壤土	1.50
Brx	20~45	65	497	340	163	壤土	1.40

草塔系代表性单个土体化学性质

深度 /cm	pH		有机质 /（g/kg）	全氮（N） /（g/kg）	全磷（P） /（g/kg）	全钾（K） /（g/kg）	CEC₇ /（cmol/kg）	游离铁 /（g/kg）
	H₂O	KCl						
0~12	5.2	4.7	37.1	2.02	0.49	22.3	10.5	12.6
12~20	5.3	4.8	26.8	1.54	0.38	21.6	10.0	12.4
20~45	5.7	5.2	12.9	0.86	0.41	23.4	11.2	37.3

4.5.4 双黄系（Shuanghuang Series）

土　族：砂质硅质混合型酸性热性-普通铁聚水耕人为土
拟定者：麻万诸，章明奎

分布与环境条件　广泛分布于全省各市海拔<500 m 的丘陵中缓坡的中上坡和山脊部位，以温州、丽水、金华、宁波等市分布面积较大，母质为细晶花岗岩风化残坡积物，利用方式以水稻-油菜和水稻-蔬菜为主。属亚热带湿润季风气候区，年均气温约15.8~16.5℃，年均降水量约1490mm，年均日照时数约1865 h，无霜期约255 d。

双黄系典型景观

土系特征与变幅　诊断层包括水耕表层、水耕氧化还原层；诊断特性包括热性土壤温度状况、人为滞水土壤水分状况、潜育特征。该土系母质为细晶花岗岩风化残坡积物，土体厚度约100~150 cm，质地较为均一，一般为砂质壤土。淹水种稻的历史约有30 年，剖面层次有明显分化，犁底层与耕作层容重之比约 1.12~1.16。水耕氧化还原层游离态氧化铁（Fe$_2$O$_3$）含量约 15.0~25.0，水耕表层的游离铁含量约 8.0~12.0 g/kg，二者之比约 1.5~2.5。所处地形位置相对较高，不受地下水和山体侧渗水等影响。质地较粗，土体孔隙发达，表层养分极易流失而淀积于犁底层或更深土体中，出现表土养分低于表下层的状况。耕作层有机质约 15~25 g/kg，全氮 0.8~1.2 g/kg，有效磷 30~50 mg/kg，速效钾 60~100 mg/kg。

　　Brx，铁锰弱胶结层，因地下水位低且土体孔隙较大，该层次出现于约 100 cm 的底土层，厚度约 10 cm，呈棕色，色调 10YR，润态明度约 4~5，彩度 3~6，铁锰结核聚积，占土体 30%以上，形成了弱胶结，游离态氧化铁含量约 17~23 g/kg。

对比土系　西周系，同一土族，母质来源不同造成颗粒组成层位分布不同，西周系来源于洪冲积物母质，土体从上向下砂粒含量明显增加，细土质地由砂质壤土变为壤质砂土和砂土，80~100 cm 的底部>2 mm 的粗骨岩石碎屑含量>30 g/kg，砂粒含量>900 g/kg，黏粒含量<50 g/kg。白塔系，同一土族，母质来源不同造成颗粒组成层位分布不同，白塔系水耕表层为壤土，水耕氧化还原层为砂质壤土，全土体>2 mm 的粗骨岩石碎屑含量<10%，且上高下低。

利用性能综述　该土系地处丘陵中上坡，土体深厚，光温条件都较为充足。发源于花岗岩母质，质地较粗，粒间孔隙发达，渗透性和通气性俱佳，但保水保肥性能较差，表土基础肥力较差。水源较为短缺，灌溉保证率较低，易受干旱影响，以水旱轮作为主。近年，该土系分布区的水耕人为土已多改旱作，但时间一般尚短，犁底层基本尚在，在配套灌溉改善的情况下，仍可水耕种稻。在施肥管理上，宜少量多次施用，可通过增施有机肥和秸秆还田的形式以提高土体保墒性能。

参比土种　砂性黄泥田。

代表性单个土体　剖面（编号33-066）于2011年11月19日采自浙江省丽水市莲都区双黄乡林村，28°33′02.0″N，119°57′42.8″E，丘陵中缓坡，海拔374 m，母质为细晶花岗岩风化残坡积物，梯田，水稻-蔬菜轮作，50 cm深度土温19.0℃。

双黄系代表性单个土体剖面

Ap1：0~18 cm，暗棕色（10YR 3/4，润），冲黄橙色（10YR 6/3，干）；细土质地为砂质壤土，小团块状结构，疏松；有大量的水稻根系；蚯蚓孔洞密集，直径1~2 mm，约占5%；pH为5.3；向下层平滑清晰过渡。

Ap2：18~28 cm，棕色（10YR 4/4，润），浊黄橙色（10YR 7/4，干）；细土质地为砂质壤土，块状结构，稍紧实；有少量的水稻根系，少量的水稻根孔残留锈斑；有较多的蚯蚓孔洞，直径1 mm左右，约占土体的3%；pH为4.5；向下层平滑清晰过渡。

Br1：28~50 cm，棕色（10YR 4/4，润），亮黄棕色（10YR 6/6，干）；细土质地为砂质壤土，棱块状结构，较紧实；土体孔隙度较高；细条纹状的锈纹密集，约占5%，有少量铁锰结核，以锰为主；pH为5.0；向下层平滑清晰过渡。

Br2：50~100 cm，浊黄棕色（10YR 4/3，润），灰黄棕色（10YR 6/2，干）；细土质地为砂质壤土，块状结构，较紧实；粒间孔隙和气孔较发达；有大量的锰斑，直径<2 mm，约占土体的15%；土体有渍水的痕迹；pH为5.7；向下层平滑清晰过渡。

Brx：100~118 cm，棕色（10YR 4/4，润），浊黄橙色（10YR7/3，干）；细土质地为砂质壤土，小块状结构，紧实；粒间孔隙和气孔较发达；有大量的结核，直径0.5~2 mm，占土体的30%以上，与土体砂粒形成了轻度胶结；pH为5.6；向下层平滑清晰过渡。

C：118~130 cm，棕色（10YR 4/6，润），亮黄棕色（10YR 6/6，干）；细土质地为砂质壤土，块状结构，稍紧实；粒间孔隙较发达；pH为5.7。

双黄系代表性单个土体物理性质

土层	深度/cm	砾石（>2mm，体积分数）/%	细土颗粒组成（粒径:mm）/（g/kg）			质地	容重/（g/cm³）
			砂粒 2~0.05	粉粒 0.05~0.002	黏粒 <0.002		
Ap1	0~18	15	706	173	121	砂质壤土	1.08
Ap2	18~28	20	630	259	111	砂质壤土	1.24
Br1	28~50	1	611	267	122	砂质壤土	1.30
Br2	50~100	5	652	208	140	砂质壤土	1.27
Brx	100~118	20	712	167	121	砂质壤土	1.31
C	118~130	10	687	173	140	砂质壤土	1.30

双黄系代表性单个土体化学性质

深度/cm	pH		有机质/（g/kg）	全氮（N）/（g/kg）	全磷（P）/（g/kg）	全钾（K）/（g/kg）	CEC7/（cmol/kg）	游离铁/（g/kg）
	H₂O	KCl						
0~18	5.3	4.5	16.3	1.12	0.45	31.2	7.0	10.8
18~28	4.5	4.1	26.0	0.88	0.33	31.7	7.1	11.7
28~50	5.0	4.5	28.5	0.64	0.19	31.4	5.8	24.0
50~100	5.7	5.1	7.7	0.48	0.21	32.9	5.7	24.8
100~118	5.6	4.9	5.0	0.26	0.20	33.3	5.3	17.5
118~130	5.7	5.1	5.2	0.25	0.16	33.1	5.1	22.2

4.5.5　西周系（Xizhou Series）

土　族：砂质硅质混合型酸性热性-普通铁聚水耕人为土
拟定者：麻万诸，章明奎

分布与环境条件　主要分布于河谷平原的狭谷洪积滩和谷口洪积扇上，以富阳、临安、鄞州、宁海、象山、松阳、龙泉等县市区的分布面积较大，母质为洪冲积物，利用方式以单季水稻和水稻-油菜为主。属亚热带湿润季风气候区，年均气温约15.0~16.5℃，年均降水量约1420 mm，年均日照时数约2120 h，无霜期约250 d。

西周系典型景观

土系特征与变幅　诊断层包括水耕表层、水耕氧化还原层；诊断特性包括热性土壤温度状况、人为滞水土壤水分状况。该土系分布于山溪河流的狭谷洪积滩或谷口洪积扇上，发源于洪冲积母质，经人工淹水种稻，形成了水耕人为土。有效土层厚度约60~100 cm，土体颗粒组成上部细下部粗，细土质地为砂质壤土-壤质砂土或砂土，各土层砂粒含量均在550 g/kg 以上，水耕氧化还原层下部和母质层中砂粒含量可达800~950 g/kg，>2 mm 的粗骨砾石可达20%~40%。该土系的水耕历史在80年以上，由于地下水位的频繁波动，土体内氧化还原作用强烈，剖面层次分化，氧化铁具有明显的迁移，水耕氧化还原层中有大量的锈纹锈斑和铁锰结核，游离态氧化铁含量可达15.0~18.0 g/kg，与耕作层之比可达2.0~3.0。土体内外排水良好，地下水位100 cm 以下，无铁渗淋现象，100 cm 内无潜育特征。耕作层有机质约30~50 g/kg，全氮约1.5~2.5 g/kg，有效磷20~40 mg/kg，速效钾60~100 mg/kg。

　　Br，水耕氧化还原层，起始于30~40 cm，厚度为40~50 cm，发源于洪冲积母质，细土质地以壤质砂土或砂土为主，向下砂性变强，砂粒表面有大量的铁锰氧化物淀积，游离态氧化铁含量约10~15 g/kg。

对比土系　双黄系，同一土族，母质来源不同造成颗粒组成层位分布差异，双黄系为花岗岩残坡积物，土体颗粒组成均一，土族控制层段内细土质地均为砂质壤土。白塔系，同一土族，母质来源不同造成颗粒组成层位分布不同，白塔系水耕表层为壤土，水耕氧化还原层为砂质壤土，全土体>2 mm 的粗骨岩石碎屑含量<10%，且上高下低。白塔系，土体结构相似，从上至下砂性增强，区别在于白塔系母质为来源于富铁土的古河流相沉积物，母质层的粗骨砾石和中粗砂含量较低，<350 g/kg，属于砂质壤土，明显低于西周系的600~750 g/kg，氧化铁的含量明显高于西周系。

利用性能综述　该土系土体厚度尚可，细土质地较砂，土壤通气性和渗透性较好，供肥速度快，昼夜温差大，作物早发。但心底土土体结构松散，孔隙度高，漏水漏肥现象严重。地处谷口洪积扇或洪积滩，距水源较近，排灌条件较好。该土系的宜种性较广，可水旱轮作种植水稻、西瓜等。在肥水管理上，宜少量多次、浅灌勤灌，避免水、肥流失损耗。

参比土种　洪积泥砂田。

代表性单个土体　剖面（编号 33-096）于 2012 年 2 月 25 日采自浙江省宁波市象山县西周镇湖边村，29°29′57.8″N，121°42′51.3″E，狭谷洪积滩，海拔 10 m，母质为近代洪冲积物，10 cm深度土温18.8℃。

Ap1：0~18 cm，棕灰色（10YR 5/1，润），棕灰色（10YR 6/1，干）；细土质地为砂质壤土，团块状结构，稍疏松；有大量的水稻和杂草细根系；土体中偶有直径 5~10 mm 的砾石；pH 为 4.8；向下层平滑清晰过渡。

Ap2：18~30 cm，棕灰色（10YR 6/1，润），灰黄棕色（10YR 6/2，干）；细土质地为砂质壤土，块状结构，紧实；结构面中有较多的毛细根孔锈纹，约占土体 3%；pH 为 5.3；向下层平滑清晰过渡。

Br1：30~52 cm，灰黄棕色（10YR 6/2，润），浊黄橙色（10YR 6/3，干）；细土质地为砂质壤土，块状结构，紧实；有较多的毛细根孔锈纹，约占 3%，偶有铁锰斑；砂性明显增强，颜色变黄变红；pH 为 5.5；向下层平滑清晰过渡。

Br2：52~80 cm，亮棕色（7.5YR 5/6，润），亮棕色（7.5YR 5/8，干）；细土质地为壤质砂土，碎屑状结构，疏松；粒间孔隙发达；有大量锈色砂粒，偶有铁锰结核；pH 为 5.9；向下层平滑清晰过渡。

西周系代表性单个土体剖面

Cr：80~120 cm，灰棕色（7.5YR 5/2，润），灰棕色（7.5YR 6/2，干）；细土质地为砂土，单粒状结构，疏松；粒间孔隙发达；有少量的锈纹；pH 为 6.1。

西周系代表性单个土体物理性质

| 土层 | 深度 /cm | 砾石（>2mm，体积分数）/% | 细土颗粒组成（粒径：mm）/（g/kg） | | | 质地 | 容重 /（g/cm³） |
			砂粒 2~0.05	粉粒 0.05~0.002	黏粒 <0.002		
Ap1	0~18	5	636	279	85	砂质壤土	1.15
Ap2	18~30	3	653	245	102	砂质壤土	1.34
Br1	30~52	5	570	301	129	砂质壤土	1.47
Br2	52~80	20	850	108	42	壤质砂土	1.45
Cr	80~120	35	904	86	10	砂土	1.52

西周系代表性单个土体化学性质

| 深度 /cm | pH | | 有机质 /（g/kg） | 全氮（N）/（g/kg） | 全磷（P）/（g/kg） | 全钾（K）/（g/kg） | CEC₇ /（cmol/kg） | 游离铁 /（g/kg） |
	H₂O	KCl						
0~18	4.8	3.9	33.7	1.68	0.51	23.4	6.7	5.7
18~30	5.3	4.0	24.1	1.39	0.40	24.9	8.0	8.4
30~52	5.5	4.4	13.0	0.66	0.38	23.6	5.3	16.1
52~80	5.9	4.8	3.5	0.23	0.36	27.0	3.9	13.2
80~120	6.1	5.0	3.9	0.24	0.32	27.9	3.4	11.5

4.5.6 白塔系（Baita Series）

土　族：砂质硅质混合型酸性热性-普通铁聚水耕人为土
拟定者：麻万诸，章明奎

分布与环境条件　主要分布于钱塘江、奉化江、瓯江、灵江、曹娥江等河流及其支流中上游两侧的河谷平原或盆地一级阶地上。以仙居、衢江、龙游、金东、诸暨、嵊州、奉化、富阳、莲都等县市区的分布面积较大，坡度<2°，母质为老河流冲积物，利用方式以水稻-小麦和水稻-油菜为主。属亚热带湿润季风气候区，年均气温约 16.5~18.0℃，年均降水量约 1515 mm，年均日照时数约 1945 h，无霜期约 240 d。

白塔系典型景观

土系特征与变幅　诊断层包括水耕表层、水耕氧化还原层；诊断特性包括热性土壤温度状况、人为滞水土壤水分状况。该土系分布于河谷平原区的一级阶地，地势平坦，坡度<2°，母质为古河流相冲积物，有效土层厚度约 80~140 cm。细土质地为壤土或壤质砂土，除耕作层外，土体砂粒含量可达 500~600 g/kg。该土系的耕作历史较长，剖面层次分化明显，发育良好，犁底层与耕作层的容重之比约 1.15~1.20。土体中氧化铁迁移明显，水耕表层的氧化铁含量约 5~10 g/kg，水耕氧化还原层可达 20~50 g/kg。犁底层之下有一个铁锰聚积层，有大块的铁锰结核，无分离，形成了弱胶结，游离态氧化铁（Fe_2O_3）含量可达 40~50 g/kg。土体呈酸性至微酸性，pH 为 5.0~6.0，地下水位较低，100 cm 内无地下水且无侧渗水影响。耕作层有机质约 20~40 g/kg，全氮 1.5~2.5 g/kg，有效磷 50~80 mg/kg，速效钾>200 mg/kg。

　　Brx，铁锰聚积层，紧接于犁底层之下，厚度约 10~15 cm，深色的铁锰氧化物大量淀积形成弱胶结，含量占土体的 50%以上，游离态氧化铁含量达 20.0~50.0 g/kg。

对比土系　双黄系，同一土族，母质来源不同造成颗粒组成层位分布差异，双黄系为花岗岩残坡积物，土体颗粒组成均一，土族控制层段内细土质地均为砂质壤土。西周系，同一土族，母质来源不同造成颗粒组成层位分布不同，西周系来源于洪冲积物母质，土体从上向下砂粒含量明显增加，细土质地由砂质壤土变为壤质砂土和砂土，80~100 cm 的底部>2 mm 的粗骨岩石碎屑含量>30 g/kg，砂粒含量>900 g/kg，黏粒<50 g/kg。

利用性能综述　该土系地处河谷平原区，发源于古河流相冲积物，耕作历史悠久，土体较为深厚，排灌渠系完善，地下水位低，质地较适中，通透性能好，保蓄性能和耕性俱佳，水气协调，适种性广，是河谷平原区的高产稳产土壤类型之一。在种植制度上，当前以稻-麦、稻-菜、水稻-西瓜、稻-油等二作为主，水旱轮作。耕作层中有机质和氮素水平都较好，磷、钾素偏高，养分比例略有失调，在今后的管理利用中需重视养分元素的平衡投入，重视有机肥的投入，防止地力衰退。

参比土种　砂心泥质田。

代表性单个土体　剖面（编号 33-122）于 2012 年 3 月 20 日采自浙江省台州市仙居县白塔镇上横街村南，灵江上游，28°44′43.3″N，120°36′03.4″E，老河漫滩，坡度<2°，海拔

99 m，母质为来源于富铁土的老河流相冲积物，50 cm 深度土温 19.9℃。

Ap1：0~18 cm，暗棕色（7.5YR 3/3，润），棕灰色（7.5YR 5/1，干）；细土质地为壤土，团块状结构，疏松；有大量水稻和杂草的中、细根系，密度约 30~50 条/dm²；有少量直径 0.5~1cm 的砾石，约占 5%；pH 为 5.5；向下层平滑清晰过渡。

Ap2：18~28 cm，灰棕色（7.5YR 4/2，润），棕灰色（7.5YR 6/1，干）；细土质地为壤土，棱块状结构，紧实；有极少量根系；土体中有少量直径 0.5~1cm 的砾石，约占 5%；偶有木炭等侵入体；pH 为 5.4；向下层平滑清晰过渡。

Brx：28~40 cm，铁锰聚积层，棕色（7.5YR 4/4，润），浊棕色（7.5YR 6/3，干）；细土质地为砂质壤土，块状结构，很紧实；土体中有大量的大块状氧化铁锰结核，以锰为主，呈深褐色（黑色 7.5YR 1.7/1，润；极暗棕色 7.5YR 2/3，干），占土

白塔系代表性单个土体剖面

体 50%以上，铁锰胶结，但未形成磐层；有少量直径 1cm 左右的砾石；pH 为 5.4；向下层平滑清晰过渡。

Br：40~100 cm，棕色（7.5YR 4/4，润），浊棕色（7.5YR 5/3，干）；细土质地为砂质壤土，块状结构，稍紧实；土体壤中夹砂，孔隙发达；结构面中有大量的淡色铁锈纹，约占 5%~8%；pH 为 5.4；向下层平滑清晰过渡。

C：100 cm 以下，砾石夹泥砂层，2~5 cm 砾石占 70%以上，细土呈碎块状。

白塔系代表性单个土体物理性质

土层	深度 /cm	砾石 （>2mm，体积分数）/%	细土颗粒组成（粒径:mm）/（g/kg）			质地	容重 /（g/cm³）
			砂粒 2~0.05	粉粒 0.05~0.002	黏粒 <0.002		
Ap1	0~18	5	469	419	112	壤土	1.12
Ap2	18~28	5	512	375	113	壤土	1.30
Brx	28~40	3	563	281	156	砂质壤土	1.32
Br	40~100	1	596	212	192	砂质壤土	1.33

白塔系代表性单个土体化学性质

深度 /cm	pH		有机质 /（g/kg）	全氮（N） /（g/kg）	全磷（P） /（g/kg）	全钾（K） /（g/kg）	CEC₇ /（cmol/kg）	游离铁 /（g/kg）
	H₂O	KCl						
0~18	5.5	4.7	29.5	1.79	0.71	23.4	6.8	5.4
18~28	5.4	4.5	14.2	1.01	0.43	24.8	4.6	7.8
28~40	5.4	4.5	5.2	0.46	0.24	25.2	6.2	44.8
40~100	5.4	4.8	4.8	0.26	0.23	28.1	7.7	20.5

4.5.7　楠溪江系（Nanxijiang Series）

土　族：砂质硅质混合型非酸性热性-普通铁聚水耕人为土
拟定者：麻万诸，章明奎

分布与环境条件　主要分布于浙江省内入海河流及支流中下游的凸岸地段，河谷平原与滨海平原交汇处，呈条带状分布，以瓯江下游的永嘉、飞云江下游的瑞安、曹娥江下游的上虞、灵江下游的临海、椒江等县市区分布面积较大，海拔一般<50 m，母质为河海相沉积物，利用方式以单季水稻和水稻-蔬菜为主。属亚热带湿润季风气候区，年均气温约16.0~19.0℃，年均降水量约 1540 mm，

楠溪江系典型景观

年均日照时数约 1900 h，无霜期约 270 d。

土系特征与变幅　诊断层包括水耕表层、水耕氧化还原层；诊断特性包括热性土壤温度状况、人为滞水土壤水分状况。该土系地处滨海平原与河谷平原交汇处，发源于河海相（古河口相）沉积物，以淡水河流相为主，由人工围垦，淹水耕作而形成。有效土层厚度>120 cm，颗粒均匀，细土质地为砂质壤土或壤土，黏粒含量<150 g/kg。该土系淹水种稻的历史约 60~100 年，剖面发育完善，层次分明，犁底层与耕作层容重之比约 1.1~1.2。土体呈微酸性至中性，pH 约 5.5~7.5，从上向下升高。整个水耕氧化还原层铁锰锈纹锈斑密集，部分亚层结构面中铁锈纹所占比例可达 50%，游离态氧化铁（Fe_2O_3）含量约 10~15 g/kg，色调 7.5YR~10YR，润态明度 4~6，彩度 2~3，与耕作层的游离态氧化铁含量之比约 1.5~1.8。地下水位约 1.1~1.2 m 以下，所处地势相对平坦，不受侧渗水影响，土体通透性较好，100 cm 内无潜育特征。耕作层厚度约 15~20 cm，有机质含量约 15~25 g/kg，全氮 0.8~1.2 g/kg，有效磷 5~8 mg/kg，速效钾<50 mg/kg。

Br_1 起始于 30 cm 左右，厚度 80~100 cm，土体颗粒均匀，>2 mm 的粗骨屑粒含量低于 5%，细土质地以砂质壤土为主，铁锰氧化物淀积明显，受地下水起伏影响，土体中铁、锰略有分离，游离态氧化铁含量约 10~15 g/kg，色调 7.5YR~10YR，润态明度 4~6，彩度 2~3。

对比土系　大官塘系，同一土族，母质来源不同造成土体颗粒组成分布层位差异，大官塘系发源于泥页岩风化坡积、再积母质。土族控制层内土体上部 50~60 cm 细土质地为壤土，下部砂性增强，细土质地为砂质壤土，且受地下水位起伏影响，60~100 cm 内形成了厚度 5~15 cm 的漂白层。

利用性能综述　该土系地处河谷平原与滨海平原交汇处的河流中下游凸岸，土体深厚，质地偏轻，土体通透性较好，但砂粒含量过高，容易出现淀浆，且保肥保水性能较差。该土系水耕种稻历史较长，剖面分化明显，但耕种土壤养分的淀积却较少，有机质和氮、

磷、钾素养分水平偏低。地处河流两侧，水利条件优越，排灌良好。在今后的耕作管理中，需注重有机肥的施用和秸秆还田等，以增加有机物质的投入，改善土体结构，提升肥水保蓄能力。

参比土种　江涂砂田。

代表性单个土体　剖面（编号 33-109）于 2012 年 3 月 6 日采自浙江省温州市永嘉县上塘镇渭石村（楠溪江五桥东 100 m），28°09′24.5″N，120°42′20.3″E，海拔 8 m，母质为河海相（占河口相）沉积物，50 cm 深度土温 18.9℃。

Ap1：0~18 cm，棕灰色（10YR 4/1，润），棕灰色（10YR 6/1，干）；细土质地为砂质壤土，小块状和粒状结构，疏松；有大量的水稻和杂草细根，根孔锈纹密集；pH 为 5.5；向下层平滑清晰过渡。

Ap2：18~30 cm，浊黄棕色（10YR 5/4，润），浊黄橙色（10YR 6/4，干）；细土质地为砂质壤土，块状结构，紧实；有少量细根系；pH 为 6.0；向下层平滑清晰过渡。

Br1：30~50 cm，灰黄棕色（10YR 5/2，润），灰黄棕色（10YR 6/2，干）；细土质地为砂质壤土，棱块状结构，稍紧实；土体中有大量的气孔，粒间孔隙较发达；锈斑密集，受地下水位波动影响，铁锰分离，总体约占结构面的 30% 以上；pH 为 6.0；向下层平滑渐变过渡。

Br2：50~90 cm，灰黄棕色（10YR 5/2，润），灰黄棕色（10YR 6/2，干）；细土质地为砂质壤土，棱块状结构，紧实；土体中有大量的气孔，粒间孔隙较发达；锈纹锈斑密集，铁锰叠加分布，其中氧化铁淀积物约占结构面的 35%~50%，氧化锰约占 10%；

楠溪江系代表性单个土体剖面

pH 为 6.9；向下层平滑清晰过渡。

Br3：90~120 cm，灰黄棕色（10YR 5/2，润），灰黄棕色（10YR 6/2，干）；细土质地为砂质壤土，块状结构，稍紧实；土体中有大量的气孔；结构面有大量的锈纹锈斑，较上层稍少，氧化铁约占 25%，氧化锰约占 5%；pH 为 7.3。

楠溪江系代表性单个土体物理性质

| 土层 | 深度 /cm | 砾石（>2mm，体积分数）/% | 细土颗粒组成（粒径：mm）/（g/kg） | | | 质地 | 容重 /（g/cm³） |
			砂粒 2~0.05	粉粒 0.05~0.002	黏粒 <0.002		
Ap1	0~18	5	586	283	131	砂质壤土	1.32
Ap2	18~30	0	689	170	141	砂质壤土	1.51
Br1	30~50	0	705	210	85	砂质壤土	1.66
Br2	50~90	0	617	279	104	砂质壤土	1.66
Br3	90~120	0	572	368	60	砂质壤土	1.67

楠溪江系代表性单个土体化学性质

| 深度 /cm | pH | | 有机质 /（g/kg） | 全氮（N） /（g/kg） | 全磷（P） /（g/kg） | 全钾（K） /（g/kg） | CEC_7 /（cmol/kg） | 游离铁 /（g/kg） |
	H₂O	KCl						
0~18	5.5	4.2	19.5	1.19	0.30	26.3	7.2	7.6
18~30	6.0	4.4	3.6	0.45	0.20	27.4	6.1	14.2
30~50	6.0	4.3	3.9	0.16	0.19	25.2	7.8	11.6
50~90	6.9	5.0	4.8	0.20	0.27	23.3	9.7	12.6
90~120	7.3	—	4.0	0.21	0.33	21.5	10.3	12.1

4.5.8 大官塘系（Daguantang Series）

土　族：砂质硅质混合型非酸性热性-普通铁聚水耕人为土
拟定者：麻万诸，章明奎

分布与环境条件　主要分布于泥页岩发育的低丘山垄，以安吉、淳安、桐庐、余杭、诸暨、绍兴、上虞、龙游、衢江、文成等县市区的分布面积较大，其他县市区也有少量分布，地势稍低，海拔一般<200 m，坡度<2°，母质为泥页岩风化坡积、再积物，利用方式以单季水稻和水稻-油菜为主。属亚热带湿润季风气候区，年均气温约15.5~17.2℃，年均降水量约1385 mm，年均日照时数约2020 h，无霜期约225 d。

大官塘系典型景观

土系特征与变幅　诊断层包括水耕表层、水耕氧化还原层、漂白层；诊断特性包括热性土壤温度状况、人为滞水土壤水分状况。该土系分布于低丘山垄，小地形平坦，母质为泥页岩风化物的坡积、再积物，土体厚度在100 cm以上。土体颗粒均匀，几无2 mm以上的粗骨屑粒，细土质地为壤土、粉砂壤土或砂质壤土，一般粉粒含量在350 g/kg以上，0.05~0.002 mm的极细砂含量约300 g/kg，粗、中砂约150 g/kg，砂粒含量从上至下略有增加。该土系水耕种稻的历史比较悠久，因土体中极细砂、粉粒的含量较高，渗淋作用强烈，剖面层次分化明显，土体中有密集的铁、锰结核和斑团淀积，铁、锰分离。所处地势相对稍低，土体60~100 cm内受地下水位起伏影响，约60~80 cm有波状的漂白层出现，厚度约5cm，橙白色，氧化铁明显流失，游离态氧化铁含量约10.0~15.0 g/kg。土体呈酸性至中性，pH约5.0~7.0，冬季地下水位在100 m以下。犁底层与耕作层容重之比约1.2~1.3，氧化铁淋移沉积明显，耕作层游离态氧化铁（Fe_2O_3）含量约10.0~15.0 g/kg，水耕氧化还原层可达20.0 g/kg，二者之比约1.6~2.0。耕作层有机质约20~30 g/kg，全氮约1.5~2.0 g/kg，有效磷5~8 mg/kg，速效钾<50 mg/kg。

　　E，漂白层，出现于60 cm以下，呈波状淋溶，延伸度约2~5 cm，厚度约5~15 cm，受侧渗水和表渗水影响，黏粒和氧化铁严重淋失漂白，游离态氧化铁含量低于15.0 g/kg，主体呈橙白色，色调7.5YR~10YR，润态明度7~8，彩度1~2，纵向波状延伸，细土质地为砂质壤土或壤质砂土。

对比土系　楠溪江系，同一土族，母质来源不同造成土体颗粒组成分布层位差异，楠溪江系为楠溪江古河口相沉积物，土体上下较为均一，细土质地均为砂质壤土，无明显的地下水、侧渗水影响，100 cm无漂白层出现。

利用性能综述　该土系地处低丘山垄，土体深厚，质地略偏砂，耕性较好，但保肥保水性能稍差，土体渗淋强烈，耕作层养分含量较低。由于极细砂和粉粒的含量偏高，土体容易淀浆板结，影响水稻早发，且后期容易脱肥早衰。在利用管理上，一是施肥方面在基肥、分蘖肥、促花灌浆肥等各个生育阶段分次施肥；二是要增加有机肥施肥比例，实施秸秆还田，改善耕作层土体结构，防止淀浆板结。

参比土种　黄粉泥田。

代表性单个土体　剖面（编号 33-137）于 2012 年 4 月 7 日采自浙江省湖州市安吉县递铺镇大官塘村，30°41′27.9″N，119°36′42.6″E，低丘山垄，坡度<2°，海拔 35 m，母质为泥页岩风化物的再积物，50 cm 深度土温 18.4℃。

Ap1：0~18 cm，浊橙色（7.5YR 6/4，润），浊棕色（7.5YR 6/3，干）；细土质地为壤土，块状结构，稍紧实；大量水稻细根系；有大量根孔锈纹，结构面中有较多铁锈斑，总量约占 3%~5%；pH 为 5.5；向下层平滑清晰过渡。

Ap2：18~35 cm，浊棕色（7.5YR 5/4，润），浊棕色（7.5YR 6/3，干）；细土质地为壤土，棱块状结构，紧实；结构面上有较多的铁锈斑，少量锰斑纹，总量约占结构面的 3%~5%；土体中有大量垂直方向的黑色腐根孔；pH 为 6.3；向下层平滑清晰过渡。

Br：35~60 cm，浊棕色（7.5YR 5/3，润），灰棕色（7.5YR 6/2，干）；细土质地为壤土，块状结构，紧实；铁锰结核密集，主要为黑色的锰结核，锰斑直径 1~5 mm 或更大，占结构面的 30%~50%；pH 为 6.9；向下层平滑清晰过渡。

E：60~70 cm，漂白层，呈舌状分布，主体呈橙白色（10YR 7/2，润；10YR 8/1，干），与舌状相间的部分呈棕色（7.5YR 5/4，润；7.5YR 6/3，干）；细土质地为砂质壤土，块状结构，很紧实；有大量铁锰斑，分布不均匀，总量约占结构面 10%~15%；pH 为 7.0；

大官塘系代表性单个土体剖面

向下层不规则清晰过渡。

EBr：70~120 cm，浊橙色（5YR 6/3，润），浊红棕色（5YR 5/3，干）；细土质地为砂质壤土，块状或屑状无结构，疏松；土体中有少量的铁、锰斑，分布不均匀，总量约占结构面的 3%~5%；土体中夹有较多的漂白层物质，呈渗淋状，砂性较上层明显增强；pH 为 6.8。

大官塘系代表性单个土体物理性质

| 土层 | 深度/cm | 砾石（>2mm，体积分数）/% | 细土颗粒组成（粒径:mm）/（g/kg） | | | 质地 | 容重/（g/cm³） |
			砂粒 2~0.05	粉粒 0.05~0.002	黏粒 <0.002		
Ap1	0~18	0	431	423	146	壤土	1.16
Ap2	18~35	0	442	385	173	壤土	1.44
Br	35~60	0	506	370	124	壤土	1.39
E	60~70	0	462	497	41	砂质壤土	1.49
EBr	70~120	0	721	182	97	砂质壤土	1.54

大官塘系代表性单个土体化学性质

| 深度/cm | pH | | 有机质/（g/kg） | 全氮（N）/（g/kg） | 全磷（P）/（g/kg） | 全钾（K）/（g/kg） | CEC₇/（cmol/kg） | 游离铁/（g/kg） |
	H₂O	KCl						
0~18	5.5	4.0	22.8	1.48	0.31	12.1	7.4	11.8
18~35	6.3	5.1	8.1	0.65	0.26	12.2	7.3	19.3
35~60	6.9	5.5	4.9	0.35	0.39	13.3	7.3	21.6
60~70	7.0	5.4	1.4	0.25	0.15	17.6	9.4	13.6
70~120	6.8	5.8	0.8	0.30	0.27	15.2	8.8	18.9

4.5.9　仙稔系（Xianren Series）

土　族：黏壤质云母混合型非酸性热性-普通铁聚水耕人为土
拟定者：麻万诸，章明奎

分布与环境条件　主要分布于浙南酸性
紫砂岩发育的低山丘陵中缓坡和岗背，
以文成、泰顺、遂昌、仙居等县的分布
面积居大，苍南、平阳、黄岩等县市区
也有少量分布，小地形坡度约 8°~15°，
母质为紫色砂岩风化残坡积物，海拔
<600 m，梯田，利用方式以单季水稻和
水稻-油菜为主。属亚热带湿润季风气候
区，年均气温约 16.5~17.5℃，年均降水
量约1980 mm，年均日照时数约1845 h，
无霜期约 245 d。

仙稔系典型景观

土系特征与变幅　诊断层包括水耕表层、水耕氧化还原层；诊断特性包括热性土壤温度
状况、人为滞水土壤水分状况。该土系地处低山丘陵中缓坡和岗背，发源于酸性紫砂岩
风化残坡积物母质，有效土层厚度约 60~100 cm，细土质地以壤土为主，砂粒含量约
400~450 g/kg，黏粒含量<250 g/kg。该土系多为梯田，因地形部位相对较高，土体无侧
渗水和地下水影响。水耕种稻的历史在 50 年左右，剖面层次分化，犁底层与耕作层容重
之比约 1.25~1.35，氧化铁迁移淀积明显，水耕氧化还原层游离态氧化铁（Fe$_2$O$_3$）含量约
20~30 g/kg，与耕作层之比可达 2.5~3.5。水耕氧化还原层中粗骨砂粒含量较高，>2 mm 的
粗骨砂粒含量约占 20%~25%，土体呈红棕色，色调 2.5YR，润态明度 4~6，彩度 3~5。
土体呈酸性至微酸性，pH 约 5.0~6.5。耕作层有机质约 20~30 g/kg，全氮约 0.8~1.2 g/kg，
有效磷 5~8 mg/kg，速效钾约 40~60 mg/kg。

　　Br，水耕氧化还原层，起始于 30 cm 左右，厚度约 40~60 cm，与犁底层交界处有较
明显的铁锰氧化物淀积，其下土体中有少量的铁锰新生体，粗骨屑粒含量较高，达
20%~25%，偶尔有直径 10 cm 以上的大石块夹杂，细土质地为壤土，游离态氧化铁含量
约 20~25 g/kg。

对比土系　江瑶系，不同亚类，分布地形部位相近，母质来源相似，土体颗粒大小级别
和矿物类型相同，区别在于江瑶系土体氧化铁迁移尚不明显，未形成铁聚层次，为普通
简育水耕人为土。

利用性能综述　该土系分布于浙南紫砂岩风化残坡积物母质的低山丘陵区，梯田，土体
深度一般，质地较为适中，通透性良好，保肥和供肥性能较为协调，光温条件充足，在
种植上以单季晚稻或稻-肥模式为主，产量中等。因地势稍高，灌溉水源不足，且心底土
砾石含量较高，土体保水性能稍差。地形坡度稍大，单块梯田面积较小，不利于机械耕
作。因此，该土系更适合旱作，种植蔬菜或果树。土体有机质和氮、磷、钾素养分都偏

低，在耕作管理上需保证肥水供给。

参比土种　酸性紫泥田。

代表性单个土体　剖面（编号33-113）于2012年3月10日采自浙江省温州市泰顺县仙稔乡上稔村金瓜垄，27°36′05.2″N，119°46′09.3″E，高丘，梯田，海拔445 m，坡度约10°~15°，母质为紫色砂岩风化残坡积物，种植水稻，50 cm深度土温19.0 ℃。

仙稔系代表性单个土体剖面

Ap1：0~18 cm，浊橙色（2.5YR 6/4，润），淡红灰色（2.5YR 7/2，润，干）；细土质地为壤土，团块状结构，稍疏松；有大量的水稻根系；土体中有少量的动物孔洞，可见黄鳝等动物活动；pH为5.5；向下层平滑清晰过渡。

Ap2：18~30 cm，浊红棕色（2.5YR 5/3，润），浊橙色（2.5YR 6/3，干）；细土质地为壤土，块状结构，紧实；有少量细根；有较多的根孔锈纹，少量的铁锈斑；pH为5.3；向下层平滑清晰过渡。

Br：30~90 cm，浊红棕色（2.5YR 5/3，润），浊红棕色（2.5YR 5/3，干）；细土质地为壤土，碎块状结构，紧实；在上层交界区域有较多的铁锰氧化物斑块，下部土体中极少；有较多直径5~10 cm的砾石，约占土体的20%；pH为6.4。

仙稔系代表性单个土体物理性质

土层	深度 /cm	砾石 （>2mm, 体积 分数）/%	细土颗粒组成（粒径:mm）/（g/kg）			质地	容重 /（g/cm³）
			砂粒 2~0.05	粉粒 0.05~0.002	黏粒 <0.002		
Ap1	0~18	5	406	472	122	壤土	1.10
Ap2	18~30	5	411	448	141	壤土	1.45
Br	30~90	25	444	335	221	壤土	1.59

仙稔系代表性单个土体化学性质

深度 /cm	pH		有机质 /（g/kg）	全氮（N） /（g/kg）	全磷（P） /（g/kg）	全钾（K） /（g/kg）	CEC₇ /（cmol/kg）	游离铁 /（g/kg）
	H₂O	KCl						
0~18	5.5	4.2	24.0	1.48	0.30	20.1	7.9	8.5
18~30	5.3	4.2	10.3	0.79	0.22	21.6	4.6	19.0
30~90	6.4	4.9	7.9	0.36	0.32	23.5	9.7	24.9

4.5.10 锦溪系（Jinxi Series）

土　族：黏壤质硅质混合型酸性热性-普通铁聚水耕人为土

拟定者：麻万诸，章明奎

分布与环境条件 分布于浙南高、中丘或低山鞍谷的中、上部，以龙泉、松阳、遂昌、嵊州等县市的面积较大，梯田，大地形坡度 15°~25°，海拔约 200~500 m，母质为变质岩风化残坡积物，土体受山体侧渗的影响，利用方式以单季水稻为主。属亚热带湿润季风气候区，年均气温约 15.8~16.8℃，年均降水量约 1710 mm，年均日照时数约 1875 h，无霜期约 260 d。

锦溪系典型景观

土系特征与变幅 诊断层包括水耕表层、水耕氧化还原层；诊断特性包括热性土壤温度状况、人为滞水土壤水分状况。该土系由变质岩风化物的残坡积物坡地经人工开垦和淹水耕作发育而来，梯田，有效土层一般在 50~100 cm，且在同一田块内越靠近山体则有效土层越浅薄。土壤质地较为黏重，一般粗骨碎屑含量<10%，黏粒含量在 150~270 g/kg，结构较为紧实，容重约 1.2~1.4 g/cm³。该土壤耕作历史约 50~80 年，剖面层次分化，耕作层与犁底层容重之比约 1.1~1.2。土体氧化铁迁移明显，水耕氧化还原层游离态氧化铁（Fe₂O₃）含量约 30.0~50.0 g/kg，与耕作层之比约 2.0~3.0。水耕氧化还原层受山体侧渗水和顶渗水影响，呈浊黄橙色，色调为 7.5YR~10YR，明度 4~6，彩度 3~4。残积母质层土体紧实，水分下行明显受阻，以致土体颜色发生明显变化，母质层色调为 2.5YR 或更红，且游离铁含量明显高于水耕氧化还原层。地处中上坡，排水良好，土体不受地下水影响。耕作层有机质含量约 15.0~25.0 g/kg，全氮 1.0~1.5 g/kg，有效磷 30~50 mg/kg，速效钾 100~150 mg/kg。

Br，水耕氧化还原层，起始于 25~30 cm，厚度 30~40 cm，呈浊黄橙色，色调为 7.5YR~10YR，明度 4~6，彩度 3~4，块状结构，结构面有大量根孔和氧化铁胶膜，与下垫母质层界线清晰、颜色反差明显，游离态氧化铁含量约 30.0~50.0 g/kg。

对比土系 西旸系，不同土类，分布的地形部位相似，无地下水，但均受山体侧渗水影响。区别在于西旸系受山体侧渗水影响较强，形成了铁渗淋亚层，为铁渗水耕人为土。

利用性能综述 该土系为山坡梯田，田块面积一般较小，约 50~300 m²，不宜实现机械化耕作。一般以泉水自流灌溉或需从小型水库中引水灌溉，因所处位置相对较高，容易缺水。在灌溉水源供应充足的条件下，该类田块尚可获得较好的产量，一般种植单季水稻，亩产可达 400~500 kg。由于土体黏重，供肥、通气性能稍差，宜多施有机肥、实施秸秆还田、农作翻耕等以调整土壤结构。

参比土种　　红松泥田。

代表性单个土体　　剖面（编号 33-059）采自 2011 年 8 月 11 日采自浙江省龙泉市锦溪镇根坑村官局自然村，28°03′59.3″N，118°56′45.4″E，高丘中上坡，海拔 363 m，母质为变质岩风化残坡积物，梯田，种植水稻、大豆，50 cm 深度土温 19.3℃。

锦溪系代表性单个土体剖面

Ap1：0~10 cm，浊黄棕色（10YR 5/3，润），浊黄橙色（10YR 7/3，干）；细土质地为粉砂壤土，团粒结构和团块状结构，稍紧实，有少量细根，所占比例<1%；有极少量锈纹，数量<0.5%；pH 为 4.1；与下层在结构和松紧度上发生明显的变化，向下层平滑清晰过渡。

Ap2：10~22 cm，浊黄橙色（10YR 6/3，润），浅淡黄色（10YR 8/3，干）；细土质地为粉砂壤土，中块状结构，紧实；有较明显的垂直向根孔状锈纹，数量在 10% 左右；可见少量小块砾石，直径 0.5 cm 左右；根孔状锈纹的宽度略大于 Br 层，但多数在 1 mm 左右；pH 为 4.4；向下层平滑清晰过渡。

Br：22~57 cm，浊黄橙色（10YR 7/3，润），淡黄橙色（10YR 8/3，干）；细土质地为粉砂壤土，大块状结构和棱块状结构，紧实；结构面上有大量根孔状锈纹，占结构面的 10%~20%，大结构体表面几乎全被棕红色氧化铁胶膜所覆盖，占结构面的 90% 以上，铁胶膜和根孔状锈纹颜色分别为红棕色（5YR 4/6）或浊红棕色（2.5YR4/4，润），橙色（5YR 6/6）；由于土体紧实，新根主要分布在结构体之间，呈垂直网状分布；pH 为 5.3；向下层波状清晰过渡。

C：57~80 cm，母土层，亮红棕色（2.5YR 5/8，润），橙色（5YR 6/8，干）；细土质地为粉砂壤土，块状结构，非常紧实；土体夹杂大石块，有的直径 30 cm 以上，占土体 40% 以上；红色土体中散布有黄白色斑纹状半风化碎屑；pH 为 5.3。

锦溪系代表性单个土体物理性质

土层	深度 /cm	砾石（>2mm, 体积分数）/%	细土颗粒组成（粒径:mm）/（g/kg）			质地	容重 /（g/cm³）
			砂粒 2~0.05	粉粒 0.05~0.002	黏粒 <0.002		
Ap1	0~10	1	191	557	252	粉砂壤土	1.13
Ap2	10~22	3	258	533	209	粉砂壤土	1.28
Br	22~57	1	223	516	261	粉砂壤土	1.32
C	57~80	55	214	547	239	粉砂壤土	1.36

锦溪系代表性单个土体化学性质

深度 /cm	pH		有机质 /（g/kg）	全氮（N） /（g/kg）	全磷（P） /（g/kg）	全钾（K） /（g/kg）	CEC_7 /（cmol/kg）	游离铁 /（g/kg）
	H_2O	KCl						
0~10	4.1	3.5	23.7	1.29	0.56	9.8	7.5	17.0
10~22	4.4	3.5	17.6	0.90	0.27	12.7	5.3	19.3
22~57	5.3	3.6	12.4	0.61	0.27	12.6	6.1	42.1
57~80	5.3	4.0	6.8	0.26	0.22	11.2	6.4	64.0

4.5.11　东溪口系（Dongxikou Series）

土　族：黏壤质硅质混合型非酸性温性-普通铁聚水耕人为土
拟定者：麻万诸，章明奎

分布与环境条件　少量分布于海拔>700 m 的中山、中下坡坡脊，以龙泉、庆元、遂昌、青田、泰顺、文成等县市的分布面积稍大，坡度约 15°~25°，排水良好，由人工筑坎、淹水耕作形成梯田，母质为凝灰岩、流纹岩风化残坡积物，利用方式以单季水稻为主。属亚热带湿润季风气候区，年均气温约 12.0~13.4℃，年均降水量约 1720 mm，年均日照时数约 1860 h，无霜期约 260 d。

东溪口系典型景观

土系特征与变幅　诊断层包括水耕表层、水耕氧化还原层；诊断特性包括温性土壤温度状况、人为滞水土壤水分状况。该土系地处中山坡脊，母质为凝灰岩风化残坡积物，多为梯田，有效土层深度约 60~100 cm，不受地下水和侧渗水影响。土体呈酸性至微酸性，pH 约 5.0~6.0。该土系淹水种稻的历史约 50~80 年，由于长期耕作影响，耕作层与下垫土层形成了强烈的反差：耕作层深色暗黑，润态明度、彩度均为 3，游离态氧化铁（Fe_2O_3）含量约 10.0~15.0 g/kg，腐殖质大量淀积，有机质可达 40.0~60.0 g/kg，细土质地为砂质壤土或壤土；水耕氧化还原层层次分化不明显，土体呈亮红棕色，润态明度、彩度均≥5，游离态氧化铁含量约 20.0~40.0 g/kg，有机质含量约 5~10 g/kg，细土质地为黏壤土。耕作层全氮约 2.0~3.0 g/kg，有效磷 6~10 mg/kg，速效钾 30~50 mg/kg。

　　Ap1，水耕表层，团粒状或小团块状结构，厚度约 20~30 cm，润态呈黑棕色，色调 10YR，润态明度 2~3，彩度 1~2，游离态氧化铁含量约 8.0~12.0 g/kg，与水耕氧化还原层形成强烈反差，有机碳含量高达 40.0~60.0 g/kg。

　　Br，水耕氧化还原层，起始于 20~30 cm，厚度 30~40 cm，呈亮红棕色至黄橙色，润态明度、彩度均为 6~8，土体中有大量的半风化粗骨屑粒，占土体 20%以上，并夹杂有较多直径 5~10 cm 或更大的半风化石块，细土质地为黏壤土，游离态氧化铁含量可达 20.0~40.0 g/kg。

对比土系　鹤城系，同一亚类不同土族，分布地形部位相近，母质来源、矿物类型相同，剖面结构相似，区别在于鹤城系海拔较低，具有热性土壤温度状况，土体中有机质分解相对较快，耕作层有机碳含量约 15~20 g/kg，属壤质硅质混合型非酸性热性–普通铁聚水耕人为土。

利用性能综述　该土系为海拔>600 m 的中山梯田，海拔较高，以山泉和自然降水为水源，水利设施较差，灌溉保证率较低，光温条件相对稍差，种植制度多为单季水稻，产量稍低。在利用改良方面，主要是克服冷水串灌的影响。另外，土体磷、钾素养分水平偏低，在水稻种植的各个阶段都需注重速效养分的及时补充。

参比土种　山黄泥田。

东溪口系代表性单个土体剖面

代表性单个土体　剖面（编号 33-132）于 2012 年 3 月 31 日采自浙江省丽水市龙泉市屏南镇东溪口村，27°47′22.7″N，119°06′53.8″E，低下山坡，海拔 765 m，坡度约 20°~25°，母质为凝灰岩风化残坡积物，梯田，水稻收后冬闲，50 cm 深度土温 14.9℃。

Ap1：0~18 cm，黑棕色（10YR 3/1，润），棕灰色（10YR 5/1，干）；细土质地为砂质壤土，团粒和小团块状结构，疏松；有中量的水稻根系；无明显的锈纹锈斑；土体中偶有直径 1~3 cm 的砾石；pH 为 5.0。向下层平滑突变过渡。

Ap2：18~30 cm，亮黄棕色（10YR 6/8，润），亮黄棕色（10YR 7/6，干）；细土质地为黏壤土，块状结构，紧实；上部有大量的红棕色（橙色 5YR 6/8，润；亮红棕色 5YR 5/8，干）的氧化铁和黑棕色（黑棕色 5YR 2/1，润；黑棕色 5YR 2/1，干）的氧化锰斑纹和结核，总量占土体 30%以上；pH 为 5.9；向下层平滑渐变过渡。

Br：30~60 cm，黄橙色（10YR 7/8，润），亮黄棕色（10YR 7/6，干）；细土质地为黏壤土，碎块状结构，稍紧实；无明显的铁锰氧化物淀积；土体中有大量直径 2~10 cm 的半风化砾石，约占土体 20%；底部为基岩或石块平整层，大石块占 75%以上；pH 为 5.8。

东溪口系代表性单个土体物理性质

土层	深度 /cm	砾石（>2mm，体积分数）/%	细土颗粒组成（粒径:mm）/（g/kg）			质地	容重 /（g/cm³）
			砂粒 2~0.05	粉粒 0.05~0.002	黏粒 <0.002		
Ap1	0~18	2	552	375	73	砂质壤土	1.17
Ap2	18~30	5	407	313	280	黏壤土	1.31
Br	30~60	20	366	340	294	黏壤土	1.39

东溪口系代表性单个土体化学性质

深度 /cm	pH		有机质 /（g/kg）	全氮（N） /（g/kg）	全磷（P） /（g/kg）	全钾（K） /（g/kg）	CEC_7 /（cmol/kg）	游离铁 /（g/kg）
	H₂O	KCl						
0~18	5.0	4.2	50.1	2.61	0.49	13.5	6.7	10.9
18~30	5.9	4.9	8.1	0.72	0.17	10.9	4.4	35.6
30~60	5.8	4.6	7.2	0.42	0.16	12.4	4.4	29.9

4.5.12　皇塘畈系（Huangtangfan Series）

土　族：黏壤质硅质混合型非酸性热性-普通铁聚水耕人为土
拟定者：麻万诸，章明奎

分布与环境条件　主要分布于河谷盆地地区的低丘缓坡下部或开阔的山垄，以金东、婺城、永康、衢江、诸暨、嵊州等县市区的分布面积较大，坡度约 5~8°，母质为 Q_2 红土，利用方式以水稻-油菜为主。属亚热带湿润季风气候区，年均气温约 16.5~17.5℃，年均降水量约 1610 mm，年均日照时数约 2045 h，无霜期约 260 d，≥10℃的积温为 5520℃。

皇塘畈系典型景观

土系特征与变幅　诊断层包括水耕表层、水耕氧化还原层、聚铁网纹层；诊断特性包括热性土壤温度状况、人为滞水土壤水分状况。该土系主要分布于河谷盆地的低丘或开阔山垄，坡度较平缓，母质为 Q_2 红土的残坡积、再积物，土体深厚，颗粒组成均一，细土质地为壤土或粉砂壤土，黏粒含量 150~250 g/kg，粉粒含量可达 450~550 g/kg。土体约 40~60 cm 处出现明显的颜色变化，其上部为坡积、再积母质，明度约 3~4，彩度 1~2；下部为残积母质，明度 5~7，彩度 6~8。残积母质部分铁锰斑纹密集，明度、彩度都明显增加，为聚铁网纹层。水耕氧化还原层的游离态氧化铁（Fe_2O_3）含量约 25~40 g/kg，与耕作层之比可达 1.5~2.5。地下水位 90 cm 以下，但 100 cm 内无潜育特征。耕层土壤有机质约 20~25 g/kg，全氮<1.0 g/kg，有效磷约 50~80 mg/kg，速效钾>150 mg/kg。

　　Br1，水耕氧化还原层，开始于 40~60 cm，厚度>30 cm，由聚铁网纹层发育而来，土体呈黄棕色，色调为 7.5YR~10YR，润态明度 5~7，彩度 6~8，土体紧实，颜色红黄相间，游离态氧化铁含量 30.0 g/kg 以上。

对比土系　雉城系，同一土族，但发源于洪冲积相与河湖沉积相交互母质，土体 100 cm 内各层次间呈渐变过渡，无聚铁网纹层，土体 100~150 cm 内有厚度 10~20 cm 的腐泥层。赤寿系，母质来源相同、剖面形态相似，但赤寿系多为园地，长期旱作，为雏形土。

利用性能综述　该土系所处地形较为平坦，灌溉水源基本可保证，是盆地、丘陵区的重要水耕土壤类型之一。土体深厚，细土质地适中，肥水保蓄性能尚好。为提高水源利用率，该土系串灌、漫灌现象较为普遍，这在一定程度上也造成了养分的流失。因此，在利用改良上，仍需改善排灌设施。表土磷、钾素偏高，有机质尚可，氮素相对缺乏，可通过种植紫云英等豆科植物以实现固氮增氮。

参比土种　老黄筋泥田。

代表性单个土体　剖面（编号 33-021）于 2010 年 5 月 27 日采自浙江省衢州市衢江区大洲镇何村皇塘畈，28°52′28.7″N，118°58′19.0″E，中丘岗地，海拔 123 m，母质为 Q_2 红土，耕地（水旱轮作，水稻-油菜），50 cm 深度土温 19.7℃。

Ap1：0~18 cm，暗棕色（10YR 3/3，润），浊黄橙色（10YR 6/3，干）；细土质地为壤土，团粒状或团块状结构，疏松；粒间孔隙较发达，总孔隙度稍高；有中量的油菜、杂草细根系；极少量的锈纹；pH 为 4.6；向下层平滑清晰过渡。

Ap2：18~37 cm，黑棕色（10YR 3/2，润），浊黄橙色（10YR 7/3，干）；细土质地为粉砂壤土，棱块状结构，紧实；有中量的油菜细根；有较多的根孔、气孔，总孔隙度中等；极少量的锈纹；pH 为 4.6；向下层平滑清晰过渡。

Br：37~51 cm，棕灰色（10YR 4/1，润），灰黄棕色（10YR 5/2，干）；细土质地为粉砂壤土，块状结构，稍紧实；有较多的根孔、气孔，总孔隙度中等；有少量的根孔锈纹；pH 为 6.0；向下层平滑突变过渡。

Brl1：51~90 cm，亮棕色（7.5YR 5/6，润），橙色（7.5YR 7/6，干）；细土质地为粉砂壤土，块状结构，稍紧实；土体中有较多的毛细气孔，总孔隙度中等；有大量的铁、锰斑纹，约占 10%，未分离，为原聚铁网纹层；pH 为 6.6；向下层平滑模糊过渡。

皇塘畈系代表性单个土体剖面

Brl2：90~120 cm，亮棕色（7.5YR 5/8，润），淡黄橙色（7.5YR 8/6，干）；细土质地为壤土，块状结构，紧实；总孔隙度较低；pH 为 6.9。

皇塘畈系代表性单个土体物理性质

土层	深度/cm	砾石（>2mm，体积分数）/%	细土颗粒组成（粒径:mm）/（g/kg）			质地	容重/（g/cm³）
			砂粒 2~0.05	粉粒 0.05~0.002	黏粒 <0.002		
Ap1	0~18	10	320	472	208	壤土	1.02
Ap2	18~37	15	265	554	181	粉砂壤土	1.14
Br	37~51	10	323	509	168	粉砂壤土	1.08
Brl1	51~90	5	243	557	200	粉砂壤土	1.24
Brl2	90~120	5	365	481	154	壤土	1.24

皇塘畈系代表性单个土体化学性质

深度/cm	pH		有机质/（g/kg）	全氮（N）/（g/kg）	全磷（P）/（g/kg）	全钾（K）/（g/kg）	CEC_7/（cmol/kg）	游离铁/（g/kg）
	H_2O	KCl						
0~18	4.6	3.6	24.6	1.23	0.34	11.5	8.1	17.5
18~37	4.6	3.6	22.0	1.20	0.28	11.2	9.6	17.4
37~51	6.0	5.2	8.0	0.46	0.15	9.5	9.2	24.7
51~90	6.6	5.7	5.0	0.42	0.14	12.8	9.1	31.1
90~120	6.9	6.0	4.7	0.35	0.13	11.9	9.3	36.7

4.5.13 雉城系（Zhicheng Series）

土　族：黏壤质硅质混合型非酸性热性-普通铁聚水耕人为土
拟定者：麻万诸，章明奎

分布与环境条件　分布于水
网平原区的缓丘底部，长兴
县境内分布较集中，坡度<2°，
母质为滨湖相沉积物和低丘
富铁土再积物，土体受侧渗
水影响，利用方式以单季稻
和水稻-小麦为主。属亚热带
湿润季风气候区，年均气温
约 14.5~15.5℃，年均降水量
约 1340 mm，年均日照时数约
2050 h，无霜期约 230 d。

雉城系典型景观

土系特征与变幅　诊断层包
括水耕表层、水耕氧化还原层；诊断特性包括热性土壤温度状况、人为滞水土壤水分状
况、潜育特征。该土系地处水网平原区与低丘的过渡地带，发源于河湖相与冲积相交互
母质，土体有效深度在 100 cm 以上，细土质地以壤土或粉砂壤土为主，其中 0.1~0.002 mm
的极细砂和粉粒的含量在 650 g/kg 以下。该土系水耕种稻的历史悠久，土体剖面分化明
显，犁底层与耕作层容重之比约 1.2~1.3，氧化铁迁移淀积明显，水耕氧化还原层的游离
态氧化铁含量可达 25.0~30.0 g/kg，耕作层游离态氧化铁（Fe_2O_3）含量<10.0 g/kg，二者之
比 2.5~3.5。土体受侧渗水和表渗水影响较为明显，犁底层之下土体中黏粒含量明显减少，
砂粒增加，游离态氧化铁流失，土体基色呈暗灰黄色，离铁基质所占比例达 50%左右，尚
未形成铁渗淋亚层。由于黏粒下移，在其下层土体中有大量的粉粒、黏粒淀积，呈灰白色。
土体 100 cm 内无潜育特征，约 100~110 cm 出现滨湖相母质的腐泥层，厚度 10~20 cm，土
体黏闭。腐泥层之下的土体常年受地下水浸渍。

　　Br1，紧接于犁底层之下，厚度约 20~40 cm，受渗淋影响，土体黏粒和氧化铁明显
流失，土体呈暗灰黄色，基色色调为 7.5YR~10YR，润态明度 5~6，彩度 2~3，有较多的
黄色锈纹锈斑，离铁基质约占土体 50%，尚未形成铁渗淋亚层。

　　Abg，腐泥层，开始出现于 100~110 cm，厚度约 10~20 cm，土体潮湿黏闭，具有亚
铁反应。

对比土系　皇塘畈系，同一土族，但发源于 Q_2 红土残坡积、再积母质，土体 40~60 cm
处呈突变过渡，上部源于坡积、再积母质，下部源于残积的聚铁网纹层，明度、彩度上
存在强烈反差，土体中无腐泥层出现。

利用性能综述　该土系发源于河湖相与冲积相混合母质，土质中粉粒和极砂粒含量较高，
耕作层浅薄，易汀浆板结，通透性不良。土体渗淋层发达，耕作层保蓄性能稍差。在利用
管理上，一是要深耕；二是要注重少量多次施肥；三是要增施磷肥，注重养分元素平衡。

参比土种　汀煞白土田。

代表性单个土体　剖面（编号 33-140）于 2012 年 4 月 8 日采自浙江省湖州市长兴县雉城镇长桥村北，30°59′03.6″N，119°50′21.9″E，低丘底部，海拔 12 m，母质为滨湖相沉积物与富铁土再积物混合相物质，50 cm 深度土温 17.7℃。

Ap1：0~15 cm，灰黄棕色（10YR 4/2，润），棕灰色（10YR 6/1，干）；细土质地为壤土，块状结构，稍紧实；有大量水稻根系；结构面中有较多的小块鳝血斑；pH 为 5.5；向下层平滑清晰过渡。

Ap2：15~25 cm，浊黄棕色（10YR 5/3，润），灰黄棕色（10YR 6/2，干）；细土质地为壤土，棱块状结构，紧实；有少量细根系；结构面中有较多黄色的铁锈纹，约占 1%~3%；有较多的垂直方向腐根扎；pH 为 6.5；同卜层波状清晰过渡。

Br1：25~45 cm，铁渗淋层，暗灰黄棕色（10YR 5/2，润），淡灰色（10YR 7/1，干）；细土质地为壤土，棱块状结构，较疏松；结构面中有较多黄色铁锈纹，约占 3%~5%，有少量铁锰结核；受渗淋影响，土体砂性明显较上覆和下垫土层强；pH 为 5.8；向下层波状清晰过渡。

Br2：45~105 cm，黄棕色（10YR 5/6，润），亮黄棕色（10YR 7/6，干）；细土质地为粉砂壤土，棱块状结构，较紧实；受渗淋影响，土体块状结构发达，结构面有大量的粉粒和黏粒淀积，呈黑棕色（黑棕色 10YR 2/2 润；黑棕色 10YR 3/2，干）；有大量的铁锰斑纹和结核，约占土体 5%~8%；pH 为 6.1；向下层平滑清晰过渡。

Abg：105~125 cm，腐泥层，灰色（N 4/0，润），灰色（7.5Y 5/1，干）；细土质地为粉砂质黏壤土，块状结构，较紧实；pH 为 6.9；向下层平滑清晰过渡。

Cr：125~150 cm，棕灰色（10YR 6/1，润），淡灰色（10YR 7/1，干）；细土质地为粉砂壤土，大块状结构，稍紧实；结构面中有大量的铁锰斑纹，浊红棕色（5YR 5/3，润），亮红棕色（5YR 5/6），约占 5%~8%；处于地下水位之下，长期受地下水影响；pH 为 7.3。

雉城系代表性单个土体剖面

雉城系代表性单个土体物理性质

土层	深度/cm	砾石（>2mm，体积分数）/%	细土颗粒组成（粒径:mm）/（g/kg）			质地	容重/（g/cm³）
			砂粒 2~0.05	粉粒 0.05~0.002	黏粒 <0.002		
Ap1	0~15	1	319	498	183	壤土	1.15
Ap2	15~25	0	314	495	191	壤土	1.41
Br1	25~45	0	424	403	173	壤土	1.52
Br2	45~105	0	250	517	233	粉砂壤土	1.45
Abg	105~125	0	157	545	298	粉砂质黏壤土	1.35
Cr	125~150	0	232	570	198	粉砂壤土	1.36

雉城系代表性单个土体化学性质

深度/cm	pH		有机质/（g/kg）	全氮（N）/（g/kg）	全磷（P）/（g/kg）	全钾（K）/（g/kg）	CEC₇/（cmol/kg）	游离铁/（g/kg）
	H₂O	KCl						
0~15	5.5	4.4	39.8	1.99	0.44	9.8	10.6	8.5
15~25	6.5	5.1	7.4	0.42	0.27	11.5	9.4	10.6
25~45	5.8	4.1	3.0	0.28	0.21	11.3	8.5	12.9
45~105	6.1	4.8	4.1	0.37	0.38	14.0	12.5	27.8
105~125	6.9	5.4	9.9	0.49	0.33	16.9	20.8	15.8
125~150	7.3	—	4.2	0.33	0.23	14.2	19.9	24.6

4.5.14 崇头系 (Chongtou Series)

土 族：壤质硅质混合型非酸性温性-普通铁聚水耕人为土
拟定者：麻万诸，章明奎，王晓旭

分布与环境条件 分布于海拔 600~1000 m 的中、低山，以丽水、温州两市分布面积较大，母质为花岗岩风化残坡积、再积物，大地形坡度 15°~35°，梯田，利用方式为单季水稻和水稻-油菜。属亚热带湿润季风气候区，年均气温约 12.0~13.4℃，年均降水量约 1640mm，年均日照时数约 1765h，无霜期约 265 d。

崇头系典型景观

土系特征与变幅 诊断层包括水耕表层、水耕氧化还原层；诊断特性包括温性土壤温度状况、人为滞水土壤水分状况。该土系为由中坡砌砍挖土而形成的梯田，土体厚度变化较大，有效土层一般 50~100 cm，在同一田块中里外缘深浅也有较大差异，外缘 100 cm 以上。土体内外排水良好，无地下水影响，土体内水分运动以下行为主，至残积母质层明显受阻。氧化铁随水分运动向下迁移，水耕表层含量约 15~20 g/kg，水耕氧化还原层则可达 40~60 g/kg。犁底层与耕作层容重之比约 1.10~1.15。因修筑梯田的影响，土体约 50~60 cm 出现人为扰动特征。土体结构较为匀质，细土质地为壤土或砂壤土。耕层有机质含量约 25~35 g/kg，全氮约 1.5~2.0 g/kg，有效钾约 100~120 mg/kg。

Abr，水耕氧化还原层，位于 40~60 cm 以下，有人为扰动痕迹，为原表层经梯田改造而埋藏于底下，成了水耕氧化还原亚层。由于压实等影响，土体水分下行至此层后相对受阻，因此在该层中形成了强烈的铁、锰氧化物淀积。

对比土系 梅源系，同一亚类不同土族，分布地形部位相近，母质来源、颗粒大小级别等均相同，但梅源系所处海拔 400~600 m，具有热性土壤温度状况，并且土体底部受山体侧渗水影响强烈。

利用性能综述 该土系为山垄梯田，田面宽度 3~7 m，长度 20~50 m，依山体弯曲，面积一般 60~300 m²，大地形坡度 25°~30°，不宜开展机械化耕作。土壤质地较为适中，通透性好，但保肥能力稍差。由于海拔较高，光温条件稍差，只宜种植单季水稻，推广稻-肥轮作，利于改善土体结构和肥、水保蓄能力。灌溉水源来自山泉或是山体雨水汇集，灌溉保证率低。工程上，该土系由于依山砌坎成田，土体近山一侧浅，靠坎一侧深，且部分田块坎体高达 3~5 m，长期多雨，土体保水的情况下，易发生坎体坍塌。

参比土种 山黄泥砂田。

代表性单个土体 剖面（编号 33-054）于 2011 年 8 月 10 日采自浙江省丽水市云和县崇

头镇赵善村，28°03′04.8″N，119°27′27.4″E，海拔 815 m，中山上坡，梯田，大地形坡度 25°~30°，母质为花岗岩风化物残坡积物和再积物，主要种植水稻、油菜，50 cm 深度土温 15.8℃。

33-054

崇头系代表性单个土体剖面

Ap1：0~13 cm，浊黄棕色（10YR 4/3，润），浊黄橙色（10YR 6/3，干）；细土质地为壤土，小块状结构，疏松；有大量根系，约占土体的 5%，以细根为主；有少量根孔状锈纹，约占 1%，结构面上偶见铁锈斑，数量极少；pH 为 5.2；与下层在锈纹密度和紧实度上差异明显，向下层平滑清晰过渡。

Ap2：13~30 cm，浊黄棕色（10YR 5/4，润），灰黄橙色（10YR 6/2，干）；细土质地为壤土，块状结构，紧实；有少量细根分布，约占 1%；有较多的根孔状铁锈纹，但连续性较差，铁锈纹占土体的 5%~10%；土体中夹杂石英砂，颗粒较细，约占 5%；pH 为 5.9；向下层平滑清晰过渡。

Br：30~50 cm，棕色（10YR 4/4，润），浊黄橙色（10YR 7/3，干）；细土质地为壤土，小块状结构，稍疏松；有少量细根，占土体的比例<1%；交界处存在水平线状的氧化铁锰（深褐色）淀积层，较薄，厚度约 0.5 cm；土层中无明显的根孔状铁锈纹；土体夹杂半风化的岩石碎屑，约占土体的 10%；pH 为 5.6；向下层平滑清晰过渡。

Abr：50~70 cm，暗棕色（10YR 3/4，润），浊黄橙色（10YR 6/4，干）；细土质地为壤土，块状结构，稍紧实；有大量焦斑状铁锰斑，颜色为黑色 10YR 1.7/1（黑棕色 10YR 2/2，干），呈散点状分布，约占土体的 20%；土体中夹杂的黄色土块为棕色 7.5YR 4/6（橙色 7.5YR 6/8，干），约占土体的 15%；土体中可见平整前的树木粗根（直径约 0.5~1cm），数量在 1%左右；pH 为 5.8；向下层波状清晰过渡。

Cr：70~110 cm 以下，亮棕色（7.5YR 5/6，润），浊橙色（7.5YR 7/4，干）；细土质地为壤土，弱块状结构，稍紧实；土体间夹杂焦状铁锰斑，约占 3%~5%；土体中夹杂大块砾石，直径达 15~25 cm，呈红黄色，系原来母质残留；土体以黄色为主，颜色与上覆土层差异明显；pH 为 5.9；100 cm 以下为半风化的基岩或大块砾石。

崇头系代表性单个土体物理性质

| 土层 | 深度 /cm | 砾石 （>2mm，体积分数）/% | 细土颗粒组成（粒径:mm）/（g/kg） | | | 质地 | 容重 /（g/cm³） |
			砂粒 2~0.05	粉粒 0.05~0.002	黏粒 <0.002		
Ap1	0~13	5	390	443	167	壤土	1.06
Ap2	13~30	2	421	414	165	壤土	1.19
Br	30~50	6	344	478	178	壤土	1.17
Abr	50~70	10	483	356	161	壤土	1.21
Cr	70~110	3	467	393	140	壤土	1.26

崇头系代表性单个土体化学性质

| 深度 /cm | pH | | 有机质 /（g/kg） | 全氮（N） /（g/kg） | 全磷（P） /（g/kg） | 全钾（K） /（g/kg） | CEC₇ /（cmol/kg） | 游离铁 /（g/kg） |
	H₂O	KCl						
0~13	5.2	4.1	30.1	2.09	5.32	18.4	5.6	18.2
13~30	5.9	4.5	22.0	1.52	0.79	21.8	5.1	24.9
30~50	5.6	4.2	31.9	2.02	0.66	18.8	7.7	26.9
50~70	5.8	4.3	18.1	0.92	0.67	18.9	6.1	54.8
70~110	5.9	4.2	9.4	0.52	0.56	18.4	4.6	34.4

4.5.15 塘沿系（Tangyan Series）

土　族：壤质硅质混合型非酸性热性-普通铁聚水耕人为土
拟定者：麻万诸，章明奎，刘丽君

分布与环境条件　主要分布于浙中、浙西低山丘陵区的开阔山垄，以江山、开化、诸暨、新昌等县市分布面积较大，母质为 Q_2 红土，利用方式以单季水稻和水稻-油菜为主。属亚热带湿润季风气候区，年均气温约 16.5~17.5℃，年均降水量约 1615 mm，年均日照时数约 2055 h，无霜期约 255 d。

塘沿系典型景观

土系特征与变幅　诊断层包括水耕表层、水耕氧化还原层、聚铁网纹层；诊断特性包括热性土壤温度状况、人为滞水土壤水分状况。该土系分布于低丘的开阔山垄，由 Q_2 红土发育的富铁土经淹水耕作而形成。土体厚度约 100~120 cm，质地匀细，>2 mm 的粗骨屑粒含量<10%，细土质地为粉砂壤土或粉砂质黏壤土，土体矿物以原生矿物二氧化硅为主。地下水位约 80~100 cm，受地下水位波动影响，60~80 cm 开始出现潜育特征，由聚铁网纹层发育而来，红棕色（色调 2.5YR，基色）土块的间隙有大量灰色的黏粒淀积，色调为 7.5Y~N，润态明度约 4~7，彩度 1，游离态氧化铁（Fe_2O_3）含量高达 50~70 g/kg，无亚铁反应。该土系耕作历史悠久，层次分化明显，水耕氧化还原层游离态氧化铁（Fe_2O_3）含量达 40.0~50.0 g/kg，与耕作层的 DCB 之比可达 2.5~3.5。耕作层有机质约 30~40 g/kg，全氮<1.0 g/kg，有效磷 40~60 mg/kg，速效钾 60~100 mg/kg。

Brl，水耕氧化还原层，基色为红棕色，开始出现于 60~80 cm，原铁聚网纹层，受地下水位波动影响出现潜育特征，土块间隙有大量灰白色黏粒淀积，色调为 7.5Y~N，润态明度约 4~7，彩度 1，游离态氧化铁含量可达 40.0~50.0 g/kg，无亚铁反应。

对比土系　林城系，土体颜色、游离态氧化铁含量和剖面层次分化不同，林城系发源于 Q_2 红土母质，水耕氧化还原层游离态氧化铁含量约 20~30 g/kg，40~60 cm 开始出现聚铁网纹层。章家系，母质来源不同造成剖面层次构成、土体颜色和游离态氧化铁含量差异，章家系发源于平原河流冲积物，颗粒组成上下较为均一，水耕氧化还原层呈黄橙色至黄棕色，色调 10YR~7.5YR，游离态氧化铁含量约 20~40 g/kg，土体 100 cm 左右出现卵石层。吕家头系，母质来源不同造成剖面形态差异，吕家头系发源于石灰岩残坡积物，土体上下均一，无明显层次分化，呈中性至微碱性，pH 为 7.0~8.5，土体 100 cm 以下有弱石灰反应，全土层游离态氧化铁含量均较高，达 30~60 g/kg。希松系，母质来源不同造成颗粒组成层位分布和游离铁含量差异，希松系母质为河谷平原区河流冲积物，水耕氧化还原层游离态氧化铁含量<20 g/kg，土体上部 70~90 cm 砂粒含量达 450~550 g/kg，下部明显变低，砂粒含量<150 g/kg。梅源系，所处地形部位和母质来源不同造成土体颜色明显差异，梅源系土体约 50~60 cm 以下受山体侧渗水影响强烈，呈黄灰色，色调 2.5Y，明度 3~4，彩度 1。鹤城系，母质来源不同造成土体颜色明显差异，鹤城系发源于凝灰岩风化残坡积、再积物，水耕氧化还原层和母质层土体呈油红棕色，色调 2.5YR、5YR，游离态氧化铁含量达 30~50 g/kg。丹城系，母质来源差异造成土体酸碱性差异，丹城系发源于浅海相沉积物，水耕表层以下土体均呈微碱性，pH 为 7.5~8.5，无石灰反应。

利用性能综述　该土系分布于低丘的开阔山垄，坡度平缓，土体深厚，保肥保水性能较好。由于质地匀细，孔隙度偏低，土体相对黏闭，通透性较差。以山溪河流为水源，灌溉基本可保证。土体以中性为主，宜种性较广，可通过水旱轮作以改善土体的通气性。

参比土种　黄筋泥田。

代表性单个土体　剖面（编号 33-027）于 2010 年 11 月 3 日采自浙江省衢州市衢江区杜泽镇塘沿村西，29°04′05.8″N，118°56′39.7″E，低丘盆地，海拔 83 m，坡度<2°，母质为 Q_2 红土，冬季地下水位约 80 cm，50 cm 深度土温 20.0 ℃。

Ap1：0~16 cm，浊棕色（7.5YR 5/3，润），灰棕色（7.5YR 5/2，干）；细土质地为粉砂壤土，块状结构，疏松；有大量的水稻和杂草根系；结构面上有少量（<3%）的水稻根孔锈纹；pH 为 6.0；向下层平滑清晰过渡。

Ap2：16~28 cm，暗棕色（7.5YR 3/4，润），浊棕色（7.5YR 5/3，干）；细土质地为粉砂壤土，块状结构，紧实；土体黏闭，粒间孔隙度极低；有少量（<3%）的铁锰锈纹；偶有砖块等侵入体；pH 为 8.0；向下层平滑清晰过渡。

Br1：28~38 cm，棕色（7.5YR 4/4，润），浊橙色（7.5YR 6/4，干）；细土质地为粉砂壤土，块状结构，较紧实；土体中有少量的毛细气孔，粒间孔隙度低；有少量（<3%）的锈纹锈斑；pH 为 8.0；向下层平滑清晰过渡。

Br2：38~50 cm，棕灰色（10YR 6/1，润），淡灰色（10YR 7/1，干）；细土质地为粉砂壤土，棱块状结构，紧实；有较多的锰斑，直径<2 mm，约占土体的 5%；pH 为 7.9；向下层平滑清晰过渡。

Br3：50~70 cm，亮棕色（10YR 5/6，润），亮黄棕色（10YR 6/6，干）；细土质地为粉砂壤土，大块状结构，紧实；pH 为 7.9；向下层平滑清晰过渡。

塘沿系代表性单个土体剖面

Brl：70~120 cm，结构面灰色（N 6/0，润），灰色（7.5Y 6/1，干），土块颜色亮红棕色（2.5YR 5/6，润），红棕色（2.5YR 4/6，干）；细土质地为粉砂壤土，大块状结构，紧实；土块间孔隙为黏粒所填充，呈灰白色；土体黏闭，粒间孔隙度极低；pH 为 7.7。

塘沿系代表性单个土体物理性质

土层	深度 /cm	砾石 (>2mm，体积分数) /%	细土颗粒组成（粒径:mm）/（g/kg）			质地	容重 /（g/cm³）
			砂粒 2~0.05	粉粒 0.05~0.002	黏粒 <0.002		
Ap1	0~16	5	255	564	181	粉砂壤土	1.13
Ap2	16~28	10	329	572	99	粉砂壤土	1.30
Br1	28~38	10	300	650	50	粉砂壤土	1.17
Br2	38~50	5	329	621	50	粉砂壤土	1.17
Br3	50~70	3	357	595	48	粉砂壤土	1.19
Brl	70~120	5	271	681	48	粉砂壤土	1.21

塘沿系代表性单个土体化学性质

深度 /cm	pH		有机质 /（g/kg）	全氮（N） /（g/kg）	全磷（P） /（g/kg）	全钾（K） /（g/kg）	CEC_7 /（cmol/kg）	游离铁 /（g/kg）
	H₂O	KCl						
0~16	6.0	4.8	36.4	1.95	1.06	12.4	16.2	19.0
16~28	8.0	—	10.0	0.68	0.67	12.4	18.7	17.7
28~38	8.0	—	5.4	0.34	0.41	11.5	15.1	23.2
38~50	7.9	—	5.5	0.33	0.44	12.3	15.9	23.2
50~70	7.9	—	4.6	0.36	0.37	12.2	14.8	49.1
70~120	7.7	—	6.6	0.55	0.42	14.1	16.4	64.2

4.5.16　章家系（Zhangjia Series）

土　　族：壤质硅质混合型非酸性热性-普通铁聚水耕人为土
拟定者：麻万诸，章明奎，刘丽君

分布与环境条件　主要分布于丘陵盆地或河谷平原的老河漫滩和阶地上，以兰溪、东阳、富阳、余杭等县市区的分布面积较大，母质为河流冲积物，利用方式以水稻-小麦和水稻-油菜为主。属亚热带湿润季风气候区，年均气温约16.5~17.5℃，年均降水量约1590 mm，年均日照时数约2045h，无霜期约260 d。

章家系典型景观

土系特征与变幅　诊断层包括水耕表层、水耕氧化还原层；诊断特性包括热性土壤温度状况、人为滞水土壤水分状况。该土系地处丘陵盆地或河谷平原的老河漫滩和阶地上，大地形坡度 2°~5°，母质为河流冲积物，经长期淹水耕作形成水耕人为土。土体层次分化明显，发育较好，质地匀细，>2 mm 的粗骨屑粒含量<10%，细土质地一般为壤土，犁底层与耕作层容重之比约 1.20。水耕氧化还原层土体呈黄橙色至黄棕色，色调10YR~7.5YR，铁锰斑纹密集，约占结构面的30%~50%，游离态氧化铁（Fe_2O_3）含量可达 20~40 g/kg，与耕作层的 DCB 之比可达 3.0~5.0。由于排灌设施的完善，地下水位下降，目前冬季地下水位一般在100~120 cm 以下，土体约 60~100 cm 层段已经脱潜育化，结构面仍呈灰色，无亚铁反应。土体以微酸性至中性为主，pH 为从上向下增加，表层酸化较为严重，呈强酸性。耕作层有机质 20~30 g/kg，全氮<1.0 g/kg，有效磷 6~10 mg/kg，速效钾 50~100 mg/kg。

　　Br_1 分布于 50 cm 以下，铁锰锈纹密集，占结构面 30%~50%，游离态氧化铁含量达 30.0~40.0 g/kg。土体曾经受地下水长期浸渍而处于潜育状态，现因地下水位下降，通气良好，已呈脱潜育状态，结构体表面有大量的灰色黏粒淀积，无亚铁反应。

对比土系　林城系，土体颜色、游离态氧化铁含量和剖面层次分化不同，林城系发源于 Q_2 红土母质，水耕氧化还原层游离态氧化铁含量约 20~30 g/kg，约 40~60 cm 开始出现聚铁网纹层。塘沿系，土体颜色、游离态氧化铁含量差异明显，塘沿系土体约 60~80 cm 开始出现潜育特征，土体基色呈红棕色（色调 2.5YR），结构面上有大量灰色（色调 4N）的黏粒淀积，游离态氧化铁含量达 50~70 g/kg。吕家头系，母质来源不同造成剖面形态差异，吕家头系发源于石灰岩残坡积物，土体上下均一，无明显层次分化，呈中性至微碱性，pH 为 7.0~8.5，土体 100 cm 以下有弱石灰反应，全土层游离态氧化铁含量均较高，达 30~60 g/kg。希松系，母质来源不同造成颗粒组成层位分布和游离铁含量差异，希松系母质为河谷平原区河流冲积物，水耕氧化还原层游离态氧化铁含量<20 g/kg，土体上部 70~90 cm 砂粒含量达 450~550 g/kg，下部明显变低，砂粒含量<150 g/kg。梅源系，所处地形部位和母质来源不同造成土体颜色明显差异，梅源系土体约 50~60 cm 以下受山体侧渗水影响强烈，呈黄灰色，色调 2.5Y，明度 3~4，彩度 1。鹤城系，母质来源不同造成土体颜色明显差异，鹤城系发源于凝灰岩风化残坡积、再积物，水耕氧化还原层和母质层土体呈浊红棕色，色调 2.5YR~5YR，游离态氧化铁含量达 30~50 g/kg。丹城系，母质来源差异造成土体酸碱性差异，丹城系发源于浅海相沉积物，水耕表层以下土体均呈微碱性，pH 为 7.5~8.5，无石灰反应。

利用性能综述　该土系耕作历史悠久，土体深厚，质地适中，孔隙度较高，耕性和通透性较好，肥水保蓄能力强。地处河谷平原区，排灌渠系完善，且宜于机械化耕作，可发展规模种植，是河谷平原区的高产土壤。耕层有机质和钾素水平一般，氮、磷素明显偏低，且表土酸化较为明显。在施肥管理方面，需重视有机肥投入和稻草还田，防止地力衰退。

参比土种　泥质田。

代表性单个土体　剖面（编号 33-028）于 2010 年 11 月 3 日采自浙江省衢州市衢江区杜泽镇章家村西，29°05′38.3″N，118°57′42.8″E，盆地底部，海拔 83 m，坡度<2°，母质为老河流相冲积物，50 cm 深度土温 20.0 ℃。

Ap1：0~15 cm，灰黄色（2.5Y 6/2，润），淡灰色（2.5Y 7/1，干）；细土质地为壤土，团粒状结构，疏松；有中量的水稻根系；pH 为 4.2；向下层平滑清晰过渡。

Ap2：15~25 cm，浊黄色（2.5Y 6/3，润），灰黄色（2.5Y 7/2，干）；细土质地为壤土，棱块状结构，紧实；少量水稻细根系；断面可见少量淡红色的铁锈纹-鳝血斑；pH 为 5.6；向下层平滑清晰过渡。

Br1：25~36 cm，浊黄橙色（10YR 6/4，润），浊黄橙色（10YR 7/2，干）；细土质地为砂质壤土，块状结构，稍紧实；有少量的铁锈纹；pH 为 6.3；向下层波状清晰过渡。

Br2：36~52 cm，亮黄棕色（10YR 6/6，润），浅淡黄橙色（10YR 8/3，干）；细土质地为壤土，块状结构，稍紧实；有少量的铁、锰斑纹，颜色稍淡，约占土体的 5%；pH 为 7.1；向下层平滑清晰过渡。

Br3：52~120 cm，棕色（10YR 4/4，润），浅淡黄橙色（10YR 8/4，干）；细土质地为壤土，团块状结构，稍紧实；粒间孔隙较发达；有大量的铁锰斑纹，直径约 1~5 mm，约占土体的 30%；pH 为 6.9；向下层平滑清晰过渡。

C：120 cm 以下，砾石夹砂层，灰黄棕色（10YR 6/2，润），浊黄橙色（10YR 7/3，干）；细土质地为砂质壤土，

章家系代表性单个土体剖面

屑粒状结构，稍紧实；粒间孔隙发达；5~10 cm 的粗大、磨圆砾石占 70%以上。

章家系代表性单个土体物理性质

土层	深度 /cm	砾石 (>2mm，体 积分数) /%	细土颗粒组成（粒径:mm）/（g/kg）			质地	容重 /（g/cm³）
			砂粒 2~0.05	粉粒 0.05~0.002	黏粒 <0.002		
Ap1	0~15	3	402	476	122	壤土	1.03
Ap2	15~25	2	466	437	97	壤土	1.22
Br1	25~36	3	555	333	112	砂质壤土	1.50
Br2	36~52	0	473	425	102	壤土	1.36
Br3	52~120	10	496	376	128	壤土	1.30

章家系代表性单个土体化学性质

深度 /cm	pH		有机质 /（g/kg）	全氮（N） /（g/kg）	全磷（P） /（g/kg）	全钾（K） /（g/kg）	CEC$_7$ /（cmol/kg）	游离铁 /（g/kg）
	H$_2$O	KCl						
0~15	4.2	4.1	26.2	1.38	0.61	16.7	9.9	8.2
15~25	5.6	4.4	18.5	1.26	0.56	16.7	8.3	13.3
25~36	6.3	5.1	6.3	0.41	0.36	18.2	6.1	23.9
36~52	7.1	—	5.3	0.35	0.41	20.6	6.3	38.0
52~120	6.9	5.6	6.1	0.39	0.53	21.6	7.4	30.6

4.5.17 吕家头系（Lvjiatou Series）

土　族：壤质硅质混合型非酸性热性-普通铁聚水耕人为土
拟定者：麻万诸，章明奎，王晓旭

分布与环境条件　主要分布
于浙江西北部的低陵缓坡地，
以临安、建德、淳安、开化
等县市分布面积较大，海拔
<200 m，大地形坡度 5°~8°，
母质为石灰岩风化残坡积物，
利用方式以单季水稻为主。
属亚热带湿润季风气候区，
年均气温约 14.5~15.5℃，年
均降水量约 1420 mm，年均
日照时数约 2020h，无霜期
约 235 d。

吕家头系典型景观

土系特征与变幅　诊断层包
括水耕表层、水耕氧化还原层；诊断特性包括热性土壤温度状况、人为滞水土壤水分状
况。该土系主要分布于钱塘江以西的石灰岩低丘缓坡地，梯田，土体深厚，有效土层 100
cm 以上，细土质地以壤土和粉砂壤土为主，黏粒含量约 100~200 g/kg。土体呈中性至微
碱性，pH 约 7.0~8.5，母质层仍有弱石灰反应。耕作历史较长，犁底层分化明显，与耕
作层容重之比约 1.20~1.30。水耕氧化还原层剖面形态较为均一，铁锰斑纹密集，游离态
氧化铁（Fe_2O_3）含量约 30.0~60.0 g/kg，与耕作层之比约 1.5~2.0。紧接于犁底层之下的
水耕氧化还原层受顶渗水作用，氧化铁有所流失，但无明显的黏粒迁出，未形成铁渗淋
亚层。土体不受地下水和侧渗水影响，100 cm 内无潜育特征。耕层有机质约 50 g/kg，全
氮约 3.0 g/kg，碳氮比（C/N）约 10.0，有效磷 5~10 mg/kg，速效钾 100~120 mg/kg。

　　Br，水耕氧化还原层，厚度在 50 cm 以上，发源于石灰岩母质，土体呈微碱性，但
100 cm 以内已无明显的石灰反应，结构面中有大量的铁锰斑纹，游离态氧化铁含量达
30.0~60.0 g/kg。

对比土系　林城系，土体颜色、游离态氧化铁含量和剖面层次分化不同，林城系发源于
Q_2 红土母质，水耕氧化还原层游离态氧化铁含量约 20~30 g/kg，约 40~60 cm 开始出现聚
铁网纹层。塘沿系，土体颜色、游离态氧化铁含量差异明显，塘沿系土体约 60~80 cm 开
始出现潜育特征，土体基色呈红棕色（色调 2.5YR），结构面上有大量灰色（色调 4N）
的黏粒淀积，游离态氧化铁含量达 50~70 g/kg。章家系，母质来源不同造成剖面层次构
成、土体颜色和游离态氧化铁含量差异，章家系发源于平原河流冲积物，颗粒组成上下
较为均一，水耕氧化还原层呈黄橙色至黄棕色，色调 10YR~7.5YR，游离态氧化铁含量
约 20~40 g/kg，土体 100 cm 左右出现卵石层。希松系，母质来源不同造成颗粒组成层位

分布和游离铁含量差异，希松系母质为河谷平原区河流冲积物，水耕氧化还原层游离铁含量<20 g/kg，土体上部 70~90 cm 砂粒含量达 450~550 g/kg，下部明显变低，砂粒含量<150 g/kg。梅源系，所处地形部位和母质来源不同造成土体颜色明显差异，梅源系土体约 50~60 cm 以下受山体侧渗水影响强烈，呈黄灰色，色调 2.5Y，明度 3~4，彩度 1。鹤城系，母质来源不同造成土体颜色明显差异，鹤城系发源于凝灰岩风化残坡积、再积物，水耕氧化还原层和母质层土体呈浊红棕色，色调 2.5YR~5YR，游离态氧化铁含量达 30~50 g/kg。丹城系，母质来源差异造成土体酸碱性差异，丹城系发源于浅海相沉积物，水耕表层以下土体均呈微碱性，pH 为 7.5~8.5，无石灰反应。

利用性能综述　该土系由石灰岩母质发育而来，土体较为黏闭，孔隙度总体较低，宜耕性不佳，作物易缓发迟发。以水库和山谷小溪为灌溉水源，灌溉基本能得以保障。土壤有机质及氮素、钾素水平较高，但磷素稍缺。

参比土种　黄油泥田。

代表性单个土体　剖面（编号 33-041）于 2010 年 12 月 9 日采自浙江省杭州市临安市城南吕家头村，30°10′38.3″N，119°42′41.4″E，低丘坡底，坡度约 5°，海拔 76 m，水田冬闲，母质为石灰岩风化坡积物，50 cm 深度土温 18.0℃。

Ap1：0~10 cm，浊黄橙色（10YR 6/4，润），浊黄棕色（10YR 5/3，干）；细土质地为粉砂壤土，小块状结构，疏松；有大量的水稻根系，根孔和断面中都少有锈纹锈斑；pH 为 7.3；向下层平滑清晰过渡。

吕家头系代表性单个土体剖面

Ap2：10~21 cm，灰黄棕色（10YR 4/2，润），浊黄棕色（10YR 5/4，干）；细土质地为粉砂壤土，块状结构，稍紧实；土体中有少量直径 0.5~1 cm 的砾石，磨圆度稍好；pH 为 7.8；向下层平滑清晰过渡。

Br1：21~33 cm，浊黄棕色（10YR 5/3，润），浊黄棕色（10YR 5/3，干）；细土质地为壤土，块状结构，稍紧实；土体中可见少量的锰结核；有较多直径 0.5~2 cm 的砾石，磨圆度稍好；pH 为 8.4；向下层平滑清晰过渡。

Br2：33~59 cm，暗棕色（10YR 3/4，润），浊黄橙色（10YR 6/3，干）；细土质地为壤土，块状结构，紧实；土体中有大量 2 mm 以上的砾石，带核角或略有磨圆的相混杂，还有少量的螺丝壳等；结构面中有大量的锰斑纹，但分布不均匀，密集处约 20% 以上；pH 为 8.1；向下层平滑清晰过渡。

Br3：59~105 cm，亮黄棕色（10YR 6/6，润），浊黄橙色（10YR 6/4，干）；细土质地为壤土，块状结构，紧实；结构面可见大量的铁锈纹，约占 10%；pH 为 7.9；向下层平滑清晰过渡。

Cr：105~120 cm，浊黄棕色（10YR 5/4，润），浊黄橙色（10YR 6/4，干）；细土质地为砂质壤土，大块状，结构较弱，稍紧实；结构面可见大量的锰斑纹，占 20% 以上，锰结核的直径约 1~2 mm；具有弱石灰反应；pH 为 7.9。

吕家头系代表性单个土体物理性质

土层	深度 /cm	砾石 （>2mm，体 积分数）/%	细土颗粒组成（粒径:mm）/（g/kg）			质地	容重 /（g/cm³）
			砂粒 2~0.05	粉粒 0.05~0.002	黏粒 <0.002		
Ap1	0~10	10	273	543	184	粉砂壤土	1.04
Ap2	10~21	15	296	524	180	粉砂壤土	1.26
Br1	21~33	20	400	485	115	壤土	1.32
Br2	33~59	20	427	464	109	壤土	1.36
Br3	59~105	10	465	429	106	壤土	1.51
Cr	105~120	10	520	403	77	砂质壤土	1.44

吕家头系代表性单个土体化学性质

深度 /cm	pH		有机质 /（g/kg）	全氮（N） /（g/kg）	全磷（P） /（g/kg）	全钾（K） /（g/kg）	CEC₇ /（cmol/kg）	游离铁 /（g/kg）
	H₂O	KCl						
0~10	7.3	—	53.0	3.04	1.62	15.8	28.9	32.7
10~21	7.8	—	44.1	2.59	1.45	17.4	25.6	33.1
21~33	8.4	—	23.8	1.27	1.53	18.7	27.2	33.7
33~59	8.1	—	13.0	0.70	0.81	20.4	19.4	30.1
59~105	7.9	—	11.4	0.58	0.77	22.9	16.5	58.2
105~120	7.9	—	10.0	0.60	0.71	25.8	15.1	37.1

4.5.18　希松系（Xisong Series）

土　族：壤质硅质混合型非酸性热性-普通铁聚水耕人为土
拟定者：麻万诸，章明奎，王晓旭

分布与环境条件　分布于海拔 100~200 m 的低丘盆地的河谷平原，以丽水、金华、衢州等地分布较多，地势较为平坦，母质为河流冲积物，利用方式以水稻-蔬菜为主。属亚热带湿润季风气候区，年均气温约 17.0~18.0℃，年均降水量约 1550mm，年均日照时数约 1865 h，无霜期约 255 d。

希松系典型景观

土系特征与变幅　诊断层包括水耕表层、水耕氧化还原层；诊断特性包括热性土壤温度状况、人为滞水土壤水分状况。该土系发源于河流冲积物母质，土体深厚，在 100 cm 以上，颗粒组成较为均一，细土质地以壤土或砂质壤土为主。犁底层发育一般，与耕作层容重之比约 1.10~1.15。土体受侧渗水影响，紧接于犁底层的水耕氧化还原层有明显的黏粒流失，低于上覆和下垫土层，结构面基色明显灰白化，铁锰分离，但氧化铁尚无明显迁出，未形成铁渗淋亚层。水耕氧化还原层游离态氧化铁（Fe_2O_3）含量约 10.0~20.0 g/kg，与耕作层之比约 1.5~1.8。地下水位约 100~110 cm，土体 100 cm 内无潜育特征。耕作层 pH 较低，为 4.5~5.0，下层则逐渐升高，水耕氧化还原层呈中性或弱碱性，pH 为 7.0~8.0，无石灰反应。表土有机质约 18~25 g/kg，全氮<1.0 g/kg，有效磷<8 mg/kg，速效钾 80~120 mg/kg。

　　Br，水耕氧化还原层，紧接于犁底层之下，厚度约 40~60 cm，受侧渗水影响，土体黏粒明显淋失，低于上覆和下垫土层，土体基色灰白化，游离态氧化铁含量约 10.0~20.0 g/kg，无明显的迁移迹象，结构面中可见明显的铁锰氧化物淀积，尚未形成铁渗淋亚层。

对比土系　林城系，土体颜色、游离态氧化铁含量和剖面层次分化不同，林城系发源于 Q_2 红土母质，水耕氧化还原层游离态氧化铁含量约 20~30 g/kg，约 40~60 cm 开始出现聚铁网纹层。塘沿系，土体颜色、游离态氧化铁含量差异明显，塘沿系土体约 60~80 cm 开始出现潜育特征，土体基色呈红棕色（色调 2.5YR），结构面上有大量灰色（色调 4N）的黏粒淀积，游离态氧化铁含量达 50~70 g/kg。章家系，母质来源不同造成剖面层次构成、土体颜色和游离态氧化铁含量差异，章家系发源于平原河流冲积物，颗粒组成上下较为均一，水耕氧化还原层呈黄橙色至黄棕色，色调 10YR~7.5YR，游离态氧化铁含量约 20~40 g/kg，土体 100 cm 左右出现卵石层。吕家头系，母质来源不同造成剖面形态差异，吕家头系发源于石灰岩残坡积物，土体上下均一，无明显层次分化，呈中性至微碱性，pH 为 7.0~8.5，土体 100 cm 以下有弱石灰反应，全土层游离态氧化铁含量均较高，达 30~60 g/kg。梅源系，所处地形部位和母质来源不同造成土体颜色明显差异，梅源系土体约 50~60 cm 以下受山体侧渗水影响强烈，呈黄灰色，色调 2.5Y，明度 3~4，彩度 1。鹤城系，母质来源不同造成土体颜色明显差异，鹤城系发源于凝灰岩风化残坡积、再积物，水耕氧化还原层和母质层土体呈浊红棕色，色调 2.5YR~5YR，游离态氧化铁含量达 30~50 g/kg。丹城系，母质来源差异造成土体酸碱性差异，丹城系发源于浅海相沉积物，水耕表层以下土体均呈微碱性，pH 为 7.5~8.5，无石灰反应。

利用性能综述　该土系耕作历史悠久，土体深厚，由于分布于河漫滩和阶地上且离河流较远，质地相对较细，肥水保蓄性能良好。沟渠配套较为完善，水源相对充足，基本能够实现旱涝保收。光热条件较好，一年可种两季水稻，亩产约 800~1000 kg。针对绿色食品产地土壤肥力标准，有机质和有效磷水平较低，全氮尚可，速效钾较高，因此在耕作管理上，需增施有机肥，平衡氮、磷、钾肥，防止肥料偏施，造成土壤养分比例失调。

参比土种　泥质田。

代表性单个土体　剖面（编号 33-051）于 2011 年 8 月 9 日采自浙江省丽水市松阳县赤寿乡朝阳村，28°28′45.9″N，119°27′16.2″E，海拔 190 m，松古盆地内的河谷平原，离河流（松阴溪）约 1 km，坡度 2°~5°，水田，种植水稻、大豆及其他蔬菜，母质为富铁土来源的河流冲积物，地下水位 100 cm，50 cm 深度土温 20.0℃。

　　Ap1：0~20 cm，浊黄棕色（10YR 4/3，润），浊黄橙色（10YR 6/3，干）；细土质地为壤土，团粒状结构，疏松；有 2%~3%细根系；有少量铁锈纹，铁锈呈散点状或线状分布，占土体的比例<2%；可见少量蚯蚓粪，数量<1%；pH 为 4.8；向下层平滑清晰过渡。

　　Ap2：20~30 cm，暗棕色（10YR 3/4，润），浊黄橙色（10YR 7/2，干）；细土质地为砂质壤土，棱块状结构，稍紧实；有少量细根，数量<1%；有较多的根孔状锈纹，约占 5%，呈水平或垂直向分布；结构面上有时可见较多的垂直向细根孔，占整个结构面的 10%；pH 为 6.2；与下层在颜色和结构体方面有明显的差异，向下层平滑清晰过渡。

　　Br1：30~85 cm，棕灰色（10YR 5/1，润），淡灰色（10YR 7/1，干），与上层差异明显，结构面上有明显的黏粒流失；细土质地砂质为壤土，大块状结构和棱块状结构，非常紧实；结构面上有氧化铁胶膜淀积，呈散点状分布，大小在 2~4 mm，占整个结构面的 5%~10%，与 Br2 层在铁锰淀积物的分布上有明显的差异；土体中偶见炭灰，但数量很少；pH 为 7.6；向下层平滑清晰过渡。

　　Br2：85~110 cm，棕灰色（10YR 6/1，润），橙白色（10YR 8/2，干）；细土质地为粉砂质黏壤土，块状结构，非常紧实；铁锰淀积物较上层明显增加，呈散点状分布，直径 4~6 mm，占结构面的 20%~40%；105 cm 处出现地下水；pH 为 8.0。

希松系代表性单个土体剖面

希松系代表性单个土体物理性质

土层	深度 /cm	砾石（>2mm，体积分数）/%	细土颗粒组成（粒径:mm）/（g/kg）			质地	容重 /（g/cm³）
			砂粒 2~0.05	粉粒 0.05~0.002	黏粒 <0.002		
Ap1	0~20	1	507	370	123	壤土	1.15
Ap2	20~30	1	550	383	67	砂质壤土	1.30
Br1	30~85	0	400	408	52	砂质壤土	1.42
Br2	85~110	5	96	605	299	粉砂质黏壤土	1.39

希松系代表性单个土体化学性质

深度 /cm	pH		有机质 /（g/kg）	全氮（N） /（g/kg）	全磷（P） /（g/kg）	全钾（K） /（g/kg）	CEC₇ /（cmol/kg）	游离铁 /（g/kg）
	H₂O	KCl						
0~20	4.8	3.5	19.2	0.83	2.32	15.1	9.6	9.1
20~30	6.2	4.4	5.3	0.42	0.16	19.6	9.1	10.3
30~85	7.6	—	3.8	0.23	0.10	20.0	8.5	14.9
85~110	8.0	—	3.1	0.19	0.12	15.9	7.1	14.2

4.5.19　梅源系（Meiyuan Series）

土　族：壤质硅质混合型非酸性热性–普通铁聚水耕人为土
拟定者：麻万诸，章明奎，王晓旭

分布与环境条件　主要分布于浙南海拔 400~600 m 的中、低山区，以丽水、温州等地分布面积居大，大地形坡度 8°~15°，中缓坡岗地，梯田，母质为花岗岩风化残坡积物，主要种植单季水稻或是水稻-蔬菜（毛豆等）。属亚热带湿润季风气候区，年均气温约 15.5~17.0℃，年均降水量约 1640 mm，年均日照时数约 1760 h，无霜期约 265 d。

梅源系典型景观

土系特征与变幅　诊断层包括水耕表层、水耕氧化还原层；诊断特性包括热性土壤温度状况、人为滞水土壤水分状况。该土系为中、低山底部的中缓坡梯田，位于陡坡底部，土体厚度约 80~120 cm，颗粒均一，>2 mm 的粗骨屑粒含量低于 5%，细土质地为壤土。该土系剖面发育，层次分化明显，犁底层与耕作层容重之比约 1.2~1.5。水耕表层有少量的红棕色锈纹，游离态氧化铁（Fe_2O_3）含量约 25.0~35.0 g/kg。40~50 cm 以上紧接于犁底层部分的水耕氧化还原层中有大量红棕色锈纹，游离态氧化铁含量达 50.0~70.0 g/kg，与耕作层之比约 1.5~2.0。50~60 cm 之下的土体受山体侧渗水影响明显，氧化铁流失，土体呈黄灰色，色调 10YR~2.5Y，润态明度 4~5，彩度 1~2，离铁基质达 90% 左右，形成了铁渗淋亚层。地下水位在 120 cm 以下，土体 100 cm 内无漂白层和潜育特征。耕层有机质含量约 28.0~35.0 g/kg，全氮 1.5~2.0 g/kg，有效磷<10 mg/kg，速效钾 60~100 mg/kg。

　　Br2，水耕氧化还原层，开始出现于 50~60 cm，土体通透性较好，受山体侧渗水影响，氧化铁淋失，土体基色呈黄灰色至灰色，色调 10YR~2.5Y，润态明度 4~6，彩度 1~2，形成了铁渗淋亚层。

对比土系　林城系，土体颜色、游离态氧化铁含量和剖面层次分化不同，林城系发源于 Q_2 红土母质，水耕氧化还原层游离态氧化铁含量约 20~30 g/kg，约 40~60 cm 开始出现聚铁网纹层。塘沿系，土体颜色、游离态氧化铁含量差异明显，塘沿系土体约 60~80 cm 开始出现潜育特征，土体基色呈红棕色（色调 2.5YR），结构面上有大量灰色（色调 4N）的黏粒淀积，游离态氧化铁含量达 50~70 g/kg。章家系，母质来源不同造成剖面层次构成、土体颜色和游离态氧化铁含量差异，章家系发源于平原河流冲积物，颗粒组成上下较为均一，水耕氧化还原层呈黄橙色至黄棕色，色调 10YR~7.5YR，游离态氧化铁含量约 20~40 g/kg，土体 100 cm 左右出现卵石层。吕家头系，母质来源不同造成剖面形态差异，吕家头系发源于石灰岩残坡积物，土体上下均一，无明显层次分化，呈中性至微碱性，pH 为 7.0~8.5，土体 100 cm 以下有弱石灰反应，全土层游离态氧化铁含量均较高，达 30~60 g/kg。希松系，母质来源不同造成颗粒组成层位分布和游离铁含量差异，希松系母质为河谷平原区河流冲积物，水耕氧化还原层游离铁含量<20 g/kg，土体上部 70~90 cm 砂粒含量达 450~550 g/kg，下部明显变低，砂粒含量<150 g/kg。梅源系，所处地形部位和母质来源不同造成土体颜色明显差异，梅源系土体约 50~60 cm 以下受山体侧渗水影响强烈，呈黄灰色，色调 2.5Y，明度 3~4，彩度 1。鹤城系，母质来源不同造成土体颜色明显差异，鹤城系发源于凝灰岩风化残坡积、再积物，水耕氧化还原层和母质层土体呈浊红棕色，色调 2.5YR~5YR，游离态氧化铁含量达 30~50 g/kg。丹城系，母质来源差异造成土体酸碱性差异，丹城系发源于浅海相沉积物，水耕表层以下土体均呈微碱性，pH 为 7.5~8.5，无石灰反应。

利用性能综述　该土系分布于山体下中下部的裙边或岗地，坡度较缓，可通过山溪来水或人工蓄水池进行灌溉，水源基本能够得以保障。该类田块以人畜耕作为主，也可使用小型的机械耕作。该土壤表土疏松，水耕氧化还原层较紧实，土体质地适中，肥水保蓄能力较好。因光温条件影响，种植制度上宜作单季稻~蔬菜轮作。该土系所处海拔较高，周边生态环境良好，外源污染影响较小，可开发为绿色高山蔬菜的生产基地。

梅源系代表性单个土体剖面

参比土种　红泥田。

代表性单个土体　剖面（编号 33-053）于 2011 年 8 月 10 日采自浙江省丽水市云和县崇头镇吴坪村（梅源景区内），28°02′47.4″N，119°28′33.8″E，海拔 448 m，中山中上坡，梯田，大地形坡度 10°~15°，水旱轮作，种植水稻和大豆，母质为花岗岩风化物坡积物，50 cm 深度土温 19.2℃。

Apr1：0~18 cm，浊黄橙色（10YR 7/4，润），浊黄橙色（10YR 7/3，干）；细土质地为壤土，小块状结构为主，略带有团粒结构，稍疏松；有 3%左右的中细根；有少量的铁锈斑纹，呈小块状或线状分布，占 3%~5%；偶见动物孔穴，孔径在 0.5 cm 左右，但数量很少；pH 为 4.6；向下层平滑清晰过渡。

Apr2：18~30 cm，浊黄棕色（10YR 5/4，润），浊黄橙色（10YR 6/4，干）；细土质地为壤土，大块状结构，紧实；结构面上全被亮橙色氧化铁胶膜所覆盖，胶膜润态颜色为 7.5YR 5/8（干态为 7.5YR 6/8）；可见密集的垂直向细根孔，占结构面的 30%~40%。pH 为 5.1；向下层平滑清晰过渡。

Br1：30~60 cm，棕灰色（10YR 4/1，润），灰黄棕色（10YR 6/2，干）；细土质地为壤土，大块状结构和大棱块状结构，稍疏松；结构面上全被亮橙色氧化铁胶膜所覆盖，胶膜润态颜色为 7.5YR 5/8

（干态为 7.5YR 6/8）；有较为密集的细根孔，占结构面的 20%~30%，根孔多呈垂直向分布；在结构体内也可见到垂直向根孔，比例约 2%~5%，部分根孔周围已有氧化铁淀积；pH 为 6.0；向下层波状清晰过渡。

Br2：60~120 cm，黄灰色（2.5Y 4/1，润），灰黄色（2.5Y 7/2，干）；细土质地为壤土，小块状结构，稍疏松；可见少量根孔，但无明显的根孔锈纹，沿垂直方向分布，占 5%~10%；结构面上有较多的氧化铁，颜色为亮棕色（7.5YR 5/8，润），橙色（7.5YR 6/8）；母质层下部可见半风化岩块，大小在 5~10 cm，下部砂性明显增强；pH 为 6.5。

梅源系代表性单个土体物理性质

| 土层 | 深度 /cm | 砾石（>2mm，体积分数）/% | 细土颗粒组成（粒径:mm）/（g/kg） | | | 质地 | 容重 /（g/cm³） |
			砂粒 2~0.05	粉粒 0.05~0.002	黏粒 <0.002		
Apr1	0~18	5	412	425	163	壤土	0.89
Apr2	18~30	3	444	409	147	壤土	1.24
Br1	30~60	2	413	474	113	壤土	1.30
Br2	60~120	2	339	481	180	壤土	1.31

梅源系代表性单个土体化学性质

| 深度 /cm | pH | | 有机质 /（g/kg） | 全氮（N） /（g/kg） | 全磷（P） /（g/kg） | 全钾（K） /（g/kg） | CEC₇ /（cmol/kg） | 游离铁 /（g/kg） |
	H₂O	KCl						
0~18	4.6	3.8	30.6	1.87	1.90	22.7	4.6	27.0
18~30	5.1	3.8	20.9	1.42	0.36	26.6	4.7	34.7
30~60	6.0	4.7	24.0	1.36	0.32	23.2	5.9	62.5
60~120	6.5	4.9	28.4	1.36	0.37	23.1	5.4	46.5

4.5.20　鹤城系（Hecheng Series）

土　　族：壤质硅质混合型非酸性热性-普通铁聚水耕人为土
拟定者：麻万诸，章明奎

鹤城系典型景观

分布与环境条件　主要分布于浙南低山丘陵区的坡脊或岗背，以丽水市的莲都、青田、景宁、遂昌及台州市的临海、仙居等县市区的分布面积较大，温州、舟山、宁波、绍兴、金华、衢州等市境内也有少量的分布，海拔约 200~500 m，坡度约 15°~25°，母质为凝灰岩风化残坡积物和再积物，利用方式以单季水稻为主。属亚热带湿润季风气候区，年均气温约 14.7~16.8℃，年均降水量约 1610 mm，年均日照时数约 1880 h，无霜期约 270 d。

土系特征与变幅　诊断层包括水耕表层、水耕氧化还原层；诊断特性包括热性土壤温度状况、人为滞水土壤水分状况。该土系分布于低山的坡脊或岗背，大地形坡度约 15°~25°，多为梯田，母质为凝灰岩风化残坡积物和再积物，土体有效深度约 80~120 cm，细土质地以壤土为主，总孔隙度较低。淹水耕作的历史约有 60 年以上，剖面层次分化明显，水耕表层的总厚度约 25~30 cm，犁底层与耕作层的容重之比约 1.10~1.15。土体不受侧渗水和地下水影响，水耕氧化还原层基色以母质的红棕色为主，润态色调为 2.5YR~5YR，游离态氧化铁（Fe_2O_3）含量约 30~50 g/kg，与耕作层之比约 1.5~1.8。土体从上至下呈酸性至中性，黏粒含量也向下逐层增加。水耕表层与水耕氧化还原层交界处有厚度 5~8 cm 的铁锰氧化物轻度胶结层，俗称焦塥，尚未形成坚硬的磐层。土体 100 cm 内无潜育特征，约 100~120 cm 以下为砾石层。耕作层有机质约 15~20 g/kg，全氮 1.0~1.5 g/kg，有效磷约 8~12 mg/kg，速效钾 80~120 mg/kg。

　　Br，水耕氧化还原层，紧接于犁底层之下，呈浊红棕色，色调 2.5RY~5YR，润态明度约 4~6，彩度 3~6，游离态氧化铁含量约 30~50 g/kg，土层厚度 15~20 cm，土体较为紧实黏腻，孔隙度较低，表渗水下行受阻，在犁底层与水耕氧化还原层交界处，铁锰氧化物大量淀积，但未形成胶结。

对比土系　林城系，土体颜色、游离态氧化铁含量和剖面层次分化不同，林城系发源于 Q_2 红土母质，水耕氧化还原层游离态氧化铁含量约 20~30 g/kg，约 40~60 cm 开始出现聚铁网纹层。塘沿系，土体颜色、游离态氧化铁含量差异明显，塘沿系土体约 60~80 cm 开始出现潜育特征，土体基色呈红棕色（色调 2.5YR），结构面上有大量灰色（色调 4N）

的黏粒淀积，游离态氧化铁含量达 50~70 g/kg。章家系，母质来源不同造成剖面层次构成、土体颜色和游离态氧化铁含量差异，章家系发源于平原河流冲积物，颗粒组成上下较为均一，水耕氧化还原层呈黄橙色至黄棕色，色调 10YR~7.5YR，游离态氧化铁含量约 20~40 g/kg，土体 100 cm 左右出现卵石层。吕家头系，母质来源不同造成剖面形态差异，吕家头系发源于石灰岩残坡积物，土体上下均一，无明显层次分化，呈中性至微碱性，pH 为 7.0~8.5，土体 100 cm 以下有弱石灰反应，全土层游离态氧化铁含量均较高，达 30~60 g/kg。希松系，母质来源不同造成颗粒组成层位分布和游离铁含量差异，希松系母质为河谷平原区河流冲积物，水耕氧化还原层游离铁含量<20 g/kg，土体上部 70~90 cm 处砂粒含量达 450~550 g/kg，下部明显变低，砂粒含量<150 g/kg。梅源系，所处地形部位和母质来源不同造成土体颜色明显差异，梅源系土体约 50~60 cm 以下受山体侧渗水影响强烈，呈黄灰色，色调 2.5Y，明度 3~4，彩度 1。丹城系，母质来源差异造成土体酸碱性差异，丹城系发源于浅海相沉积物，水耕表层以下土体均呈微碱性，pH 为 7.5~8.5，无石灰反应。

利用性能综述 该土系分布于低山的坡脊或岗背，光热条件较好。土体较厚，心底土孔隙度较低，水耕表层以粉砂壤土为主，耕性尚好。灌溉水源为山溪来水，灌溉保证率相对较低，易受夏、秋干旱的影响。另外，单块梯田的面积一般都较小，坡度较大且机耕路修筑难度大，因此不利于机械化农作。在种植上，该土系多以单季水稻为主，在灌溉得以保证的前提下，产量尚可。

参比土种 焦砾塥红泥田。

代表性单个土体 剖面（编号 33-063）于 2011 年 11 月 18 日采自浙江省丽水市青田县鹤城镇私下垄村，28°09′36.5″N，120°18′55.8″E，高丘山垄，海拔 355 m，坡度约 20°~25°，母质为凝灰岩风化残坡积物，梯田，50 cm 深度土温 18.7℃。

鹤城系代表性单个土体剖面

Ap1：0~16 cm，浊黄棕色（10YR 5/4，润），浊黄橙色（10YR 7/4，干）；细土质地为粉砂壤土，块状结构，疏松；有大量的水稻根系；有较多的根孔锈纹；pH 为 5.3；向下层平滑清晰过渡。

Ap2：16~25 cm，浊黄棕色（10YR 5/3 润），浊黄橙色（10YR 6/4，干）；细土质地为粉砂壤土，棱块状结构，稍紧实；有少量的水稻根系；根孔锈纹较多，约占 5%；垂直结构发达，结构面上有连片的锈纹——鳝血斑；pH 为 5.1；向下层平滑清晰过渡。

Br1：25~43 cm，浊红棕色（5YR 5/3，润），浊红棕色（5YR 5/4，干）；细土质地为壤土，块状结构，紧实；土体黏闭，总孔隙度约有大量暗红棕色（2.5YR 2/2，润；2.5YR 3/3，干）的铁锈纹和锰结核，约占土体 15%，形成了轻度的胶结——焦塥层；土体中偶有直径 5~10 cm 的大石块；pH 为 6.3；向下层平滑清晰过渡。

Br2：43~60 cm，浊红棕色（5YR 5/3，润），浊橙色（5YR 6/4，干）；细土质地为粉砂壤土，块状结构，较紧实；土体中有较多的铁锈纹，直径 1~2 mm，占 5%~8%；偶有直径 10~30 cm 的大石块；pH 为 6.4；向下层波状清晰过渡。

Cr：60~100 cm，浊红棕色（5YR 5/4，润），浊橙色（5YR 6/4，干）；细土质地为粉砂壤土，块状结构，较紧实；土体中铁锈纹密集，直径<1 mm，约占 5%；与 Br2 层交界处有大量的锰结核；有较多直径 10~30 cm 的大石块；pH 为 6.6。

鹤城系代表性单个土体物理性质

| 土层 | 深度 /cm | 砾石 （>2mm，体积分数）/% | 细土颗粒组成（粒径:mm）/（g/kg） | | | 质地 | 容重 /（g/cm³） |
			砂粒 2~0.05	粉粒 0.05~0.002	黏粒 <0.002		
Ap1	0~16	10	283	651	66	粉砂壤土	1.11
Ap2	16~25	15	359	557	84	粉砂壤土	1.25
Br1	25~43	20	374	492	134	壤土	1.30
Br2	43~60	10	312	490	198	壤土	1.30
Cr	60~100	20	285	490	225	壤土	1.31

鹤城系代表性单个土体化学性质

| 深度 /cm | pH | | 有机质 /（g/kg） | 全氮（N） /（g/kg） | 全磷（P） /（g/kg） | 全钾（K） /（g/kg） | CEC₇ /（cmol/kg） | 游离铁 /（g/kg） |
	H₂O	KCl						
0~16	5.3	4.4	17.5	1.20	0.47	15.4	6.5	24.6
16~25	5.1	4.4	17.4	1.25	0.07	15.0	6.5	26.5
25~43	6.3	5.8	7.9	0.38	0.37	13.6	7.2	42.6
43~60	6.4	5.0	4.2	0.41	0.38	13.1	9.3	36.1
60~100	6.6	5.5	2.5	0.48	0.58	12.9	11.1	39.5

4.5.21　丹城系（Dancheng Series）

土　族：壤质硅质混合型非酸性热性-普通铁聚水耕人为土
拟定者：麻万诸，章明奎

分布与环境条件　一般分布于滨海平原和海湾小平原的内侧，以象山、宁海、定海等县市区的分布面积较大，奉化、镇海、三门、玉环等县市区也有少量分布，母质为海相沉积物，海拔<10 m，利用方式以单季水稻为主。属亚热带湿润季风气候区，年均气温约 15.0~17.4℃，年均降水量 1395 mm，年均日照时数约 2040 h，无霜期约 270 d。

丹城系典型景观

土系特征与变幅　诊断层包括水耕表层、水耕氧化还原层；诊断特性包括热性土壤温度状况、人为滞水土壤水分状况。该土系地处滨海平原或小海湾平原的内侧，母质为浅海相沉积物，土体厚度在 120 cm 以上，细土质地为粉砂壤土或壤土。该土系淹水耕作的历史在 80 年以上，剖面层次分化明显，犁底层与耕作层的容重之比约 1.3~1.5。氧化铁已发生明显迁移，紧接于犁底层上部的水耕氧化还原层土体中有大量的铁锰斑纹和结核，游离态氧化铁（Fe_2O_3）含量可达 25.0~30.0 g/kg，与耕作层之比为 3.0~4.0。土体受侧渗水影响，水耕氧化还原层黏粒流失明显，约 50~60 cm 以下土体受地下水位波动和侧渗水双重影响，氧化铁明显迁出，结构面灰白化，但未形成漂白层。冬季地下水位约 80~100 cm，土体 100 cm 内无潜育特征。由于耕作利用历史悠久，土体已完全脱盐脱钙，土体 100 cm 内可溶性全盐含量<0.5 g/kg，除水耕表层外，土体呈微碱性，pH 为 7.5~8.5，全土体无石灰反应。耕作层有机质约 20~40 g/kg，全氮 1.0~2.0 g/kg，有效磷 60~100 mg/kg，速效钾 120~150 mg/kg。

　　Br，水耕氧化还原层，开始于 30 cm 左右，厚度 20~30 cm，发源于浅海相沉积物母质，土体颗粒均匀，细土质地为粉砂壤土，黏粒含量低于 50 g/kg，游离态氧化铁含量约 25~30 g/kg，100 cm 内已完全脱盐脱钙，可溶性全盐含量<0.5 g/kg，呈微碱性，pH 为 7.5~8.5，无石灰反应。

对比土系　林城系，土体颜色、游离态氧化铁含量和剖面层次分化不同，林城系发源于 Q_2 红土母质，水耕氧化还原层游离态氧化铁含量约 20~30 g/kg，约 40~60 cm 开始出现聚铁网纹层。塘沿系，土体颜色、游离态氧化铁含量差异明显，塘沿系土体约 60~80 cm 开始出现潴育特征，土体基色呈红棕色（色调 2.5YR），结构面上有大量灰色（色调 4N）

的黏粒淀积，游离态氧化铁含量达 50~70 g/kg。章家系，母质来源不同造成剖面层次构成、土体颜色和游离态氧化铁含量差异，章家系发源于平原河流冲积物，颗粒组成上下较为均一，水耕氧化还原层呈黄橙色至黄棕色，色调 10YR~7.5YR，游离态氧化铁含量约 20~40 g/kg，土体 100 cm 左右出现卵石层。吕家头系，母质来源不同造成剖面形态差异，吕家头系发源于石灰岩残坡积物，土体上下均一，无明显层次分化，呈中性至微碱性，pH 为 7.0~8.5，土体 100 cm 以下有弱石灰反应，全土层游离态氧化铁含量均较高，达 30~60 g/kg。希松系，母质来源不同造成颗粒组成层位分布和游离铁含量差异，希松系母质为河谷平原区河流冲积物，水耕氧化还原层游离铁含量<20 g/kg，土体上部 70~90 cm 砂粒含量达 450~550 g/kg，下部明显变低，砂粒含量<150 g/kg。梅源系，所处地形部位和母质来源不同造成土体颜色明显差异，梅源系土体约 50~60 cm 以下受山体侧渗水影响强烈，呈黄灰色，色调 2.5Y，明度 3~4，彩度 1。鹤城系，母质来源不同造成土体颜色明显差异，鹤城系发源于凝灰岩风化残坡积、再积物，水耕氧化还原层和母质层土体呈浊红棕色，色调 2.5YR~5YR，游离态氧化铁含量达 30~50 g/kg。

利用性能综述　该土系起源于浅海相沉积物，土体深厚，耕作历史悠久，土体发育成熟，水利设施完善，是滨海平原区高产稳产的水稻种植土壤类型之一。该土系脱盐脱钙较为彻底，基本不存在返盐的现象，作物适种性较广，光温条件充足，复种指数高，可用于稻-稻-油、稻-稻-菜、稻-稻-肥等模式的一年三熟种植。耕作层有机质、氮、钾水平较好，磷素偏高，在今后的耕作管理中需注重各养分元素的平衡。

参比土种　老淡涂泥田。

代表性单个土体　剖面（编号 33-098）于 2012 年 2 月 26 日采自浙江省宁波市象山县丹城镇丹城中学东南，29°28′09.6″N，121°54′02.2″E，滨海平原，海拔 6 m，母质为浅海相沉积物，50 cm 深度土温 19.5℃。

Ap1：0~15 cm，黄棕色（2.5Y 5/3，润），淡黄色（2.5Y 7/3，干）；细土质地为粉砂壤土，小团块状结构，疏松；有大量的水稻根系；有少量的根孔锈纹；pH 为 5.2；向下层平滑渐变过渡。

Ap2：15~25 cm，黄棕色（2.5Y 5/3，润），灰黄色（2.5Y 7/2，干）；细土质地为粉砂壤土，块状结构，稍紧实；有少量的水稻根系；有较多的根孔锈纹；由于深耕影响，部分犁底层遭破坏；pH 为 5.5；向下层平滑清晰过渡。

Br1：25~46 cm，灰黄色（2.5Y 6/2，润），黄灰色（2.5Y 6/1，干）；细土质地为粉砂壤土，块状结构，紧实；土体中可见极少量的毛根；有较多垂直方向的气孔，总孔隙度较低；结构面中有较多的铁锰斑纹，约占土体的 5%；pH 为 8.1；向下层平滑清晰过渡。

Br2：46~78 cm，黄棕色（2.5Y 5/3，润），淡灰色（2.5Y 7/1，干）；细土质地为粉砂壤土，块状结构，紧实；垂直方向的气孔较为发达；结构面有大量的铁锰斑纹，占土体的

丹城系代表性单个土体剖面

5%~8%；土体垂直结构发达，结构面呈灰色，有大量的黏粒淀积；pH 为 7.6；向下层平滑清晰过渡。

Br3：78~120 cm，黄棕色（2.5Y 4/4，润），淡灰色（2.5Y 7/1，干）；细土质地为粉砂壤土，块状结构，紧实；土体中有较多的气孔；有较多的铁锰斑纹，直径 1~2 mm，占 3%~5%；pH 为 8.1。

丹城系代表性单个土体物理性质

土层	深度 /cm	砾石 （>2mm，体积分数）/%	细土颗粒组成（粒径:mm）/（g/kg）			质地	容重 /（g/cm³）
			砂粒 2~0.05	粉粒 0.05~0.002	黏粒 <0.002		
Ap1	0~15	1	255	608	137	粉砂壤土	0.94
Ap2	15~25	0	182	664	154	粉砂壤土	1.36
Br1	25~46	0	295	692	13	粉砂壤土	1.54
Br2	46~78	5	349	622	29	粉砂壤土	1.50
Br3	78~120	0	216	771	13	粉砂壤土	1.47

丹城系代表性单个土体化学性质

深度 /cm	pH		有机质 /（g/kg）	全氮（N） /（g/kg）	全磷（P） /（g/kg）	全钾（K） /（g/kg）	CEC₇ /（cmol/kg）	游离铁 /（g/kg）
	H₂O	KCl						
0~15	5.2	4.6	38.0	2.56	0.95	20.6	13.9	9.2
15~25	5.5	4.9	32.3	2.51	0.89	21.2	16.1	11.3
25~46	8.1	—	7.0	0.45	0.28	23.5	14.7	28.9
46~78	7.6	—	10.7	0.60	0.26	21.2	12.3	14.7
78~120	8.1	—	6.3	0.42	0.35	25.3	13.8	16.3

4.5.22　林城系（Lincheng Series）

土　　族：壤质硅质混合型非酸性热性-普通铁聚水耕人为土
拟定者：麻万诸，章明奎

分布与环境条件　主要分布于浙西北的低丘山垄或阶地，以安吉、长兴、德清、吴兴、南浔等县市区的分布面积较大，区内地势稍低，海拔一般 10~50 m，母质为第四纪更新世（Q₂）红土再积物，利用方式以水稻-油菜为主。属亚热带湿润季风气候区，年均气温约 14~15.5℃，年均降水量约 1365 mm，年均日照时数约 2040 h，无霜期约 230 d。

林城系典型景观

土系特征与变幅　诊断层包括水耕表层、水耕氧化还原层、铁聚网纹层；诊断特性包括热性土壤温度状况、人为滞水土壤水分状况。该土系地处低丘山垄或阶地，发源于 Q_2 红土再积物，土体厚度在 100 cm 以上，颗粒均匀，>2 mm 的粗骨屑粒含量在 5%以下，细土质地为粉砂壤土或壤土，其中粉粒的含量在 450 g/kg 以上。该土系水耕种稻的历史悠久，剖面层次分化明显，犁底层与耕作层容重之比约 1.25~1.35，土体内氧化铁迁移淀积明显，水耕氧化还原层与水耕表层的游离铁之比约 1.5~2.0。土体呈酸性至中性，pH 约 5.0~7.0，土体中具有大量黑棕色的铁锰斑和结核，水耕氧化还原层游离态氧化铁（Fe_2O_3）含量约 20~30 g/kg。土体约 40~60 cm 以下为水耕铁聚网纹层，铁锰斑纹密集，土体呈黄白网纹状，受地下水起伏波动的影响，黏粒明显流失，氧化铁的晶胶率为水耕表层的 2 倍左右。耕作层有机质约 30~40 g/kg，全氮 1.5~2.5 g/kg，有效磷 6~10 mg/kg，速效钾 60~100 mg/kg。

　　Br1，水耕氧化还原层，聚铁网纹层，开始于 40~60 cm，土体基色呈淡黄橙色，色调 10YR，润态明度 6~8，彩度 4~5，黄白相间呈网纹状，土体中有大量的铁锰斑纹和结核，呈黑棕色，色调 7.5YR~10YR，明度 2~4，彩度 1~3，直径 1~3 cm，游离态氧化铁含量在 20~30 g/kg 以上，氧化铁的晶胶率约 10%~15%，是水耕表层的 2~3 倍。

对比土系　塘沿系，土体颜色、游离态氧化铁含量差异明显，塘沿系土体约 60~80 cm 开始出现潴育特征，土体基色呈红棕色（色调 2.5YR），结构面上有大量灰色（色调 4N）的黏粒淀积，游离态氧化铁含量达 50~70 g/kg。章家系，母质来源不同造成剖面层次构成、土体颜色和游离态氧化铁含量差异，章家系发源于平原河流冲积物，颗粒组成上下较为均一，水耕氧化还原层呈黄橙色至黄棕色，色调 10YR~7.5YR，游离态氧化铁含量约 20~40 g/kg，土体 100 cm 左右出现卵石层。吕家头系，母质来源不同造成剖面形态差异，吕家头系发源于石灰岩残坡积物，土体上下均一，无明显层次分化，呈中性至微碱性，pH 为 7.0~8.5，土体 100 cm 以下有弱石灰反应，全土层游离态氧化铁含量均较高，达 30~60 g/kg。希松系，母质来源不同造成颗粒组成层位分布和游离铁含量差异，希松系母质为河谷平原区河流冲积物，水耕氧化还原层游离铁含量<20 g/kg，土体上部 70~90 cm 砂粒含量达 450~550 g/kg，下部明显变低，砂粒含量<150 g/kg。梅源系，所处地形部位和母质来源不同造成土体颜色明显差异，梅源系土体约 50~60 cm 以下受山体侧渗水影响强烈，呈黄灰色，色调 2.5Y，明度 3~4，彩度 1。鹤城系，母质来源不同造成土体颜色明显差异，鹤城系发源于凝灰岩风化残坡积、再积物，水耕氧化还原层和母质层土体呈浊红棕色，色调 2.5YR~5YR，游离态氧化铁含量达 30~50 g/kg。丹城系，母质来源差异造成土体酸碱性差异，丹城系发源于浅海相沉积物，水耕表层以下土体呈微碱性，pH 为 7.5~8.5，无石灰反应。

利用性能综述 该土系分布于 Q_2 红土发育的低丘阶地或山垄，土体深厚，颗粒匀细，质地适中，肥水保蓄性能尚可，但因土体中粉粒含量较高，容易产生淀浆，影响水稻早发和水稻产量。该土系的水利条件一般，土体有机质和氮素水平尚好，磷、钾素稍缺。在管理利用中，一是需要加强农田水利基本建设，二是要增施磷肥、配施钾肥，保持和提升地力。

参比土种 棕粉泥田。

代表性单个土体 剖面（编号 33-139）于 2012 年 4 月 8 日采自浙江省湖州市长兴县林城镇太傅村西，30°56′28.4″N，119°44′58.2″E，低丘古洪积扇二级阶地，海拔 18 m，水田闲置，母质为 Q_2 红土再积物，50 cm 深度土温 17.9℃。

Ap1：0~20 cm，浊黄棕色（10YR 5/4，润），浊黄橙色（10YR 7/2，干）；细土质地为粉砂壤土，团块状结构，稍紧实；杂草细根密集；结构面中有明显的棕红色（2.5YR 5/8，润；2.5YR 6/8，干），鳝血斑；pH 为 5.4；向下层平滑清晰过渡。

Ap2：20~32 cm，棕灰色（10YR 6/1，润），浊黄橙色（10YR 6/3，干）；细土质地为粉砂壤土，棱块状结构，紧实；有大量垂直方面的红棕色根孔锈纹，少量黑色根孔；pH 为 5.4；向下层平滑清晰过渡。

Br：32~58 cm，灰黄棕色（10YR 6/2，润），浊黄橙色（10YR 6/4，干）；细土质地为粉砂壤土，棱块状结构，紧实；土体中有大量垂直方向的条状锈纹，少量红色根孔锈纹，少量淡色的铁锰结核，总量约占土体 3%~5%；pH 为 5.6；向下层平滑清晰过渡。

Brl：58~120 cm，聚铁网纹层，淡黄橙色（10YR 8/4，润），浊黄橙色（10YR 7/2，干）；细土质地为壤土，大块状结构，紧实；铁锰结核密集，黑棕色（10YR 3/2，润），灰黄棕色（10YR 4/2，干），斑纹直径 1~3 cm，占土体 30%~50%，铁锰结核混杂；pH 为 6.6。

林城系代表性单个土体剖面

林城系代表性单个土体物理性质

土层	深度 /cm	砾石 (>2mm, 体积分数) /%	细土颗粒组成（粒径:mm）/（g/kg）			质地	容重 /（g/cm³）
			砂粒 2~0.05	粉粒 0.05~0.002	黏粒 <0.002		
Ap1	0~20	0	256	570	174	粉砂壤土	1.12
Ap2	20~32	3	234	612	154	粉砂壤土	1.46
Br	32~58	0	258	578	164	粉砂壤土	1.46
Brl	58~120	0	462	459	79	壤土	1.44

林城系代表性单个土体化学性质

深度 /cm	pH		有机质 /（g/kg）	全氮（N） /（g/kg）	全磷（P） /（g/kg）	全钾（K） /（g/kg）	CEC_7 /（cmol/kg）	游离铁 /（g/kg）
	H_2O	KCl						
0~20	5.4	4.5	36.5	2.46	0.42	9.6	8.1	15.3
20~32	5.4	4.0	9.1	0.81	0.20	9.6	5.7	11.9
32~58	5.6	4.3	4.3	0.37	0.23	9.6	6.0	22.9
58~120	6.6	5.4	1.1	0.21	0.19	11.2	5.7	23.6

4.5.23 下方系（Xiafang Series）

土　族：壤质盖粗骨砂质硅质混合型盖硅质型非酸性热性-普通铁聚水耕人为土

拟定者：麻万诸，章明奎，刘丽君

分布与环境条件　主要零星分布于丘陵山区的山溪河谷两侧，以临安、建德、松阳、庆元等县市的分布面积稍大，母质为河流冲积物，利用方式以单季水稻和水稻-油菜为主。属亚热带湿润季风气候区，年均气温约 16.5~18.0℃，年均降水量约 1610 mm，年均日照时数约 2055 h，无霜期约 260 d。

下方系典型景观

土系特征与变幅　诊断层包括水耕表层、水耕氧化还原层；诊断特性包括热性土壤温度状况、人为滞水土壤水分状况。该土系发源于山溪河谷两侧的近代河流冲积物母质，有效土层厚度一般为 40~80 cm，淹水耕作历史约有 50~70 年，土体层次分化较为明显。水耕表层土体疏松匀质，细土质地一般为壤土，>2 mm 的粗骨屑粒含量<10%，游离态氧化铁（Fe_2O_3）含量<10 g/kg。紧接于犁底层的上部是水耕氧化还原层，厚度 10~15 cm，细土质地一般为壤质砂土或砂质壤土，粗骨屑粒含量在 40%~70%，该层段内铁锰斑纹、结核密集，土体呈暗棕色，色调 7.5YR~10YR，润态明度 2~4，彩度 1~3，与砂砾相胶结，形成了坚硬的铁磐，游离态氧化铁含量约 20~30 g/kg，与耕作层之比约 2.0~3.0。水耕氧化还原层土体稍松散，有大量粗砂卵石，>2 mm 的砾石占土体 60%~80%，上部有少量的锈纹锈斑。地下水位较深，一般在 100 cm 以下。耕作层有机质约 20~30 g/kg，全氮 0.6~1.0 g/kg，有效磷约 40~60 mg/kg，速效钾约 50~80 mg/kg。

　　Brm，砂砾铁锰胶结层，紧接于犁底层之下，厚度约 10~15 cm，土体粗砂砾石含量高达 60%~80%，受表渗影响，铁锰氧化物大量淀积，与砂砾形成了强胶结磐层，土体呈暗棕色，色调 7.5YR~10YR，润态明度 2~4，彩度 1~3，游离态氧化铁含量约 20~30 g/kg。

对比土系　古山头系，同一亚类不同土族，分布地形部位相似，母质类型相同，土体浅薄，粗骨砾石含量高。区别在于古山头系水耕表层与水耕氧化还原层土体粗骨砾石含量之差<50%，黏粒含量之差<25%，未形成颗粒强对比，为粗骨砂质硅质型。

利用性能综述　该土系地处河谷两侧，灌溉条件尚可。耕层土壤疏松，通透性和耕性都较好，水稻苗期起发比较快。但由于下层土体质地偏砂，容易产生漏水漏肥，造成养分随水流失，导致水稻在后期缺肥而产生早衰。因此在肥水管理上，要采取浅灌勤灌、多次少施的措施，注重后期灌浆肥、穗肥的及时补充。

参比土种　焦砾塥洪积泥砂田。

代表性单个土体　剖面（编号 33-026）于 2010 年 11 月 3 日采自浙江省衢州市衢江区杜泽镇下方村西，29°03′10.4″N，118°57′43.6″E，海拔 66 m，盆地底部老河漫滩，坡度<2°，母质为河流冲积物，水田改旱作，50 cm 深度土温 20.1℃。

Ap1：0~16 cm，黄灰色（2.5Y 4/1，润），灰黄色（2.5Y 6/1，干），细土质地为壤土，小块状结构，稍疏松；近地表有大量的杂草根系；土体中有少量直径 2~5 cm 的卵石，约占 5%；pH 为 5.3；向下层平滑渐变过渡。

Ap2：16~27 cm，浊黄灰色（2.5Y 5/1，润），灰黄色（2.5Y 7/2，干）；细土质地为壤土，小块状结构，紧实；有少量的杂草细根系；有少量直径 2~3 cm 的卵石，约占土体的 5%；pH 为 5.4；向下层平滑清晰过渡。

Brm：27~40 cm，砂砾铁锰胶结层，黑棕色（10YR 2/2，润），暗棕色（10YR 3/4，干）；细土质地为壤质砂土，块状或屑粒状结构，很紧实；铁锰结核密集，占 50%以上，与砂粒、卵石相胶结，形成了坚硬的铁锰磐层；pH 为 6.1；向下层平滑清晰过渡。

C：40~80 cm，泥砂砾石层，浊黄橙（10YR 7/3，润），浊黄橙色（10YR 6/3，干）；细土质地为砂土，屑粒状结构，

下方系代表性单个土体剖面

粒间孔隙发达；直径 2 cm 以上的卵石或大石块约占土体的 50%以上。

下方系代表性单个土体物理性质

土层	深度/cm	砾石（>2mm，体积分数）/%	细土颗粒组成（粒径:mm）/（g/kg）			质地	容重/（g/cm³）
			砂粒 2~0.05	粉粒 0.05~0.002	黏粒 <0.002		
Ap1	0~16	5	410	481	109	壤土	1.03
Ap2	16~27	5	469	432	99	壤土	1.15
Brm	27~40	60	801	101	98	壤质砂土	1.35

下方系代表性单个土体化学性质

深度/cm	pH		有机质/（g/kg）	全氮（N）/（g/kg）	全磷（P）/（g/kg）	全钾（K）/（g/kg）	CEC₇/（cmol/kg）	游离铁/（g/kg）
	H₂O	KCl						
0~16	5.3	4.0	29.3	1.65	0.72	18.3	9.3	7.6
16~27	5.4	4.1	14.3	0.93	0.67	18.0	7.4	9.4
27~40	6.1	4.7	4.3	0.86	0.62	21.0	5.4	22.9

4.6　漂白简育水耕人为土

4.6.1　西江系（Xijiang Series）

土　族：粗骨壤质硅质混合型非酸性热性-漂白简育水耕人为土
拟定者：麻万诸，章明奎，刘丽君

分布与环境条件　零星分布于浙西北丘陵盆地区的河谷平原河漫滩和阶地的相对低洼处，以兰溪、东阳、富阳、余杭等县市区的分布面积稍大，母质为河流冲积物，地下水位较高，约 50~60 cm，利用方式以单季水稻和水稻-油菜为主。属亚热带湿润季风气候区，年均气温约 16.5~ 18.0℃，年均降水量约 1600 mm，年均日照时数约 2050 h，无霜期约 260 d。

西江系典型景观

土系特征与变幅　诊断层包括水耕表层、水耕氧化还原层、漂白层；诊断特性包括热性土壤温度状况、人为滞水土壤水分状况。该土系主要分布于丘陵、盆地区的河谷平畈低洼处，母质为河流冲积物，有效土层厚度约 80~120 cm。该土系水耕历史悠久，剖面层次分化，水耕表层中具有大量的铁锈纹——鳝血斑，游离态氧化铁（Fe_2O_3）含量约 15~20 g/kg，黏粒含量约 200~300 g/kg，犁底层与耕作层容重之比约 1.15~1.20。受侧渗水影响，紧接于犁底层的水耕氧化还原层黏粒和氧化铁明显流失，土体呈棕灰色，色调 10YR~2.5Y，润态明度 3~4，彩度 1~2，游离态氧化铁含量约 5.0~10 g/kg，黏粒含量 100~150 g/kg，明显低于上覆水耕表层，但尚未形成铁渗淋亚层。约 50~60 cm 开始，土体受地下水影响，并出现大量沙粒、卵石，土体呈淡灰色至灰白色，润态明度 6~8，彩度 1~2，游离态氧化铁含量<8.0 g/kg，形成了漂白层。耕作层有机质含量约 40~60 g/kg，全氮 1.0~1.5 g/kg，有效磷<10 mg/kg，速效钾 120~150 mg/kg。

　　E，漂白层，开始出现于 50~60 cm，受地下水影响，黏粒流失，土体颗粒组成以粗砂、砾石为主，>2 mm 的粗骨砾石含量在 35%以上，细土部分中粗砂（0.25~2.00 mm）含量>250 g/kg，土体呈淡灰色至灰白色，润态明度 6~8，彩度 1~2，游离态氧化铁含量<10.0 g/kg。

对比土系　贺田畈系，同一亚纲不同土类，分布地形部位相似，母质来源相同，且均受地下水的强烈影响，土体 100 cm 内出现漂白层。区别在于贺田畈系受侧渗水影响更强，紧接犁底层下出现了铁渗淋亚层，且土体较深，漂白层出现于 60 cm 以下，125 cm 内未有卵石层出现，属黏壤质硅质混合型非酸性热性-普通铁渗水耕人为土。

利用性能综述　该土系分布于河谷平畈，母质为河流冲积物，耕作历史悠久，有效土层稍深，耕层质地适中，耕性适宜，通透性好，保蓄性能强，且临近河流，灌溉保证率高，是丘陵地区的高产稳产水耕人为土之一。耕层有机质和钾素水平较高，氮素中等，磷素稍缺，今后施肥管理方面，需注重平衡投入。

参比土种　砾心泥质田。

代表性单个土体　剖面（编号33-024）于2010年11月2日采自浙江省衢州市衢江区杜泽镇白水村西江边，29°04′50.0″N，118°57′07.3″E，河漫滩阶地，海拔77 m，坡度<2°，母质为河流冲积物，种植水稻，50 cm深度土温20.0℃。

Ap1：0~12 cm，灰黄棕色（10YR 5/2，润），灰黄棕色（10YR 6/2，干）；细土质地为粉砂壤土，团块状结构，疏松；有大量的水稻细根系；粒间孔隙发达；根系多锈纹；土体中有少量2 mm左右的砂粒，约占10%；pH为6.2；向下层平滑渐变过渡。

Ap2：12~25 cm，浊黄棕色（7.5YR 5/4，润），灰黄棕色（10YR 6/2，干）；细土质地为粉砂壤土，团块状结构，较疏松；有大量的水稻毛细根；粒间孔隙和气孔都较为发达；结构面中有大量的铁锈纹（鳝血斑），呈连片状分布；土体中有少量2 mm左右的砂粒，约占10%；pH为6.3；向下层波状清晰过渡。

Br：25~50 cm，棕灰色（10YR 4/1，润），棕灰色（10YR 4/1，干）；细土质地为粉砂壤土，块状结构，紧实；少量黄褐色的还原性锰结核；pH为7.2；向下层平滑清晰过渡。

E：50~100 cm，漂白层，淡灰色（7.5Y 7/2，润），灰白色（7.5Y 8/2，干）；细土质地为砂质壤土，团块状结构或软糊屑粒状无结构，稍疏松；>2 mm的粗骨砂、砾约占40%~50%，伴有大量5~10 cm的卵石；pH为7.4。

西江系代表性单个土体剖面

西江系代表性单个土体物理性质

| 土层 | 深度/cm | 砾石（>2mm，体积分数）/% | 细土颗粒组成（粒径:mm）/（g/kg） | | | 质地 | 容重/（g/cm³） |
			砂粒 2~0.05	粉粒 0.05~0.002	黏粒 <0.002		
Ap1	0~12	10	242	520	238	粉砂壤土	0.89
Ap2	12~25	10	225	525	250	粉砂壤土	1.03
Br	25~50	5	212	640	148	粉砂壤土	1.13
E	50~100	45	591	361	48	砂质壤土	1.30

西江系代表性单个土体化学性质

| 深度/cm | pH | | 有机质/（g/kg） | 全氮（N）/（g/kg） | 全磷（P）/（g/kg） | 全钾（K）/（g/kg） | CEC$_7$/（cmol/kg） | 游离铁/（g/kg） |
	H$_2$O	KCl						
0~12	6.2	5.3	54.0	2.81	0.75	15.1	14.3	16.7
12~25	6.3	5.3	51.2	2.48	0.69	14.9	14.3	17.4
25~50	7.2	—	17.8	0.87	0.38	16.6	14.8	8.6
50~100	7.4	—	3.8	0.27	4.35	20.6	4.9	6.4

4.7　底潜简育水耕人为土

4.7.1　虎啸系（Huxiao Series）

土　　族：黏壤质云母混合型非酸性热性-底潜简育水耕人为土
拟定者：麻万诸，章明奎

分布与环境条件　主要分布于水网平原区的河滨、湖荡两侧，属稍高的圩田，以桐乡、海宁、德清、长兴、吴兴、南浔、秀洲、南湖等县市区的分布面积较大且最为集中，海拔<10 m，母质为河湖相沉积物，当前水田改旱作，利用方式以旱粮和桑园为主。属亚热带湿润季风气候区，年均气温约 15.5~16.5℃，年均降水量约 1310 mm，年均日照时数约 2075 h，无霜期约 235 d。

虎啸系典型景观

土系特征与变幅　诊断层包括水耕表层、水耕氧化还原层；诊断特性包括热性土壤温度状况、人为滞水土壤水分状况、潜育特征。该土系的成土母质为河湖相沉积物，属于田基稍高的圩田，由河道开挖、清淤，农田围筑等过程中的堆叠平整而形成，现较多已改旱作，有效土层深度在 100 cm 以上，细土质地为粉砂壤土或粉砂质黏壤土，土体呈酸性至中性，无石灰反应，pH 为 4.5~7.0。耕作层厚度约 20 cm，土体中有大量的蚯蚓孔洞，犁底层紧实，与耕作层容重之比达 1.2~1.3。水耕氧化还原层中有大量的锈纹锈斑，游离态氧化铁（Fe_2O_3）含量约 20.0~30.0 g/kg，与水耕表层相比无明显变化。地下水位为 90~100 cm，土体 80 cm 左右出现潜育腐泥层，厚度 30~40 cm，呈橄榄灰色，色调 2.5GY~5GY，润态明度 3~4，彩度 1，具有强亚铁反应。耕作层有机质约 30~50 g/kg，全氮 2.0~3.0 g/kg，有效磷 80~120 mg/kg，速效钾 150~200 mg/kg。

　　Abg，潜育特征亚层，腐泥层，开始出现于 80~90 cm，厚度 30~40 cm，橄榄灰色，色调 2.5GY~5GY，润态明度 3~4，彩度 1，有机质含量约 15~20 g/kg，游离态氧化铁含量约 20~25 g/kg，具有强亚铁反应。

对比土系　浮澜桥系，同一土族，均分布于水网平原区，母质来源相同。区别在于浮澜桥系所处位置更低，土体 60 cm 内无潜育斑出现，潜育腐泥层层位更高，约 60~70 cm 开始出现，耕作层养分含量更低，有机质达 20~30 g/kg，有效磷达 20~30 mg/kg，速效钾 120~150 mg/kg。诸家滩系，同一亚类不同土族，颗粒大小级别为壤质。

利用性能综述　该土系地处水网平原河道两侧，土体深厚，质地较为黏重，保肥性能良好，通气性稍差。临近河道，排灌便捷，当前多种植蔬菜或是桑园套种蔬菜。由于肥料的投入量较大，耕层土体中有机质和氮、磷、钾素养分的含量都极高。

参比土种　壤质加土田。

代表性单个土体　剖面（编号 33-083）于 2011 年 11 月 12 日采自浙江省嘉兴市桐乡市崇福镇（原虎啸乡）景卫村，30°32′07.7″N，120°28′02.6″E，水网平原，海拔 0.5 m，母质为河湖相沉积物，地下水位 90 cm，桑园，50 cm 深度土温 18.7℃。

虎啸系代表性单个土体剖面

Ap1：0~16 cm，暗橄榄棕色（2.5Y 3/3，润），浊黄色（2.5Y 6/3，干）；细土质地为黏壤土，小团块状结构，疏松；有大量杂草细根系；有较多的根孔锈纹；pH 为 4.6；向下层平滑渐变过渡。

Ap2：16~21 cm，橄榄棕色（2.5Y 4/3，润），淡黄色（2.5Y 7/3，干）；细土质地为粉砂壤土，块状结构，紧实；有大量的桑树粗、中根系；pH 为 6.6；向下层平滑清晰过渡。

Br1：21~32 cm，橄榄棕色（2.5Y 4/3，润），浊黄色（2.5Y 6/3，干）；细土质地为粉砂壤土，块状结构，紧实；有中量的桑树粗、中根系；土体中有较多的锈纹锈斑，约占土体 3%~5%；pH 为 7.0；向下层平滑渐变过渡。

Br2：32~53 cm，橄榄棕色（2.5Y 4/4，润），灰黄色（2.5Y 7/2，干）；细土质地为粉砂质黏壤土，棱块状结构，稍紧实；有少量的桑树中、细根系；土体中较多的锈纹锈斑，约占土体的 3%~5%；土体易发生垂直方向断裂；pH 为 6.8；向下层平滑清晰过渡。

Br3：53~80 cm，橄榄棕色（10YR 4/3，润），浊黄色（2.5Y 6/4，干）；细土质地为粉砂质黏壤土，棱块状结构，稍紧实；结构面中有大量连片的氧化铁胶膜，占土体 30%以上；pH 为 5.2；向下层平滑突变过渡。

Abg：80~120 cm，暗橄榄灰色（2.5GY 4/1，润），橄榄黄色（2.5Y 6/3，干）；细土质地为粉砂质黏壤土，大块状，弱结构发育，稍紧实；土体黏闭；长期渍水，具有亚铁反应；pH 为 6.3。

虎啸系代表性单个土体物理性质

土层	深度/cm	砾石（>2mm，体积分数）/%	细土颗粒组成（粒径:mm）/（g/kg）			质地	容重/（g/cm³）
			砂粒 2~0.05	粉粒 0.05~0.002	黏粒 <0.002		
Ap1	0~16	5	229	492	279	黏壤土	1.12
Ap2	16~21	5	217	532	251	粉砂壤土	1.56
Br1	21~32	3	185	545	270	粉砂壤土	1.50
Br2	32~53	5	184	516	300	粉砂质黏壤土	1.28
Br3	53~80	2	129	536	335	粉砂质黏壤土	1.24
Abg	80~120	5	136	557	307	粉砂质黏壤土	1.23

虎啸系代表性单个土体化学性质

深度/cm	pH		有机质/（g/kg）	全氮（N）/（g/kg）	全磷（P）/（g/kg）	全钾（K）/（g/kg）	CEC₇/（cmol/kg）	游离铁/（g/kg）
	H_2O	KCl						
0~16	4.6	3.5	39.5	2.02	1.00	20.1	16.5	22.6
16~21	6.6	5.2	12.8	0.98	0.62	21.0	18.6	23.0
21~32	7.0	5.6	11.9	0.67	0.72	21.7	18.8	24.0
32~53	6.8	5.3	10.3	0.78	0.65	22.4	18.7	26.5
53~80	5.2	3.9	9.6	0.73	0.56	22.1	17.6	23.8
80~120	6.3	5.1	27.7	1.34	0.77	21.7	15.7	22.0

4.7.2　浮澜桥系〔Fulanqiao Series〕

土　族：黏壤质云母混合型非酸性热性-底潜简育水耕人为土
拟定者：麻万诸，章明奎

分布与环境条件　主要分布于浙北水网平原区的地势稍低处，以秀洲、南湖、海盐、鄞州、余姚等县市区的分布面积较大，土体排水稍差，海拔 5~10 m，母质为河湖相沉积物，利用方式以水稻-小麦和水稻-油菜为主。属亚热带湿润季风气候区，年均气温约 14.5~16.3℃，年均降水量约 1270 mm，年均日照时数约 2090 h，无霜期约 230 d。

浮澜桥系典型景观

土系特征与变幅　诊断层包括水耕表层、水耕氧化还原层；诊断特性包括热性土壤温度状况、人为滞水土壤水分状况、潜育特征、潜育现象。该土系地处水网平原稍低处，母质为河湖相沉积物，土体厚度达 150 cm 以上，地下水位 60~80 cm，细土质地为粉砂壤土或粉砂质黏壤土，黏粒含量由上向下增加。土体呈中性至微碱性，pH 为约 7.0~8.5，由表层向下增加。水耕表层厚度约 25~30 cm，紧接于犁底层之下的水耕氧化还原层厚度 30~35 cm，受到表渗水的强烈影响，结构面中有大量灰色黏粒淀积，形成了胶膜，土体中有大量的黄色锈纹锈斑——黄斑。受地下水影响，土体中的氧化铁明显减少，游离态氧化铁（Fe_2O_3）含量约 20 g/kg，低于水耕表层，离铁基质约占土体 30%~50%，但尚未形成铁渗淋亚层。土体约 60~70 cm 出现厚度约 10~20 cm 的灰色潜育腐泥层，色调 5Y~7.5Y，润态明度 3~4，彩度 1，具有强亚铁反应，黏粒含量>350 g/kg，游离态氧化铁含量约 15~18 g/kg。耕作层有机质 20~30 g/kg，全氮 1.0~1.5 g/kg，有效磷 20~30 mg/kg，速效钾 120~150 mg/kg。

Br，水耕氧化还原层，紧接于犁底层之下，受表渗水影响，大土块间形成了灰色胶膜，土体中氧化铁明显流失，游离态氧化铁含量约 20 g/kg，低于上覆水耕表层，离铁基质约占土体 30%~50%，土体中有少量的潜育斑，但尚未形成铁渗淋亚层。

Abg，潜育特征亚层，腐泥层，开始出现于 60~70 cm，厚度约 10~20 cm，土体松软黏腻，呈灰色，色调 5Y~7.5Y，润态明度 3~4，彩度 1，有机碳含量约 10~15 g/kg，具有强亚铁反应。

对比土系　虎啸系，同一土族，均分布于水网平原区，母质来源相同。区别在于虎啸系所处位置稍高，土体 60 cm 内无潜育斑出现，潜育腐泥层层位更低，约 80~90 cm 开始出现，耕作层养分含量更高，有机质达 30~50 g/kg，有效磷达 80~120 mg/kg，速效钾 150~200 mg/kg。诸家滩系和联丰系，同一亚类不同土族，颗粒大小级别为壤质。

利用性能综述　该土系地处水网平原稍低处，土层深厚，质地由上向下变黏重。耕作层质地适中，通气性尚好，心底土黏粒增加，土体黏闭，水分渗透能力较差。因地势相对低洼，地下水位较高，土体容易滞水，具有较强的还原性。该土系的保肥性能较好，耕作层有机质和氮、磷、钾素养分含量较高，但供肥缓慢，易引起水稻迟发。耕作管理上，宜开沟排水，冬耕晒垡，提高土体通气性。

参比土种　泥炭心黄斑田。

代表性单个土体　剖面（编号 33-084）于 2011 年 11 月 13 日采自浙江省嘉兴市桐乡市乌镇浮澜桥村，30°44′08.9″N，120°29′47.4″E，水网平原，海拔 8 m，母质为河湖相沉积物，种植水稻，50 cm 深度土温 18.3℃。

浮澜桥系代表性单个土体剖面

Ap1：0~15 cm，橄榄黑色（5Y 3/2，润），灰橄榄色（5Y 6/2，干）；细土质地为粉砂壤土，团块状结构，疏松；有大量水稻根系；根孔锈纹密集；土体中偶有直径 1 cm 左右的动物（泥鳅）孔洞；pH 为 8.0；向下层平滑清晰过渡。

Ap2：15~26 cm，暗灰橄榄色（5Y 4/2，润），灰橄榄色（5Y 6/2，干）；细土质地为粉砂壤土，块状结构，较紧实；有少量的水稻细根系；土体中有大量的锈纹锈斑，结构面中有较多连片锈纹——鳝血斑；pH 为 7.4；向下层平滑清晰过渡。

Br：26~60 cm，灰色（5Y 5/1，润），浊黄色（5Y 6/3，干）；细土质地为粉砂壤土，块状结构，较紧实；土体中有大量铁锰黄斑和结核，约占土体的 15%~20%，铁锰未明显分离；土块间有大量的黏粒淀积，呈灰白色；土体中有少量潜育斑；pH 为 7.8；向下层平滑清晰过渡。

Abg：60~90 cm，腐泥层，黑色（2.5GY 2/1，润），灰色（10Y 4/1，干）；细土质地为粉砂质黏壤土，大块状，弱结构发育，紧实；土体中有大量的毛细气孔；土体呈还原状态，具有较强的亚铁反应；pH 为 7.9；向下层平滑清晰过渡。

Cr：90~120 cm，灰色（5Y 5/1，润），淡黄色（5Y 7/3，干）；细土质地为粉砂壤土，棱块状结构，稍紧实；土体中有较多亮黄棕色（10YR 6/8，润）锈斑和铁锰结核；有少量潜育斑；pH 为 8.3。

浮澜桥系代表性单个土体物理性质

土层	深度 /cm	砾石 (>2mm, 体积 分数) /%	细土颗粒组成 (粒径:mm) / (g/kg)			质地	容重 / (g/cm³)
			砂粒 2~0.05	粉粒 0.05~0.002	黏粒 <0.002		
Ap1	0~15	5	295	507	198	粉砂壤土	0.97
Ap2	15~26	5	316	543	141	粉砂壤土	1.21
Br	26~60	0	235	524	241	粉砂壤土	1.27
Abg	60~90	10	107	533	360	粉砂质黏壤土	1.11
Cr	90~120	5	195	650	155	粉砂壤土	1.27

浮澜桥系代表性单个土体化学性质

深度 /cm	pH		有机质 / (g/kg)	全氮 (N) / (g/kg)	全磷 (P) / (g/kg)	全钾 (K) / (g/kg)	CEC_7 / (cmol/kg)	游离铁 / (g/kg)
	H_2O	KCl						
0~15	8.0	—	24.3	1.19	0.72	21.8	21.1	25.0
15~26	7.4	—	18.0	2.26	0.64	19.1	16.3	27.1
26~60	7.8	—	5.7	0.47	0.73	20.6	18.1	20.5
60~90	7.9	—	20.8	1.36	0.49	22.2	23.2	15.7
90~120	8.3	—	6.0	0.44	0.71	21.9	13.9	24.0

4.7.3 诸家滩系（Zhujiatan Series）

土　族：壤质云母混合型非酸性热性-底潜简育水耕人为土
拟定者：麻万诸，章明奎

分布与环境条件　主要分布于浙江省的杭嘉湖水网平原的地势稍低处，以秀洲、吴兴、德清等县市区面积较大，海拔<20 m，地势平坦，大地形坡度<2°，母质为湖沼相沉积物，利用方式以水稻-油菜或水稻-小麦为主。属亚热带湿润季风气候区，年均气温约 14.5~16.0℃，年均降水量约 1270 mm，年均日照时数约 2085 h，无霜期约 240 d。

诸家滩系典型景观

土系特征与变幅　诊断层包括水耕表层、水耕氧化还原层；诊断特性包括热性土壤温度状况、人为滞水土壤水分状况、潜育特征。该土系分布于浙北水网平原区的地势稍低处，形成于湖沼相母质，土体深厚，有效土层厚度在 120 cm 以上。土体颗粒匀细，>2 mm 的粗骨屑粒平均含量低于 5%，细土质地以粉砂质黏壤土或黏壤土为主，少有中粗砂。土体层次分化，犁底层与耕作层容重之比约 1.10~1.15。受地下水渗淋影响，土体约 40~70 cm 部分水耕氧化还原亚层黏粒降低且基色变为灰白色，但氧化铁相比于水耕表层并无明显迁出，离铁基质约占土体 40%~60%，尚未形成铁渗淋亚层。冬季地下水位约 90~100 cm，土体约 80 cm 开始出现黄灰色至黑棕色的腐泥层，厚度 30~40 cm，游离态氧化铁（Fe_2O_3）含量<10 g/kg，有机碳含量可达 40~80 g/kg，具有明显的亚铁反应。耕层土壤有机质可达 30~40 g/kg，表土全氮为 2.0~2.5 g/kg，有效磷低于 5 mg/kg，速效钾 60~100 mg/kg。

　　Abg，潜育特征亚层、腐泥层，由古代湖沼中的水草等腐化而形成的泥炭层，土体呈黑棕色，有机碳含量较高，可达 40~80 g/kg。土体常年饱水膨胀，呈还原性，亚铁反应明显，黏粒含量可达 300 g/kg，游离态氧化铁含量<10 g/kg。

对比土系　虎啸系，同一亚类不同土族，且分布地形部位相似，母质来源、矿物类型相同，土体约 80~90 cm 开始出现潜育特征，区别在于虎啸系土体受顶渗水、侧渗水影响较少，黏粒含量约 250~350 g/kg，各土层间黏粒含量渐变过渡，无明显迁移，为黏壤质云母混合型。联丰系，同一亚类不同土族，矿物学类型为硅质混合型。

利用性能综述　该土系所处地势较低，土体深厚，排水不良。根据绿色食品产地肥力指标要求，土壤有机质和全氮水平较高，C/N 比约 8.7，较为合理，但有效磷水平较差，钾素水平也中等偏下。由于耕层土壤黏粒偏高，会造成禾苗迟发，水稻成熟期略有偏晚。

临近河流，灌溉设施完善，抗旱能力为 80 天以上。水稻亩产约 700~800 kg。在肥水管理方面，应该增施磷、钾肥，同时要做好开沟排水，改善土体水气环境。

参比土种　青紫泥田。

代表性单个土体　剖面（编号 33-049）于 2010 年 12 月 24 日采自浙江省湖州市吴兴区诸家滩东南，30°52′08.2″N，120°09′17.0″E，水网平原，海拔 4 m，水田，母质为湖沼相沉积物，50 cm 深度土温 18.0℃。

Apr1：0~13 cm，灰黄棕色（10YR 5/2，润），浊黄橙色（10YR 6/3，干）；细土质地为粉砂质黏壤土，团粒状和小块状结构，疏松；有大量水稻细根系；结构面有大量的连片铁锈纹——鳝血斑，约占土体 40%；土体夹杂有 5% 左右的青灰色土块，根孔铁锈明显；pH 为 5.9；向下层平滑清晰过渡。

Apr2：13~23 cm，棕灰色（10YR 6/1，润），浊黄橙色（10YR 6/3，干）；细土质地为粉砂质黏壤土，块状结构，紧实；有少量白色的毛细根；结构面上有大量氧化铁斑纹，直径 1~2 mm，占土体 30%~40%，有少量的锰斑；土体中有较多的细根孔，约占 3%~5%；结构面上有中量的灰色胶膜；pH 为 6.3；向下层平滑清晰过渡。

Br1：23~42 cm，灰黄棕色（10YR 5/2，润），浊黄橙色（10YR 6/4，干）；细土质地为壤土，块状结构，稍紧实；有少量白色的细根系；结构面上有大量的铁锈纹，约占 20%，呈小斑块状，有垂直迁移的现象；pH 为 7.6；向下层波状清晰过渡。

诸家滩系代表性单个土体剖面

Br2：42~80 cm，棕灰色（2.5Y 4/1，润），黄灰色（2.5Y 6/1，干）；细土质地为粉砂壤土，块状结构，稍紧实；有少量白色细根系；有少量细根孔，根孔周围有铁锈；有少量的氧化铁斑纹，约占 3%~5%，铁锰新生体主要分布在水平方向的结构体表面；垂直结构面上有较多的灰色胶膜；pH 为 7.6；向下层平滑清晰过渡。

Abg1：80~120 cm，黄灰色（2.5Y 4/1，润），黄灰色（2.5Y 5/1，干）；细土质地为黏壤土，大块状无结构，紧实；土体黏闭；水平方向结构面上有少量氧化铁斑纹，约占 10%，但垂直方向不明显；结构发育较弱；土体具有较强还原性；沿垂直方向上存在根孔状灰色胶膜；pH 为 6.3；向下层平滑清晰过渡。

Abg2：120~140 cm，黑棕色（2.5Y 3/1，润），黑色（2.5Y 2/1，干）；细土质地为黏壤土，软糊无结构，稍紧实；土体黏闭；具有强还原性，亚铁反应强烈；pH 为 5.9；向下层平滑清晰过渡。

C：140~160 cm，黑棕色（2.5Y 3/1，润），黑色（2.5Y 2/1，干）；细土质地为砂壤土，小块状结构，疏松；有中量细根孔；可见沉积层理；pH 为 6.3。

诸家滩系代表性单个土体物理性质

土层	深度 /cm	砾石 （>2mm，体积分数）/%	细土颗粒组成（粒径:mm）/（g/kg）			质地	容重 /（g/cm³）
			砂粒 2~0.05	粉粒 0.05~0.002	黏粒 <0.002		
Apr1	0~13	5	48	629	323	粉砂质黏壤土	1.02
Apr2	13~23	3	126	566	308	粉砂质黏壤土	1.13
Br1	23~42	5	394	500	106	壤土	1.33
Br2	42~80	2	251	598	151	粉砂壤土	1.15
Abg1	80~120	1	226	455	319	黏壤土	1.13
Abg2	120~140	2	284	427	289	黏壤土	0.93
C	140~160	0	574	370	56	砂质壤土	0.95

诸家滩系代表性单个土体化学性质

深度 /cm	pH		有机质 /（g/kg）	全氮（N） /（g/kg）	全磷（P） /（g/kg）	全钾（K） /（g/kg）	CEC$_7$ /（cmol/kg）	游离铁 /（g/kg）
	H$_2$O	KCl						
0~13	5.9	4.9	36.8	2.15	0.79	15.9	19.4	26.5
13~23	6.3	5.7	31.0	2.01	0.68	18.5	18.2	28.9
23~42	7.6	—	7.7	0.59	0.43	19.6	20.3	30.0
42~80	7.6	—	13.8	0.64	0.36	19.4	22.6	32.8
80~120	6.3	5.2	71.5	1.28	0.28	17.1	22.1	8.1
120~140	5.9	5.2	128.5	5.34	0.32	15.1	28.4	8.2
140~160	6.3	5.4	28.7	0.96	0.32	15.6	10.0	2.9

4.7.4 联丰系（Lianfeng Series）

土　族：壤质硅质混合型非酸性热性-底潜简育水耕人为土
拟定者：麻万诸，章明奎

分布与环境条件　主要分布于水网平原地
区的坑洼不平处，集中分布于嘉兴市和湖州
市境内，以桐乡、海宁、秀洲、南湖、吴兴、
南浔、德清等县市区的分布面积较大，土体
排水不畅，在 20 世纪 50~60 年代的大规模
土地平整过程中把低岗、高墩挖平，填土到
相对低洼的圩田中而形成的，母质为古河口
相沉积物，利用方式为水稻-油菜或水稻-小
麦。属亚热带湿润季风气候区，年均气温约

联丰系典型景观

15.5~16.5℃，年均降水量约 1318 mm，年均日照时数约 2070 h，无霜期约 235 d。

土系特征与变幅　诊断层包括水耕表层、水耕氧化还原层；诊断特性包括热性土壤温度
状况、人为滞水土壤水分状况、潜育特征、潜育现象。该土系地处水网平原区的稍低处，
母质为古河口相沉积物，土体厚度 1 m 以上，细土质地为粉砂壤土或壤土。该土系由人
工土地平整而来，水耕种稻的历史有 80 年以上，剖面层次明显分化，犁底层与耕作层的
容重之比约 1.2~1.3。土体上部约 40~50 cm 为加土层，土体中有砖瓦残片、植物残体等
侵入体，极细砂和粉粒含量偏高。在地下水位上下起伏和表渗水的共同作用下，约 40~
50 cm 开始，水耕氧化还原层土体中有少量的潜育斑，占土体约 5%~10%，大土块间有
青灰色的黏粒淀积。60 cm 左右潜育斑大量增加，游离态氧化铁（Fe_2O_3）含量相对于上
覆部亚层和水耕表层均明显降低，出现潜育特征。耕作层有机质约 20~30 g/kg，全氮
1.0~1.5 g/kg，有效磷 20~30 mg/kg，速效钾 60~100 mg/kg。

　　Br，水耕氧化还原层，起始于 30 cm 左右，厚度约 50~80 cm，颗粒匀细，>2 mm 的
粗骨砾石含量<5 g/kg，细土质地以粉砂壤土为主，粉粒和黏粒的含量在 600 g/kg 以上，
0.1~2 mm 的粗中砂粒含量在 100 g/kg 以下，受地下水起伏和表渗水影响，大土块间有青
灰色黏粒淀积，土体中有少量的潜育斑，约占土体 5%~10%。

　　Bg，潜育特征亚层，起始于 60~70 cm，受地下水长期浸泡，土体中有大量的潜育斑，
游离态氧化铁含量约 10~15 g/kg，相对于上覆水耕氧化还原亚层明显降低，具有亚铁
反应。

对比土系　浮澜桥系，二者均分布于水网平原地势相对低洼处，水耕氧化还原层中有潜
育斑出现。区别在于浮澜桥系 60~100 cm 内出现潜育腐泥层，属黏壤质云母混合型非酸
性热性-底潜简育水耕人为土。诸家滩系，同一亚类不同土族，矿物学类型为云母混合型。

利用性能综述　该土系分布于水网平原，由人工平整而来，土体较为紧实，水耕表层浅

薄，通气性和渗透性较差，生产性能稍差。地势低洼，灌溉便捷，但排水能力较差，土体滞水，心底土还原性强，容易形成渍害。在利用管理上，需进行深沟排水、深耕破埇，提高土体透气性。

参比土种　粉质加土田。

代表性单个土体　剖面（编号 33-081）于 2011 年 11 月 12 日采自浙江省嘉兴市桐乡市崇福镇联丰村，30°33′40.9″N，120°24′58.0″E，水网平原，海拔 2 m，母质为古河口相沉积物，种植水稻，地下水位 80 cm，50 cm 深度土温 18.7℃。

联丰系代表性单个土体剖面

Ap1：0~12 cm，灰色（5Y 4/1，润），浊黄色（2.5Y 6/3，干）；细土质地为粉砂壤土，块状结构，较疏松；有少量的水稻根系；有少量的锈纹锈斑，约占土体 3%~5%；pH 为 6.5；向下层渐变过渡。

Ap2：12~22 cm，亮红棕色（2.5Y 3/3，润），浊黄色（2.5Y 6/3，干）；细土质地为壤土，块状结构，紧实；有少量水稻根系；有少量的锈纹锈斑，约占土体 1%~3%；土体中偶有砖块等侵入体，直径 2~5 cm；pH 为 7.5；向下层平滑清晰过渡。

Br1：22~27 cm，灰红色（2.5Y 4/2，润），浊黄色（2.5Y 6/4，干）；细土质地为粉砂壤土，块状结构，紧实；有少量锈纹锈斑，约占土体 3%~5%；偶有砖块等侵入体，直径 5~10 cm；pH 为 7.2；向下层波状清晰过渡。

Br2：27~60 cm，灰色（5Y 4/1，润），灰橄榄色（5Y 5/3，干）；细土质地为粉砂壤土，块状结构，较紧实；土体黏闭；有少量的潜育斑，尚有大量未完全腐烂的植物残体，系原表土人工填埋造成；pH 为 7.0；向下层平滑清晰过渡。

Bg：60~100 cm，灰橄榄色（5Y 5/3，润），淡黄色（5Y 7/3，干）；细土质地为粉砂壤土，块状结构，稍紧实；土体中有较多的气孔；有大量潜育斑，具有亚铁反应；有少量的铁锰锈斑和结核；弱石灰反应；pH 为 7.3。

联丰系代表性单个土体物理性质

土层	深度/cm	砾石（>2mm，体积分数）/%	细土颗粒组成（粒径:mm）/（g/kg）			质地	容重/（g/cm³）
			砂粒 2~0.05	粉粒 0.05~0.002	黏粒 <0.002		
Ap1	0~12	5	309	561	130	粉砂壤土	1.14
Ap2	12~22	10	411	486	103	壤土	1.43
Br1	22~27	10	369	536	95	粉砂壤土	1.32
Br2	27~60	2	350	508	142	粉砂壤土	1.28
Bg	60~100	3	423	563	14	粉砂壤土	1.40

联丰系代表性单个土体化学性质

深度/cm	pH		有机质/（g/kg）	全氮（N）/（g/kg）	全磷（P）/（g/kg）	全钾（K）/（g/kg）	CEC₇/（cmol/kg）	游离铁/（g/kg）
	H₂O	KCl						
0~12	6.5	5.3	23.5	1.14	0.69	21.5	16.2	23.8
12~22	7.5	—	13.7	0.75	0.61	20.4	17.5	20.8
22~27	7.2	—	12.3	0.79	0.63	21.0	16.6	18.7
27~60	7.0	—	28.8	2.13	0.70	20.6	19.9	21.6
60~100	7.3	—	6.7	0.32	0.56	20.6	10.2	13.7

4.8 普通简育水耕人为土

4.8.1 西塘系（Xitang Series）

土　族：黏壤质云母混合型非酸性热性-普通简育水耕人为土
拟定者：麻万诸，章明奎

分布与环境条件　分布于浙江省的杭嘉湖平原、宁绍平原等地势相对低洼的水网平原区，以吴兴、南浔、德清、绍兴、秀洲、嘉善、鄞州等县市区的分布面积居大，土体排水较差，海拔一般<10 m，母质为湖相或湖海相沉积物，利用方式以单季水稻和水稻-小麦为主。属亚热带湿润季风气候区，年均气温约 15.0~16.0℃，年均降水量约 1250 mm，年均日照时数约 2090 h，无霜期约 225 d。

西塘系典型景观

土系特征与变幅　诊断层包括水耕表层、水耕氧化还原层；诊断特性包括热性土壤温度状况、人为滞水土壤水分状况。该土系地处水网平原的地势低洼处，母质为湖海相沉积物，土层厚度约 120~180 cm，冬季地下水位 80~90 cm。该土系水耕种稻历史悠久，剖面层次分化，耕作层与犁底层容重之比约 1.2~1.3，耕作层以下土体呈中性至微碱性。紧接于犁底层的水耕氧化还原亚层无明显的黏粒和氧化铁沉积、迁出。约 40~50 cm 深度出现灰色的腐泥层，色调 N，润态明度 4，彩度 0，厚度 20~30cm，有机碳含量约 15.0~ 20.0 g/kg，因沟渠设施完善后，地下水位有所下降，腐泥层已脱潜，尚有少量的潜育斑。约 60~70 cm 腐泥层之下，土体长期受地下水位波动影响，氧化铁、黏粒明显流失，出现厚度 10~15 cm 的漂白层，黏粒含量 100~150 g/kg，明显低于上覆和下垫土层，土体呈淡灰色，色调 5Y~10Y，润态明度 7~8，彩度 1。土体 100 cm 内无潜育特征。耕层土壤质地为粉砂壤土或壤土，有机质含量约 40.0~50.0 g/kg，全氮 2.0~3.0 g/kg，碳氮比（C/N）约 11~12，有效磷约 10~15 mg/kg，速效钾 145~155 mg/kg。

Abrh，腐泥层，灰色，色调 N，明度 4~5，彩度 0，质地为黏壤土或黏土，竖直方向气孔发达，土体中有少量的铁、锰结核和少量潜育斑。有机碳含量约 15~25 g/kg，游离态氧化铁（Fe_2O_3）含量约 10~15 g/kg。由于排灌设施的完善，地下水位下降，该层上部已脱潜。

E，漂白层，紧接于腐泥层之下，土体呈淡灰色，色调 5Y~10Y，润态明度 7~8，彩度 1，受地下水长期浸渍影响，黏粒明显流失，游离态氧化铁含量极低，约 5~10 g/kg，土体中有极少量的铁锰锈斑。

对比土系　环渚系，同一土族，母质来源、分布地形部位及土体层次发育均相近，土体 60 cm 内出现腐泥层。区别在于环渚系腐泥层土体紧实且颜色较深，呈黑色，色调 10YR~2.5Y，润态明度<3，彩度 1，腐泥层之上的水耕氧化还原层受顶渗、侧渗水影响较强，黏粒迁出明显。江瑶系，同一土族，母质来源、分布地形部位不同引起土体层次结构和性状明显差异，江瑶系土体呈棕色至黄橙色，色调 7.5YR~10YR，水耕氧化还原层和母质层中不存在腐泥层，土体呈酸性至微酸性。长街系，同一土族，长街系土体无明显层次分化，60~100 cm 内尚有部分亚层具有弱石灰反应。八丈亭系，同一土族，母质来源、地形部位不同引起土体层次结构和性状明显差异，八丈系发源于红紫砂岩风化物母质，土体无明显层次分化，呈红棕色，色调 2.5YR~5YR，水耕氧化还原层和母质层中均不存在腐泥层。

利用性能综述　该土系土体深厚，心底土质地偏黏重，土体内有效孔隙度较低，内排水不良。随着沟渠设施完善后，耕层土壤结构已有改善。表土有机质、氮、钾含量都较高，有效磷也属中等偏上。地处水网平原，河网发达，灌溉条件好。在肥水管理方面，可适当增施磷肥，进一步开沟排水，降低地下水位以改善土体内部的通气性，从而提升土壤养分的有效性。

参比土种　泥碳心青紫泥田。

代表性单个土体　剖面（编号 33-036）于 2010 年 11 月 17 日采自浙江省嘉兴市嘉善县西塘镇翠南村西，30°56′15.8″N，120°52′16.6″E，水网平原，海拔 2 m，水田，种植水稻，

西塘系代表性单个土体剖面

大地形坡度<2°，母质为湖海相沉积物，50 cm 深度土温 17.5℃。

Ap1：0~16 cm，橄榄黑色（5Y 3/2，润），灰色（5Y 5/1，干）；细土质地为粉砂壤土，小团块状结构，疏松；有大量的水稻根系；有较多的根孔锈纹，约占 1%~3%；pH 为 5.7；向下层波状清晰过渡。

Ap2：16~25 cm，灰色（5Y 5/1，润），灰色（5Y 6/1，干）；细土质地为粉砂壤土，棱块状结构，较紧实；有少量水稻根系；结构面中可见较多的根孔锈纹；pH 为 7.3；向下层平滑清晰过渡。

Br：25~40 cm，灰橄榄色（5Y 5/3，润），灰橄榄色（5Y 5/2，干）；细土质地为粉砂质黏壤土，块状结构，稍紧实；土体中有少量细小的铁锈斑；pH 为 7.3；向下层平滑清晰过渡。

Abrh：40~70 cm，腐泥层，灰色（N 4/0，润），干态灰色（N 5/0，干）；细土质地为黏壤土，棱块状结构，紧实；有少量的铁锰结核和斑团；土体中可见少量 2 mm 左右的竖直方向孔洞，断面可见大量的气孔；pH 为 7.8；向下层平滑清晰过渡。

E：70~88 cm，漂白层，淡灰色（5Y 7/1，润），淡灰色（5Y 7/1，干）；细土质地为壤土，棱块状结构，稍紧实；土体黏闭，孔隙度较低；土体中有少量的铁锈斑；70 cm 左右出现地下水；pH 为 8.2；向下层平滑清晰过渡。

Cr：88~120 cm，亮黄棕色（10YR 7/6，润），亮黄棕色（10YR 6/6，干）；细土质地为粉砂质黏壤土，团块状结构，松软；有大量的铁、锰斑团，占 5%~10%；pH 为 7.8。

西塘系代表性单个土体物理性质

| 土层 | 深度 /cm | 砾石 （>2mm，体积分数）/% | 细土颗粒组成（粒径:mm）/（g/kg） | | | 质地 | 容重 /（g/cm³） |
			砂粒 2~0.05	粉粒 0.05~0.002	黏粒 <0.002		
Ap1	0~16	3	203	549	248	粉砂壤土	0.92
Ap2	16~25	5	344	537	119	粉砂壤土	1.19
Br	25~40	5	182	522	296	粉砂质黏壤土	1.38
Abrh	40~70	1	268	440	292	黏壤土	1.16
E	70~88	2	392	460	148	壤土	1.26
Cr	88~120	3	108	563	329	粉砂质黏壤土	1.04

西塘系代表性单个土体化学性质

| 深度 /cm | pH | | 有机质 /（g/kg） | 全氮（N） /（g/kg） | 全磷（P） /（g/kg） | 全钾（K） /（g/kg） | CEC_7 /（cmol/kg） | 游离铁 /（g/kg） |
	H_2O	KCl						
0~16	5.7	4.8	49.2	2.41	0.83	15.6	19.4	18.3
16~25	7.3	—	36.5	1.59	0.61	16.9	22.3	19.8
25~40	7.8	—	13.0	0.59	0.46	17.6	22.0	23.5
40~70	7.8	—	31.4	1.14	0.43	17.9	24.9	11.2
70~88	8.2	—	6.5	0.31	0.48	16.6	12.3	5.5
88~120	7.8	—	6.1	0.29	0.46	18.1	22.2	38.5

4.8.2　环渚系〔Huanzhu Series〕

土　族：黏壤质云母混合型非酸性热性-普通简育水耕人为土
拟定者：麻万诸，章明奎

分布与环境条件　主要分布于浙北海拔~20 m 的水网平原区，以环太湖的吴兴、南浔两区内分布面积较大，地势平坦，坡度<2°，母质为湖沼相沉积物，利用方式以水稻-小麦和水稻-油菜为主。属亚热带湿润季风气候区，年均气温约 15.0~16.0 ℃，年均降水量约 1270 mm，年均日照时数约 2080 h，无霜期约 240 d。

环渚系典型景观

土系特征与变幅　诊断层包括水耕表层、水耕氧化还原层；诊断特性包括热性土壤温度状况、人为滞水土壤水分状况。该土系由湖沼相沉积物发育而来，经淹水种稻形成了水耕人为土，土体厚度 1.5 m 以上，种稻历史悠久，剖面层次分化。冬季地下水位约 90~100 cm。土体约 40~60 cm 出现厚 15~20 cm 的紧实黑色泥炭层，色调 10YR~2.5Y，润态明度<3，彩度 1，有机碳含量 30~40 g/kg，因沟渠设施完善，地下水位降低，已呈脱潜育状态，有少量铁锰斑。受侧渗水影响，但由于致密泥炭层阻挡了土体水分的上下运动，腐泥层之上的水耕氧化还原层虽受侧渗水、顶渗水影响，颜色变浅，黏粒流失，但游离铁尚无明显迁出，未形成铁渗淋亚层。腐泥层之下土体于低洼沼泽环境时期的铁溶作用和后期的地下水渗淋作用下，黏粒、游离铁大量流失，土体呈黄灰色至灰白色，漂白物质占土体 90%以上，色调 2.5Y~5Y，润态明度 5~6，彩度 1~2，游离态氧化铁（Fe_2O_3）含量<10.0 g/kg，形成了漂白层。漂白层土体中有较多古沉积时残留的植物残体氧化物——铁管，土体垂直结构发达，极易发生崩塌。表土有机质约 30~40 g/kg，全氮 2.0 g/kg 以上，C/N 比约 10~11，有效磷<5 mg/kg，速效钾约 50~80 mg/kg。

Abrh，腐泥层，开始出现于 40~60 cm，黑色，色调 10YR~2.5Y，润态明度<3，彩度 1，土体干硬紧实，系古湖沼水草等有机物质腐烂碳化所致，厚度在 15~20 cm 以上。与上覆、下垫土层界线清晰，在颜色、质地上形成强烈的反差。

E，漂白层，出现于 60 cm 以下，紧接于腐泥层，受地下水和侧渗水影响，黏粒明显流失，漂白物质占土体 90%以上，色调 2.5Y~5Y，润态明度 5~6，彩度 1~2，游离态氧化铁含量<10.0 g/kg。土体中有古沉积时残留的植物残体氧化物——铁管。土体有较多的铁锈纹，无亚铁反应。

对比土系　西塘系，同一土族，母质来源、分布地形部位及土体层次发育均相近，土体

60 cm 内出现腐泥层。区别在于西塘系腐泥层颜色较淡，呈灰色，色调为 N，润态明度 4，彩度 0，腐泥层之上的水耕氧化还原层受顶渗、侧渗水影响较少，相对无黏粒迁出。江瑶系，同一土族，母质来源、分布地形部位不同引起土体层次结构和性状明显差异，江瑶系土体呈棕色至黄橙色，色调 7.5YR~10YR，水耕氧化还原层和母质层中不存在腐泥层，土体呈酸性至微酸性。长街系，同一土族，长街系土体无明显层次分化，60~100 cm 尚有部分亚层具有弱石灰反应。八丈亭系，同一土族，母质来源、地形部位不同引起土体层次结构和性状明显差异，八丈系发源于红紫砂岩风化物母质，土体无明显层次分化，呈红棕色，色调 2.5YR~5YR，水耕氧化还原层和母质层中均不存在腐泥层。

利用性能综述 该土系土体深厚，质地适中，宜耕性好。犁底层粉粒含量较高，排水和渗透稍快，因保肥性能稍差，水稻易发，但后期容易产生磷、钾素不足而发生早衰，需及时补充磷、钾肥。根据绿色食品产地肥力指标要求，该土系有机质和全氮水平较高，均属优良一级，磷素水平较差，钾素也是中等偏下。据早期试验，亩产水稻 800 kg 左右。临近河流，灌溉有保障，抗旱能力强。

参比土种 腐心白土田。

代表性单个土体 剖面（编号 33-048）于 2010 年 12 月 23 日采自浙江省湖州市吴兴区环渚乡中东村，距离太湖约 1.5 km，距离小河流约 50 m，30°55′22.0″N，120°09′33.0″E，水网平原，海拔 4 m，水田，种植水稻，母质为湖沼相沉积物，地下水位 110 cm，50 cm 深度土温 17.8℃。

33-048

Ap1：0~16 cm，黄棕色（2.5Y 5/3，润），灰黄色（2.5Y 6/2，干）；细土质地为壤土，团粒状、小块状结构，疏松；有大量的水稻细根系；有大量的根孔铁锈纹，约占 5%~8%；pH 为 5.5；向下层平滑清晰过渡。

Ap2：16~24 cm，灰黄色（2.5Y 6/2，润），黄棕色（2.5Y 5/3，干）；细土质地为粉砂壤土，块状结构，紧实；有少量的水稻细根系；有少量的铁锰斑，约占土体 5%~10%；pH 为 6.9；向下层平滑清晰过渡。

Br：24~50 cm，暗灰黄棕色（2.5Y 5/2，润），浊黄色（2.5Y 6/4，干）；细土质地为壤土，块状或大块状结构，紧实；土体中有较多的气孔；有大量的铁、锰斑，直径1~2 mm，约占土体 15%~20%；pH 为 7.6；向下层平滑突变过渡。

Abrh：50~68 cm，腐泥层，黑色（2.5Y 2/1，润），黄灰色（2.5Y 4/1，干）；细土质地为黏壤土，大块状结构，紧实；结构面有较多的铁锰氧斑，约 15%；pH 为 7.7；向下层平滑突变过渡。

环渚系代表性单个土体剖面

E：68~120 cm，黄灰色（2.5Y 6/1，润），淡灰色（2.5Y 7/1，干）；细土质地为砂质壤土，柱状结构，稍疏松；结构面上有铁氧化物淀积，沿垂直方向分布，约占 5%~10%；可见大量的枯死腐烂植物残体或铁管，系古沉积时期形成，尚可分辨出沉积层理，在垂直结构面上有明显的灰色胶膜；pH 为 7.9。

环渚系代表性单个土体物理性质

土层	深度 /cm	砾石 （>2mm，体积 分数）/%	细土颗粒组成（粒径:mm）/（g/kg）			质地	容重 /（g/cm³）
			砂粒 2~0.05	粉粒 0.05~0.002	黏粒 <0.002		
Ap1	0~16	3	389	415	196	壤土	1.06
Ap2	16~24	3	351	623	26	粉砂壤土	1.36
Bt	24~50	1	420	372	208	壤土	1.68
Abrh	50~68	0	293	343	364	黏壤土	1.35
E	68~120	3	686	185	129	砂质壤土	1.73

环渚系代表性单个土体化学性质

深度 /cm	pH		有机质 /（g/kg）	全氮（N） /（g/kg）	全磷（P） /（g/kg）	全钾（K） /（g/kg）	CEC₇ /（cmol/kg）	游离铁 /（g/kg）
	H₂O	KCl						
0~16	5.5	4.6	38.3	1.87	0.61	12.7	14.8	16.3
16~24	6.9	4.7	19.3	0.67	0.36	15.8	14.4	18.1
24~50	7.6	—	5.0	0.37	0.24	14.7	12.3	18.4
50~68	7.7	—	32.1	1.64	0.26	17.1	24.0	14.5
68~120	7.9	—	2.2	0.18	0.40	15.8	20.5	5.4

4.8.3 江瑶系（Jiangyao Series）

土　族：黏壤质云母混合型非酸性热性-普通简育水耕人为土

拟定者：麻万诸，章明奎

分布与环境条件　主要分布于金衢盆地的低丘中下部，以永康、武义、兰溪等县市分布面积较大，由红紫色砂岩、砂砾岩风化残坡积物发育而来，经淹水耕作而形成低坎梯田，地势稍平缓，排水良好，利用方式以单季水稻为主。属亚热带湿润季风气候区，年均气温约16.0~17.5℃，年均降水量约1455 mm，年均日照时数约1960 h，无霜期约255 d。

江瑶系典型景观

土系特征与变幅　诊断层包括水耕表层、水耕氧化还原层；诊断特性包括热性土壤温度状况、人为滞水土壤水分状况。该土系分布于金衢盆地内的红紫色砂岩、砂砾岩发育的低丘平缓处，有效土层厚度约60~100 cm。土体中粗骨碎屑的含量较高，平均达20%左右，细土质地以壤土-砂质黏壤土为主，下部黏粒含量稍高。该土系淹水耕作的历史约50~70年，水耕表层熟化明显，犁底层与耕作层的容重之比约1.10~1.15，全土体氧化铁未有发生明显的迁移，水耕氧化还原层呈黄橙色，色调7.5YR~10YR，润态明度5~7，彩度3~6，游离态氧化铁（Fe_2O_3）含量约20~25 g/kg，水耕表层约18~22 g/kg，两者之比约1.1~1.4。土体不受地下水、侧渗水影响，100 cm内无渗淋、潜育特征。土体呈酸性至中性，pH约4.5~7.0。耕作层有机质20~30 g/kg，全氮1.0~1.5 g/kg，有效磷80~120 mg/kg，速效钾120~160 mg/kg。

　　Br_1水耕氧化还原层，发育于红紫色砂岩风化物母质，厚度约40~60 cm，呈黄橙色，色调7.5YR~10YR，润态明度5~7，彩度3~6，氧化铁和黏粒均无明显的迁移淀积，游离态氧化铁含量约20~25 g/kg，土体中粗骨屑粒含量较高，平均可达15%~25%。

对比土系　西塘系，同一土族，母质来源、分布地形部位不同引起土体层次结构和性状差异，西塘系发源于湖海相沉积物，水耕氧化还原层色调为5Y~10Y，土体60 cm内出现灰色脱潜腐泥层，厚度10~20 cm，土体100 cm内有漂白层。环渚系，同一土族，母质来源的分布地形部位不同引起土体层次结构和性状差异，环渚系发源于湖沼相沉积物，水耕氧化还原层色调2.5Y~5Y，土体60 cm内有黑色脱潜腐泥层，100 cm内有漂白层。长街系，同一土族，母质来源不同造成土体层次和性状差异，长街系发源于海相沉积物，土体上下较为均一，60~100 cm内尚有部分亚层具有弱石灰反应。八丈亭系，同一土族，母质来源，地形部位相近，区别在于八丈亭系土体无明显层次分化，通体呈红棕色，色调 2.5YR~5YR。

利用性能综述　该土系地处低丘平缓处，土体厚度中等，质地稍粗，耕性和通透性都较好。由于近年肥料投入量增加，且实施秸秆还田，耕作层的有机质和氮、磷、钾素含量都较高，在今后的管理中需适当控制磷肥的用量，注重养分元素的平衡投入。

参比土种　红紫砂田。

代表性单个土体　剖面（编号 33-068）于 2011 年 11 月 20 日采自浙江省金华市永康市芝英街道江瑶村东，28°53′40.5″N，120°07′00.2″E，低丘底部，海拔 107 m，母质为红紫色砂岩风化残坡积物，50 cm 深度土温 19.5℃。

33-068

Ap1：0~11 cm，棕色（7.5YR 4/3，润），淡棕灰色（7.5YR 7/2，干）；细土质地为壤土，小团块状结构，疏松；大量水稻根系；有少量的根孔锈纹；pH 为 4.8；向下层平滑清晰过渡。

Ap2：11~20 cm，浊棕色（7.5YR 5/3，润），灰棕色（7.5YR 6/2，干）；细土质地为砂质壤土，块状结构；有少量的毛细根和根孔；有少量的根孔锈纹；pH 为 5.0；向下层平滑清晰过渡。

Br1：20~42 cm，浊黄橙色（10YR 6/3，润），淡黄橙色（10YR 8/3，干）；细土质地为壤土，块状结构，铁锰结核密集，有大量的锰结核，直径 1~5 mm，占土体的 15%~25%；结构面中可见大量直径 1 mm 左右的气孔，占土体的 3%~5%；pH 为 6.6；向下层渐变过渡。

Br2：42~70 cm，亮黄棕色（10YR 6/8，润），淡黄橙色（10YR 8/3，干）；细土质地为壤土，块状结构；结构面中可见大量的淡色锈纹，约占结构面的 10%~15%；pH 为 5.6；向下层渐变过渡。

Cr：70~100 cm，浊黄橙色（10YR 7/2，润），亮黄棕色（10YR

江瑶系代表性单个土体剖面

7/6，干）；细土质地为砂质黏壤土，块状结构；土体中有大量的淡色锈纹，约占结构面的 15%~20%；土体中有较多直径 5~10 cm 或更大的石块；pH 为 5.0。

江瑶系代表性单个土体物理性质

| 土层 | 深度/cm | 砾石（>2mm,体积分数）/% | 细土颗粒组成（粒径:mm）/（g/kg） | | | 质地 | 容重/（g/cm³） |
			砂粒 2~0.05	粉粒 0.05~0.002	黏粒 <0.002		
Ap1	0~11	5	492	396	112	壤土	1.20
Ap2	11~20	10	545	362	93	砂质壤土	1.32
Br1	20~42	10	368	434	198	壤土	1.29
Br2	42~70	15	503	298	199	壤土	1.32
Cr	70~100	30	554	208	238	砂质黏壤土	1.38

江瑶系代表性单个土体化学性质

| 深度/cm | pH | | 有机质/（g/kg） | 全氮（N）/（g/kg） | 全磷（P）/（g/kg） | 全钾（K）/（g/kg） | CEC₇/（cmol/kg） | 游离铁/（g/kg） |
	H₂O	KCl						
0~11	4.8	4.2	24.3	1.41	0.95	14.8	8.6	19.1
11~20	5.0	4.3	21.0	1.25	0.73	13.6	8.0	19.9
20~42	6.6	5.9	4.6	0.22	0.17	9.7	9.1	24.2
42~70	5.6	4.3	7.1	0.20	0.17	9.7	7.3	24.5
70~100	5.0	4.0	7.6	0.22	0.10	18.8	15.3	22.6

4.8.4 长街系（Changjie Series）

土　族：黏壤质云母混合型非酸性热性-普通简育水耕人为土
拟定者：麻万诸，章明奎

分布与环境条件　主要分布
于滨海平原的内侧，以宁海、
三门、玉环、乐清、苍南等
县市的分布面积较大，起源
于浅海沉积物，经人工围垦
和长期的淹水耕作而形成，
海拔一般<15 m，利用方式以
单季水稻和水稻-小麦为主。
属亚热带湿润季风气候区，
年均气温约 16.5~18.5℃，年
均降水量约 1475 mm，年均
日照时数约 1990 h，无霜期
约 260 d。

长街系典型景观

土系特征与变幅　诊断层包括水耕表层、水耕氧化还原层；诊断特性包括热性土壤温度
状况、人为滞水土壤水分状况。该土系地处滨海平原内侧，发源于海相沉积物，由人工
围垦、淹水种稻而形成。土体厚度在 120 cm 以上，颗粒匀细，土体中几无>2 mm 的粗
骨屑粒，细土质地为粉砂壤土，黏粒含量约 200~280 g/kg，砂粒含量<250 g/kg。该土系
围垦历史约 50~80 年，剖面已明显分化，犁底层与耕作层容重之比约 1.1~1.2，氧化铁已
发生迁移淀积但尚不明显，氧化还原层与耕作层的游离态氧化铁（Fe_2O_3）之比约<1.5。
土体已基本脱盐，表土可溶性盐含量<1.0 g/kg，100 cm 内土体含盐量<2.0 g/kg。土体呈
碱性，已基本脱钙，80 cm 内无石灰反应，100 cm 左右的底土层尚有弱石灰反应，pH 约
8.5~9.5。地下水位约 100~120 cm，60 cm 内无潜育特征，约 60~100 cm 土体中偶有潜育
斑出现，无潜育特征。因地下水位较低且地势平坦，不受侧渗水影响，无渗淋、漂白等
特征，全土体游离态氧化铁含量约 10~20 g/kg。耕作层 20 cm 左右有机质 25~35 g/kg，
全氮 1.0~2.0 g/kg，有效磷 5~8 mg/kg，速效钾>200 mg/kg。

　　Cr，母质层，开始于 80~90 cm，发源于海相沉积物母质，质地细腻，常年受地下水
浸渍，土体中偶有少量潜育斑，游离态氧化铁流失，含量约 10~15 g/kg，pH 为 9.0 左右，
弱石灰反应。

对比土系　西塘系，同一土族，土体层次结构和性状不同，西塘系土体 60 cm 内出现灰
色脱潜腐泥层，100 cm 内出现漂白层。环渚系，同一土族，土体层次结构和性状不同，环
渚系土体 60 cm 内出现黑色脱潜腐泥层，100 cm 内出现漂白层。江瑶系，同一土族，母
质来源、分布地形部位不同引起土体层次结构和性状明显差异，江瑶系土体呈棕色至黄
橙色，色调 7.5YR~10YR，水耕氧化还原层和母质层中不存在腐泥层，土体呈酸性至微

酸性。八丈亭系，同一土族，母质来源、地形部位不同引起土体层次结构和性状明显差异，八丈亭系发源于红紫砂岩风化物母质，土体无明显层次分化，呈红棕色，色调2.5YR~5YR，水耕氧化还原层和母质层中均不存在腐泥层。

利用性能综述　　该土系源于海相沉积物，土体深厚，质地细腻，耕作历史悠久，土体结构发育良好，将会逐步过渡至铁聚水耕人为土。土体保蓄性能良好，通透性稍差。100 cm 内土体已基本脱盐脱钙，土体呈碱性。渠系设施完善，地下水位 100 cm 左右，作物适种性较广。因土体相对郁闭，土体脱盐速度也相对缓慢，土体尚有 1.0~2.0 g/kg 的可溶性全盐含量，遇长期干热天气仍有返盐风险。土体有机质和氮、钾素养分水平都较好，磷素稍缺。在今后的管理和利用中，一是要注意土壤养分平衡，二是要防止土体返盐。

参比土种　　砂胶淡涂黏田。

代表性单个土体　　剖面（编号 33-107）于 2012 年 2 月 29 日采自浙江省宁波市宁海县长街镇大祝村，29°14′09.1″N，121°41′53.3″E，滨海平原，海拔 10 m，种植作物为小麦，母质为浅海相沉积物，50 cm 深度土温 19.5℃。

长街系代表性单个土体剖面

Ap1：0~19 cm，浊黄棕色（10YR 4/3，润），浊黄棕色（10YR 5/3，干）；细土质地为粉砂壤土，团块状结构，疏松；有大量的水稻残留根系；有少量的根孔锈纹；由于翻耕种麦，厚度略有起伏；pH 为 8.6；向下层平滑清晰过渡。

Ap2：19~30 cm，黑棕色（10YR 3/2，润），浊黄棕色（10YR 5/4，干）；细土质地为粉砂壤土，棱块结构，较紧实；土体中有较多垂直方向的气孔；有少量的贝壳等动物残体；pH 为 8.7；向下层平滑清晰过渡。

Br1：30~58 cm，暗棕色（10YR 3/4，润），浊黄棕色（10YR 5/3，干）；细土质地为粉砂壤土，棱块结构，紧实；土体中有大量的细粒铁锰结核，铁锰略有分离，斑纹直径约 0.5~1 mm，占结构面的 3%~5%；有少量的贝壳残体；pH 为 9.0；向下层平滑清晰过渡。

Br2：58~82 cm，灰黄棕色（10YR 4/2，润），灰黄棕色（10YR 6/2，干）；细土质地为粉砂壤土，棱块结构，紧实；土体中有较多的气孔，但总体黏闭；有少量的铁锰结核，直径 1~2 mm，约占土体的 1%；受地下水影响，垂直结构发达；pH 为 9.1；向下层平滑清晰过渡。

Cr：82~140 cm，棕灰色（10YR 4/1，润），黄灰棕色（10YR 6/2，干）；细土质地为粉砂壤土，棱块状结构，稍紧实；土体黏闭；弱石灰反应；pH 为 9.0。

长街系代表性单个土体物理性质

土层	深度 /cm	砾石 (>2mm，体积分数) /%	细土颗粒组成（粒径:mm）/（g/kg）			质地	容重 /（g/cm³）	含盐量 /（g/kg）
			砂粒 2~0.05	粉粒 0.05~0.002	黏粒 <0.002			
Ap1	0~19	1	240	537	223	粉砂壤土	1.21	0.61
Ap2	19~30	0	199	542	259	粉砂壤土	1.38	1.02
Br1	30~58	0	210	585	205	粉砂壤土	1.38	1.19
Br2	58~82	0	180	617	203	粉砂壤土	1.35	1.29
Cr	82~140	0	171	602	227	粉砂壤土	1.27	1.84

长街系代表性单个土体化学性质

深度 /cm	pH		有机质 /（g/kg）	全氮（N） /（g/kg）	全磷（P） /（g/kg）	全钾（K） /（g/kg）	CEC₇ /（cmol/kg）	游离铁 /（g/kg）
	H₂O	KCl						
0~19	8.6	7.3	30.6	1.76	0.74	23.0	18.8	12.0
19~30	8.7	7.4	24.8	1.47	0.76	25.3	16.8	17.0
30~58	9.0	7.5	6.4	0.55	0.58	24.7	12.4	16.1
58~82	9.1	7.3	7.9	0.50	0.58	23.6	13.2	14.8
82~140	9.0	7.3	9.8	0.59	0.54	23.4	12.3	14.0

4.8.5 八丈亭系（Bazhangting Series）

土　　族：黏壤质云母混合型非酸性热性-普通简育水耕人为土
拟定者：麻万诸，章明奎

分布与环境条件　主要分布于金衢盆地内红紫色页岩、砂岩发育的低丘缓坡上，经人工筑坎、淹水耕作而形成低坎梯田，以兰溪、金东、武义、义乌、永康等县市区分布面积较大，衢江、江山、常山等县市区也有少量分布，坡度约 5°～8°，海拔一般<250 m，利用方式以水稻-油菜为主。属亚热带湿润季风气候区，年均气温约 16.5~17.5℃，年均降水量约 1630 mm，年均日照时数约 2035 h，无霜期约 255 d。

八丈亭系典型景观

土系特征与变幅　诊断层包括水耕表层、水耕氧化还原层；诊断特性包括热性土壤温度状况、人为滞水土壤水分状况。该土系地处低丘缓坡，坡度约 5°～8°，发源于红紫色页岩、砂岩风化物的坡积、再积物，土体深度一般在 100 cm 以上，呈红棕色，色调 2.5YR~5YR，润态明度 3~5，彩度 2~4。土体颗粒均一，孔隙度较低，全土层>2 mm 的粗骨屑粒含量<5%，细土质地为壤土或黏壤土，黏粒含量约 200~300 g/kg。该土系淹水种稻的历史稍短，剖面分化尚不明显，犁低层与耕作层容重之比约 1.1，土体中氧化铁无明显迁移，游离态氧化铁（Fe_2O_3）含量约 20~30 g/kg，水耕氧化还原层稍高于水耕表层。土体呈微酸性至中性，pH 约 5.5~7.5。土体不受地下水影响，100 cm 内无漂白层、潜育特征。耕作层有机质含量约 20~30 g/kg，全氮约 1.0~2.0 g/kg，有效磷约 5~8 mg/kg，速效钾 80~120 mg/kg。

　　Br，水耕氧化还原层，发育于紫砂岩风化物母质，厚度约 60~100 cm，呈红棕色，色调 2.5YR~5YR，润态明度 3~5，彩度 2~4，氧化铁和黏粒均无明显的迁移淀积，游离态氧化铁含量约 20~30 g/kg，土体匀细，细土质地以壤土或黏壤土为主，>2 mm 的粗骨屑粒含量<5%。

对比土系　西塘系，同一土族，母质来源、分布地形部位不同引起土体层次结构和性状差异，西塘系发源于湖海相沉积物，水耕氧化还原层色调为 5Y~10Y，土体 60 cm 内出现灰色脱潜腐泥层，厚度 10~20 cm，土体 100 cm 内有漂白层。环渚系，同一土族，母质来源、分布地形部位不同引起土体层次结构和性状差异，环渚系发源于湖沼相沉积物，水耕氧化还原层色调 2.5Y~5Y，土体 60 cm 内有黑色脱潜腐泥层，100 cm 内有漂白层。江瑶系，同一土族，母质来源、分布地形部位相近，区别在于江瑶系土体层次分化，水耕氧化还原层呈棕色至黄橙色，色调 7.5YR~10YR，水耕氧化还原层和母质层中不存在腐泥层，土体呈酸性至微酸性。长街系，同一土族，母质来源不同造成土体层次和性状差异，长街系发源于海相沉积物，土体上下较为均一，60~100 cm 内尚有部分亚层具有弱石灰反应。

利用性能综述　该土系多为低丘缓坡梯田，土层深厚，颗粒细腻，质地略偏黏重，土体孔隙度较低，通透性差，保蓄性能佳，供肥速度较慢，种植水稻前期易发生僵苗，但后劲较足。土体有机质和氮素水平一般，磷素较低，钾素尚可。在管理利用中，对于水稻种植，则在基肥中施用有机肥的同时需补充速效氮、磷养分以防止前期僵苗。土体呈微酸性至中性，适种性较广，在水利条件不足的地段，改种旱作或果园、种植糖蔗或青枣等，可获得更高的经济效益。

参比土种　红紫泥田。

代表性单个土体　剖面（编号 33-129）于 2012 年 3 月 28 日采自浙江省衢州市江山市新塘边镇八丈亭村，28°37′31.3″N，118°26′16.5″E，中丘中坡，海拔 127 m，坡度约 5°~8°，母质为红紫色砂岩风化物的坡积、再积物，梯田，闲置，50 cm 深度土温 20.2℃。

Apr1：0~15 cm，浊红棕色（2.5YR 4/3，润），暗红棕色（2.5YR 3/6，干）；细土质地为壤土，团块状结构，稍疏松；有大量杂草细根系；结构面上有明显的棕红色氧化铁斑纹，约占 5%~10%；有少量直径 1~2 cm 的砾石，约占 1%~3%；pH 为 6.1；向下层平滑清晰过渡。

Apr2：15~35 cm，浊红棕色（2.5YR 4/4，润），红棕色（2.5YR 4/6，干）；细土质地为壤土，块状结构，紧实；有少量杂草细根系；土体中有较多垂直向分布的细根孔和根孔锈纹，结构面的局部区域有大量棕红色氧化铁胶膜，呈连续分布，平均约占结构面的 5%~10%；土体中有少量直径 1~5 cm 的砾石，约占 1%~3%；pH 为 5.6；向下层平滑渐变过渡。

Br：35~100 cm，暗红棕色（2.5YR 3/4，润），浊红棕色（2.5YR 5/4，

八丈亭系代表性单个土体剖面

干）；细土质地为壤土，块状结构，稍紧实；无根系；结构面上有少量黏粒胶膜和红棕色的氧化铁胶膜，平均约占结构面的 1%~3%；pH 为 7.3。

八丈亭系代表性单个土体物理性质

土层	深度 /cm	砾石 (>2mm，体积分数) /%	细土颗粒组成（粒径:mm）/（g/kg）			质地	容重 /（g/cm³）
			砂粒 2~0.05	粉粒 0.05~0.002	黏粒 <0.002		
Apr1	0~15	3	329	421	250	壤土	1.15
Apr2	15~35	3	376	348	276	壤土	1.28
Br	35~100	0	346	398	256	壤土	1.30

八丈亭系代表性单个土体化学性质

深度 /cm	pH		有机质 /（g/kg）	全氮（N）/（g/kg）	全磷（P）/（g/kg）	全钾（K）/（g/kg）	CEC₇ /（cmol/kg）	游离铁 /（g/kg）
	H₂O	KCl						
0~15	6.1	4.8	24.5	1.40	0.46	19.8	23.3	21.4
15~35	5.6	5.4	19.9	1.24	0.46	20.2	23.3	22.5
35~100	7.3	—	3.7	0.25	0.22	18.1	17.7	27.5

4.8.6　长地系（Changdi Series）

土　　族：黏壤质混合型非酸性热性-普通简育水耕人为土
拟定者：麻万诸，章明奎

长地系典型景观

分布与环境条件　主要分布于新嵊盆地、金衢盆地、松古盆地境内的玄武岩台地边缘的上坡，以新昌、嵊州、武义、义乌、缙云、松阳等县市的分布较为集中，排水良好，多为梯田，母质为玄武岩风化残坡积物，利用方式以水稻-油菜为主。属亚热带湿润季风气候区，年均气温约16.0~17.3℃，年均降水量约1280 mm，年均日照时数约2020 h，无霜期约235 d。

土系特征与变幅　诊断层包括水耕表层、水耕氧化还原层；诊断特性包括热性土壤温度状况、人为滞水土壤水分状况。该土系地处玄武岩台地外缘的坡地上部，母质为玄武岩风化残坡积物，梯田，土体厚度约80~120 cm，细土质地为粉砂质黏壤土或壤土，除母质层外，黏粒含量为300~400 g/kg。母质原生矿物以二氧化硅为主，受风化淋失影响，土体二氧化硅含量<40%。该土系的水耕历史约有50多年，犁底层已有较好的发育，与耕作层的容重之比约1.15~1.25。氧化铁未发生明显的迁移，水耕氧化还原层中有较多细密的铁锰斑，游离态氧化铁（Fe_2O_3）含量约30~50 g/kg，与耕作层相近。土体呈微酸性至中性，pH约6.0~7.5。地下水位较低，无侧渗水和地下水影响，土体100 cm内无漂白层、潜育特征。耕作层有机质约30~50 g/kg，全氮2.0~2.5 g/kg，碳氮比（C/N）约10.0~12.0，有效磷10~15 g/kg，速效钾约50~80 mg/kg。

　　Br，水耕氧化还原层，起始于30 cm左右，厚度约30~40 cm，呈暗棕色至黑棕色，色调7.5YR~10YR，润态明度2~4，彩度2~4，细土质地为粉砂质黏壤土，游离态氧化铁含量达30~50 g/kg。

对比土系　五丈岩系，同一亚类不同土族，均发源于玄武岩风化残坡积物，分布于新嵊盆地、金衢盆地边缘的中低丘，颗粒大小级别为壤质。

利用性能综述　该土系地处台地外缘的斜坡上部，多为梯田，发源于玄武岩风化物母质，土体黏重，干时坚硬，湿时泥泞，耕性较差，土体保肥性能好，但供肥缓慢，水稻容易出现僵苗。玄武岩母质矿质含量较为丰富，土体呈中性至近中性，作物适种性较广，种植西瓜、白术、苎麻等经济作物产量高且品质好。所处地势相对稍高，灌溉水源不足，灌溉保证率低。并且单块梯田面积较小，机耕路渠建设难度较大，不利于机械化、规模化农作。在利用管理上，需改善路、渠等硬件设施建设。

参比土种 棕泥田。

代表性单个土体 剖面（编号 33-090）于 2012 年 2 月 23 日采自浙江省绍兴市嵊州市剡湖街道长地村南 100 m，29°38′44.2″N，120°47′33.3″E，中低丘上坡，海拔 90 m，梯田，小地形坡度约 15°~25°，母质为玄武岩风化残坡积物，50 cm 深度土温 19.0℃。

Ap1：0~18 cm，浊黄棕色（10YR 4/3，润），浊黄棕色（10YR 5/3，干）；细土质地为粉砂质黏壤土，团块状结构，松软；有大量的水稻根系；有少量的根孔锈纹；有少量直径 2~5 mm 的砂砾；pH 为 6.5；向下层平滑清晰过渡。

Ap2：18~28 cm，棕色（10YR 4/4，润），浊黄棕色（10YR 5/4，干）；细土质地为粉砂质黏壤土，块状结构，紧实；结构面上有大量的铁锰斑，约占 5%~8%；pH 为 7.3；向下层平滑清晰过渡。

Br：28~60 cm，暗棕色（10YR 3/3，润），浊黄棕色（10YR 5/4，干）；细土质地为粉砂质黏壤土，块状结构，紧实；结构面铁锰斑纹密集，约占 15%~20%，铁锰结核直径 1 mm 左右，以锰为主；pH 为 7.0；向下层平滑渐变过渡。

C：60~100 cm，黑棕色（10YR 3/2，润），棕色（10YR 4/4，干）；细土质地为壤土，块状结构结构，紧实；有少量的铁、锰斑；砾石含量明显增加，直径 1~3 cm 的砾石约占土体的 30%；pH 为 7.2。

长地系代表性单个土体剖面

长地系代表性单个土体物理性质

土层	深度 /cm	砾石（>2mm，体积分数）/%	细土颗粒组成（粒径:mm）/（g/kg）			质地	容重 /（g/cm³）
			砂粒 2~0.05	粉粒 0.05~0.002	黏粒 <0.002		
Ap1	0~18	10	178	453	369	粉砂质黏壤土	1.09
Ap2	18~28	3	176	450	374	粉砂质黏壤土	1.33
Br	28~60	3	199	498	303	粉砂质黏壤土	1.36
C	60~100	30	444	353	203	壤土	1.40

长地系代表性单个土体化学性质

深度 /cm	pH H₂O	pH KCl	有机质 /（g/kg）	全氮（N） /（g/kg）	全磷（P） /（g/kg）	全钾（K） /（g/kg）	CEC₇ /（cmol/kg）	游离铁 /（g/kg）
0~18	6.5	5.3	40.9	1.92	0.91	8.7	19.7	36.3
18~28	7.3	—	12.7	0.94	0.62	8.2	19.9	46.1
28~60	7.0	—	14.0	0.54	0.56	7.8	18.4	40.0
60~100	7.2	—	11.9	0.61	0.01	9.6	16.8	37.3

4.8.7　下井系（Xiajing Series）

土　族：壤质云母混合型非酸性热性-普通简育水耕人为土
拟定者：麻万诸，章明奎，刘丽君

下井系典型景观

分布与环境条件　主要分布于浙江省内紫色页岩母质发育的低丘山垄，以兰溪、义乌、衢江、柯城、龙游等县市区的分布面积较大，坡度约 2°~5°，冬季地下水位约在 100~120 cm。因地势相对低洼，土体内排水不良，易受下渗积水和侧渗地下水的影响，地下水位存在较大幅度的上下变动，利用方式以单季水稻或水稻-油菜为主。属亚热带湿润季风气候区，年均气温约 16.5~17.5℃，年均降水量约 1610 mm，年均日照时数约 2050 h，无霜期约 260 d。

土系特征与变幅　诊断层包括水耕表层、水耕氧化还原层；诊断特性包括热性土壤温度状况、人为滞水土壤水分状况。该土系地处低丘山垄，母质为紫色页岩残坡积物，经长期淹水耕作形成了水耕人为土。土体厚度约 100~150 cm，颗粒组成匀细，>2 mm 的粗骨碎屑含量约 5%~8%，细土质地以粉砂壤土或黏壤土为主。该土壤耕作历史悠久，剖面层次分化，犁底层具有明显的黏粒淀积，与耕作层的容重比约 1.15~1.25。受母质影响，水耕氧化还原层土体呈红棕色至棕灰色，润态色调为 5YR~10YR，游离铁含量约 25~30 g/kg，稍高于水耕表层，二者之比<1.5。冬季地下水位 100 cm 以下，无侧渗水影响，100 cm 内无潜育特征。由于土体黏闭，60~80 cm 土体受季节性地下水影响，结构面呈灰白色，土体中黏粒迁移，使该层段的明度增加、彩度明显降低。土体呈微碱性，pH 为 7.5~8.5，无石灰反应。80 cm 以下土体黏粒含量明显下降，出现红白相间的聚铁网纹结构，铁锰斑纹密集。耕作层有机质约 40~60 g/kg，全氮 1.5~2.0 g/kg，有效磷 30~50 mg/kg，速效钾 100~120 mg/kg。

　　Br，厚度 40~50 cm，发源于紫色页岩母质，细土质地为粉砂壤土或粉砂质黏壤土，土体黏闭，游离态氧化铁（Fe_2O_3）含量在 25.0~30.0 g/kg。

　　Cr，网纹母质层，出现于 80 cm 以下，受地下水影响，铁锰氧化物大量沉积，形成了聚铁网纹结构。

对比土系　浩塘头系（详见《浙江省土系概论》），同一亚类不同土族，分布地形部位和母质来源相同，颗粒组成匀细，土体黏闭，区别在颗粒大小级别不同，浩塘头系各土层黏粒含量均在 300 g/kg 以上，颗粒大小级别为黏质。

利用性能综述　该土系地处山垄，相对低洼，排水不良，且水耕表层质地稍黏重，耕性一般，土体通透性较差，易形成积水，耕作层养分含量高且丰富，但释放较慢，水稻容易僵苗缓发。在耕作管理上，宜实行水旱轮作、冬耕晒垡以改善土体通气性，水稻种植季节宜注重搁田、烤田。施肥上宜足施基肥、重施分蘖肥。

参比土种　白底紫大泥田。

代表性单个土体　剖面（编号 33-023）于 2010 年 11 月 2 日采自浙江省衢州市衢江区杜泽镇下井村，29°04′42.2″N，118°56′38.5″E，低丘岗地，海拔 15 m，坡度 2°~5°，母质为紫色页岩风化残坡积物，50 cm 深度土温 20.0℃。

Ap1：0~16 cm，暗红棕色（5YR 3/2，润），灰棕色（5YR 4/2，干）；细土质地为粉砂壤土，团块状结构，较疏松；有大量水稻细根；pH 为 7.8；向下层平滑清晰过渡。

Ap2：16~38 cm，暗红棕色（5YR 3/6，润），浊红棕色（5YR 5/3，干）；细土质地为粉砂质黏壤土，棱块状结构，紧实；有极少量毛细根；土体黏闭；有少量锈纹锈斑；30 cm 左右土体中偶有螺蛳壳（田螺残体）等侵入体；pH 为 8.2；向下层波状清晰过渡。

Br1：38~60 cm，暗红棕色（5YR 3/4，润），浊红棕色（5YR 4/3，干）；细土质地为粉砂壤土，块状结构，稍紧实；土体中有少量的粒间孔隙；pH 为 8.1；向下层平滑清晰过渡。

Br2：60~85 cm，棕灰色（10YR 5/1，润），浊黄橙色（10YR 7/2，干）；细土质地为粉砂壤土，大块状结构，较紧实；土体中有少量的气孔；有大量的铁锰斑纹，结核颗粒直径约 1~2 mm，占 10%~15%；受侧渗水影响，垂直结构发达，结构面呈灰白色；pH 为 7.9；向下层平滑清晰过渡。

下井系代表性单个土体剖面

Cr：85~120 cm，橙色（10YR 6/8，润），浊黄橙色（10YR 7/4，干）；细土质地为砂壤土，块状结构，稍紧实；有大量的铁锰锈纹锈斑，以锰为主；土体粉砂含量明显增加，颜色变黄；pH 为 8.3。

下井系代表性单个土体物理性质

| 土层 | 深度 /cm | 砾石（>2mm, 体积分数）/% | 细土颗粒组成（粒径:mm）/（g/kg） | | | 质地 | 容重 /（g/cm³） |
			砂粒 2~0.05	粉粒 0.05~0.002	黏粒 <0.002		
Ap1	0~16	3	310	504	186	粉砂壤土	0.93
Ap2	16~38	3	175	531	294	粉砂质黏壤土	1.12
Br1	38~60	3	223	525	252	粉砂壤土	1.11
Br2	60~85	3	312	514	174	粉砂壤土	1.18
Cr	85~120	1	560	374	66	砂质壤土	1.30

下井系代表性单个土体化学性质

| 深度 /cm | pH | | 有机质 /（g/kg） | 全氮（N） /（g/kg） | 全磷（P） /（g/kg） | 全钾（K） /（g/kg） | CEC₇ /（cmol/kg） | 游离铁 /（g/kg） |
	H₂O	KCl						
0~16	7.8	—	55.1	2.97	1.11	18.3	15.7	23.9
16~38	8.2	—	11.0	0.73	1.13	17.8	15.3	25.4
38~60	8.1	—	8.8	0.47	0.55	16.1	10.5	28.0
60~85	7.9	—	6.0	0.36	0.57	14.3	10.9	28.1
85~120	8.3	—	20.5	0.11	0.40	8.7	9.3	26.3

4.8.8　凤桥系（Fengqiao Series）

土　　族：壤质硅质混合型石灰性热性-普通简育水耕人为土
拟定者：麻万诸，章明奎，张天雨

凤桥系典型景观

分布与环境条件　主要分布于杭嘉湖平原、宁绍平原、温（岭）黄（岩）平原等水网平原区的地势稍高处，以南湖、海盐、海宁、桐乡、鄞州、余姚、镇海、温岭等县市区的分布面积较大，海拔约5~15 m，母质为老海相沉积物，利用方式以水稻-油菜和水稻-小麦为主。属亚热带湿润季风气候区，年均气温约14.5~16.0℃，年均降水量约1215 mm，年均日照时数约2110 h，无霜期约225 d。

土系特征与变幅　诊断层包括水耕表层、水耕氧化还原层；诊断特性包括热性土壤温度状况、人为滞水土壤水分状况。分布于水网平原地势稍高处，母质为老海相沉积物，土体深度在120 cm以上，颗粒匀细，几无2 mm以上的粗骨屑粒，细土质地为粉砂壤土或粉砂质黏壤土。其中粉粒含量在500 g/kg以上，粗、中砂含量<50 g/kg，内排水良好。该土系水耕种稻历史悠久，水耕表层与心底土分化明显，犁底层与耕作层容重之比约1.15~1.25。冬季地下水位在100 cm以下，100 cm内土体无潜育特征。受顶渗、侧渗水影响，紧接于犁底层之下的水耕氧化还原层土体中黏粒和氧化铁有较明显迁移，低于水耕表层，结构面灰白化，尚有大量的红棕色锈纹，土体呈黄棕色，色调10YR，润态明度4~6，彩度4~6，离铁基质约占土体50%，尚未形成铁渗淋亚层。土体呈微酸性至微碱性，pH为5.5~9.0，从上向下增加，水耕表层无石灰反应，但水耕氧化还原层尚有较强的石灰反应。耕作层有机质约30~50 g/kg，全氮1.5~2.5 g/kg，有效磷20~40 mg/kg，速效钾60~100 mg/kg。

　　Br，水耕氧化还原层，厚度50 cm以上，受顶渗水、侧渗水影响，100 cm内的整个水耕氧化还原层均有黏粒和氧化铁的明显迁移、流失，土体呈黄棕色，色调10YR，润态明度4~6，彩度4~6，离铁基质约占土体50%，尚未形成铁渗淋亚层。

对比土系　干窑系，同一亚类不同土族，分布于水网平原稍高处，母质为老海相沉积物，剖面结构相似，区别在于干窑系100 cm内无石灰反应，为非酸性。

利用性能综述　该土系发源于平原河流或河海相沉积物，地处水网平原的稍高处，排水良好，土体深厚，颗粒匀细，质地适中，土体保蓄性能较好，水气协调，种植上以稻-稻-麦或稻-稻-油为主，是水网平原区的高产稳产土壤类型之一。耕作层的有机质和氮素含量较高，磷、钾素含量尚好，在今后管理利用中，需通过种植绿肥等继续保持地力，合理补充磷、钾素，防止地力衰退。

参比土种 钙质黄斑田。

代表性单个土体 剖面（编号 33-141）于 2012 年 4 月 9 日采自浙江省嘉兴市南湖区凤桥镇三星村，30°41′01.6″N，120°50′12.0″E，水网平原，海拔 8.5 m，母质为老海相沉积物，50 cm 深度土温 18.3℃。

Ap1：0~21 cm，浊黄棕色（10YR 4/3，润），灰黄棕色（10YR 6/2，干）；细土质地为粉砂壤土，块状结构，稍紧实；有大量水稻根系；根孔锈纹密集，淡黄色，总量约占土体 1%~3%；无石灰反应；pH 为 6.0；向下层平滑清晰过渡。

Ap2：21~32 cm，灰黄棕色（10YR 4/2，润），灰黄棕色（10YR 6/2，干）；细土质地为粉砂壤土，棱柱结构，紧实；有少量细根；土体中有较多的毛细气孔；结构面中有较多淡黄色的细锈纹，少量的锰结核，总量约占 1%；弱石灰反应；pH 为 7.7；向下层平滑清晰过渡。

Br1：32~90 cm，黄棕色（10YR 5/6，润），浊黄橙色（10YR 6/4，干）；细土质地为粉砂壤土，棱块状结构，稍紧实；结构面中铁锰结核密集，直径 1 mm 左右，斑纹约占土体的 10%~15%；土体中有较多的垂直方向的孔洞，孔直径 3~8 mm，孔壁有大量黏粒淀积，呈青灰色；强石灰反应；pH 为 8.2；向下层波状渐变过渡。

凤桥系代表性单个土体剖面

Br2：90~130 cm，浊黄棕色（10YR 5/4，润），浊黄橙色（10YR 6/4，干）；细土质地为粉砂壤土，块状结构，稍紧实；结构面中铁锰结核密集，直径 1 mm 左右，斑纹约占土体的 8%~10%；土体中有较多的垂直方向的孔洞，孔直径 3~8 mm，数量较上层更多，孔壁有大量黏粒淀积；受地下水影响，土体易形成垂直方向的断裂；强石灰反应；pH 为 8.6。

凤桥系代表性单个土体物理性质

| 土层 | 深度 /cm | 砾石 （>2mm，体积分数）/% | 细土颗粒组成（粒径:mm）/（g/kg） | | | 质地 | 容重 /（g/cm³） |
			砂粒 2~0.05	粉粒 0.05~0.002	黏粒 <0.002		
Ap1	0~21	0	232	571	197	粉砂壤土	1.22
Ap2	21~32	1	310	589	101	粉砂壤土	1.43
Br1	32~90	0	336	654	10	粉砂壤土	1.42
Br2	90~130	0	327	609	64	粉砂壤土	1.41

凤桥系代表性单个土体化学性质

| 深度 /cm | pH | | 有机质 /（g/kg） | 全氮（N） /（g/kg） | 全磷（P） /（g/kg） | 全钾（K） /（g/kg） | CEC_7 /（cmol/kg） | 游离铁 /（g/kg） |
	H_2O	KCl						
0~21	6.0	5.0	39.5	2.23	0.95	19.9	15.5	13.3
21~32	7.7	—	10.8	0.83	0.57	21.3	16.7	19.0
32~90	8.2	—	3.5	0.29	0.48	20.7	13.4	11.7
90~130	8.6	—	4.6	0.33	0.51	22.5	14.1	14.8

4.8.9　干窑系（Ganyao Series）

土　族：壤质硅质混合型非酸性热性-普通简育水耕人为土
拟定者：麻万诸，章明奎，张天雨

分布与环境条件　分布于浙江省的杭嘉湖平原、宁绍平原等水网平原区的地势稍高处，以余姚、慈溪、海盐、平湖等县市的分布面积较大，海拔<15 m，母质为平原河流相沉积物，利用方式以水稻-小麦和水稻-油菜为主。属亚热带湿润季风气候区，年均气温约 14.0~16.2℃，年均降水量约 1220 mm，年均日照时数约 2110 h，无霜期约 225 d。

干窑系典型景观

土系特征与变幅　诊断层包括水耕表层、水耕氧化还原层；诊断特性包括热性土壤温度状况、人为滞水土壤水分状况。该土系起源于平原河流相沉积物，经长期淹水耕作、培肥，形成了水耕人为土，土体颗粒均匀，全土层>2 mm 的砾石含量<10%，粉粒含量约 550~650 g/kg，细土质地为粉砂壤土。该土壤水耕历史较久，犁底层发育，与耕作层容重之比约 1.15~1.20。所处的地势相对稍高，目前冬季地下水位 100 cm 以下。水耕氧化还原层形态均一，呈浊黄色至淡黄色，色调 10YR~2.5Y，润态明度 6~8，彩度 3~5，结构面中有大量直径 2~5 mm 的锈纹锈斑，游离态氧化铁（Fe_2O_3）含量约 20~30 g/kg，与水耕表层相比，未发生明显的迁移。土体 100 cm 内无漂白层、潜育特征。表土有机质 40.0~50.0 g/kg，全氮 2.0~3.0 g/kg，碳氮比（C/N）约 10.5~11.5，有效磷<5 mg/kg，速效钾 150~180 mg/kg。

　　Br，水耕氧化还原层，厚度>50 cm，呈浊黄色至淡黄色，色调 10YR~2.5Y，润态明度 6~8，彩度 3~5，结构面中有大量直径 2~5 mm 的锈纹锈斑，游离态氧化铁含量约 20~30 g/kg，与水耕表层相比，未发生明显的迁移。

对比土系　朗霞系，同一土族，母质来源和分布地形部位不同造成性状差异，朗霞系发源于河海相母质，土体受侧渗水影响较强，黏粒和游离铁流失明显，水耕氧化还原层黏粒含量<100 g/kg，游离态氧化铁含量约 10~20 g/kg。长潭系，同一土族，母质来源和分布地形部位不同引起土体层次结构和性状差异，长潭系地处低丘山垄，发源于凝灰岩风化残坡积物，残积体和坡积体层次分明，水耕氧化还原层受山体侧渗水影响强烈，呈黄灰色，色调 2.5Y，明度 4~5，彩度 1~2。全塘系，同一土族，母质来源和地形部位不同引起土体层次分化和性状差异，全塘系发源于浅海相沉积物，土体层次分化不明显，土

体 50~100 cm 尚有弱石灰反应，100~150 cm 有腐泥层出现。斜桥系，同一土族，斜桥系土体受侧渗水影响较强，紧接于犁底层的水耕氧化还原亚层黏粒流失明显，黏粒含量<50 g/kg，色调相近，明度、彩度更低，游离态氧化铁含量约 10~20 g/kg。

利用性能综述 该土系母质为平原河流相沉积物，土体深厚，质地为壤土或粉砂壤土，黏粒含量适中，土体通气性、透水性都较好，水源便捷，排灌设施完善。耕层土体疏松，孔隙度较高，宜耕性好。据调查，该土系的水稻亩产在 800 kg 以上，属于高产稳产型的良田之一。表土有机质、氮、钾水平都较高，有效磷含量偏低，因此在今后施肥方面需注重磷肥的投入。

参比土种 黄斑田。

代表性单个土体 剖面（编号 33-035）于 2010 年 11 月 17 日采自浙江省嘉兴市嘉善县干窑镇治本村，30°52′51.0″N，120°52′42.7″E，水网平原，海拔 6 m，水田闲置，大地形坡度<2°，母质为平原河流相沉积物，地下水位 120 cm，50 cm 深度土温 17.7℃。

Ap1：0~16 cm，灰黄色（2.5Y 6/2，润），灰黄色（2.5Y 6/2，干）；细土质地为粉砂壤土，团块状结构，疏松；有大量的野草（稗草）细根系；断面中有少量的连片锈纹——鳝血斑，约占 3%~5%；pH 为 6.2；向下层平滑清晰过渡。

Ap2：16~26 cm，暗灰黄色（2.5Y4/2，润），灰黄色（2.5Y6/2，干）；细土质地为粉砂壤土，棱块状结构，紧实；土体颜色较上层稍暗；有较多的细根系；少量的铁、锰斑；pH 为 6.8；向下层平滑清晰过渡。

Br1：26~55 cm，浊黄色（2.5Y6/4，润），淡黄色（2.5Y7/3，干）；细土质地为粉砂壤土，棱块状结构，稍疏松；上部颜色较为明显地发白，存在铁渗淋现象；结构面中可见大量的淡红色铁锈纹，直径 1 mm 左右，约占 40%；土体中有较多 1 mm 左右的根孔；pH 为 7.7；向下层波状清晰过渡。

Br2：55~120 cm，淡黄色（2.5Y7/3，润），淡灰色（2.5Y7/1，干）；细土质地为粉砂壤土，棱块状结构，稍紧实；铁、锰斑较上层明显减少，但仍有 10%左右；土体开始渗水，100 cm 处出现地下水；pH 为 8.0。

干窑系代表性单个土体剖面

干窑系代表性单个土体物理性质

土层	深度/cm	砾石（>2mm，体积分数）/%	细土颗粒组成（粒径:mm）/（g/kg）			质地	容重/（g/cm³）
			砂粒 2~0.05	粉粒 0.05~0.002	黏粒 <0.002		
Ap1	0~16	1	213	623	164	粉砂壤土	1.04
Ap2	16~26	3	267	616	117	粉砂壤土	1.21
Br1	26~55	3	189	595	216	粉砂壤土	1.51
Br2	55~120	1	154	685	161	粉砂壤土	1.42

干窑系代表性单个土体化学性质

深度/cm	pH		有机质/（g/kg）	全氮（N）/（g/kg）	全磷（P）/（g/kg）	全钾（K）/（g/kg）	CEC₇/（cmol/kg）	游离铁/（g/kg）
	H₂O	KCl						
0~16	6.2	5.1	45.7	2.28	0.60	16.7	20.8	23.6
16~26	6.8	5.7	29.6	1.14	0.50	17.3	20.9	25.5
26~55	7.7	—	7.1	0.32	0.48	18.6	18.4	22.0
55~120	8.0	—	5.4	0.34	0.47	19.8	22.5	24.0

4.8.10 朗霞系（Langxia Series）

土　　族：壤质硅质混合型非酸性热性-普通简育水耕人为土
拟定者：麻万诸，章明奎

朗霞系典型景观

分布与环境条件　主要分布于滨海平原外缘、江河出海喇叭口的两侧，以余姚、慈溪、海盐、平湖等县市的分布面积较大，母质为河海相沉积物，利用方式以水稻-小麦和水稻-油菜为主。属亚热带湿润季风气候区，年均气温约 15.5~17.5℃，年均降水量约 1265 mm，年均日照时数约 2080 h，无霜期约 240 d。

土系特征与变幅　诊断层包括水耕表层、水耕氧化还原层；诊断特性包括热性土壤温度状况、人为滞水土壤水分状况。该土系地处滨海平原外缘、江河入海口的两侧，母质为河海相沉积物，土体厚度 120 cm 以上，细土质地为粉砂壤土或壤土，其中 0.05~ 0.002 mm 的粉粒含量 500 g/kg 以上，0.1~0.05 mm 的极细砂含量超过 200 g/kg，黏粒含量<150 g/kg。该土系的围垦历史约有 100 年以上，土体已脱盐脱钙，100 cm 内土体可溶性盐含量<0.5 g/kg，呈微酸性至微碱性，pH 约 6.0~8.5，从上向下增加，无石灰反应。剖面层次分化不明显，犁底层与耕作层的容重之比约 1.10~1.16。临近河流，受渗淋影响，紧接于犁底层的水耕氧化还原层的黏粒含量显著减少，土体呈灰黄色，色调 10YR~2.5Y，润态明度 5~6，彩度 1~3。土体中有大量锈纹锈斑，氧化铁相对于水耕表层尚无明显迁出，离铁基质占土体 40%~50%，未形成铁渗淋亚层。整个水耕氧化还原层游离态氧化铁（Fe_2O_3）含量 10.0~20.0 g/kg，从上向下减少，水耕表层约 15.0~20.0 g/kg。地下水位约 110~120 cm，土体内排水良好，100 cm 内无潜育特征。耕作层有机质约 20~30 g/kg，全氮 1.0~2.0 g/kg，有效磷 10~15 mg/kg，速效钾 100~120 mg/kg。

Br，紧接于犁底层之下，厚度约 50~80 cm，呈灰黄色，润态色调为 10YR~2.5Y，明度 5~6，彩度 1~3，受侧渗水和表渗水影响，土体黏粒明显流失，氧化铁相对于水耕表层尚无明显迁出，离铁基质约占土体的 50%，尚未形成铁渗淋亚层。

对比土系　干窑系，同一土族，干窑系所处地势相对稍高，受地下水和侧渗水影响较少，水耕氧化还原层无明显的黏粒和氧化铁迁移，黏粒含量约 150~250 g/kg，游离态氧化铁含量 20~30 g/kg。长潭系，同一土族，母质来源和分布地形部位不同引起土体层次结构和性状差异，长潭系地处低丘山垄，发源于凝灰岩风化残坡积物，残积体和坡积体层次分明，水耕氧化还原层受山体侧渗水影响强烈，呈黄灰色，色调2.5Y，明度4~5，彩度1~2。全塘系，同一土族，母质来源和地形部位不同引起土体层次分化和性状差异，全塘系发源于浅海相沉积物，土体层次分化不明显，土体50~100 cm尚有弱石灰反应，100~150 cm有腐泥层出现。斜桥系，同一土族，斜桥系土体受侧渗水影响较强，紧接于犁底层的水耕氧化还原亚层黏粒流失明显，黏粒含量<50 g/kg，色调相近，明度、彩度更低，游离态氧化铁含量约10~20 g/kg。

利用性能综述 该土系地处滨海平原外缘，发源于河海相沉积物母质，土体深厚，质地稍轻，土体爽水透气，耕性良好。河网发达，排灌设施配套齐全，属旱涝保收的土壤类型之一。

参比土种 黄斑田。

代表性单个土体 剖面（编号33-077）于2012年1月11日采自浙江省宁波市余姚市朗霞街道孙塘堰村西，30°08′42.9″N，121°06′17.5″E，滨海平原，海拔1 m，坡度<2°，母质为河口海相沉积物，地下水位105 cm，50 cm深度土温19.1℃。

Ap1：0~16 cm，橄榄棕色（2.5Y 4/3，润），灰黄色（2.5Y 7/2，干）；细土质地为粉砂壤土，团块状结构，稍疏松；有大量的水稻根系；结构面中有较多的淡黄色锈斑，根孔锈纹密集；pH为6.2；向下层平滑清晰过渡。

Ap2：16~27 cm，黄棕色（2.5Y 5/3，润），淡灰黄色（2.5Y 7/2，干）；细土质地为粉砂壤土，棱块状结构，紧实；有少量水稻根系；结构面中有连片的淡锈斑——鳝血斑，土体中有少量锈斑；pH为7.0；向下层平滑清晰过渡。

Br1：27~47 cm，黄灰色（2.5Y 6/1，润），灰黄色（2.5Y 6/2，干）；细土质地为粉砂壤土，棱块状结构，紧实；土体中有少量的气孔；有较多直径0.5 mm左右的锰结核，铁锰锈纹约占结构面的3%~5%；pH为7.5；向下层波状渐变过渡。

Br2：47~75 cm，暗灰黄色（2.5Y 5/2，润），灰黄色（2.5Y 6/2，干）；细土质地为粉砂壤土，棱块状结构，紧实；土

朗霞系代表性单个土体剖面

体中有大量垂直方向的气孔；有大量铁锰结核，铁锰未分离，锈斑约占结构面的8%~10%；pH为8.2；向下层波状渐变 过渡。

Br3：75~100 cm，暗灰黄色（2.5Y 5/2，润），灰黄色（2.5Y 7/2，干）；细土质地为粉砂壤土，棱块状结构，紧实；土体中有大量垂直方向的气孔；有较多的铁锰结核，较上层稍少，锈斑约占结构面的5%~8%；pH为7.9；向下层平滑清晰过渡。

Cr：100~140 cm，暗灰黄色（2.5Y 5/2，润），灰白色（2.5Y 8/2，干）；细土质地为粉砂壤土，棱块状结构，稍紧；土体中有大量垂直方向的气孔；有大量的铁锰结核，直径1~3 mm，锈斑约占结构面的5%~8%；pH为8.2。

朗霞系代表性单个土体物理性质

土层	深度 /cm	砾石（>2mm，体积分数）/%	细土颗粒组成（粒径:mm）/（g/kg）			质地	容重 /（g/cm³）
			砂粒 2~0.05	粉粒 0.05~0.002	黏粒 <0.002		
Ap1	0~16	3	305	555	140	粉砂壤土	1.22
Ap2	16~27	5	322	559	119	粉砂壤土	1.43
Br1	27~47	3	316	596	88	粉砂壤土	1.40
Br2	47~75	5	414	559	27	粉砂壤土	1.39
Br3	75~100	0	383	583	34	粉砂壤土	1.44
Cr	100~140	0	430	526	44	粉砂壤土	1.49

朗霞系代表性单个土体化学性质

深度 /cm	pH		有机质 /（g/kg）	全氮（N） /（g/kg）	全磷（P） /（g/kg）	全钾（K） /（g/kg）	CEC$_7$ /（cmol/kg）	游离铁 /（g/kg）
	H$_2$O	KCl						
0~16	6.2	4.8	25.4	1.46	0.55	16.7	12.9	16.5
16~27	7.0	—	14.5	0.95	0.56	16.8	12.9	17.3
27~47	7.5	—	5.6	0.48	0.62	19.7	12.2	19.6
47~75	8.2	—	5.2	0.32	0.86	18.9	11.9	15.2
75~100	7.9	—	5.1	0.34	0.69	20.2	9.0	13.1
100~140	8.2	—	5.9	0.34	0.68	18.1	10.3	12.2

4.8.11 长潭系（Changtan Series）

土　　族：壤质硅质混合型非酸性热性–普通简育水耕人为土
拟定者：麻万诸，章明奎，李丽

分布与环境条件　少量分布于丘陵山垄的低洼处，以黄岩、温岭、青田、遂昌、象山、苍南、武义、江山等县市区的分布面积稍大，地表排水较差，母质为凝灰岩风化物的洪冲积、再积物，土体受山体侧渗水和地下水的影响，利用方式以单季水稻为主。属亚热带湿润季风气候区，年均气温约 17.0~18.0℃，年均降水量约 1580 mm，年均日照时数约 1970 h，无霜期约 265 d。

长潭系典型景观

土系特征与变幅　诊断层包括水耕表层、水耕氧化还原层；诊断特性包括热性土壤温度状况、人为滞水土壤水分状况。该土系地处丘陵山垄低洼处，母质为凝灰岩风化物的洪冲积、再积物，土体有效深度约 80~120 cm，质地以壤土为主，底部砂性增强。由于地势低洼，土体长期受山体侧渗水和地下水起伏的影响，约 30~40 cm 以下即为潴育层，厚度在 30~50 cm，土体中有少量潜育斑。土体呈微酸性至中性，pH 约 5.5~7.5。该土系水耕历史在 60 年左右，剖面分化较为明显，犁底层与耕作层容重之比约 1.20~1.25，氧化铁迁移尚不明显，水耕氧化还原层游离态氧化铁（Fe$_2$O$_3$）含量约 20.0~25.0 g/kg，与耕作层的游离态氧化铁之比<1.50。约 70~80 cm 开始为残积母质层，土体中有较多的砾石，粗骨岩石屑粒的含量在 30%以上，阶段性受波动地下水浸泡，有少量潜育斑。土体 100 cm 内无潜育特征。耕作层有机质约 30~40 g/kg，全氮 1.0~2.0 g/kg，有效磷约 1~ 5 mg/kg，速效钾<50 mg/kg。

Br，开始出现于 30 cm 左右，厚度约 30~50 cm，土体颗粒匀细，>2 mm 的粗骨含量低于 3%，受季节性山体侧渗水和地下水波动影响，土体呈黄灰色，明显区别于上覆土层和下垫母质层，但游离铁和黏粒尚未有明显的流失，并有少量潜育斑。

对比土系　干窑系，同一土族，母质来源、地形部位不同引起土体层次分化和性状差异，干窑系地处平原区，发源于河海相母质，水耕表层之下土体较为均一，水耕氧化还原层无明显黏粒和氧化铁迁移，黏粒含量约 150~250 g/kg，游离态氧化铁含量 20~30 g/kg。朗霞系，同一土族，母质来源和分布地形部位不同造成性状差异，朗霞系发源于河海相母质，水耕表层之下整个土体受侧渗水和地下水影响较强，黏粒和游离态氧化铁流失明显，水耕氧化还原层黏粒含量<100 g/kg，游离态氧化铁含量约 10~20 g/kg。全塘系，同一土族，母质来源和地形部位不同引起土体层次分化和性状差异，全塘系发源于浅海相沉积物，土体 50~100 cm 尚有弱石灰反应，100~150 cm 有腐泥层出现。斜桥系，同一土

族，母质来源、地形部位不同引起土体层次发育和性状差异，斜桥系土体受侧渗水影响较强，紧接于犁底层的水耕氧化还原亚层黏粒流失明显，黏粒含量<50 g/kg,色调相近，明度、彩度更低，游离态氧化铁含量约 10~20 g/kg。

利用性能综述　　该土系地处丘陵山垄，土体稍厚，地势相对低洼，土体长期受侧渗水和地下水影响，通气性欠佳，种植上以单季水稻为主，易迟发晚收，土壤养分有效性较差，产量较低，属丘陵区的低产土壤类型之一。在利用管理上，一是要深沟排水，降低地下水位；二是要冬耕晒垡，改善土体通气性，提升土壤养分有效性；三是要及时补充氮、磷、钾等速效养分。

参比土种　　青紫心黄泥砂田。

代表性单个土体　　剖面（编号 33-125）于 2012 年 3 月 21 日采自浙江省台州市黄岩区上垟乡西洋村，长潭水库内侧，28°31′20.9″N，121°02′02.2″E，低丘山垄，海拔 70 m，母质为凝灰岩风化物的洪冲积、再积物，地下水位 80 cm，50 cm 深度土温 20.1℃。

长潭系代表性单个土体剖面

Apr1：0~20 cm，棕色（10YR 4/4，润），灰黄棕色（10YR 6/2，干）；细土质地为壤土，团块状结构，疏松；有大量水稻细根系；根孔锈纹明显，结构面中有大量的连片铁锈斑——鳝血斑；pH 为 5.7；向下层平滑渐变过渡。

Apr2：20~30 cm，灰黄棕色（10YR 4/2，润），灰黄棕色（10YR 5/2，干）；细土质地为壤土，棱块状结构，稍紧实；土体中有较多的根孔锈纹，结构面中有大量的连片锈斑——鳝血斑；pH 为 5.9；向下层平滑清晰过渡。

Br：30~70 cm，黄灰色（2.5Y 5/1，润），灰白色（2.5Y 8/1，干）；细土质地为壤土，块状结构，紧实；土体中有大量气孔；结构面中有大量的垂直方向的黄褐色铁锈纹，直径 0.5~1 mm，呈根孔状；潴育层，受地下水起伏和侧渗水影响，土块间有明显的灰色胶膜，呈青灰色，有少量的潜育斑；pH 为 6.4；向下层平滑清晰过渡。

C：70~100 cm，淡灰色（2.5Y 7/1，润），灰白色（2.5Y 8/1，干）；细土质地为砂质壤土，屑粒状结构，较紧实；土体中有少量的锈斑；有大量的砾石，略有磨圆，直径 1~5 cm 的砾石约占土体的 30%以上；地下水位 70 cm；pH 为 7.3。

长潭系代表性单个土体物理性质

| 土层 | 深度/cm | 砾石（>2mm，体积分数）/% | 细土颗粒组成（粒径:mm）/（g/kg） | | | 质地 | 容重/（g/cm³） |
			砂粒 2~0.05	粉粒 0.05~0.002	黏粒 <0.002		
Apr1	0~20	3	446	415	139	壤土	0.96
Apr2	20~30	0	419	423	158	壤土	1.19
Br	30~70	0	390	381	229	壤土	1.21
C	70~100	35	664	217	119	砂质壤土	1.19

长潭系代表性单个土体化学性质

| 深度/cm | pH | | 有机质/（g/kg） | 全氮（N）/（g/kg） | 全磷（P）/（g/kg） | 全钾（K）/（g/kg） | CEC₇/（cmol/kg） | 游离铁/（g/kg） |
	H₂O	KCl						
0~20	5.7	4.7	36.7	2.18	0.48	17.3	8.7	21.2
20~30	5.9	4.8	21.4	1.46	0.37	17.7	7.1	23.4
30~70	6.4	5.3	11.8	0.69	0.30	16.8	8.5	23.7
70~100	7.3	—	5.2	0.32	0.23	23.5	7.0	13.5

4.8.12　全塘系〔Quantang Series〕

土　族：壤质硅质混合型非酸性热性-普通简育水耕人为土
拟定者：麻万诸，章明奎

分布与环境条件　主要分布于
滨海平原的内侧，以镇海、慈溪、
瑞安、瓯海、永嘉、平湖、路桥、
温岭、柯桥等县市区的分布面积
较大，海拔<10 m，母质为浅海
相或滨海沉积物，由近代沿海滩
涂经人工围垦和淹水耕作而形
成，围垦历史在 100 年以上，利
用方式以水稻-小麦和水稻-油
菜为主。属亚热带湿润季风气候
区，年均气温约 15.0~16.3℃，年
均降水量约 1190 mm，年均日照
时数约 2095 h，无霜期约 230 d。

全塘系典型景观

土系特征与变幅　诊断层包括水耕表层、水耕氧化还原层；诊断特性包括热性土壤温度
状况、人为滞水土壤水分状况。该土系地处滨海平原内侧，发源于浅海相沉积物，由人
工围垦、淹水种稻而形成，土体有效深度在 120 cm 以上，颗粒匀细，少有 2 mm 以上的
粗骨砾石，细土质地为粉砂壤土，其中粉粒含量在 500 g/kg 以上，黏粒含量约 100~200 g/kg。
该土壤水耕种稻历史约 60~80 年，土体已完全脱盐，100 cm 内可溶性全盐含量低于
0.5 g/kg，表层已脱钙，水耕氧化还原层尚有弱石灰反应，土体呈微酸性至碱性，pH 为
约 6.0~9.0，从表土向下增加。地下水位 110~120 cm，土体 100 cm 内无潜育特征。剖面
层次分化不明显，犁底层与耕作层容重之比约 1.10~1.15，水耕氧化还原层呈浊黄棕色至
灰黄棕色，色调 10YR~2.5Y，氧化铁和黏粒均无明显迁移，通体有较多淡色的锈纹锈斑，
游离态氧化铁（Fe_2O_3）含量约 10.0~15.0 g/kg。土体 100 cm 以下出现厚度 10~20 cm 的
腐泥夹泥层，腐泥斑约占土体 30%~50%。耕作层有机质约 20~30 g/kg，全氮 1.0~2.0 g/kg，
有效磷>50 mg/kg，速效钾 50~80 mg/kg。

　　Abg，腐泥夹泥层，出现于 100 cm 以下，厚度约 15~30 cm，黑色的腐泥波状不
连续，与泥土层相夹杂，约占土体 30%~50%，具有亚铁反应，土层有机碳含量约 5~
10 g/kg。

对比土系　干窑系，同一土族，分布于滨海平原内侧或水网平原，河海相沉积物母质，
所处地势相对稍高，受地下水和侧渗水影响较少，水耕氧化还原层无明显的黏粒和氧
化铁迁移，黏粒含量约 150~250 g/kg，游离态氧化铁含量 20~30 g/kg。朗霞系，同一
土族，母质来源和分布地形部位不同造成性状差异，朗霞系发源于河海相母质，水耕
表层之下整个土体受侧渗水影响较强，黏粒和游离铁流失明显，水耕氧化还原层黏粒

含量<100 g/kg，游离态氧化铁含量约 10~20 g/kg。长潭系，同一土族，母质来源和分布地形部位不同引起土体层次结构和性状差异，长潭系地处低丘山垄，发源于凝灰岩风化残坡积物，残积体和坡积体层次分明，水耕氧化还原层受山体侧渗水影响强烈，呈黄灰色，色调 2.5Y，明度 4~5，彩度 1~2。斜桥系，同一土族，斜桥系土体受侧渗水影响较强，紧接于犁底层的水耕氧化还原亚层黏粒流失明显，黏粒含量 <50 g/kg，色调相近，明度、彩度更低，游离态氧化铁含量约 10~20 g/kg。

利用性能综述　该土系发源于近海滩涂母质，土体深厚，粉粒和极细砂含量稍高，通透性良好，供肥能力较强，保肥性稍差。土体已完全脱盐，水耕表层已脱钙，呈微酸性至微碱性，水利设施较完善，在种植上以小麦-早稻-晚稻或油菜-早稻-晚稻为主，适种性较广。耕作层有机质和氮、钾素水平都较低，磷素含量较高。在今后利用管理中，一则需通过冬季种植绿肥的方式提升地力，改善表土结构；二则需注重养分元素的平衡投入，提高肥料利用率。

参比土种　淡涂泥田。

代表性单个土体　剖面（编号 33-142）于 2012 年 4 月 9 日采自浙江省嘉兴市平湖市全塘镇唐家宅基村，30°42′06.0″N，121°13′25.6″E，滨海平原，坡度<2°，海拔 7 m，母质为浅海相沉积物，地下水位 130 cm，50 cm 深度土温 17.7℃。

全塘系代表性单个土体剖面

Ap1：0~21 cm，灰黄棕色（10YR 5/2，润），灰黄棕色（10YR 6/2，干）；细土质地为粉砂壤土，团块状结构，稍疏松；有大量水稻根系；结构面上有大量密集的根孔锈纹，有少量鳝血斑，总量约占土体 3%~5%；土体中可见蚂蟥等动物；pH 为 6.3；向下层平滑清晰过渡。

Ap2：21~40 cm，灰黄棕色（10YR 4/2，润），浊黄橙色（10YR 6/3，干）；细土质地为粉砂壤土，棱块状结构，稍紧实；有少量细根；土体中有大量毛细气孔；结构面可见大量锰斑，直径 1 mm 左右，约占土体 3%；pH 为 8.1；向下层平滑清晰过渡。

Br：40~100 cm，浊黄棕色（10YR 4/3，润），浊黄棕色（10YR 5/3，干）；细土质地为粉砂壤土，棱块结构，紧实；毛细孔发达；有大量的铁锰结核，直径约 1 mm，约占土体 3%~5%；弱石灰反应；pH 为 8.7；向下层平滑清晰过渡。

Abg：100~130 cm，腐泥夹泥层，灰黄棕色（10YR 4/2，润），灰黄棕色（10YR 5/2，干）；细土质地为粉砂壤土，块状结构，紧实；土体中有较多的铁锈斑；黑色（10YR 2/1，润；10YR 4/1，干）腐泥与泥层相夹杂，锯齿状不连续；pH 为 8.4；向下层波状清晰过渡。

Cr：130 cm 以下，地下水位以下，土体常年处于渍水状态。

全塘系代表性单个土体物理性质

土层	深度 /cm	砾石（>2mm，体积分数）/%	细土颗粒组成（粒径:mm）/（g/kg）			质地	容重 /（g/cm³）
			砂粒 2~0.05	粉粒 0.05~0.002	黏粒 <0.002		
Ap1	0~21	0	250	611	139	粉砂壤土	1.11
Ap2	21~40	0	344	555	101	粉砂壤土	1.38
Br	40~100	0	383	515	102	粉砂壤土	1.36
Abg	100~130	0	315	544	141	粉砂壤土	1.39

全塘系代表性单个土体化学性质

深度 /cm	pH		有机质 /（g/kg）	全氮（N）/（g/kg）	全磷（P）/（g/kg）	全钾（K）/（g/kg）	CEC₇ /（cmol/kg）	游离铁 /（g/kg）
	H₂O	KCl						
0~21	6.3	4.9	27.4	1.49	0.66	21.3	12.8	11.2
21~40	8.1	—	6.9	0.44	0.59	22.9	11.3	10.6
40~100	8.7	—	5.4	0.41	0.53	22.5	10.7	12.2
100~130	8.4	—	11.9	0.57	0.53	22.3	11.9	11.4

4.8.13　斜桥系（Xieqiao Series）

土　　族：壤质硅质混合型非酸性热性-普通简育水耕人为土
拟定者：麻万诸，章明奎

斜桥系典型景观

分布与环境条件　主要分布于水网平原与滨海平原过渡地带的稍高处，以钱塘江入海口北岸的沿江高地与水网平原过渡地带的海宁市分布最为集中，海拔约 5~10 m，母质为古河口海相沉积物，利用方式以水稻-小麦和水稻-油菜为主。属亚热带湿润季风气候区，年均气温约 15.5~16.5℃，年均降水量约 1295 mm，年均日照时数约 2080 h，无霜期约 235 d。

土系特征与变幅　诊断层包括水耕表层、水耕氧化还原层；诊断特性包括热性土壤温度状况、人为滞水土壤水分状况。分布于河谷与水网平原交界带稍高处，发源于古河口海相沉积物，由河口滩涂经人工围垦和淹水耕作而形成，土体深度在 100 cm 以上，颗粒匀细，无 2 mm 以上的粗骨屑粒，细土质地以粉砂壤土为主，其中粉粒含量在 500 g/kg 以上。该土系围垦历史较久，水耕种稻的时间在 80 年以上，剖面层次发育，犁底层与耕作层容重之比约 1.25~1.35。土体渗淋作用较强烈，氧化铁有较明显迁移，水耕氧化还原层的游离态氧化铁（Fe_2O_3）含量约 10~20 g/kg，与耕作层之比约 1.3~1.5，但尚未形成铁渗淋层和铁聚特征。地下水位约 110~130 cm，100 cm 内无潜育特征。耕作层有机质约 30~50 g/kg，全氮 2.0~3.0 g/kg，有效磷 8~12 mg/kg，速效钾 80~120 mg/kg。

　　Br，水耕氧化还原层，紧跟于犁底层之下，受渗淋和地下水作用，土体黏粒明显流失，黏粒含量在 50 g/kg 以下，游离铁高于上覆土层，但无明显淀积特征，含量约 10~20 g/kg，尚未形成铁渗、铁聚亚层。

对比土系　干窑系，同一土族，分布于滨海平原内侧或水网平原，河海相沉积物母质，所处地势相对稍高，受地下水和侧渗水影响较少，水耕氧化还原层无明显的黏粒和氧化铁迁移，黏粒含量约 150~250 g/kg，游离态氧化铁含量 20~30 g/kg。朗霞系，同一土族，母质来源和分布地形部位不同造成性状差异，朗霞系发源于河海相母质，水耕表层之下整个土体受侧渗水影响较强，黏粒和游离铁流失明显，水耕氧化还原层黏粒含量<100 g/kg，游离态氧化铁含量约 10~20 g/kg。长潭系，同一土族，母质来源和分布地形部位不同引起土体层次结构和性状差异，长潭系地处低丘山垄，发源于凝灰岩风化残坡积物，残积体和坡积体层次分明，水耕氧化还原层受山体侧渗水影响强烈，呈黄灰色，色调 2.5Y，

明度 4~5，彩度 1~2。全塘系，同一土族，母质来源和地形部位不同引起土体层次分化和性状差异，全塘系发源于浅海相沉积物，土体层次分化不明显，土体 50~100 cm 内尚有弱石灰反应，100~150 cm 内有腐泥层出现。

利用性能综述 该土系发源于河口海相沉积物，土体深厚，质地稍粗，通气爽水，供肥能力较强，保蓄性能一般，耕性尚好，水利设施完善，旱涝保收。在种植上以稻-稻-麦或稻-稻-油为主，土体有机质和氮、钾水平都较好，磷素稍缺。在利用管理上，需通过种植冬季绿肥，配施磷肥等以保持和提升地力。

参比土种 黄砂墒田。

代表性单个土体 剖面（编号 33-144）于 2012 年 4 月 10 日采自浙江省嘉兴市海宁市斜桥镇山水桥北村，30°27′45.5″N，120°37′44.2″E，水网平原外缘，海拔 8.0 m，母质为古河口海相沉积物，地下水位 130 cm，50 cm 深度土温 18.8℃。

Ap1：0~15 cm，浊黄棕色（10YR 4/3，润），灰黄棕色（10YR 6/2，干）；细土质地为粉砂壤土，团块状结构，疏松；有大量水稻根系；有少量根孔锈纹，少量鳝血斑，约占 1%~3%；pH 为 7.0；向下层波状清晰过渡。

Ap2：15~33 cm，棕灰色（10YR 4/1，润），暗灰黄棕色（10YR 5/2，干）；细土质地为粉砂壤土，块状结构，较紧实；有少量水稻根系；垂直方向根孔、气孔密集；结构面上有大量铁锰斑，以锰为主，直径 1 mm 左右，占土体 1%~3%；偶有陶瓷片等侵入体；pH 为 7.5；向下层平滑清晰过渡。

Br1：33~50 cm，浊黄棕色（10YR 5/3，润），浊黄棕色（10YR 5/3，干）；细土质地为粉砂壤土，棱块状结构，稍紧实；土体中有大量的毛细气孔；结构面有较多淡色的铁锈纹，约占土体 3%~5%；受表渗水影响，黏粒明显减少；pH 为 8.4；向下层平滑清晰过渡。

Br2：50~88 cm，浊黄棕色（10YR 4/3，润），灰黄棕色（10YR 6/2，干）；细土质地为粉砂壤土，大块状结构，

斜桥系代表性单个土体剖面

紧实；土体中有大量的毛细气孔；结构面有较多的铁锰锈纹，以铁为主，约占土体 3%~5%；土体中有少量垂直方向的孔洞，直径 2~5 mm，孔壁有明显的氧化铁和黏粒淀积；受表渗水影响，土体易发生垂直方向断裂；pH 为 8.0；向下层平滑清晰过渡。

Br3：88~130 cm，棕色（10YR 4/4，润），浊黄橙色（10YR 6/3，干）；细土质地为粉砂壤土，大块状结构，稍紧实；土体中有大量的毛细气孔；结构面有较多的铁锈纹，约占土体 3%~5%；土体中有较多垂直方向的孔洞，直径 3~5 mm，孔壁有明显的黏粒淀积，呈青灰色；受地下水波动和表渗水的影响，土体结持性较差，垂直方向上有黏粒淀积；pH 为 8.3。

斜桥系代表性单个土体物理性质

土层	深度 /cm	砾石 （>2mm，体积 分数）/%	细土颗粒组成（粒径:mm）/（g/kg）			质地	容重 /（g/cm³）
			砂粒 2~0.05	粉粒 0.05~0.002	黏粒 <0.002		
Ap1	0~15	0	286	526	188	粉砂壤土	1.07
Ap2	15~33	0	263	550	187	粉砂壤土	1.36
Br1	33~50	0	322	667	11	粉砂壤土	1.53
Br2	50~88	0	223	657	120	粉砂壤土	1.31
Br3	88~130	0	162	604	234	粉砂壤土	1.29

斜桥系代表性单个土体化学性质

深度 /cm	pH		有机质 /（g/kg）	全氮（N） /（g/kg）	全磷（P） /（g/kg）	全钾（K） /（g/kg）	CEC₇ /（cmol/kg）	游离铁 /（g/kg）
	H₂O	KCl						
0~15	7.0	—	43.4	2.18	0.58	19.7	18.1	13.0
15~33	7.5	—	23.1	1.43	0.57	21.4	14.6	14.7
33~50	8.4	—	5.7	0.40	0.51	22.5	13.0	18.4
50~88	8.0	—	7.8	0.48	0.45	23.6	13.9	15.7
88~130	8.3	—	7.1	0.55	0.52	25.9	14.8	16.5

4.8.14 五丈岩系（Wuzhangyan Series）

土 族：壤质混合型非酸性热性-普通简育水耕人为土
拟定者：麻万诸，章明奎

分布与环境条件 主要分布于新嵊盆地、金衢盆地边缘的玄武岩低山丘陵山垄和坡底，以新昌、嵊州、江山、武义、磐安、义乌等县市的分布面积稍大，坡度约 5°~8°，海拔约 300~600 m，由玄武岩风化的残坡积、再积物母质发育的富铁土经人工淹水耕作而形成，土体受侧渗水影响，利用方式以水稻-油菜为主。属亚热带湿润季风气候区，年均气温约

五丈岩系典型景观

13.6~15.8 ℃，年均降水量约 1470 mm，年均日照时数约 1980 h，无霜期约 240 d。
土系特征与变幅 诊断层包括水耕表层、水耕氧化还原层；诊断特性包括热性土壤温度状况、人为滞水土壤水分状况。该土系地处低山丘陵山垄或坡底，发源于玄武岩风化物母质的富铁土，有效土层深度在 100 cm 以上，细土质地以粉砂壤土为主。母质原生矿物以二氧化硅为主，受风化淋失影响，土体二氧化硅含量<40%。该土系的水耕历史约 60 年以上，剖面层次分化较为明显，犁底层与耕作层容重之比约 1.15~1.20。地下水位 100 cm 以下，土体 100 cm 内无潜育特征。受母质影响，全土体氧化铁含量较高，水耕表层游离态氧化铁（Fe_2O_3）含量约 40~50 g/kg，水耕氧化还原层呈棕色，色调 7.5YR~5YR，下部受侧渗水影响，氧化铁略有流失，但未形成铁渗淋亚层。耕作层有机质约 20~40 g/kg，全氮 1.5~2.5 g/kg，有效磷 5~8 mg/kg，速效钾<30 mg/kg。

Br，水耕氧化还原层，开始于 30~40 cm，厚度 40~60 cm，颗粒匀细，粗骨屑粒含量<5%，细土质地以粉砂壤土为主，黏粒含量约 150 g/kg，土体呈棕色，色调 7.5YR~5YR。
对比土系 长地系，同一亚类不同土族，均发源于玄武岩风化残坡积物，分布于新嵊盆地、金衢盆地边缘的中低丘，颗粒大小级别为黏壤质。
利用性能综述 该土系地处低山丘陵山垄，多为梯田，土体深厚，质地较为适中，通透性尚好，肥水保蓄性能较强。水源以山溪来水或水库蓄水为主，因所处地势相对稍低，灌溉基本能保证。土体有机质和氮素含量较好，但磷、钾素较为欠缺，在耕作管理中，需补足磷、钾养分。
参比土种 棕大泥田。
代表性单个土体 剖面（编号 33-119）于 2012 年 3 月 19 日采自浙江省金华市磐安县万苍乡赵界村，五丈岩水库南岸，29°11′50.5″N，120°41′46.4″E，低山山垄，海拔 503 m，坡

33-119

五丈岩系代表性单个土体剖面

度约 5°~8°，母质为玄武岩风化坡积再积物，梯田，地下水位 110 cm，50 cm 深度土温 17.3℃。

Ap1：0~21 cm，棕色（7.5YR 4/4，润），浊橙色（7.5YR 6/4，干）；细土质地为粉砂壤土，团块状结构，稍疏松；有大量杂草细根系；有少量的根孔锈纹；pH 为 5.1；向下层平滑清晰过渡。

Ap2：21~37 cm，棕色（7.5YR 4/6，润），橙色（7.5YR 6/6，干）；细土质地为粉砂壤土，块状结构，紧实；有少量毛细根；土体中有较多的棕黄色根孔锈纹，结构面有较多的黄色锈纹，约占土体 1%~3%；pH 为 6.3；向下层平滑清晰过渡。

Br1：37~60 cm，棕色（7.5YR 4/3，润），浊棕色（7.5YR 5/4，干）；细土质地为粉砂壤土，块状结构，稍紧实；有少量铁锰结核和锈纹；土体中有大量垂直方向的黑色腐根孔；pH 为 6.1；向下层平滑清晰过渡。

Br2：60~78 cm，灰棕色（7.5YR 4/2，润），灰棕色（7.5YR6/2，干）；细土质地为粉砂壤土，块状结构，紧密；土体中有较多的气孔；结构面中可见大量的铁、锰锈纹和结核，夹杂分布，无明显分离，约占土体 5%~8%；有大量的垂直黑色腐根孔；曾受土体滞水或山体侧渗水影响；pH 为 6.3；向下层平滑清晰过渡。

Br3：78~110 cm，灰棕色（7.5YR 4/2，润），浊黄橙色（10YR 6/3，干）；细土质地为粉砂壤土，块状结构，紧实；土体中有大量的毛孔；有大量的黄色锈斑，约占 3%~5%；曾受土体滞水或地下水浸渍影响；pH 为 6.4；向下层平滑清晰过渡。

C：110~130 cm，灰红色（2.5Y 4/2，润），灰黄棕色（2.5Y 5/2，干）；细土质地为壤土，块状结构，稍紧实；有少量的黄色锈斑；土体基色变青，有少量潜育斑，约占土体 10%~20%；土体中有大量球状风化的大块卵石（似火山蛋）；pH 为 6.1。

五丈岩系代表性单个土体物理性质

土层	深度 /cm	砾石（>2mm, 体积分数）/%	细土颗粒组成（粒径:mm）/（g/kg）			质地	容重 /（g/cm³）
			砂粒 2~0.05	粉粒 0.05~0.002	黏粒 <0.002		
Ap1	0~21	3	373	550	77	粉砂壤土	1.10
Ap2	21~37	3	259	588	153	粉砂壤土	1.28
Br1	37~60	2	344	511	145	粉砂壤土	1.12
Br2	60~78	3	69	776	155	粉砂壤土	1.16
Br3	78~110	1	314	528	158	粉砂壤土	1.20
C	110~130	15	435	424	141	壤土	1.14

五丈岩系代表性单个土体化学性质

深度 /cm	pH		有机质 /（g/kg）	全氮（N）/（g/kg）	全磷（P）/（g/kg）	全钾（K）/（g/kg）	CEC₇ /（cmol/kg）	游离铁 /（g/kg）
	H₂O	KCl						
0~21	5.1	4.5	32.3	1.77	0.71	9.3	8.1	44.4
21~37	6.3	5.8	19.2	0.93	0.46	9.4	7.7	50.9
37~60	6.1	5.7	16.2	0.78	0.47	9.5	9.9	54.3
60~78	6.3	5.4	14.5	0.67	0.46	9.6	9.4	29.0
78~110	6.4	5.3	16.4	0.75	0.51	8.8	10.7	32.4
110~130	6.1	5.1	17.3	0.44	0.69	6.6	14.4	51.3

4.9 斑纹肥熟旱耕人为土

4.9.1 郑家系（Zhengjia Series）

土　族：砂质硅质型非酸性热性-斑纹肥熟旱耕人为土
拟定者：麻万诸，章明奎，刘丽君

分布与环境条件 零星分布于浙江省内钱塘江、曹娥江、淑江、瓯江等河流及其支流两侧的河漫滩上，除嘉兴市外其余各市均有分布，以绍兴市和衢州市的分布面积稍大，母质为近代河流冲积物，利用方式以蔬菜和柑橘为主。属亚热带湿润季风气候区，年均气温约16.0~18.0℃，年均降水量约1610 mm，年均日照时数约2045 h，无霜期约260 d。

郑家系典型景观

土系特征与变幅 诊断层包括肥熟表层、磷质耕作淀积层；诊断特性包括热性土壤温度状况、湿润土壤水分状况、氧化还原特征。该土系分布于河谷平原的河漫滩或一级阶地上，母质为河流冲积物，土层疏松，土体深厚，有效土层一般有80~150 cm。土体呈现微酸性至中性，pH 为5.0~6.5，细土质地为砂质壤土或壤质砂土，砂粒平均含量>700 g/kg，底土中夹有大量5~10 cm的卵石。该土系一般为菜园地或果园地，耕种时间约50~60 年。由于长期耕作和施有机粪肥等影响，表层深厚且肥熟，厚度可达25~30 cm，有机碳平均含量约10~15 g/kg，且有大量的蚯蚓孔穴。表下层有效磷含量约60~100 mg/kg且明显高于下垫土层，形成了磷质耕作淀积层。土体中有砖瓦残片、木炭等侵入体，约30 cm 以下土体中可见密集的锈纹锈斑。耕作表层的有机质含量约20~30 g/kg，全氮0.6~1.2 g/kg，有效磷80~120 mg/kg，速效钾>150 mg/kg。

　　Ap，肥熟表层，厚度25~30 cm，受长期耕作影响，土体中有大量蚯蚓孔洞及瓦片、木炭等侵入体，有机质大量积累，有机碳加权含量约10~15 g/kg，有效磷80~120 mg/kg。

　　Bp，磷质耕作淀积层，紧接于耕作表层之下，厚度10 cm 左右，受长期耕作淋淀影响，有机碳含量达10~15 g/kg，有效磷达60~100 mg/kg，明显高于下垫土层，土体中蚯蚓等动物孔洞密集。

对比土系 莲花系，均地处河漫滩阶地，母质为河流冲积物，土体颗粒较粗，细土质地为砂质壤土，表层受耕作影响。区别在于莲花系剖面分化不明显，表土尚未形成肥熟表层，为雏形土，有颗粒强对比层次。

利用性能综述　该土系地处河漫滩或一级阶地，临近水源，浇灌较为方便，因此一般都为菜园地和果园。由于母质为河流冲积物，质地较粗，土壤孔隙度高，土体的保水保肥性能较差，因此在施肥上需作少量多次施用，以免造成肥料流失而使氮、磷素进入水体。因园地土壤长期偏施磷、钾肥的影响，土体中磷、钾素的含量极高。因近年有机肥投入量的减少，土体中有机质含量一般。在今后的施肥中，仍需增加有机肥的用量而控制磷、钾肥的投入。

参比土种　培泥沙土。

代表性单个土体　剖面（编号 33-018）于 2010 年 5 月 27 日采自浙江省衢州市衢江区大洲镇郑家村，28°52′12.9″N，118°58′40.8″E，河漫滩，海拔 139 m，母质为河流冲积物，种植柑橘、蔬菜等，50 cm 深度土温 19.7℃。

郑家系代表性单个土体剖面

Ap：0~25 cm，灰黄棕色（10YR 4/2，润），浊黄橙色（10YR 6/3，干）；细土质地为砂质壤土，团粒状结构，稍疏松；有中量的杂草细根系和少量的柑橘中根系；粒间孔隙发达；土体中 1~2 mm 的蚯蚓孔洞密集并有大量的蚯蚓粪土；直径 1~2 cm 的卵石约占 2%~5%；pH 为 5.2；向下层平滑清晰过渡。

Bp：25~35 cm，灰黄棕色（10YR 4/2，润），浊黄橙色（10YR 7/2，干）；细土质地为砂质壤土，团粒状结构，疏松；有少量的细根系；土体中有大量 1~2 mm 的蚯蚓孔穴和少量的蚓粪；直径 1~2 cm 的卵石约占 2%~5%；pH 为 5.8；向下层平滑清晰过渡。

Br1：35~58 cm，浊黄棕色（10YR 4/3，润），浊黄橙色（10YR 6/4，干）；细土质地为砂质壤土，团块状结构，疏松；土体中偶有砖块等侵入体；pH 为 6.0；向下层平滑清晰过渡。

Br2：58~75 cm，亮黄棕色（10YR 6/6，润），浊黄橙色（10YR 7/3，干）；细土质地为壤质砂土，屑粒状结构；pH 为 6.2；向下层平滑清晰过渡。

C：75~100 cm，卵石夹砂层，浊黄橙色（10YR 6/4，润），橙白色（10YR 8/2，干）；细土质地为壤质砂土，粒间孔隙发达；泥砂夹有大量的卵石，直径 2~5 cm，所占土体比例>30%；pH 为 5.8。

郑家系代表性单个土体物理性质

| 土层 | 深度/cm | 砾石（>2mm，体积分数）/% | 细土颗粒组成（粒径:mm）/（g/kg） | | | 质地 | 容重/（g/cm³） |
			砂粒 2~0.05	粉粒 0.05~0.002	黏粒 <0.002		
Ap	0~25	15	704	220	76	砂质壤土	1.00
Bp	25~35	15	712	225	63	砂质壤土	1.02
Br1	35~58	10	655	249	96	砂质壤土	1.16
Br2	58~75	20	820	110	70	壤质砂土	1.06
C	75~100	35	868	93	39	壤质砂土	1.41

郑家系代表性单个土体化学性质

| 深度/cm | pH | | 有机质/（g/kg） | 全氮（N）/（g/kg） | 全磷（P）/（g/kg） | 全钾（K）/（g/kg） | CEC₇/（cmol/kg） | 有效磷/（g/kg） |
	H₂O	KCl						
0~25	5.2	3.6	23.4	1.53	0.12	30.2	9.8	116
25~35	5.8	4.0	16.7	1.07	0.12	29.6	7.6	96
35~58	6.0	3.6	5.0	0.53	0.11	27.2	7.7	5
58~75	6.1	3.2	4.8	0.38	0.09	32.3	4.6	6
75~100	5.8	3.1	4.7	0.32	0.10	34.3	4.2	7

4.10 酸性泥垫旱耕人为土

4.10.1 八里店系（Balidian Series）

土 族：壤质硅质混合型热性-酸性泥垫旱耕人为土
拟定者：麻万诸，章明奎

分布与环境条件 分布于海拔 20 m 以下水网平原区的河浜两岸或圩田的四周，以嘉兴市和湖州市两地分布面积较大，地势平坦，成土母质为河湖相沉积物，利用方式以桑园为主。属亚热带湿润季风气候区，年均气温约 15.0~16.0℃，年均降水量约 1270 mm，年均日照时数约 2085 h，无霜期约 240 d。

八里店系典型景观

土系特征与变幅 诊断层包括肥熟表层、堆垫表层；诊断特性包括热性土壤温度状况、潮湿土壤水分状况、氧化还原特征。该土系分布于杭嘉湖一带的水网平原区，地势平坦，由开辟圩田、疏浚河渠等过程中挖土堆叠而成，一般较周围的田面高出 1.0~2.0 m。土体上下层的颜色、颗粒组成较为均一，呈黄棕色，细土质地以壤土或粉砂壤土为主，黏粒含量为 100~150 g/kg 或更少。堆垫表层（含亚表层）厚度 50~60 cm，常有砖瓦、木炭等人为侵入体和螺壳等残留物质，并有大量的动物（蚯蚓）孔洞，50 cm 内有机碳加权平均含量约 10.0~15.0 g/kg，0~25 cm 内有效磷加权平均值约 40~60 mg/kg，具有肥熟表层，无磷质耕作淀积层。土体中有较多的锈纹锈斑，游离态氧化铁（Fe_2O_3）含量约 25~30 g/kg。表层呈弱酸性，向下 pH 逐层变大，趋向中性。表层有机质约 35 g/kg，全氮约 2.0 g/kg，有效磷 80~100 mg/kg，速效钾>150 mg/kg。

Aup，堆垫表层，厚度 50~60 cm，细土质地为壤土或粉砂壤土，土体中有大量的动物孔洞，有少量砖瓦片等侵入体，50 cm 内有机碳加权平均含量约 10.0~15.0 g/kg。
对比土系 丁栅系，母质来源相同，分布地形部位相似，均受河道疏浚、田面平整等过程中堆土影响。区别在于丁栅系的表层厚度仅 20 cm 左右，未达到堆垫表层要求，为雏形土。
利用性能综述 该土系多为圩埂地，高出周边田面，土体深厚，质地适中，内外排水良好，适种性较广。临近河流，灌溉也可得以有效保障，但一般需由泵灌。根据绿色食品产地肥力标准，土壤有机质、全氮、有效磷、速效钾水平都属优良等级。表土碳氮比（C/N）

约9~10，表明有机质的有效性较好，但有效磷明显偏高。因此，在养分管理中，需少施磷肥以平衡各养分元素。

参比土种　壤质堆叠土。

代表性单个土体　剖面（编号33-050）于2010年12月24日采自浙江省湖州市吴兴区八里店镇诸家滩东南，30°52′03.6″N，120°09′21.2″E，海拔3 m，水网平原，人工堆叠台地，园地，种植香樟、桑树等林木，母质为河湖相沉积物，50 cm深度土温18.0℃。

八里店系代表性单个土体剖面

Aup1：0~12 cm，黑棕色（2.5Y 3/2，润），黄棕色（2.5Y 5/3，干）；细土质地为壤土，团粒和团块状结构，稍紧实；有少量（<5%）的中根系；有少量（<5%）的动物孔穴；pH为5.5；向下层平滑渐变过渡。

Aup2：12~53 cm，黄棕色（2.5Y 5/3，润），浊黄色（2.5Y 6/4，干）；细土质地为壤土，小团块状结构，紧实；有少量根系；结构面有极少量的锈纹；有约5%~10%的动物孔穴；土体中有砖块等侵入体；pH为5.3；向下层平滑渐变过渡。

Br：53~90 cm，黄棕色（2.5Y 5/4，润），浊黄色（2.5Y 6/3，干）；细土质地为壤土，块状结构，很紧实；结构面有较多的锈纹，约占5%~8%；土体中有较多的动物孔穴，约占<5%；偶有砖块等侵入体；pH为5.4；向下层平滑清晰过渡。

Cr1：90~130 cm，灰黄色（2.5Y 6/2，润），灰黄色（2.5Y 6/2，干）；细土质地为壤土，大块状结构，很紧实；有大量的铁、锰氧化物淀积，约占20%~30%；受地下水影响，有潴育化迹象；pH为6.6；向下层平滑清晰过渡。

Cr2：130~180 cm，灰黄色（2.5Y 6/2，润），黄灰色（2.5Y 6/1，干）；细土质地为壤土，大块状结构，松软；有大量的铁、锰氧化物淀积，占20%~30%；一年中有部分时间被水浸渍；pH为7.4。

八里店系代表性单个土体物理性质

土层	深度 /cm	砾石（>2mm，体积分数）/%	细土颗粒组成（粒径:mm）/（g/kg）			质地	容重 /（g/cm³）
			砂粒 2~0.05	粉粒 0.05~0.002	黏粒 <0.002		
Aup1	0~12	5	174	673	153	粉砂壤土	1.11
Aup2	12~53	5	152	736	112	粉砂壤土	1.13
Br	53~90	5	152	758	90	粉砂壤土	1.15
Cr1	90~130	3	276	665	59	粉砂壤土	1.15
Cr2	130~180	5	336	604	60	粉砂壤土	1.17

八里店系代表性单个土体化学性质

深度 /cm	pH		有机质 /（g/kg）	全氮（N） /（g/kg）	全磷（P） /（g/kg）	全钾（K） /（g/kg）	CEC₇ /（cmol/kg）	有效磷 /（g/kg）
	H₂O	KCl						
0~12	5.5	4.3	35.0	1.89	1.04	16.3	18.7	93
12~53	5.3	3.7	17.7	0.95	0.71	19.5	16.8	18
53~90	5.4	3.8	14.6	0.83	0.73	19.5	16.8	14
90~130	6.6	4.8	12.8	0.66	0.69	20.2	20.4	18
130~180	7.4	—	12.0	0.62	0.63	21.6	19.6	19

第5章 盐 成 土

5.1 海积潮湿正常盐成土

5.1.1 越溪系（Yuexi Series）

土　　族：黏质伊利石混合型石灰性热性-海积潮湿正常盐成土
拟定者：麻万诸，章明奎，李丽

分布与环境条件　主要分布于浙江沿海东南部的象山港、三门湾、乐清湾等半封闭的洪湾的潮间内，以宁海、象山、奉化、三门、玉环、温岭、黄岩、乐清等县市区分布面积较大，一般海拔<5 m，母质为海相沉积物，利用方式为自然滩涂。属亚热带湿润季风气候区，年均气温约16.0~18.5℃，年均降水量约1550 mm，年均日照时数约1940 h，无霜期约240 d。

越溪系典型景观

土系特征与变幅　诊断层包括盐积层；诊断特性包括热性土壤温度状况、常潮湿土壤水分状况。该土系地处滨海港湾的海堤外潮间带上，土体厚度在100 cm以上，质地匀细，细土质地为粉砂质黏壤土或黏壤土，黏粒含量约300~400 g/kg。长期受海水浸渍影响，土体呈糊泥状无结构，沉积层理不明显，剖面无层次分化。100 cm内土体可溶性盐含量约10.0~20.0 g/kg，且含盐量上部高下部低，土体仍处于盐积过程中，无潜育特征，无贝壳、螺蛳壳等残体，为盐积层。土体中有青黑色的芦苇等水草的腐烂残体，上部有较多的动物（螃蟹等）孔穴。有机质含量约10~20 g/kg，全氮0.8~1.2 g/kg，有效磷15~20 mg/kg，速效钾>500 mg/kg。

　　Cz，盐积层，土体软糊无结构，厚度>30 cm，可溶性全盐含量约10~20 g/kg，土体具有强石灰反应，土体颗粒细腻，细土质地为粉砂质黏壤土或黏壤土，黏粒平均含量在300~400 g/kg。

对比土系　涂茨系，同一亚类不同土族，分布地形部位相近，母质来源相同，剖面形态相似，但涂茨系颗粒大小级别为黏壤质。

利用性能综述　该土系分布于滨海港湾潮间带上，土体深厚，质地黏闭，且仍处于盐积过程中，有机物质和矿质养分含量丰富，是海产品养殖的理想场所，适合蛏子、泥蚶、牡蛎等贝类的生长。因土体黏粒含量偏高，若围垦农用，脱盐速度缓慢，一旦脱盐之后也不容易返盐。

参比土种　黏涂。

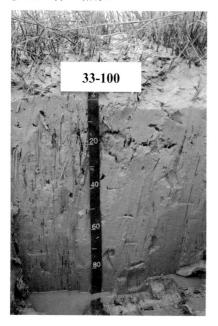

越溪系代表性单个土体剖面

代表性单个土体　剖面（编号 33-100）于 2012 年 2 月 26 日采自浙江省宁波市宁海县越溪乡南湾村海堤外，29°13′30.1″N，121°33′34.9″E，滨海潮间带，海拔 1 m，母质为浅海沉积物，50 cm 深度土温 19.5℃。

ACz：0~25 cm，棕色（10YR 4/4，润），浊黄橙色（10YR 6/3，干）；细土质地为粉砂质黏壤土，软糊状无结构，松软；有少量芦苇等水草根系；土体黏闭；有较多的动物（螃蟹）孔穴；强石灰反应；pH 为 8.0；向下层模糊过渡。

Cz1：25~60 cm，浊黄棕色（10YR 4/3，润），浊黄棕色（10YR 5/3，干）；细土质地为粉砂质黏壤土，软糊状无结构，稍紧实；有少量水草根系；土体黏闭；有大量的青黑色（黑色 10YR1.7/1，润；浊黄橙色 10YR7/4，干）的腐烂水草残体；强石灰反应；pH 为 8.4；向下层模糊过渡。

Cz2：60~100 cm，浊黄棕色（10YR 4/3，润），浊黄橙色（10YR 6/3，干）；细土质地为粉砂质黏壤土，软糊状无结构，稍紧实；土体黏闭；有少量的腐烂水草残体；强石灰反应；pH 为 8.4。

越溪系代表性单个土体物理性质

土层	深度 /cm	砾石（>2mm，体积分数）/%	细土颗粒组成（粒径:mm）/（g/kg）			质地	容重 /（g/cm³）
			砂粒 2~0.05	粉粒 0.05~0.002	黏粒 <0.002		
ACz	0~25	0	58	600	342	粉砂质黏壤土	1.18
Cz1	25~60	0	64	588	348	粉砂质黏壤土	1.19
Cz2	60~100	0	47	589	364	粉砂质黏壤土	1.19

越溪系代表性单个土体化学性质

深度 /cm	pH		有机质 /（g/kg）	全氮（N） /（g/kg）	全磷（P） /（g/kg）	全钾（K） /（g/kg）	CEC₇ /（cmol/kg）	含盐量 /（g/kg）	ExNa /（cmol/kg）
	H₂O	KCl							
0~25	8.0	—	18.4	0.87	0.59	23.5	13.6	17.5	37.6
25~60	8.4	—	14.8	0.64	0.59	23.6	11.8	14.8	36.7
60~100	8.4	—	11.2	0.54	0.56	22.4	10.7	12.9	35.4

5.1.2　涂茨系（Tuci Series）

土　族：黏壤质云母混合型石灰性热性-海积潮湿正常盐成土
拟定者：麻万诸，章明奎，李　丽

分布与环境条件　主要分布
于浙东滨海平原外缘海堤之
外和岛屿港湾的潮间带内，
以乐清、龙湾、瑞安、平阳、
苍南、三门、临海、椒江、
路桥、温岭、慈溪、镇海、
鄞州、奉化、宁海、象山等
县市区的海堤外缘以及洞头、
舟山各岛屿海湾等分布较为
集中，母质为海相沉积物，海
拔一般<5 m，利用方式为自然
滩涂。属亚热带湿润季风气候
区，年均气温约 16.0~18.0℃，

涂茨系典型景观

年均降水量约 1350 mm，年均日照时数约 2050 h，无霜期约 265 d。

土系特征与变幅　诊断层包括盐积层；诊断特性包括热性土壤温度状况、常潮湿土壤水
分状况、石灰性。该土系分布于浙东滨海平原外缘的潮间带上，母质为近代海相沉积物，
土体厚度一般在 1 m 以上，颗粒细腻，细土质地为粉砂壤土或壤土。土体大部分时间处
于滞水状态，受海水影响，仍处于海浸盐积过程中，呈糊泥状无结构，土体含盐量上高
下低。土体上部 30~50 cm 厚度内基本无粗骨屑粒，含盐量在 10.0~20.0 g/kg，为盐积层。
约 40~50 cm 土体中开始出现大量的螺丝、贝壳等海生动物残骸，含盐量较上层土体稍低
（约 5.0~10.0 g/kg）。土体呈微碱性至碱性，pH 约 8.0~9.0，具有强石灰反应。表土有
机质约 10~20 g/kg，全氮<1.0 g/kg，有效磷约 15~20 mg/kg，速效钾>200 mg/kg。

　　Cz，盐积层，土体软糊无结构，厚度 30~50 cm，可溶性全盐含量约 10~20 g/kg，土
体中有少量螺丝和贝类残体，土体具有强石灰反应，细土质地为粉砂壤土，黏粒含量约
200~250 g/kg。

对比土系　越溪系，同一亚类不同土族，分布地形部位相近，母质来源相同，剖面形态
相似，但越溪系颗粒大小级别为黏质。

利用性能综述　该土系地处海湾潮间带内，土体深厚，质地细腻，一天中有大部分时间
受海水影响，是发展海水养殖的理想场所之一，适合泥螺、蛏子、扇贝、鲍鱼、对虾、
青蟹等水产品的养殖。土体盐分含量上高下低，尚处于盐积过程中，若作农业开发，尚
需漫长的脱盐脱钙处理。

参比土种　泥涂。

涂茨系代表性单个土体剖面

代表性单个土体 剖面（编号 33-097）于 2012 年 2 月 25 日采自浙江省宁波市象山县涂茨镇旭拱岙渔村，29°33′26.3″N，121°57′06.2″E，小海湾潮间带，海拔 3 m，近代浅海沉积物，50 cm 深度土温 19.0℃。

ACz ：0~20 cm，浊黄棕色（10YR 4/3，润），浊黄橙色（10YR 6/3，干）；细土质地为粉砂壤土，软糊无结构，松软；土体黏闭；土体中有较多的螃蟹孔穴；强石灰反应；pH 为 8.5；向下层模糊过渡。

Cz1：20~45 cm，暗棕色（10YR 3/4，润），灰黄棕色（10YR 6/2，干）；细土质地为粉砂壤土，软糊无结构，松软；土体黏闭；强石灰反应；pH 为 8.4；向下层模糊过渡。

Cz2：45~100 cm，暗棕色（10YR 3/3，润），浊黄棕色（10YR 5/3，干）；细土质地为粉砂壤土，软糊无结构，紧实；土体黏闭；有大量的螺蛳壳、贝壳等残体；强石灰反应；pH 为 8.7。

涂茨系代表性单个土体物理性质

土层	深度 /cm	砾石（>2mm，体积分数）/%	细土颗粒组成（粒径:mm）/（g/kg）			质地	容重 /（g/cm³）
			砂粒 2~0.05	粉粒 0.05~0.002	黏粒 <0.002		
ACz	0~20	1	158	591	251	粉砂壤土	1.25
Cz1	20~45	3	150	608	242	粉砂壤土	1.27
Cz2	45~100	10	196	589	215	粉砂壤土	1.27

涂茨系代表性单个土体化学性质

深度 /cm	pH		有机质 /（g/kg）	全氮（N） /（g/kg）	全磷（P） /（g/kg）	全钾（K） /（g/kg）	CEC$_7$ /（cmol/kg）	含盐量 /（g/kg）	ExNa /（cmol/kg）
	H$_2$O	KCl							
0~20	8.5	—	13.2	0.58	0.60	21.3	11.4	15.5	23.0
20~45	8.4	—	13.8	0.60	0.62	23.3	11.2	14.2	25.5
45~100	8.7	—	9.7	0.57	0.55	21.7	10.1	8.2	17.8

第6章　潜　育　土

6.1　普通简育滞水潜育土

6.1.1　大明山系〔Damingshan Series〕

土　族：壤质硅质混合型酸性温性-普通简育滞水潜育土
拟定者：麻万诸，章明奎，安玲玲

分布与环境条件　零星分布于浙江省内海拔
1000 m 以上的高中山顶部的平坦低洼处，坡
度约 2°~5°，龙泉市的黄茅尖、庆元县的百山
祖、临安市的大明山、余姚市的四明山、乐
清市的雁荡山等山顶均有少量分布。区域内
常年或一年中的 6 个月以上的时间都有地表
渍水，植被为茂盛的湿生杂草。属亚热带湿
润季风气候区，年均气温约 8.0~12.0℃，年均
降水量约 1440 mm，年均日照时数约 1930 h，
无霜期约 230 d。

大明山系典型景观

土系特征与变幅　诊断层包括暗瘠表层；诊断特性包括温性土壤温度状况、滞水土壤水分状
况、潜育特征、均腐殖质特性。该土系分布于海拔 1000 m 以上的高中山顶部，地形相对低
洼凹陷，有效土层厚度约 80~120 cm，土体一年中有 6 个月以上的时间滞水，湿生杂草茂盛，
土体上部 40~60 cm 都有大量的根系盘结，具有滞水土壤水分状况。杂草残体年复一年地在
嫌氧条件下腐化积累，土体呈还原状态，全土体具有潜育特征，土体 80~100 cm 内有机碳含
量可达 40~60 g/kg，但无有机表层。土体呈酸性至微酸性，pH 约 4.5~6.0，CEC_7 约 10~
30 cmol/kg，盐基总量<5 cmol/kg，全土体盐基饱和度低于 50%，具有暗瘠表层。潜育特征
亚层土体呈黄灰色，色调 2.5Y~10YR，润态明度 3~5，彩度 1，游离态氧化铁（Fe_2O_3）含
量约 5.0~10.0 g/kg，母质层含量约 15.0~20.0 g/kg。表土有机质约 60~100 g/kg，全氮 3.0~
4.0 g/kg，碳氮比（C/N）>14.0，有效磷约 10~15 mg/kg，速效钾 60~80 mg/kg。

　　Ago，潜育特征亚层，腐泥层，厚度 50~80 cm，由大量湿生杂草残体年复一年地腐
殖化积累，与母土相混杂，土体呈黄灰色，色调 2.5Y~10YR，润态明度 3~5，彩度 1，
有机碳含量高达 40~80 g/kg，盐基饱和度约<50%。

对比土系　天堂山系，均分布于海拔 1000 m 以上的中高山平缓鞍谷，具有温性土温，母
质为凝灰岩风化残坡积物，土体中湿生杂草残体来源的腐殖质大量淀积。区别在于天堂
山系渍水时间较短，侧渗水影响较为强烈，但 100 cm 内无潜育特征，为雏形土。

利用性能综述　该土系土体较深，土体有机质含量极高，但腐殖化程度稍差，磷、钾素含量稍低。由于土体纤维含量较高，在花卉等观赏植物的盆栽中可作为一种很好的栽培基质。由于地处高中山顶部，海拔较高，一般都处于自然保护区内，一可作为自然湿地、草甸以平衡生态，二可作为自然生态典型景观用于旅游观光，不宜作农业开发。

参比土种　山草甸土。

代表性单个土体　剖面（编号 33-145）于 2012 年 7 月 8 日采自浙江省杭州市临安市顺溪镇大明山千亩草甸，30°01′43.1″N，118°58′37.2″E，山顶低洼处，海拔 1155 m，坡度 2°~5°，

母质为硅质灰岩风化残坡积物，50 cm 深度土温 13.1℃。

Ago1：0~20 cm，暗灰黄色（2.5Y 4/2，润），灰黄棕色（10YR 3/2，干）；细土质地为砂质壤土，无结构，疏松；杂草根系盘结，中、细根系占土体 90%以上，颜色上黑下略淡；土体呈还原性，具有亚铁反应；土层中少泥土，与下层交界处有大量的白色略透明的石英砂砾，直径 0.2~1 cm，厚度约 2 cm，夹于根系之中，部分位置占 50%以上；pH 为 4.8；向下层平滑清晰过渡。

Ago2：20~50 cm，黄灰色（2.5Y 5/1，润），黄灰棕色（10YR 6/2，干）；细土质地为粉砂壤土，小块状结构，疏松；根系盘结，中细根系占土体 70%以上，细根为主，颜色稍淡；土体呈还原性，具有亚铁反应；下层交界处有大量石英砂砾，直径 1~2 cm，厚夹于土中，呈水平分布；pH 为 5.3；向下层平滑清晰过渡。

Ago3：50~80 cm，黄灰色（2.5Y 4/1，润），暗灰黄棕色（10YR 5/2，干）；细土质地为粉砂壤土，小块状结构，疏松；根系盘结，细根系约占土体 50%；土体呈现还原性，具有亚铁反应；pH 为 5.3；向下层平滑清晰过渡。

大明山系代表性单个土体剖面

Cgh：80~120 cm，暗灰黄色（2.5Y 4/2，润），灰黄棕色（10YR 6/2，干）；细土质地为粉砂壤土，块状结构，稍紧实；土体呈还原性，有少量黄褐色的锈纹；土体中有较多的砾石，直径 2 cm 左右，约占 15%；pH 为 5.6。

大明山系代表性单个土体物理性质

土层	深度 /cm	砾石 （>2mm，体 积分数）/%	细土颗粒组成/（g/kg）（粒径: mm）			质地	容重 /（g/cm³）
			砂粒 2~0.05	粉粒 0.05~0.002	黏粒 <0.002		
Ago1	0~20	5	658	247	95	砂质壤土	0.25
Ago2	20~50	2	259	600	141	粉砂壤土	0.78
Ago3	50~80	10	291	594	115	粉砂壤土	0.61
Cgh	80~120	15	338	522	140	粉砂壤土	0.94

大明山系代表性单个土体化学性质

深度 /cm	pH		有机质 /（g/kg）	全氮（N） /（g/kg）	全磷（P） /（g/kg）	全钾（K） /（g/kg）	CEC₇ /（cmol/kg）	BS /%	游离铁 /（g/kg）
	H₂O	KCl							
0~20	4.8	4.0	80.9	4.13	0.27	20.2	10.3	49.4	5.7
20~50	5.3	4.1	103.3	3.63	0.64	15.8	27.8	28.3	8.4
50~80	5.3	4.0	101.6	3.07	0.60	19.2	25.5	32.5	9.0
80~120	5.6	4.2	33.3	1.43	0.46	21.2	14.9	32.8	17.4

第7章 均 腐 土

7.1 斑纹黏化湿润均腐土

7.1.1 着树山系（Zhaoshushan Series）

土　族：黏壤质混合型非酸性热性-斑纹黏化湿润均腐土
拟定者：麻万诸，章明奎

分布与环境条件　零星分布于新嵊盆地、江山盆地、武义盆地、宣平盆地、松古盆地等边缘的玄武岩台地上，以新昌、嵊州、诸暨、上虞、武义、义乌、江山、莲都、缙云、龙泉、松阳、余姚、安吉等县市区的分布较为集中，坡度约 8°~15°，一般海拔<400 m，母质为玄武岩风化坡积、再积物，利用方式多为园地。属亚热带湿润季风气候区，年均气温约 16.3~17.5℃，年均降水量约 1310

着树山系典型景观

mm，年均日照时数约　2020 h，无霜期约 235 d。

土系特征与变幅　诊断层包括暗沃表层、黏化层、雏形层；诊断特性包括热性土壤温度状况、湿润土壤水分状况、氧化还原特征、均腐殖质特性、盐基饱和度。该土系地处玄武岩台地外缘，母质为玄武岩风化物的残坡积物和再积物，有效土层厚度约 60~100 cm。细土质地以黏壤土为主。土体呈微酸性至微碱性，pH 约 6.0~8.0，从表土向下升高。该土系现一般为园地，种植板栗、石榴、柿子及花生、玉米等，土体团粒结构发育较好。受耕作等影响，土体中腐殖质淀积明显，土体颜色从上向下变浅，有机碳逐层下降，0~20 cm 土体有机碳储量约 2.5~3.5 kg/m^2，约占 100 cm 土体内有机碳储量的 25%~35%，土体上部无有机现象，碳氮比（C/N）约 5.0~15.0，具有均腐殖质特性。表层（含亚表层）厚度约 30~40 cm，有机碳储量加权约 10~12 g/kg。由于黏粒下移淀积，亚表层和 B 层黏粒含量均高出表层20%以上，形成了黏化层。土体矿质含量丰富，CEC$_7$约 30~45 cmol/kg，盐基饱和度>60%，具有暗沃表层。雏形层土体中有少量的锈纹锈斑，游离态氧化铁（Fe$_2$O$_3$）含量约 10.0~15.0 g/kg，较表层稍低。表层有机质约 20~30 g/kg，全氮 1.5~2.0 g/kg，有效磷约 60~100 mg/kg，速效钾 150~200 mg/kg。

　　Ah，腐殖表层，厚度（含亚表层）约 30~50 cm，土体呈黑棕色，色调 10YR，润态明度、彩度均为 3，盐基饱和度>60%，有机碳含量>10.0 g/kg，为暗沃表层。

　　Bt，黏化层，上覆土层腐殖质和黏粒下移淀积，黏粒含量约 250~350 g/kg，较表层高出 20%~50%，盐基饱和度>60%。

对比土系　许家山系，分布地形部位相近，剖面结构相似，但许家山系发育于花岗岩母质，颗粒较粗，土体呈强酸性至酸性，pH<5.5，盐基饱和度<50%，无暗沃表层，为雏形土。大溪系，分布地形相似，剖面结构相似，土体疏松，具有均腐殖质特性，但大溪系发育于凝灰岩母质，土体呈微酸性，表层盐基饱和度>60%，但厚度<25 cm，无暗沃表层，为雏形土。天荒坪系，同一亚纲不同土类，有黏化层，为黏化湿润均腐土。

利用性能综述　该土系地处中缓坡台地，土体厚度中等，发源于玄武岩风化物母质，矿物质含量丰富，土体酸碱性适中，适合花生、玉米、大豆及李子、板栗、石榴、柿子、桑树等多种经果作物的种植，是新昌"小京生"高产优质生产基地。土体疏松，通气性、渗透性好，有机质和氮、磷、钾素养分含量都较高。由于该土系地处中缓坡，在利用管理中需防止水土流失。

参比土种　棕泥土。

代表性单个土体　剖面（编号 33-091）于 2012 年 2 月 24 日采自浙江省绍兴市新昌县七星街道着树山村，29°31′02.4″N，120°53′51.3″E，低丘台地，海拔 78 m，坡度约 10°，母质为玄武岩风化坡积、再积物，园地，种植板栗，50 cm 深度土温 19.5℃。

33-091

　　Ah：0~22 cm，黑棕色（10YR 3/2，润），浊黄棕色（10YR 4/3，干）；细土质地为壤土，团粒状结构，疏松；有大量的杂草细根系（>50 条/dm²）；土体中有大量直径 2~ 5 mm 的动物（蚯蚓）孔洞；直径 1~3 cm 的砾石占土体 20%以上；pH 为 6.2；向下层模糊过渡。

　　Aht：22~45 cm，黑棕色（10YR3/2，润），浊黄棕色（10YR 4/3，干）；细土质地为黏壤土，小团块状结构，稍疏松；有大量的杂草细根系（细根密度 50 条/dm²）；土体中有较多直径 1 cm 左右的动物孔洞；直径 1~3 cm 的砾石含量约占 10%；pH 为 6.4；向下层波状清晰过渡。

　　Bt：45~77 cm，暗棕色（10YR 3/3，润），浊黄棕色（10YR 5/3，干）；细土质地为黏壤土，团块状结构，稍紧实；有较多的杂草细根系（约 20~30 条/dm²）；结构面可见少量腐殖质胶膜；土体中有少量直径 1 cm 左右的砾石，约占 5%；pH 为 7.2；向下层平滑清晰过渡。

着树山系代表性单个土体剖面

　　Bs：77~120 cm，浊橙色（5YR6/4，润），浊橙色（5YR 7/4，干）；细土质地为砂质黏壤土，团块状结构，紧实；土体中有较多的铁锈斑；有少量直径 1 cm 左右的砾石，约占 5%；pH 为 7.8。

着树山系代表性单个土体物理性质

土层	深度 /cm	砾石 (>2mm，体积分数) /%	细土颗粒组成（粒径:mm）/（g/kg）			质地	容重 /（g/cm³）
			砂粒 2~0.05	粉粒 0.05~0.002	黏粒 <0.002		
Ah	0~22	25	501	277	222	壤土	1.03
Aht	22~45	1	311	358	331	黏壤土	0.95
Bt	45~77	5	329	349	322	黏壤土	0.97
Bs	77~120	5	531	259	210	砂质黏壤土	1.18

着树山系代表性单个土体化学性质

深度 /cm	pH		有机质 /（g/kg）	全氮（N） /（g/kg）	全磷（P） /（g/kg）	全钾（K） /（g/kg）	CEC₇ /（cmol/kg）	BS /%
	H₂O	KCl						
0~22	6.2	5.3	21.1	1.61	0.98	15.9	33.2	98.4
22~45	6.4	5.7	19.5	1.19	0.86	13.9	40.5	98.9
45~77	7.2	—	12.6	0.76	0.53	14.6	31.3	100.0
77~120	7.8	—	7.0	0.28	0.29	17.8	39.5	100.0

7.2　普通简育湿润均腐土

7.2.1　天荒坪系（Tianhuangping Series）

土　族：粗骨壤质硅质混合型非酸性热性-普通简育湿润均腐土
拟定者：麻万诸，章明奎

分布与环境条件　少量分布于浙西北的中低丘陡坡，以安吉、德清、临安等县市的分布面积稍大，坡度 25°~35°，海拔一般<250 m，母质为灰质泥岩或泥质灰岩风化残坡积物，利用方式多为毛竹林或茶园。属亚热带湿润季风气候区，年均气温为 14.8~16.0℃，年均降水量约 1455 mm，年均日照时数约 2015 h，无霜期 225 d。

天荒坪系典型景观

土系特征与变幅　诊断层包括暗沃表层、雏形层；诊断特性包括热性土壤温度状况、湿润土壤水分状况、均腐殖质特性、腐殖质特性、盐基饱和度。该土系地处中低丘斜坡，坡度约 25°~35°，发源于泥质灰岩或灰质泥岩风化残坡积物母质，有效土层厚度约 80~120 cm，土体中粗骨岩石碎屑含量较高，平均在 25%以上，细土质地为壤土或粉砂壤土。该土系多为毛竹林地或茶园，土体呈微酸性，pH 约 5.5~6.5，CEC$_7$ 约 15~25 cmol/kg，盐基饱和度>75%，游离态氧化铁（Fe$_2$O$_3$）含量约 25~30 g/kg。表土厚度约 25~30 cm，腐殖质大量淀积，土体呈黑棕色，色调 10YR，润态明度 2~3，彩度 1，有机碳含量约 15~20 g/kg，盐基饱和度>75%，为暗沃表层。从上向下，腐殖质土体颜色逐层变淡，B 层有机碳含量均>6 g/kg，20 cm 土体与 100 cm 土体的有机碳含量之比<0.4，具有均腐殖质特性。表土有机质约 25~35 g/kg，全氮 1.0~0.5 g/kg，碳氮比（C/N）约 13~16，有效磷约 1~5 mg/kg，速效钾 80~120 mg/kg。

Ah，暗沃表层，厚度约 25~30 cm，碎块状结构，腐殖质大量淀积，土体呈黑棕色，色调 10YR，润态明度 2~3，彩度 1，有机碳含量约 15~20 g/kg，盐基饱和度>75%。

对比土系　竹坞系，均发育于碳质泥岩或灰质灰岩母质，土体暗黑，腐殖质淀积明显，盐基饱和度高，具有均腐殖质特性。区别在于竹坞系土体浅薄，表层厚度<10 cm，无暗沃表层，粗骨岩石碎屑含量>35%，且具有碳酸盐岩岩性特征，为雏形土。着树山系，同一亚纲不同土类，有黏化层，为黏化湿润均腐土。

利用性能综述 该土系地处中低丘的中坡地，土体稍深，粗骨碎屑含量稍高，细土质地适中，通透性和保肥性都较好，土体呈微酸性，适种性较广。由于坡度较大，该土系当前在利用上多为毛竹林地，部分开辟为梯地茶园。土体有机质含量虽较高，但腐殖化程度较低，有机质的植物有效性不足，但矿质含量较丰富。因此，在灌溉水源条件可满足的情况下，可用于种植板栗、山核桃等坚果树，品质相对较好。由于坡度较大，在利用中需保持有效的地表覆盖，防止水土流失。

参比土种 灰泥土。

代表性单个土体 剖面（编号 33-136）于 2012 年 4 月 7 日采自浙江省湖州市安吉县天荒坪镇汤村西南，30°31′24.3″N，119°33′30.7″E，中低丘中坡，茶园，海拔 190 m，坡度约 25°~30°，母质为灰质泥岩风化残坡积物，50 cm 深度土温 18.0℃。

33-136

Ah：0~30 cm，黑棕色（10YR 3/1，润），灰黄棕色（10YR 4/2，干）；细土质地为壤土，碎块状结构，稍紧实；有大量茶树的粗、中根系；有较多直径 3~5 mm 的蚯蚓孔洞，可见蚯蚓活动；土体中有较多直径 1~5 cm 的未风化石块；pH 为 6.3；向下层平滑渐变过渡。

Bwh1：30~70 cm，暗棕色（10YR 3/3，润），浊黄棕色（10YR 4/3，干）；细土质地为壤土，块状结构，紧实；偶有茶树粗、中根系；结构面中可见较多腐殖质胶膜；土体中有少量直径 3~5 mm 的蚯蚓孔洞，可见蚯蚓活动；有大量直径 1~5 cm 的黄色、黑色半风化砾石，占土体 20%以上；pH 为 6.0；向下层平滑渐变过渡。

Bwh2：70~120 cm，浊黄棕色（10YR 4/3，润），浊黄棕色（10YR 5/3，干）；细土质地为粉砂壤土，块状结构，紧实；偶有茶树粗、中根系，中量茶树粗根；结构面中可见少量腐殖质胶膜；土体中有大量直径 2 cm 以上的半风化砾石和石块；pH 为 6.0；向下层波状清晰过渡。

天荒坪系代表性单个土体剖面

C：120 cm 以下，半风化母岩层。

天荒坪系代表性单个土体物理性质

土层	深度 /cm	砾石 （>2mm，体积分数）/%	细土颗粒组成（粒径:mm）/（g/kg）			质地	容重 /（g/cm³）
			砂粒 2~0.05	粉粒 0.05~0.002	黏粒 <0.002		
Ah	0~30	15	420	457	123	壤土	0.93
Bwh1	30~70	25	451	420	129	砂质壤土	0.99
Bwh2	70~120	30	354	502	144	粉砂壤土	1.03

天荒坪系代表性单个土体化学性质

深度 /cm	pH		有机质 /（g/kg）	全氮（N） /（g/kg）	全磷（P） /（g/kg）	全钾（K） /（g/kg）	CEC₇ /（cmol/kg）	BS /%
	H₂O	KCl						
0~30	6.3	5.2	30.4	1.21	0.59	16.1	16.5	95.2
30~70	6.0	4.9	16.6	0.58	0.56	18.1	16.3	92.4
70~120	6.0	5.0	12.6	0.47	0.61	17.0	22.2	93.7

第8章 富 铁 土

8.1 盐基黏化湿润富铁土

8.1.1 九渊系（Jiuyuan Series）

土　族：黏壤质硅质混合型酸性热性-盐基黏化湿润富铁土
拟定者：麻万诸，章明奎

分布与环境条件　分布于海拔 200~500 m 的中、高丘缓坡地下坡，以丽水、衢州、绍兴等市境内分布较多，其中丽水、龙泉的分布面积最大，坡度 10°~15°，母质为变质岩风化残坡积物，利用方式多为旱作梯地，主要种植番薯、蔬菜等。属亚热带湿润季风气候区，年均气温约 16.8~18.3℃，年均降水量约 1750 mm，年均日照时数约 1860 h，无霜期约 265 d。

九渊系典型景观

土系特征与变幅　诊断层包括淡薄表层、低活性富铁层、黏化层；诊断特性包括热性土壤温度状况、湿润土壤水分状况、盐基饱和度、肥熟现象、耕作淀积现象。该土系母质为变质岩风化物残坡积物，土体深厚，在 100 cm 以上。由于长期耕作影响，表层土壤高度熟化，腐殖质大量淀积，颜色与下层相比明显变暗，有机碳含量约 20.0~25.0 g/kg，盐基饱和度>60%，游离铁明显降低，黏粒明显下移，细土质地为壤土，厚度 18~24 cm，尚未形成肥熟表层。受长期耕作影响，表下层具有明显的腐殖质淀积，具有耕作淀积现象，盐基饱和度>60%。土体约 40~50 cm 开始出现低活性富铁层，厚度约 60~100 cm，润态色调 2.5YR~10R，游离态氧化铁（Fe_2O_3）含量约 30~50 g/kg，细土质地为黏壤土，黏粒 CEC_7 约 20~24 cmol/kg，盐基饱和度约 40%~60%。表土有机质表层有机质 20.0~40.0 g/kg，全氮 1.5~2.5 g/kg，有效磷 20~30 mg/kg，速效钾>150 mg/kg。

　　Ap，耕作层，厚度 18~24 cm，受长期耕作影响高度熟化，腐殖质大量淀积，颜色明显较下层变暗，有机碳含量达 15.0~25.0 g/kg，盐基饱和度>60%。

　　Bt，低活性富铁层，起始于 40~50 cm，厚度约 60~100 cm，黏粒含量约 300 g/kg，

润态色调 2.5YR~10R，游离态氧化铁含量约 30~50 g/kg，细土质地为黏壤土，黏粒 CEC_7 约 20~24 cmol/kg。

对比土系　新茶系，所处地形部位、母质来源相同，新茶系为自然土壤，125 cm 内无低活性富铁层，为雏形土。寮顶系，剖面结构相似，土体呈红棕色，表土均受长期耕作影响明显熟化，寮顶系发源于 Q_2 红土母质，海拔<150 m，125 cm 内无低活性富铁层，为淋溶土。

利用性能综述　该土系表土疏松，下层较为紧实，但由于土系中粉粒、黏粒含量较高，在慢性饱水和干旱交替的情况下，土体会有较大的胀缩性。由于长期耕作的影响，表层中的有机质和氮、磷、钾素等养分都已较为丰富，适宜种植番薯等偏喜酸性蔬菜。

参比土种　（耕地）红松泥。

代表性单个土体　剖面（编号 33-056）于 2011 年 8 月 10 日采自浙江省丽水市龙泉市城郊九渊公园东北约 50 m，28°04′49.5″N，119°07′30.4″E，中丘下坡，海拔 215 m，坡度 5°~10°，母质为变质岩（泥页岩变质而成）风化物残坡积物，50 cm 深度土温 20.1℃。

Ap: 0~20 cm，棕色（7.5YR 4/6，润），浊橙色（7.5YR 6/4，干）；细土质地为壤土，团粒状和团块状结构，稍疏松；有大量细草根系，约占 5%；有大量孔径 2~5 mm 动物孔洞，数量 5%左右；有较多的小砾石块，直径 2~10 mm，数量 15%左右，夹杂少量砖块瓦片，数量小于 1%；pH 为 5.9。向下层平滑突变过渡。

Btx: 20~40 cm，红棕色（2.5YR 4/8，润），橙色（2.5YR 6/8，干）；细土质地为壤土，块状结构，很紧实；有极少量细根系；该土层由细土与石块混合而成，石块直径在 1~3 cm，数量 5%左右，由于土块与石块胶结使土体较为紧实，石块多已呈半风化状，颜色呈黄白色或淡红色；pH 为 5.4；向下层波状清晰过渡。

Bt1: 40~110 cm，亮红棕色（2.5YR 5/8，润），橙色（2.5YR 7/8，干）；细土质地为黏壤土，块状结构，稍紧实；有极少量细根系；土块之间有细裂隙，宽度仅 1 mm 左右，长度<5 cm，基本上无大砾石块，为均质土体，但铁化没有 Btx1 层明显。在该土层中夹杂少量红色（10R 4/6，润）的土块，比例仅 3%；pH 为 4.8；向下层波状清晰过渡。

九渊系代表性单个土体剖面

Bt2: 110~150 cm，红棕色（2.5YR 4/8，润），橙色（2.5YR 7/8，干）；细土质地为黏壤土，核块状或散块状结构，紧实；半风化物占整个土体的 30%以上，呈碎屑状，直径多为 1~2 cm，颜色主要为红色（10R4/6，润）和浊橙色（5YR 7/4）；pH 为 4.7。

九渊系代表性单个土体物理性质

土层	深度 /cm	砾石 （>2mm，体 积分数）/%	细土颗粒组成（粒径:mm）/（g/kg）			质地	容重 /（g/cm³）
			砂粒 2~0.05	粉粒 0.05~0.002	黏粒 <0.002		
Ap	0~20	15	521	309	170	壤土	1.09
Btx	20~40	5	407	325	268	壤土	1.15
Bt1	40~110	0	268	431	301	黏壤土	1.14
Bt2	110~150	40	270	380	350	黏壤土	1.17

九渊系代表性单个土体化学性质

深度 /cm	pH		有机质 /（g/kg）	全氮（N） /（g/kg）	全磷（P） /（g/kg）	全钾（K） /（g/kg）	CEC_7 /（cmol/kg）	BS /%	游离铁 /（g/kg）
	H_2O	KCl							
0~20	5.9	4.6	36.8	1.86	1.07	7.9	10.1	85.5	30.0
20~40	5.4	3.9	10.4	0.52	0.45	20.7	7.3	85.7	47.2
40~110	4.8	3.7	8.8	0.39	0.22	16.6	6.4	56.0	35.0
110~150	4.7	3.6	8.1	0.23	0.20	18.0	7.8	40.8	45.2

8.2 普通黏化湿润富铁土

8.2.1 黄金垄系（Huangjinlong Series）

土　族：黏质高岭石型酸性热性-普通黏化湿润富铁土
拟定者：麻万诸，章明奎

分布与环境条件　主要分
布于金衢盆地、新嵊盆地
及富春江两岸的阶地中下
坡，以金华、衢州、杭州、
绍兴等市境内的分布面积
较大，坡度约 5°~8°，海
拔<100 m，母质为 Q_2 红
土，利用方式以茶园为主。
属亚热带湿润季风气候区，
年均气温约 16.0~17.0℃，
年均降水量约 1385 mm，
年均日照时数约 2035 h，
无霜期约 235 d。

黄金垄系典型景观

土系特征与变幅　诊断层包括淡薄表层、低活性富铁层、黏化层、雏形层、聚铁网纹层；诊
断特性包括热性土壤温度状况、湿润土壤水分状况。该土系分布于陷落盆地内侧或低丘的上
部，小地形略有起伏，发源于 Q_2 红土母质，土体深厚，一般 100~200 cm，甚至更厚。全土
体呈红色，色调为 7.5R~2.5YR，游离态氧化铁（Fe_2O_3）含量约 30~50 g/kg，B 层的阳离子
交换量 8.0~10.0 cmol/kg，铝饱和度 50%~70%。土体约 30~50 cm 开始出现低活性富铁层，
厚度在 50~100 cm，黏粒含量 350~450 g/kg，黏土矿物以高岭石为主，黏粒 CEC_7 约 20~
24 cmol/kg，黏粒含量较上覆土层增加。土体 130~150 cm 出现聚铁网纹现层。低活性富铁层
的黏粒 CEC_7 约 20.0~24.0 cmol/kg。具有湿润土壤水分状况，土体 100 cm 内无锈纹锈斑。全
土体呈酸性至微酸性，125 cm 内仅有上部 30~50 cm 的土层盐基饱和度>35%。表层有机质
15~20 g/kg，全氮<1.0 g/kg，碳氮比（C/N）约 15~20，有效磷<5 mg/kg，速效钾 120~150 mg/kg。

　　Bt，低活性富铁层，开始出现于 30~50 cm，厚度约 50~100 cm，细土质地以粉砂质
黏壤土为主，黏粒含量 350 g/kg 以上，土体呈红色，色调 7.5R~10R，润态明度 4~6，彩度
6~8，游离态氧化铁含量约 30~50 g/kg，土体呈酸性，黏粒 CEC_7 约 20~24 cmol/kg。

对比土系　大公殿系，同一亚类不同土族，分布地形部位相似，母质来源相同，低活性富铁
层厚度相近，但大公殿系的低活性富铁层开始出现于 80~100 cm，颗粒大小级别为黏壤质。

利用性能综述　该土系有效土层深厚，表土微团聚体结构发育较好，所处地势相对较为
平缓，目前在利用上基本以茶园、果园为主。因土体呈酸性至微酸性，杉木、毛竹、松

树等也是该土系的适生经济林木。土壤有机质和速效钾水平尚好，但氮、磷相对缺乏，质地相对偏黏，因此在利用上可以套种箭舌豌豆等豆科绿肥，从而达到固氮增氮、活化磷素、提升有机质的有效性以及改善土壤结构等多重作用。

参比土种　（红色）黄筋泥。

代表性单个土体　剖面（编号 33-006）于 2009 年 12 月 7 日采自浙江省杭州市西湖区转塘镇中村，30°09′53.4″N，120°02′39.7″E，低丘阶地，海拔 51 m，坡度约 5°，母质为 Q_2 红土，50 cm 深度土温 19.2℃。

33-006

黄金垄系代表性单个土体剖面

Ah：0~6 cm，红棕色（2.5YR 4/8，润），亮红棕色（2.5YR 5/8，干）；细土质地为壤土，小团块状结构，稍疏松；有大量的杂草根系；pH 为 6.1；向下层模糊过渡。

Bw：6~32 cm，红色（10R 4/6，润），红橙色（10R 6/8，干）；细土质地为壤土，块状或核粒状结构，紧实；有少量的杂草根系；土体中有较多直径 5 mm 左右的半风化砾石，多呈黄白色，约占 10%以上；pH 为 5.3；向下层模糊过渡。

Bt1：32~80 cm，红色（10R 4/6，润），亮红色（10R 5/8，干）；细土质地为粉砂质黏壤土，块状结构，紧实；土体中有较多直径 5 mm 左右的半风化砾石，多呈黄白色，约占 10%以上；pH 为 4.9；向下层模糊过渡。

Bt2：80~130 cm，红色（10R 4/8，润），红橙色（10R 6/8，干）；细土质地为粉砂质黏壤土，块状结构，紧实；土体中有较多直径 5 mm 左右的半风化砾石，多呈黄白色，约占 10%；pH 为 5.0；向下层模糊过渡。

Cl：130~150 cm，红色（10R 4/6，润），红色（10R 4/8，干）；细土质地为粉砂壤土，块状结构，紧实；土体中有较多直径 5 mm 左右的半风化砾石，多呈黄白色，约占 30%以上；pH 为 5.9。

黄金垄系代表性单个土体物理性质

| 土层 | 深度/cm | 砾石（>2mm，体积分数）/% | 细土颗粒组成（粒径:mm）/（g/kg） | | | 质地 | 容重/（g/cm³） |
			砂粒 2~0.05	粉粒 0.05~0.002	黏粒 <0.002		
Ah	0~6	5	361	467	172	壤土	1.26
Bw	6~32	15	301	499	200	壤土	1.28
Bt1	32~80	15	161	467	372	粉砂质黏壤土	1.30
Bt2	80~130	10	162	485	353	粉砂质黏壤土	1.30
Cl	130~150	35	352	572	76	粉砂壤土	1.36

黄金垄系代表性单个土体化学性质

| 深度/cm | pH | | 有机质/（g/kg） | 全氮（N）/（g/kg） | 全磷（P）/（g/kg） | 全钾（K）/（g/kg） | CEC_7/（cmol/kg） | 游离铁/（g/kg） |
	H_2O	KCl						
0~6	6.1	4.8	18.2	0.54	0.26	10.5	13.8	38.1
6~32	5.3	3.7	4.1	0.30	0.22	9.8	8.7	36.1
32~80	4.9	3.5	4.4	0.30	0.26	9.7	8.9	36.8
80~130	5.0	3.5	5.2	0.34	0.22	11.1	8.2	36.0
130~150	5.9	4.6	6.5	0.33	0.24	12.1	14.8	34.3

8.2.2 大公殿系（Dagongdian Series）

土　族：黏壤质硅质混合型酸性热性-普通黏化湿润富铁土
拟定者：麻万诸，章明奎

分布与环境条件　主要分布于金衢盆地、新嵊盆地以及富春江两岸的高阶地上，以金华市和衢州市的分布面积较大，母质为Q_2红土，利用方式以茶园或林地为主。属亚热带湿润季风气候区，年均气温约16.5~17.5℃，年均降水量约1620 mm，年均日照时数约2050 h，无霜期约260 d。

大公殿系典型景观

土系特征与变幅　诊断层包括淡薄表层、低活性富铁层、黏化层、聚铁网纹层、雏形层；诊断特性包括热性土壤温度状况、湿润土壤水分状况。该土系发源于Q_2红土，土体厚度一般150~200 cm或更厚，质地匀细，>2 mm的粗骨屑粒含量<10%，细土质地为黏壤土或粉砂质黏壤土，黏粒矿物以高岭石为主。土体呈酸性至强酸性，pH为4.0~5.0，颜色均一，层次分化不明显，润态色调为2.5YR或5YR，游离态氧化铁（Fe_2O_3）含量约20.0~35.0 mg/kg，盐基饱和度<20%，铝饱和度>70%。约80~100 cm开始出现低活性富铁层，同时为黏化层，厚度50~80 cm，黏粒含量约350~450 mg/kg，黏粒CEC_7约20~24 cmol/kg。具有湿润土壤水分状况，100 cm内无氧化还原特征，约150 cm以下出现聚铁网纹层。表土有机质约20~30 g/kg，全氮<1.0 g/kg，有效磷约5~10 mg/kg，速效钾约80~100 mg/kg。

　　Bt_1低活性富铁层，黏化层，开始出现于80~100 cm，土体呈红棕色，色调为2.5YR~10R，厚度约50~80 cm，细土质地以黏壤土为主，黏粒含量300~400 g/kg，土体呈酸性，黏粒CEC_7约20~24 cmol/kg。

对比土系　黄金垄系，同一亚类不同土族，所处地形部位相似，母质来源相同，低活性富铁层厚度相近，但黄金垄系低活性富铁层开始出现于30~40 cm，颗粒大小级别为黏质。梵村系，同一亚纲不同土类，母质来源相同，土体结构相似，梵村系低活性富铁层开始于20~30 cm，125 cm内无黏化层，为简育湿润富铁土。

利用性能综述　该土系地处低丘缓坡，地势平坦，土体深厚，且连片分布，目前大部分已辟为耕地或茶园。由于土体酸性较强，适宜种植甘薯、茶叶、松木、杉木等杂粮和果木。由于土体黏粒含量较高，孔隙度较低，通透性能差，湿时黏闭、干时板结，且水源较为短缺，夏秋两季易受干旱威胁。在改良和利用上，一是要注意灌溉设施配套；二是要通过套种箭舌豌豆等豆科绿肥来涵水固土、提升地力、改善土壤结构；三是通过适当施用生石灰等措施降低土壤酸度，增加土壤适种范围。在工程利用上，因土体黏粒含量较高，胀缩性大，作为墙基、路基都宜深挖，以防沉陷。

参比土种　黄筋泥。

代表性单个土体　剖面（编号 33-020）于 2010 年 5 月 27 日采自浙江省衢州市衢江区大洲镇大公殿，28°52′30.5″N，118°57′54.9″E，中丘，海拔 125 m，缓坡，坡度约 5°~8°，母质为第四纪红黏土，林地，种植杉树等，50 cm 深度土温 19.6℃。

大公殿系代表性单个土体剖面

A：0~9 cm，红棕色（2.5YR 4/8，润），亮红棕色（2.5YR 5/8，干）；细土质地为黏壤土，核粒状或团块状结构，疏松；有大量的小灌木和杂草中细根系，少量的粗根系；粒间孔隙较发达；有少量的蚯蚓孔洞和粪土；pH 为 4.3；向下层平滑渐变过渡。

Bw1：9~32 cm，红棕色（2.5YR 4/8，润），橙色（2.5YR 6/8，干）；细土质地为黏壤土，核粒状或小块状结构，稍紧实；有少量的中、细根系，偶有灌木粗根系；有少量的蚯蚓孔洞和粪土；pH 为 4.5；向下层平滑渐变过渡。

Bw2：32~81 cm，亮红棕色（2.5YR 5/8，润），橙色（2.5YR 7/6，干）；细土质地为黏壤土，核粒状或小块状结构，稍紧实；有少量的灌木中根系；总孔隙度中等；土体中偶有直径 10 cm 以上的蚁穴；pH 为 4.5；向下层平滑清晰过渡。

Bt：81~153 cm，红棕色（2.5YR 4/8，润），橙色（2.5YR 7/6，干）；细土质地为黏壤土，核粒状或小块状结构，紧实；pH 为 4.7；向下层平滑渐变过渡。

Cl：153~185 cm，亮红棕色（2.5YR 5/8，润），黄橙色（2.5YR 7/8，干）；细土质地为黏壤土，核粒状或小块状结构，很紧实；土体中有少量的未风化砾石和直径 2 mm 左右的石英砂粒，约占 10%；pH 为 4.7；向下层平滑清晰过渡。

C：185~200 cm，红棕色（2.5YR 4/6，润），橙色（2.5YR 7/6，干）；细土质地为黏壤土，核粒状或小块状结构，很紧实；土体中有大量的石英砾石，直径 2~5 cm 的约占 15%；pH 为 4.5。

大公殿系代表性单个土体物理性质

| 土层 | 深度/cm | 砾石（>2mm，体积分数）/% | 细土颗粒组成（粒径:mm）/（g/kg） | | | 质地 | 容重/（g/cm³） |
			砂粒 2~0.05	粉粒 0.05~0.002	黏粒 <0.002		
A	0~9	5	285	406	309	黏壤土	1.15
Bw1	9~32	5	422	290	288	黏壤土	1.17
Bw2	32~81	5	340	352	308	黏壤土	1.16
Bt	81~153	3	280	330	390	黏壤土	1.16
Cl	153~185	10	299	361	340	黏壤土	1.25
C	185~200	15	348	339	313	黏壤土	1.31

大公殿系代表性单个土体化学性质

| 深度/cm | pH | | 有机质/（g/kg） | 全氮（N）/（g/kg） | 全磷（P）/（g/kg） | 全钾（K）/（g/kg） | CEC$_7$/（cmol/kg） | 游离铁/（g/kg） |
	H$_2$O	KCl						
0~9	4.3	3.5	21.3	1.33	0.12	8.0	12.4	26.5
9~32	4.5	3.6	10.0	0.62	0.11	8.7	9.9	24.9
32~81	4.5	3.6	6.0	0.37	0.06	8.1	8.6	22.1
81~153	4.7	3.5	5.2	0.34	0.08	9.6	8.8	28.0
153~185	4.7	3.5	4.8	0.33	0.08	9.1	8.0	31.9
185~200	4.5	3.5	6.4	0.45	0.08	9.6	8.2	34.9

8.3 斑纹简育湿润富铁土

8.3.1 梵村系（Fancun Series）

土 族：黏壤质硅质混合型酸性热性-斑纹简育湿润富铁土
拟定者：麻万诸，章明奎，刘丽君

分布与环境条件 主要分布于金衢盆地、新嵊盆地及富春江两岸的阶地中下坡，以金华、衢州、杭州、绍兴等市境内的分布面积较大，坡度约 5°~8°，母质为 Q_2 红土，利用方式以林地和茶园为主。属亚热带湿润季风气候区，年均气温约 15.5~17.0℃，年均降水量约 1380 mm，年均日照时数约 2040 h，无霜期约 235 d。

梵村系典型景观

土系特征与变幅 诊断层包括淡薄表层、低活性富铁层、雏形层；诊断特性包括热性土壤温度状况、湿润土壤水分状况、氧化还原特征。该土系分布于低丘中下坡，地表覆盖度好，母质为 Q_2 红土，土体深厚，颗粒组成较为均一，细土质地为粉砂质黏壤土或壤土。B 层黏粒含量约 300 g/kg，具有黏化现象，但 125 cm 内无黏化层出现。B 层呈红棕色，色调为 2.5YR~5YR，游离态氧化铁（Fe_2O_3）含量约 20~35 g/kg。约 10~20 cm 开始出现低活性富铁层，厚度 80~120 cm，黏粒含量 300~350 g/kg，黏粒 CEC_7 约 20~24 cmol/kg，盐基饱和度<30%，铝饱和度 60%~90%，pH（H_2O）约 4.0~4.5，呈强酸性。约 60~100 cm 可见铁锰结核。表层有机质 20~30 g/kg，全氮 0.5~1.0 g/kg，有效磷<5 mg/kg，速效钾 80~120 mg/kg。

　　Bs，低活性富铁层，开始出现于约 10~20 cm，厚度约 80~120 cm，细土质地以粉砂质黏壤土为主，黏粒含量约 300~350 g/kg，土体呈酸性，pH 约 4.0~4.5，黏粒 CEC_7 约 20~24 cmol/kg，色调为 2.5YR~5YR，土体中可见较多的铁、锰氧化物淀积。

对比土系 大公殿系，同一亚纲但不同土类，分布地形部位相似，母质来源相同，但大公殿系低活性富铁层开始于 80~100 cm，土体 100 cm 内出现黏化层，为黏化湿润富铁土。

利用性能综述 该土系位于低丘中下坡，土体疏松，表土微团聚体发达。土体呈强酸性，目前在利用上以园地为主。土体内孔隙较为发达，通气性和渗透能力都较强。在地形和位置适合的地段，可开辟为农业用地。表土有机质和钾素水平尚可，但氮、磷缺乏，作农业利用时，需注意氮、磷肥的适当投入。

参比土种　黄筋泥。

代表性单个土体　剖面（编号 33-008）于 2009 年 12 月 8 日采自浙江省杭州市西湖区转塘梅家坞村梵村花苑西 500 m，30°10′46.4″N，120°05′21.9″E，低丘中下坡，海拔 20 m，坡度 5°~8°，林地，植被为乔木、灌木，50 cm 深度土温 19.0 ℃。

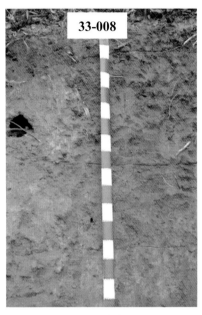

梵村系代表性单个土体剖面

Ah：0~15 cm，浊红棕色（5YR 5/4，润），浊橙色（5YR 6/4，干）；细土质地为粉砂质黏壤土，小团块状结构，很疏松；有少量乔木粗根系；粒间孔隙发达；有较多直径 1~2 cm 的动物（蚂蚁）孔洞；pH 为 4.1；向下层平滑渐变过渡。

Bw：15~85 cm，亮红棕色（5YR 5/8，润），橙色（5YR 7/8，干）；细土质地为粉砂质黏壤土，碎块状结构，疏松；土体中偶有直径 10~20 cm 的动物（蚂蚁）孔穴；pH 为 4.1；向下层模糊过渡。

Bs1：85~134 cm，亮红棕色（5YR 5/6，润），橙色（5YR 7/6，干）；细土质地为黏壤土，块状结构，紧实；土体中有较多的锰结核，直径 2~5 mm，约占 5%；有少量直径 1~2 cm 的动物孔洞；pH 为 4.5；向下层平滑渐变过渡。

Bs2：134~200 cm，亮红棕色（5YR 5/8，润），橙色（5YR 6/8，干）；细土质地为粉砂质黏壤土，块状结构，很紧实；土体中有大量的铁锰结核，直径 5~10 mm，约占土体的 8%；pH 为 4.5。

梵村系代表性单个土体物理性质

土层	深度 /cm	砾石（>2mm, 体积分数）/%	细土颗粒组成（粒径:mm）/（g/kg）			质地	容重 /（g/cm³）
			砂粒 2~0.05	粉粒 0.05~0.002	黏粒 <0.002		
Ah	0~15	5	186	534	280	粉砂质黏壤土	1.09
Bw	15~85	5	185	496	319	粉砂质黏壤土	1.09
Bs1	85~134	10	204	475	321	黏壤土	1.11
Bs2	134~200	10	117	597	286	粉砂质黏壤土	1.14

梵村系代表性单个土体化学性质

深度 /cm	pH H₂O	pH KCl	有机质 /（g/kg）	全氮（N）/（g/kg）	全磷（P）/（g/kg）	全钾（K）/（g/kg）	CEC₇ /（cmol/kg）	游离铁 /（g/kg）
0~15	4.1	3.4	26.5	1.16	0.27	10.2	12.4	25.9
15~85	4.1	3.6	12.1	0.57	0.26	10.9	7.5	26.3
85~134	4.5	3.6	4.9	0.46	0.35	11.1	7.3	28.4
134~200	4.5	3.5	5.2	0.38	0.28	12.5	12.6	28.0

第9章 淋溶土

9.1 腐殖铝质湿润淋溶土

9.1.1 上山铺系（Shangshanpu Series）

土　族：壤质硅质混合型酸性温性-腐殖铝质湿润淋溶土
拟定者：麻万诸，章明奎

分布与环境条件　分布于浙南海拔 800~1200 m 的高、中山中坡和岗地，以遂昌、庆元、龙泉、景宁、松阳、泰顺、文成、永嘉等县市的分布面积较大，坡度 25°~35°，母质为凝灰岩风化残坡积物，土体内外排水良好，利用方式以毛竹林地为主。属亚热带湿润季风气候区，年均气温约 11.5~13.4℃，年均降水量约 1660 mm，年均日照时数约 1960 h，无霜期约 255 d。

上山铺系典型景观

土系特征与变幅　诊断层包括暗瘠表层、黏化层；诊断特性包括温性土壤温度状况、湿润土壤水分状况、铝质特性、腐殖质特性。该土系地处高中山斜坡地，发源于凝灰岩风化残坡积物母质，土体厚度在 100 cm 以上，孔隙度较高，细土质地为粉砂壤土或壤土。该土系以毛竹林地为主，地表有少量的毛竹落叶覆盖，表土厚度 25~30 cm，腐殖质大量淀积，有机碳含量约 40.0~60.0 g/kg，土体呈棕色，色调 10YR，润态明度 3~4，彩度 2~4，为暗瘠表层。地表覆盖中等，土体淋溶较强，由于黏粒淀积，约 30 cm 左右开始形成了黏化层，厚度 50~80 cm，黏粒含量约 150~250 g/kg。土体呈酸性，pH（H_2O）约 4.5~5.0，pH（KCl）<4.5，CEC_7 约 15.0~20.0 cmol/kg，盐基饱和度<30%，铝饱和度>60%，整个 B 层具有铝质特性。土体腐殖质淀积明显，由表层向下减少，土体 100 cm 有机碳储量达 15~25 kg/m^2。表土有机质含量约 60~100 g/kg，全氮 3.0~5.0 g/kg，有效磷 5~8 mg/kg，速效钾 100~150 mg/kg。

　　Aho，腐殖表层，厚度约 25~30 cm，根系盘结，腐殖质大量淀积，有机碳含量 40.0~60.0 g/kg 以上，土体呈酸性，盐基饱和度<30%。

　　Bt，黏化层，开始出现于 20~30 cm，厚度 50~80 cm，细土质地以粉砂壤土为主，黏粒含量约 150~250 g/kg，CEC_7 约 15~20 cmol/kg，铝饱和度>60%，具有铝质特性。

对比土系　　东天目系，分布地形部位、母质来源均相同，且具有温性土壤温度状况、腐殖质特性，但东天目系地处浙北，腐殖质黏粒在表层积聚，淋溶相对稍弱，125 cm 内无黏化层，为雏形土。

利用性能综述　　该土系地处高中山林地，坡度中等，土体深厚，质地适中，通透性良好。发源于凝灰岩母质，土体呈酸性，适合毛竹、松树、杉树及樟树等林木生长，当前利用上以毛竹林地为主，是浙江省的竹笋和竹制品的重要产地之一。由于地形坡度较大，在竹笋生产季节表土人工翻动频繁，容易形成水土流失，需作防范。土体有机质和氮、钾素水平较高，但磷素养分水平较低，需及时补充，防止地力衰退。

参比土种　　山黄泥土。

代表性单个土体　　剖面（编号 33-134）于 2012 年 4 月 1 日采自浙江省丽水市遂昌县高坪乡上山铺村东南，28°43′06.7″N，119°04′03.6″E，中山上坡，海拔 810 m，坡度约 25°~35°，母质为凝灰岩风化残坡积物，毛竹林岗地，地表有少量的枯枝落叶（毛竹叶）覆盖，50 cm 深度土温 15.4℃。

33-134

上山铺系代表性单个土体剖面

Ah：0~25 cm，棕色（10YR 4/4，润），浊黄棕色（10YR 5/4，干）；细土质地为壤土，团粒状结构，稍疏松；有大量的毛竹中、细根系和少量粗根系；土体中有较多直径 0.5~1 cm 的动物（蚯蚓、蚂蚁）孔洞；有少量直径 1~2 cm 的砾石，约占 5%；pH 为 4.7；向下层平滑清晰过渡。

Bt1：25~85 cm，浊黄棕色（10YR 5/4，润），浊黄橙色（10YR 7/4，干）；细土质地为粉砂壤土，块状结构，稍紧实；有少量的毛竹中、细根系，偶有粗根系；结构面中有少量腐殖质胶膜；有少量直径 0.5 cm 左右的动物孔洞；有少量直径 1~2 cm 的砾石，约占土体 5%；pH 为 5.0；向下层平滑渐变过渡。

Bt2：85~140 cm，黄棕色（10YR 5/8，润），浊黄橙色（10YR 6/4，干）；细土质地为粉砂壤土，块状结构，紧实；偶有根系；土体中有较多风化度较高的母岩石块，直径 3~8 cm，约占土体 15%；pH 为 5.0。

上山铺系代表性单个土体物理性质

| 土层 | 深度/cm | 砾石（>2mm，体积分数）/% | 细土颗粒组成（粒径:mm）/（g/kg） | | | 质地 | 容重/（g/cm³） |
			砂粒 2~0.05	粉粒 0.05~0.002	黏粒 <0.002		
Ah	0~25	5	460	384	156	壤土	0.99
Bt1	25~85	5	220	587	193	粉砂壤土	1.08
Bt2	85~140	15	225	543	232	粉砂壤土	1.10

上山铺系代表性单个土体化学性质

| 深度/cm | pH | | 有机质/（g/kg） | 全氮（N）/（g/kg） | 全磷（P）/（g/kg） | 全钾（K）/（g/kg） | CEC$_7$/（cmol/kg） | ExAl/（cmol/kg） | 铝饱和度/% |
	H₂O	KCl							
0~25	4.7	3.9	90.3	3.57	0.42	14.9	19.8	6.0	73.2
25~85	5.0	4.2	18.5	0.93	0.25	17.9	16.7	3.9	70.0
85~140	5.0	4.1	10.1	0.55	0.20	18.3	18.8	5.5	82.7

9.2　黄色铝质湿润淋溶土

9.2.1　云栖寺系（Yunqisi Series）

土　　族：粗骨壤质硅质型酸性热性-黄色铝质湿润淋溶土

拟定者：麻万诸，章明奎，刘丽君

分布与环境条件　广泛分布于省内各市的低山丘陵区中下坡，以宁波、丽水、衢州、绍兴、湖州、温州等市境内的分布面积较大，海拔<600 m，坡度 15°~25°，母质为砂岩残坡积物，利用方式以茶园或林地为主。属亚热带湿润季风气候区，年均气温约 15.5~16.5℃，年均降水量约 1380 mm，年均日照时数约 2035 h，无霜期约 235 d。

云栖寺系典型景观

土系特征与变幅　诊断层包括淡薄表层、黏化层；诊断特性包括热性土壤温度状况、湿润土壤水分状况、铝质现象。该土系分布于低山丘陵的中上坡，母质为砂岩残坡积物，有效土层厚度达 150~200 cm 或更厚。土体中>2 mm 的岩石碎屑含量较高，表层在 30%以上，向下逐层降低。细土质地为壤土或粉砂壤土，土体疏松，粒间孔隙度高。土体 20~30 cm 深处开始出现黏化层，厚度>120 cm，黏粒含量约 180~240 g/kg，黏粒 CEC_7 约 30~50 cmol/kg，盐基饱和度<20%，铝饱和度达 60%~80%，具有铝质现象。土体呈强酸性，pH（H_2O）为 3.5~4.5，润态色调上部为 7.5YR 或更黄，游离态氧化铁（Fe_2O_3）含量约 15~25 g/kg。表土有机质约 20~30 g/kg，全氮 0.8~1.2 g/kg，有效磷 1~5 mg/kg，速效钾 50~80 mg/kg。

Bt，黏化层，起始于 20~30 cm，厚度>120 cm，细土质地以壤土为主，黏粒含量 180~240 g/kg，色调 7.5YR~10YR，土体呈强酸性，盐基饱和度<20%，黏粒 CEC_7 约 30~50 cmol/kg。

对比土系　凉棚岙系，同一亚类不同土族，分布于丘陵中缓坡，剖面形态相似，土体粗骨屑粒含量加权约 25%~35%，母质来源不同造成矿物类型差异，凉棚岙系发源于凝灰岩风化物母质，矿物类型为硅质混合型。

利用性能综述　该土系地处丘陵山地的中上坡，坡度较大，土体疏松且粗骨碎屑含量较高，粒间孔隙大，土壤养分易随水流失。该土系当前在利用上多为林地或园地，为减少水土流失，以梯地为主。作为园地，表土的有机质和氮、磷、钾素等养分都明显偏低，尤其是氮、磷严重缺乏。在工程方面，因土体疏松且岩基深埋，当受长时间雨水作用时，极易形成梯地坎体坍塌，甚至形成泥石流。因此，种植乔木等深根植被是保护该土系免遭破坏的最佳途径。

参比土种 黄泥砂土。

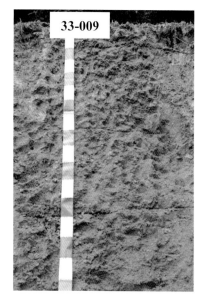

云栖寺系代表性单个土体剖面

代表性单个土体 剖面（编号 33-009）于 2009 年 12 月 8 日采自浙江省杭州市西湖区转塘镇梅家坞村云栖寺西南 200 m，30°11′29.2″N，120°05′08.4″E，低丘中下坡，海拔 36 m，坡度约 20°～25°，母质为砂岩风化残坡积物，茶园，50 cm 深度土温 18.9 ℃。

Ah：0～20 cm，棕色（10YR 4/4，润），浊黄橙色（10YR 7/3，干）；细土质地为壤土，小团块状结构，疏松；有少量的茶树中、细根系；土体中有大量直径 1～2 cm 的砾石，约占 40%；pH 为 4.0；向下层平滑清晰过渡。

Bt1：20～80 cm，亮棕色（7.5YR 5/8，润），橙色（7.5YR 7/6，干）；细土质地为壤土，小团块状结构，稍紧实；土体中有大量直径 1～2 cm 的砾石，占 30% 以上；pH 为 4.2；向下层模糊过渡。

Bt2：80～130 cm，棕色（7.5YR 4/6，润），橙色（7.5YR 6/6，干）；细土质地为壤土，块状结构，稍紧实；土体中有较多直径 1～2 cm 的砾石，约占 20%；pH 为 4.3；向下层模糊过渡。

Bt3：130～200 cm，亮棕色（7.5YR 5/6，润），亮棕色（7.5YR 5/6，干）；细土质地为粉砂壤土，块状结构，稍紧实；土体中有较多直径 1～2 cm 的砾石，约占 15%；pH 为 4.3。

云栖寺系代表性单个土体物理性质

土层	深度 /cm	砾石 (>2mm, 体积分数) /%	细土颗粒组成（粒径:mm）/（g/kg）			质地	容重 /（g/cm³）
			砂粒 2~0.05	粉粒 0.05~0.002	黏粒 <0.002		
Ah	0~20	40	479	374	147	壤土	1.07
Bt1	20~80	30	391	416	193	壤土	1.09
Bt2	80~130	20	369	434	197	壤土	1.12
Bt3	130~200	15	277	519	204	粉砂壤土	1.12

云栖寺系代表性单个土体化学性质

深度 /cm	pH		有机质 /（g/kg）	全氮（N） /（g/kg）	全磷（P） /（g/kg）	全钾（K） /（g/kg）	CEC_7 /（cmol/kg）	ExAl /（cmol/kg）	铝饱和度 /%
	H_2O	KCl							
0~20	4.0	3.3	27.7	1.13	0.41	10.4	12.2	5.1	41.5
20~80	4.2	3.6	6.9	0.48	0.23	9.8	9.8	3.0	72.9
80~130	4.3	3.7	3.4	0.35	0.21	9.6	7.8	3.5	73.6
130~200	4.3	3.7	3.4	0.29	0.23	12.2	6.8	3.6	52.5

9.2.2 凉棚岙系（Liangpeng'ao Series）

土　族：粗骨壤质硅质混合型酸性热性-黄色铝质湿润淋溶土
拟定者：麻万诸，章明奎，李　丽

分布与环境条件　主要分布于浙江台州、宁波、丽水、温州等市的丘陵中缓坡、山麓地段，以三门、玉环、临海、仙居、黄岩、瑞安、苍南、宁海、龙泉、遂昌等县市区分布面积较大，坡度约 8°~15°，海拔<400 m，母质为凝灰岩风化残坡积物，利用方式以果园或林地为主。属亚热带湿润季风气候区，年均气温约 16.0~18.0℃，年均降水量约 1535 mm，年均日照时数约 1995 h，无霜期约 270 d。

凉棚岙系典型景观

土系特征与变幅　诊断层包括淡薄表层、黏化层；诊断特性包括热性土壤温度状况、湿润土壤水分状况、铝质现象。该土系分布于丘陵中下坡，坡度约 8°~15°，母质为凝灰岩风化残坡积物，土体厚度约 80~120 cm，细土质地为壤土，土体中有大量直径 2~5 cm 的砾石或更大的石块，平均占土体的 25%以上。由于耕作和淋溶的影响，土体中的黏粒已发生了明显的迁移淀积，约 20~30 cm 处开始出现黏化层，厚度约 30~50 cm，黏粒含量 200~250 g/kg。土体呈酸性至强酸性，pH（H$_2$O）约 4.0~5.0，pH（KCl）<4.5，B 层的 CEC$_7$ 约 15~20 cmol/kg，黏粒 CEC$_7$>50 cmol/kg，盐基饱和度<30%，铝饱和度>60%，具有铝质现象。由于受园地施肥等影响，土体中腐殖质具有一定的淀积且从表层向下逐渐减少，100 cm 土体有机岩储量约 8~10 kg/m^2。表层厚度约 25 cm，颜色稍暗，但尚未形成暗沃表层、暗瘠表层。整个 B 层呈棕色，色调 7.5YR~10YR。表土有机质约 20~40 g/kg，全氮 1.5~2.0 g/kg，碳氮比（C/N）约 8.0~11.0，有效磷约 1~5 mg/kg，速效钾 100~150 mg/kg。

　　Bt，黏化层，开始于 20~30 cm，厚度 30~50 cm，土体疏松，粗骨屑粒含量在 20%以上，细土质地为壤土，黏粒含量 200~250 g/kg，呈酸性，pH（H$_2$O）约 4.0~5.0，pH（KCl）<4.5，CEC$_7$ 约 15~20 cmol/kg，盐基饱和度<30%，铝饱和度>60%。

对比土系　云栖寺系，同一亚类不同土族，分布于丘陵中缓坡，土体粗骨屑粒含量加权约 25%~35%。区别在于母质来源不同造成矿物类型差异，云栖寺系发源于砂岩风化物母质，矿物类型为硅质型。

利用性能综述　该土系地处丘陵中缓坡，土层较深，质地适中，土体松散，通透性较好，保蓄性能稍差。土体酸性较强，当前一般都开辟为园地，适合种植杨梅、枇杷、柑橘、柚子、黄桃等果树，果实品质较好。因坡度稍大，土体中粗骨砾石含量较高，土体松散，结持性稍差，易遭水土侵蚀流失。在管理利用中，可在园地中套种绿肥，以增加地表覆盖，减少水土流失，同时需适当注重磷肥等养分的补充。

参比土种　砾石黄泥。

凉棚岙系代表性单个土体剖面

代表性单个土体　剖面（编号 33-124）于 2012 年 3 月 21 日采自浙江省台州市黄岩区高桥街道凉棚岙村北，28°36′20.3″N，121°12′38.1″E，中低丘中坡，坡度约 10°~15°，海拔 60 m，母质为凝灰岩风化残坡积物，梯地果园，种植柑橘、枇杷、杨梅等果树，50 cm 深度土温 20.0℃。

Ah：0~25 cm，棕色（10YR 4/4，润），浊黄棕色（10YR 5/4，干）；细土质地为壤土，屑粒状结构，疏松；有少量细根系；土表有苔藓和白茅等植物生长；土体中直径 2~5 cm 的砾石约占 10%；pH 为 4.4；向下层平滑渐变过渡。

Bt：25~70 cm，棕色（10YR 4/6，润），浊黄橙色（10YR 6/4，干）；细土质地为壤土，碎块状结构，疏松；有少量中细根系；土体中直径 3~10 cm 左右的砾石和石块约占 20%；pH 为 4.7；向下层平滑渐变过渡。

Bw：70~110 cm，棕色（7.5YR 4/4，润），亮棕色（7.5YR 5/6，干）；细土质地为壤土，团块状结构，疏松；土体中直径 2 cm 以上的砾石和大石块约占 30%以上；pH 为 4.8。

凉棚岙系代表性单个土体物理性质

土层	深度 /cm	砾石 (>2mm，体积分数) /%	细土颗粒组成（粒径:mm）/（g/kg）			质地	容重 /（g/cm³）
			砂粒 2~0.05	粉粒 0.05~0.002	黏粒 <0.002		
Ah	0~25	15	434	428	138	壤土	1.11
Bt	25~70	25	390	393	217	壤土	1.12
Bw	70~110	35	431	495	74	壤土	1.16

凉棚岙系代表性单个土体化学性质

深度 /cm	pH		有机质 /（g/kg）	全氮（N） /（g/kg）	全磷（P） /（g/kg）	全钾（K） /（g/kg）	CEC$_7$ /（cmol/kg）	ExAl /（cmol/kg）	铝饱和度 /%
	H$_2$O	KCl							
0~25	4.4	3.9	30.1	1.64	2.12	18.7	16.5	6.0	80.8
25~70	4.7	4.0	10.1	0.65	1.28	21.6	19.2	5.9	83.9
70~110	4.8	4.0	5.1	0.65	0.45	21.2	18.2	5.4	69.7

9.2.3 百公岭系（Baigongling Series）

土　族：黏壤质硅质混合型酸性热性-黄色铝质湿润淋溶土
拟定者：麻万诸，章明奎，李丽

分布与环境条件　主要分布于浙江杭州、宁波、金华、丽水、绍兴、衢州、台州等市的中低丘中缓坡阶地或谷口洪积扇上，一般海拔<300 m，坡度8°~15°，母质为第四纪（Q_3）红黏土，利用方式以毛竹林地为主。属亚热带湿润季风气候区，年均气温约 15.0~16.0℃，年均降水量约 1415 mm，年均日照时数约 2020 h，无霜期约 235 d。

百公岭系典型景观

土系特征与变幅　诊断层包括淡薄表层、黏化层；诊断特性包括热性土壤温度状况、湿润土壤水分状况、铝质现象、聚铁网纹现象。该土系发育于第四纪（Q_3）红土，土体深度>100 cm，土体中偶有夹砾层，磨圆度中等，直径 2~10 cm，呈水平方向分布。土体约 20~30 cm 开始出现黏化层，厚度>100 cm，黏粒含量 300~350 g/kg，土体呈酸性，pH 为 5.0~5.5，黏粒 CEC_7 约 30.0~50.0 cmol/kg，盐基饱和度<30%。125 cm 内全部 B 层 pH（KCl）<4.5，黏粒浸提铝>12.0 cmol/kg，具有铝质现象。土体 60~100 cm 内可见少量铁锰结核，具有聚铁网纹现象。B 层土体呈黄棕色至棕色，色调 7.5YR~10YR，游离态氧化铁（Fe_2O_3）含量约 40~60 g/kg。表层有机质含量约 25~35 g/kg，全氮 1.5~2.0 g/kg，有效磷 5~8 mg/kg，速效钾 60~100 mg/kg。

　　Bt，黏化层，块状结构，开始于 20~30 cm，厚度>100 cm，细土质地以黏壤土或粉砂质黏壤土为主，黏粒含量 300~350 g/kg，土体色调 7.5YR~10YR，游离态氧化铁含量约 40~60 g/kg，pH（KCl）<4.5，盐基饱和度<30%，CEC_7 约 8~12 cmol/kg，黏粒浸提铝>12.0 cmol/kg，具有铝质现象。

对比土系　岛石系，同一亚类不同土族，区别在于母质来源、利用方式不同造成土体性状差异，岛石系发源于花岗岩风化物母质，土体颜色更黄，色调 10YR~2.5Y，颗粒大小级别为壤质。中村系，同一土类不同亚类，分布于低丘，发源于第四纪红土母质，土体深厚，黏化层厚 50 cm 以上。区别在于中村系土体颜色更红，整个 B 层呈橙色，色调 5YR，为普通铝质湿润淋溶土。

利用性能综述　该土系地处缓坡阶地，土体深厚，质地稍偏黏重。目前，该土系多被辟为园地，因土壤呈酸性或弱酸性，宜种毛竹或茶树等喜酸植物。作为园地，该土系表土的有机质、全氮含量都还较好，磷、钾水平中等。但该土系易受侵蚀，在开辟为园地时应该注重水土保持，可通过种植绿肥等植物，起到覆盖地表和改善土壤结构的双重功效。

参比土种　亚黄筋泥。

百公岭系代表性单个土体剖面

代表性单个土体　剖面（编号 33-039）于 2010 年 12 月 9 日采自浙江省杭州市临安市上甘镇百公岭，30°10′08.1″N，119°43′43.5″E，中丘中坡阶地，海拔 293 m，坡度 10° 左右，母质为第四纪（Q_3）红黏土，植被为人工毛竹林地，50 cm 深度土温 17.9℃。

Ah：0~23 cm，暗棕色（10YR 3/4，润），浊黄棕色（10YR 5/3，干）；细土质地为粉砂壤土，团粒状结构，疏松；有大量的杂草中、细根系和少量的小竹子及灌木粗根系；pH 为 5.1；向下层平滑清晰过渡。

Bt1：23~57 cm，棕色（10YR 4/6，润），亮黄棕色（10YR 6/6，干）；细土质地为粉砂质黏壤土，块状结构，稍紧实；有少量毛竹的中、粗根系；pH 为 5.2；向下层平滑渐变过渡。

Bt2：57~70 cm，黄棕色（10YR 5/6，润），黄棕色（10YR 5/6，干）；细土质地为粉砂质黏壤土，块状结构，紧实；土体中有大量的大块砾石，直径 5~10 cm，约占土体 10%~15%，形成了一个夹砾层；pH 为 5.1；向下层平滑渐变过渡。

Bts：70~150 cm，亮棕色（7.5YR 5/8，润），亮棕色（7.5YR 5/8，干）；细土质地为黏壤土，块状结构，紧实；断面中可见较多的锰斑团块，约占 25%~30%，呈多角状；土体中有少量的 2~5 cm 的砾石，约占 5%；pH 为 5.3。

百公岭系代表性单个土体物理性质

土层	深度 /cm	砾石（>2mm，体积分数）/%	细土颗粒组成（粒径:mm）/（g/kg）			质地	容重 /（g/cm³）
			砂粒 2~0.05	粉粒 0.05~0.002	黏粒 <0.002		
Ah	0~23	10	183	636	181	粉砂壤土	1.07
Bt1	23~57	5	133	562	305	粉砂质黏壤土	1.19
Bt2	57~70	15	163	515	322	粉砂质黏壤土	1.26
Bts	70~150	10	212	456	332	黏壤土	1.25

百公岭系代表性单个土体化学性质

深度 /cm	pH		有机质 /（g/kg）	全氮（N） /（g/kg）	全磷（P） /（g/kg）	全钾（K） /（g/kg）	CEC_7 /（cmol/kg）	ExAl /（cmol/kg）	铝饱和度 /%
	H_2O	KCl							
0~23	5.1	4.1	29.6	2.09	0.55	13.8	6.7	2.5	37.8
23~57	5.2	4.0	7.5	0.57	0.49	16.4	9.6	3.8	58.0
57~70	5.1	4.0	6.8	0.52	0.58	17.3	10.7	5.0	69.4
70~150	5.3	4.0	2.6	0.44	0.82	17.1	10.2	5.2	73.2

9.2.4 岛石系（Daoshi Series）

土　族：壤质硅质混合型酸性热性-黄色铝质湿润淋溶土
拟定者：麻万诸，章明奎，张天雨

分布与环境条件　广泛分布于全省各市的低山丘陵区，以宁波、丽水、衢州等市分布面积较大，海拔 400~600 m，地形较为陡峭，坡度 25°~40°，母质为花岗岩风化残坡积物，利用方式以旱地、园地为主。属亚热带湿润季风气候区，年均气温约 14.5~15.5℃，年均降水量约 1460 mm，年均日照时数约 1955 h，无霜期约 230 d。

岛石系典型景观

土系特征与变幅　诊断层包括淡薄表层、黏化层；诊断特性包括热性土壤温度状况、湿润土壤水分状况、铝质现象、肥熟现象。该土系分布于低山丘陵区的中上坡，坡度 25°~40°，多为人工坡地，地面坡度 5°~8°，种植板栗、茶树、番薯等。土体颗粒稍粗，细土质地以砂质壤土或壤土为主，表土层呈砂性，细土砂粒含量在 550 g/kg 以上。受耕作影响，表土熟化，厚度 10~20 cm，腐殖质大量淀积，有机碳含量约 30~40 g/kg。腐殖质黏粒下移并在亚表层产生淋淀积累，有机碳含量约 10~20 g/kg。约 40~50 cm 出现黏化层，厚度 60~80 cm，砂粒含量约 450~500 g/kg，黏粒含量约 100~200 g/kg，黏粒较上覆和下垫土层高出 30 g/kg 以上。整个 B 层土体呈黄棕色，色调 10YR~2.5Y，酸性，pH（KCl）<4.5，CEC$_7$ 约 5.0~10.0 cmol/kg，盐基饱和度<20%，铝饱和度>70%，具有铝质现象。约 100~110 cm 开始为半风化母质层，细土质地为砂质壤土或壤质砂土，砂粒含量在 700~750 g/kg。表土有机质>50 g/kg，全氮 2.0~2.5 g/kg，碳氮比（C/N）15.0 以上，有效磷<5 mg/kg，速效钾 120~150 mg/kg。

　　Bt，黏化层，开始出现于 40~50 cm 处，厚度 60~80 cm，黏粒含量约 100~200 g/kg，呈黄棕色，润态色调为 10YR~2.5Y，土体呈酸性，pH（KCl）<4.5，盐基饱和度<20%，铝饱和度>70%，具有铝质现象。

对比土系　百公岭系，同一亚类不同土族，区别在于母质来源、利用方式等不同造成土体性状差异，百公岭系发源于 Q$_3$ 红土母质，多为毛竹园、雷竹园地，土体色调 7.5YR~10YR，颗粒大小级别为黏壤质，且表土受耕作影响明显熟化，耕作层有机碳含量达 30~40 g/kg，属壤质硅质混合型酸性热性-黄色铝质湿润淋溶土。转塘系，同一土类不同亚类，均发源于花岗岩残坡积物母质，土体深厚，剖面结构相似，但 B 层颜色更红，色调为 2.5YR~5YR，为普通铝质湿润淋溶土。

利用性能综述　该土系发育于细晶花岗岩风化物残坡积物，土体质地均一，砂粒含量稍高，透水、通气性能较好，表土疏松，利于番薯、马铃薯等地下块根、块茎类作物的生长。表土有机质含量较高，但腐殖化程度较差，不利于植物的吸收利用。该土系地表覆盖较差，坡度大，容易造成土壤侵蚀，再者水源短缺，宜退耕还林。种植板栗等稀疏乔木时，宜套种绿肥作物以涵水固土。用作茶园时，宜作水平方向梯地式种植以降低水土流失风险。

参比土种　黄泥砂土。

代表性单个土体　剖面（编号 33-037）于 2010 年 12 月 8 日采自浙江省杭州市临安市岛石镇华光潭村东，30°17′28.0″N，119°01′24.8″E，高丘中上坡，海拔 465 m，种植板栗、茶叶等，坡度 30°左右，母质为花岗岩风化残坡积物，50 cm 深度土温 17.4℃。

岛石系代表性单个土体剖面

Ap：0~14 cm，浊黄棕色（10YR 4/3，润），淡黄橙色（10YR 7/3，干）；细土质地为砂质壤土，团粒状结构，疏松；有较多的中、细根系；有少量的动物（蚯蚓）孔穴；pH 为 5.6；向下层平滑清晰过渡。

AB：14~45 cm，黄棕色（10YR 5/6，润），浊黄橙色（10YR 7/4，干）；细土质地为砂质壤土，块状结构，稍疏松；有大量的灌木中、粗根系；土体中有较多的蚯蚓孔洞和蚁穴；pH 为 4.8；向下层平滑清晰过渡。

Bt1：45~83 cm，亮黄棕色（10YR 7/6，润），淡黄橙色（10YR 8/3，干）；细土质地为壤土，块状结构，稍紧实；有极少量中根系；有少量的动物孔洞；pH 为 4.9；向下层波状清晰过渡。

Bt2：83~110 cm，亮黄棕色（10YR 6/6，润），淡黄橙色（10YR 8/4，干）；细土质地为壤土，块状结构，紧实；pH 为 4.9；向下层波状清晰过渡。

C：110~200 cm，半风化层，黄色（2.5Y 8/6，润），浅淡黄色（2.5Y 8/4，干）；细土质地为壤质砂土，单粒状无结构，较紧实；pH 为 5.1。

岛石系代表性单个土体物理性质

土层	深度 /cm	砾石（>2mm, 体积分数）/%	细土颗粒组成（粒径:mm）/（g/kg）			质地	容重 /（g/cm³）
			砂粒 2~0.05	粉粒 0.05~0.002	黏粒 <0.002		
Ap	0~14	5	542	352	106	砂质壤土	1.02
Bp	14~45	1	573	336	91	砂质壤土	1.09
Bt1	45~83	0	451	422	127	壤土	1.19
Bt2	83~110	1	496	352	152	壤土	1.18
C	110~200	75	750	200	50	壤质砂土	1.19

岛石系代表性单个土体化学性质

深度 /cm	pH		有机质 /（g/kg）	全氮（N）/（g/kg）	全磷（P）/（g/kg）	全钾（K）/（g/kg）	CEC₇ /（cmol/kg）	ExAl /（cmol/kg）	铝饱和度 /%
	H₂O	KCl							
0~14	5.6	4.6	62.7	1.74	0.28	28.4	9.8	1.1	11.6
14~45	4.8	3.9	22.4	0.72	0.15	32.6	6.9	4.6	78.4
45~83	4.9	3.9	5.1	0.15	0.11	32.8	7.5	5.6	83.6
83~110	4.9	3.8	2.2	0.10	0.11	33.9	9.6	7.4	86.5
110~200	5.1	4.1	2.3	0.01	0.08	42.1	4.6	3.1	80.0

9.3　普通铝质湿润淋溶土

9.3.1　石煤岭系（Shimeiling Series）

土　族：粗骨壤质硅质型酸性热性-普通铝质湿润淋溶土
拟定者：麻万诸，章明奎，张天雨

分布与环境条件　主要分布于浙南海拔<200 m 的低丘中缓坡，以台州市和温州市境内分布面积较大，其次为丽水市和宁波市，坡度约8°~15°，母质为石英砂岩风化残坡积物，利用方式以茶园或林地为主。属亚热带湿润季风气候区，年均气温约16.3~18.2℃，年均降水量约1615 mm，年均日照时数约2050 h，无霜期约 260 d。

石煤岭系典型景观

土系特征与变幅　诊断层包括淡薄表层、黏化层、雏形层；诊断特性包括热性土壤温度状况、湿润土壤水分状况、铝质现象。该土系分布于中低丘中上坡，坡度8°~15°，母质为石英砂岩残坡积物，土体深厚，一般厚度在 150 cm 以上。土体中粗骨岩石屑粒含量较高，平均为 30%以上，细土质地为壤土或黏壤土，全土体颜色较为均一，呈暗红棕色，润态色调 2.5YR~10R，游离态氧化铁（Fe_2O_3）含量约 30~50 g/kg。全土体呈酸性至强酸性，B 层 pH（KCl）<4.0，B 层 CEC_7 约 10.0~20.0 cmol/kg，黏粒 CEC_7 约 40.0~50.0 cmol/kg，盐基饱和度<20%，铝饱和度>75%，具有铝质现象。约 40~50 cm 处开始出现黏化层，厚度>100 cm，黏粒含量约 300~350 g/kg，较上覆盖土层高 20%以上。表层有机质<10 g/kg，全氮<0.6 g/kg，有效磷<5 mg/kg，速效钾<50 mg/kg。

　　Bt，黏化层，开始出现于 40~50 cm，厚度>100 cm，土体呈暗红棕色，润态色调2.5YR~10R，土体中有大量的粗骨砾石，>2 mm 的石英砂砾含量在 20%以上，细土质地为黏壤土，黏粒含量 300~350 g/kg，黏粒 CEC_7 约 40.0~50.0 cmol/kg，土体呈酸性，盐基饱和度<20%，铝饱和度>75%，具有铝质现象。

对比土系　云栖寺系，同一土类不同亚类，发源于砂岩风化物母质，土体深厚，粗骨岩石碎屑含量高。区别在于云栖寺系土体颜色更黄，具有腐殖质特性，为腐殖铝质湿润淋溶土。

利用性能综述　该土系由石英砂岩风化残坡积物发育而来，土体深厚，地处中低丘中上坡，坡度较大，地表覆盖度一般。粗骨碎屑含量高，细土质地较为黏重，外排水好而渗透性较差，地表砾石度高。土体有机质、氮、磷、钾素都极为贫缺，土体紧实，不利于植物生长。因此，该土系极易形成水土流失。在利用改良上，需要增加植被覆盖以达到涵养水分和提升土壤肥力的多重作用。

参比土种　红泥砂土。

代表性单个土体　剖面（编号 33-019）于 2010 年 5 月 27 日采自浙江省衢州市衢江区大洲镇何村石煤岭南 200 m 左右，28°52′26.4″N，118°58′13.9″E，中丘阶地，海拔 139 m，坡度约 10°~15°，母质为石英砂岩风化残坡积物，园地，植被为茶树，50 cm 深度土温 19.7℃。

石煤岭系代表性单个土体剖面

Ah：0~16 cm，红棕色（2.5YR 4/6，润），亮红棕色（2.5YR 5/8，干）；细土质地为壤土，核粒状结构，疏松；中量的芒萁等杂草根系；土体中有大量 5~20 mm 的砾石，约占 30%；pH 为 4.4；向下层模糊过渡。

Bw：16~44 cm，红棕色（2.5YR 4/8，润），亮红棕色（2.5YR 5/6，干）；细土质地为壤土，小块状结构，紧实；有少量的细根系；土体中有大量直径 10~30 mm 的角块状砾石，风化程度一般，约占 20%；pH 为 4.7；向下层模糊过渡。

Bt1：44~100 cm，暗红棕色（2.5YR 3/4，润），红棕色（2.5YR 4/6，干）；细土质地为黏壤土，核块状结构，紧实；土体中有大量直径 10~25 mm 的角块状砾石，风化程度一般，约占 20%；pH 为 4.4；向下层模糊过渡。

Bt2：100~200 cm，暗红棕色（2.5YR 3/6，润），红棕色（2.5YR 4/6，干）；细土质地为黏壤土，核块状结构，很紧实；土体中有较多直径 5~10 mm、风化程度较高的砾石，约占 20%；pH 为 4.4。

石煤岭系代表性单个土体物理性质

土层	深度 /cm	砾石（>2mm，体积分数）/%	细土颗粒组成（粒径:mm）/（g/kg）			质地	容重 /（g/cm³）
			砂粒 2~0.05	粉粒 0.05~0.002	黏粒 <0.002		
Ah	0~16	40	228	494	278	壤土	1.12
Bw	16~44	30	253	491	256	壤土	1.13
Bt1	44~100	25	217	439	344	黏壤土	1.14
Bt2	100~200	25	312	367	321	黏壤土	1.14

石煤岭系代表性单个土体化学性质

深度 /cm	pH		有机质 /（g/kg）	全氮（N）/（g/kg）	全磷（P）/（g/kg）	全钾（K）/（g/kg）	CEC₇ /（cmol/kg）	ExAl /（cmol/kg）	铝饱和度 /%
	H₂O	KCl							
0~16	4.4	3.4	4.2	0.34	0.15	8.6	8.0	7.8	97.5
16~44	4.7	3.5	3.1	0.26	0.12	9.4	10.3	7.2	85.0
44~100	4.4	3.5	2.5	0.28	0.13	9.3	16.2	12.8	92.3
100~200	4.4	3.5	3.1	0.23	0.15	9.6	15.9	13.7	93.7

9.3.2 金瓜垄系（Jingualong Series）

土　族：砂质云母混合型酸性热性-普通铝质湿润淋溶土
拟定者：麻万诸，章明奎，张天雨

分布与环境条件　主要分布于浙西、浙南酸性紫砂岩发育的低山丘陵区的中坡中上部，以开化、建德、临安、淳安、文成、泰顺等县市分布面积较大，天台、奉化、苍南等县市也有少量分布，海拔<500 m，坡度约15°~25°，母质为酸性紫砂岩风化残坡积物，利用方式以毛竹林地或园地为主。属亚热带湿润季风气候区，年均气温约16.5~18.0℃，年均降水量约1980 mm，年均日照时数约1845 h，无霜期约245 d。

金瓜垄系典型景观

土系特征与变幅　诊断层包括淡薄表层、黏化层；诊断特性包括热性土壤温度状况、湿润土壤水分状况、准石质接触面、铝质现象。该土系地处海拔<600 m 的低山丘陵斜坡地的中上坡，坡度15°~25°，母质为酸性紫砂岩风化残坡积物，有效土层厚度约80~120 cm，土体疏松，质地较轻，>2 mm 的粗骨砂粒含量在15%以上，其中直径2~0.25 mm 的粗、中砂含量在300~600 g/kg，细土质地为砂质壤土或壤土。约20~30 cm 处开始出现黏化层，厚度80~100 cm，黏粒含量约100~250 g/kg，土体呈酸性，pH（KCl）为4.0~4.5，黏粒CEC$_7$>30 cmol/kg，黏粒 KCl 浸提铝约15.0~20.0 cmol/kg，盐基饱和度<30%，铝饱和度约40%~60%，具有铝质现象。土体呈灰红色至红棕色，润态色调10R，表土具有一定的腐殖质淀积，100 cm 土体的有机碳含量7.0~10.0 kg/m^2，表土厚度20~25 cm，有机质约10~20 g/kg，全氮1.0~1.5 g/kg，有效磷<5 mg/kg，速效钾100~120 mg/kg。

　　Bt，黏化层，起始于20~30 cm，厚度80~100 cm，细土质地为壤土或砂质壤土，土体呈酸性，pH（KCl）为4.0~4.5，黏粒 CEC$_7$>30 cmol/kg，盐基饱和度<30%，黏粒浸提铝>12.0 cmol/kg。

对比土系　高坪系，均发源于酸性紫色砂岩风化残坡积物母质，剖面形态相似。区别在于高坪系处于海拔800~1000 m 的中山区，具有温性土温，淋溶稍弱，黏粒虽有较明显的淋移淀积，但尚未形成黏化层，为雏形土。

利用性能综述　该土系分布于低山丘陵的中上坡，坡度稍陡，土层厚度中等，土体疏松，质地较砂，内外排水良好，目前在利用上多为林地，也有部分开辟为旱作梯地。发育于酸性紫砂岩母质，土体呈酸性至微酸性，矿质元素含量相对较丰富，适用于种植花生、甘薯等作物以及李子、板栗、桃、梨等果木，且品质较好。因土体疏松且坡度稍大，该土系易形成水土流失。肥水保蓄能力稍差，土体中有机质和氮、磷素养分偏低，钾素水平尚好。在利用管理上，一是要保持地表覆盖，防止水土流失；二是要培肥地力。

参比土种　酸性紫砂土。

代表性单个土体　剖面（编号33-114）于2012年3月10日采自浙江省温州市泰顺县仙稔乡上稔村金瓜垄，27°36′02.2″N，119°46′10.6″E，坡度约20°~25°，高丘中上坡，海拔433 m，母质为酸性紫砂岩风化残坡积物，植被为毛竹林，50 cm深度土温20.0℃。

金瓜垄系代表性单个土体剖面

Ah：0~25 cm，灰红色（10R 4/2，润），灰红色（10R 5/2，干）；细土质地为砂质壤土，团粒和小团块状结构，疏松；有大量的毛竹中、细根系，约20 条/dm²，少量粗根系；土体中有较多直径3~10 mm的动物孔洞，占土体的1%~3%；有较多直径2~5 mm的砾石，约占土体15%；pH为5.7；向下层平滑渐变过渡。

Bt1：25~60 cm，红棕色（10R 4/3，润），红棕色（10R 5/3，干）；细土质地为砂质壤土，碎块状结构，稍疏松；有中量的毛竹细根，约5~10 条/dm²；土体中有较多的动物孔洞，直径3~10 mm；有较多直径2~5 cm的砾石，约占15%；pH为5.4；向下层平滑渐变过渡。

Bt2：60~120 cm，红棕色（10R 5/4，润），浊红橙色（10R 6/4，干）；细土质地为壤土，块状结构，稍紧实；无明显根系；土体中有较多直径1~3 cm的砾石，约占15%；pH为5.2；向下层波状清晰过渡。

C：120~150 cm，半风化层，灰红紫色（10RP 5/4，润），灰红紫色（10RP 5/4，干）；细土质地为壤质砂土，很紧实；保持母岩岩性结构的半风化体占土体的75%以上；pH为5.5。

金瓜垄系代表性单个土体物理性质

土层	深度 /cm	砾石 （>2mm，体积 分数）/%	细土颗粒组成（粒径:mm）/（g/kg）			质地	容重 /（g/cm³）
			砂粒 2~0.05	粉粒 0.05~0.002	黏粒 <0.002		
Ah	0~25	15	708	235	57	砂质壤土	1.13
Bt1	25~60	15	606	261	133	砂质壤土	1.15
Bt2	60~120	15	454	317	229	壤土	1.18
C	120~150	85	826	127	47	壤质砂土	1.21

金瓜垄系代表性单个土体化学性质

深度 /cm	pH		有机质 /（g/kg）	全氮（N） /（g/kg）	全磷（P） /（g/kg）	全钾（K） /（g/kg）	CEC₇ /（cmol/kg）	ExAl /（cmol/kg）	铝饱和度 /%
	H₂O	KCl							
0~25	5.7	4.3	15.7	1.03	0.16	26.7	9.4	2.6	42.4
25~60	5.4	4.2	10.2	0.79	0.16	23.3	11.0	3.0	45.5
60~120	5.2	4.3	9.9	0.67	0.16	20.6	14.9	3.8	57.7
120~150	5.5	4.5	2.3	0.11	0.06	30.3	11.9	3.1	43.5

9.3.3 杨家门系（Yangjiamen Series）

土　族：黏质高岭石混合型酸性热性-普通铝质湿润淋溶土
拟定者：麻万诸，章明奎，刘丽君

分布与环境条件　主要分布于浙西、浙北的低山丘陵中下坡，以杭州市的分布面积较大，衢州、绍兴、湖州等市也有较大面积分布，丽水、台州等市也有少量分布，海拔<200 m，坡度 10°~15°，母质为泥页岩风化残坡积物，利用方式以自然林地为主。属亚热带湿润季风气候区，年均气温约 15.5~17.0℃，年均降水量约 1385 mm，年均日照时数约 2035 h，无霜期约 235 d。

杨家门系典型景观

土系特征与变幅　诊断层包括淡薄表层、黏化层；诊断特性包括热性土壤温度状况、湿润土壤水分状况、铝质现象。该土系分布于低山丘陵区平缓坡底部，母质为泥页岩、片岩和粉质砂岩等风化残坡积物，土体深厚，有效土层 150~200 cm 或更深。土质黏重，黏粒矿物主要为高岭石，细土质地为黏壤土或粉砂质黏壤土，粉粒与黏粒含量之和达 800~900 g/kg。土体约 10~20 cm 开始出现黏化层，厚度>100 cm，黏粒含量 300~400 g/kg。B 层呈红色，色调 10R~2.5YR，游离态氧化铁（Fe_2O_3）含量达 40~60 g/kg，pH 为 4.5~5.5，CEC_7 约 8~15 cmol/kg，盐基饱和度<30%，铝饱和度 70%，具有铝质现象。表土有机质约 20~30 g/kg，全氮<1.0 g/kg，有效磷<5 mg/kg，速效钾 120~150 mg/kg。

Bt，黏化层，开始于 10~20 cm，厚度>100 cm，土体呈红色，色调 10R~2.5YR，颗粒匀细，细土质地为粉砂质黏壤土或黏壤土，黏粒含量约 300~400 g/kg，土体呈酸性，pH 约 4.5~5.5，盐基饱和度<30%，铝饱和度>70%，具有铝质现象。

对比土系　灵龙系，均分布于海拔<200 m 的低丘斜坡地，母质为泥页岩风化残坡积物，区别在于灵龙系位于上坡，有效土层浅薄，粗骨碎屑平均含量达 30%~40%，未形成黏化层，为雏形土。铜山源系，均发源于泥页岩母质，但铜山源系分布于高中丘中上坡，陡坡，土体发育弱，尚未形成雏形层，为新成土。

利用性能综述　该土系分布于低山丘陵区，土体深厚，质地黏重，干时板结、湿时泥泞。坡度中等，外排水良好，内部渗透性较差。全土体呈酸性，表土氮素、磷素水平极低，钾素水平稍高，有机质含量较丰富但腐殖化程度低。目前植被多为灌木丛和小毛竹林地。在利用上，宜开发为经济林木区，种植毛竹、杉树等，如有水源供应，亦可发为梯地茶园、果园，种植茶树、杨梅等。

参比土种 黄红泥土。

代表性单个土体 剖面（编号 33-004）于 2009 年 12 月 7 日采自浙江省杭州市西湖区转塘镇中村杨家门北 300 m，30°09′48.9″N，120°02′34.2″E，低丘阶地，灌木林地，海拔60 m，坡度 15°~25°，母质为泥页岩风化残坡积物，50 cm 深度土温 19.2℃。

Ao：0~12 cm，红棕色（5YR 4/6，润），亮红棕色（5YR 5/8，干）；细土质地为黏壤土，小团块状结构，疏松；有大量的竹子中、细根系盘结；表土有较多的块状岩石碎屑；pH 为 4.7，向下层平滑渐变过渡。

Bt1：12~30 cm，红色（10R 4/8，润），亮红色（10R 5/8，干）；细土质地为粉砂质黏壤土，块状结构，紧实；有少量的竹子粗根系和中量的中、细根系；pH 为 4.7；向下层平滑渐变过渡。

Bt2：30~80 cm，红色（10R 4/8，润），红橙色（10R 6/8，干）；细土质地为粉砂质黏壤土，块状结构，紧实；土体黏闭；pH 为 4.9；向下层模糊过渡。

Bt3：80~180 cm，红色（10R 4/8，润），红橙色（10R 6/8，干）；细土质地为粉砂质黏壤土，块状结构，紧实；土体黏闭；pH 为 5.2；向下层模糊过渡。

C：180~200 cm，红棕色（10R 4/8，润），红色（10R 5/8，干）；细土质地为粉砂壤土，块状结构，很紧实；土体黏闭；土体中偶有直径 10 cm 左右的动物（蚂蚁）孔穴；土体有

杨家门系代表性单个土体剖面

50%以上保持泥页岩岩性结构；pH 为 5.4。

杨家门系代表性单个土体物理性质

土层	深度/cm	砾石（>2mm，体积分数）/%	细土颗粒组成（粒径:mm）/（g/kg）			质地	容重/（g/cm³）
			砂粒 2~0.05	粉粒 0.05~0.002	黏粒 <0.002		
Ao	0~12	15	253	434	313	黏壤土	1.03
Bt1	12~30	5	162	508	330	粉砂质黏壤土	1.14
Bt2	30~80	3	76	542	382	粉砂质黏壤土	1.14
Bt3	80~180	3	47	594	359	粉砂质黏壤土	1.15
C	180~200	55	178	609	213	粉砂壤土	1.15

杨家门系代表性单个土体化学性质

深度/cm	pH		有机质/（g/kg）	全氮（N）/（g/kg）	全磷（P）/（g/kg）	全钾（K）/（g/kg）	CEC₇/（cmol/kg）	ExAl/（cmol/kg）	铝饱和度/%
	H₂O	KCl							
0~12	4.7	3.7	24.6	0.97	0.27	9.9	12.2	4.2	69.6
12~30	4.7	3.7	11.6	0.46	0.20	32.5	10.5	4.3	70.8
30~80	4.9	3.7	5.4	0.23	0.19	9.5	12.0	6.0	77.9
80~180	5.2	3.7	5.8	0.13	0.25	9.8	13.1	8.1	81.3
180~200	5.4	3.6	1.7	0.10	0.29	13.8	11.7	6.2	52.8

9.3.4 转塘系（Zhuantang Series）

土　族：黏壤质硅质混合型酸性热性-普通铝质湿润淋溶土
拟定者：麻万诸，章明奎，刘丽君

分布与环境条件　主要分布于绍兴、宁波、丽水等市境内海拔<200 m 的中、低丘缓坡地，以绍兴市和宁波市境内的分布面积较大，其他地市也有少量分布，坡度 8°~15°，母质为粗晶花岗岩、花岗斑岩风化物的残坡积物，利用方式以自然林地为主，植被多为毛竹或松树，覆盖良好。属亚热带湿润季风气候区，年均气温约 15.5~16.8℃，年均降水量约 1385 mm，年均日照时数约 2035 h，无霜期约 235 d。

转塘系典型景观

土系特征与变幅　诊断层包括淡薄表层、黏化层；诊断特性包括热性土壤温度状况、湿润土壤水分状况、铝质现象、准石质接触面。该土系分布于中低丘缓坡地，有效土层厚度 80~120 cm，母质为花岗岩风化残坡积物，土体中 2 mm 左右的石英砂粒平均含量约 20%，细土质地以砂质壤土为主。全土层呈酸性至强酸性，pH（H_2O）约 4.4~5.5，pH（KCl）<4.0。约 10~20 cm 开始出现黏化层，厚度约 20~40 cm，质地一般为黏壤土，黏粒含量 300~350 g/kg，较上覆土层相对含量高出约 30%，黏粒 CEC_7 约 30.0~40.0 cmol/kg，盐基饱和度低于 30%，铝饱和度约 70%~90%，具有铝质现象。整个 B 层土体呈亮红棕色至橙色，色调 2.5YR~5YR，且下部颜色更黄，上部更红，游离态氧化铁（Fe_2O_3）含量约 10.0~20.0 g/kg。表土有机质 20~25 g/kg，全氮<1 g/kg，碳氮比（C/N）达 15~25，有效磷<5 mg/kg，速效钾 120~150 mg/kg。

　　Bt，黏化层，开始于 10~20 cm，厚度约 20~40 cm，土体呈亮红棕色，润态色调为 2.5YR~5YR，黏粒含量 300~350 g/kg，土体呈酸性至强酸性，pH（H_2O）约 4.4~5.5，pH（KCl）<4.0，盐基饱和度<30%，铝饱和度约 70%~90%，具有铝质现象。

对比土系　中村系，同一亚类不同土族，分布地形部位相似，母质来源不同而造成各土层颗粒组成上有较大差异，中村系发源于 Q_2 红土母质，粗骨屑粒含量 2%~5%，上下较为均匀，有效土层厚度>120 cm，黏化层厚度在 80 cm 以上。岛石系，同一土类不同亚类，母质来源相同，剖面结构相似。岛石系地处海拔 300~500 m 的高丘，为耕作土壤，上部土体受人为影响较强，表土具有腐殖质黏粒淀积，颜色较暗，耕作层有机质、有机碳含量达 30~40 g/kg，黏化层黏粒含量约 120~180 g/kg。

利用性能综述　该土系分布于海拔<200 m 的低丘中缓坡，多为灌木林地，植被以小竹子和落叶小乔木为主，间有矮小松树。表土有机质含量较高，但腐殖化程度低，氮素、磷素都相对贫缺，且表土浅薄，砾石含量高。表下层土体紧实，内部孔隙度较低，植物根

系不易散发。水源短缺且雨水易随地表径流流失，夏秋季节容易干旱缺水。当前植被覆盖度较高，利于保持地表水土和涵养水源。土体酸性较强，在利用上应以喜酸耐酸的松树、茶树、毛竹之类为宜。

参比土种　砂黏质红泥。

代表性单个土体　剖面（编号33-001）于2009年12月7日采自浙江省杭州市西湖区转塘镇中村，30°09′42.4″N，120°02′34.1″E，中丘中下坡，海拔45 m，坡度5°~10°，母质为粗晶花岗岩风化物残坡积物，林地，植被为杉树、小竹子、灌木等，土体深厚，50 cm深度土温19.2℃。

转塘系代表性单个土体剖面

Ah：0~10 cm，浊黄橙色（10YR 6/4，润），浊黄橙色（10YR 7/3，干）；细土质地为壤土，团块状结构，疏松；有少量直径5~10 mm的灌木粗根系和中量的中、细根系；地表有较多2~5 cm的石块；pH为4.5，向下层平滑清晰过渡。

Bt：10~40 cm，亮红棕色（2.5YR 5/8，润），橙色（2.5YR 7/8，干）；细土质地为黏壤质土，块状结构，紧实；有少量的细根系；偶见蚁穴；2 mm左右的石英砂砾约占20%；pH为4.5；向下层渐变过渡。

Bw：40~90 cm，橙色（2.5YR 6/8，润），淡橙色（2.5YR 7/6，干）；细土质地为砂质黏壤土，块状结构，紧实；无根系；2 mm左右的砂粒约占5%；pH为4.9；颜色较下层更红，向下层平滑清晰过渡。

BC：90~200 cm，橙色（7.5YR 6/8，润），淡黄橙色（7.5YR 8/6，干）；细土质地为砂质壤土，碎块状结构，很紧实；半风化，呈黄白色，约占20%，泥土部分呈红色，约占结构面的80%；pH为5.0；向下层波状渐变过渡。

C：200 cm以下，半风化层，淡黄橙色（7.5YR 8/3，润），淡黄橙色（7.5YR 8/3），细土质地为壤质砂土，碎块状结构；1~2 mm的石英砂约占20%；pH为5.2；土体由红、白两色组成，比例相当，各占50%左右。

转塘系代表性单个土体物理性质

| 土层 | 深度/cm | 砾石（>2mm,体积分数）/% | 细土颗粒组成（粒径:mm）/（g/kg） | | | 质地 | 容重/（g/cm³） |
			砂粒 2~0.05	粉粒 0.05~0.002	黏粒 <0.002		
Ah	0~10	20	390	362	248	壤土	1.32
Bt	10~40	10	300	373	327	黏壤土	1.30
Bw	40~90	5	452	291	257	砂质黏壤土	1.29
BC	90~200	25	712	157	131	砂质壤土	1.27
C	>200	50	813	105	82	壤质砂土	1.27

转塘系代表性单个土体化学性质

| 深度/cm | pH | | 有机质/（g/kg） | 全氮（N）/（g/kg） | 全磷（P）/（g/kg） | 全钾（K）/（g/kg） | CEC₇/（cmol/kg） | ExAl/（cmol/kg） | 铝饱和度/% |
	H₂O	KCl							
0~10	4.5	3.6	23.2	0.57	0.34	18.1	8.6	3.5	41.2
10~40	4.5	3.6	4.2	0.22	0.20	22.9	13.3	8.1	74.1
40~90	4.9	3.6	8.1	0.16	0.13	25.7	10.8	7.5	85.9
90~200	5.0	3.6	4.9	0.07	0.17	33.9	8.0	4.4	54.3
>200	5.2	3.6	1.2	0.05	0.18	36.0	6.5	2.5	39.0

9.3.5 中村系（Zhongcun Series）

土　族：黏壤质硅质混合型酸性热性-普通铝质湿润淋溶土
拟定者：麻万诸，章明奎，刘丽君

分布与环境条件　主要分布于金衢盆地、
新嵊盆地及富春江两岸的阶地中上坡，以
金华、衢州、杭州、绍兴等市境内的分布
面积较大，坡度约 5°~8°，母质为 Q_2 红土，
利用方式以灌木林地为主。属亚热带湿润
季风气候区，年均气温约 15.5~16.8℃，年
均降水量约 1385 mm，年均日照时数约
2035 h，无霜期约 235 d。

中村系典型景观

土系特征与变幅　诊断层包括淡薄表层、黏化层；诊断特性包括热性土壤温度状况、湿
润土壤水分状况、铝质现象。该土系地处低丘缓坡地的下坡，发源于 Q_2 红土母质，土体
深厚，有效土层厚度都在 120 cm 以上。全土体颗粒匀细，各土层>2 mm 的粗骨屑粒含量
均低于 5%，细土质地为粉砂壤土或粉砂质黏壤土，黏粒 CEC_7 含量在 25~40 cmol/kg。土体
约 10~20 cm 开始出现黏化层，厚度>100 cm，黏粒含量约 250~350 g/kg，黏土矿物以高
岭石为主。B 层呈橙色，色调 5YR，游离态氧化铁（Fe_2O_3）含量在 20~35 g/kg，土体呈
酸性，pH（KCl）约 3.5~4.0，盐基饱和度<30%，铝饱和度>70%，具有铝质现象。表层
有机质<10 g/kg，全氮<1 g/kg，有效磷<5 mg/kg，速效钾 50~80 mg/kg。

　　Bt，黏化层，开始于 10~20 cm，厚度>100 cm，呈橙色，润态色调 5YR，游离态氧化铁
含量在 20~35 g/kg，黏粒含量 250~350 g/kg，盐基饱和度<30%，铝饱和度>70%，具有铝质
现象。

对比土系　转塘系，同一亚类不同土族，分布地形部位相似，区别在于母质来源不同而
造成各土层颗粒组成上有较大差异，转塘系发源于花岗岩风化残坡积物母质，黏化层厚
度约 30~50 cm，土体 100 cm 左右即现半风化母质层。百公岭系，同一土类不同亚类，
均地处低丘，发源于第四纪红土母质，土体深厚，且黏化层厚度 50 cm 以上。区别在百
公岭系为雷竹林、毛竹林地，表土受人为影响较大，腐殖质淀积明显，土体颜色更黄，
色调为 7.5YR~10YR，为黄色铝质湿润淋溶土。

利用性能综述　该土系所处海拔较低，地势平缓，有效土层深厚，质地适中，通气、渗
透性都较好，保水保肥性能都较强，目前基本已开辟为农业用地或茶园、果园等。因光、
温条件充足，有机物质分解速度快，容易造成土壤有机质和氮、磷、钾素的缺乏。在工
程利用方面，该土系因土体深厚松软，黏土矿物以高岭石为主，胀缩性较大，基岩或石
质、准石质接触面埋藏较深，作为路基、墙基时，容易产生沉陷。

参比土种　（黄色）黄筋泥。

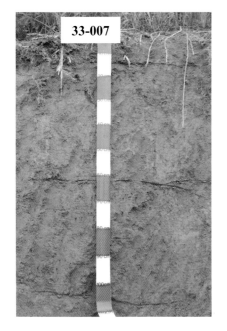

33-007

中村系代表性单个土体剖面

代表性单个土体　剖面（编号 33-007）于 2009 年 12 月 7 日采自浙江省杭州市西湖区转塘镇中村，30°09′51.4″N，120°02′37.2″E，低丘下坡，坡度 5°~8°，海拔 48 m，母质为 Q_2 红土，林地，植被为小竹子和灌木丛。50cm 深度土温 19.2℃。

Ao：0~12 cm，浊橙色（5YR 7/4，润），橙色（7.5YR 8/8，干）；细土质地为粉砂壤土，块状结构，稍疏松；有大量的小毛竹中、粗根系盘结；pH 为 4.9；向下层模糊过渡。

Bt1：12~62 cm，橙色（5YR 6/8，润），橙色（7.5YR 7/8，干）；细土质地为粉砂壤土，块状结构，稍疏松；pH 为 5.2；向下层模糊过渡。

Bt2：62~105 cm，橙色（5YR 6/8，润），橙色（7.5YR 6/8，干）；细土质地为粉砂壤土，块状结构，较紧实；土体中有较多的锰结核，直径 5 mm 左右，约占 5%~10%；pH 为 4.6；向下层平滑渐变过渡。

Bt3：105~120 cm，亮红橙色（5YR 5/8，润），橙色（5YR 6/8，干）；细土质地为粉砂质黏壤土，块状结构，较紧实；土体中有少量的锰结核，约占 2%~5%；pH 为 5.0。

中村系代表性单个土体物理性质

土层	深度 /cm	砾石 (>2mm,体积分数) /%	细土颗粒组成（粒径:mm）/（g/kg）			质地	容重 /（g/cm³）
			砂粒 2~0.05	粉粒 0.05~0.002	黏粒 <0.002		
Ao	0~12	2	260	565	175	粉砂壤土	1.07
Bt1	12~62	2	211	539	250	粉砂壤土	1.06
Bt2	62~105	3	223	518	259	粉砂壤土	1.07
Bt3	105~120	5	160	506	334	粉砂质黏壤土	1.08

中村系代表性单个土体化学性质

深度 /cm	pH		有机质 /（g/kg）	全氮（N） /（g/kg）	全磷（P） /（g/kg）	全钾（K） /（g/kg）	CEC$_7$ /（cmol/kg）	ExAl /（cmol/kg）	铝饱和度 /%
	H$_2$O	KCl							
0~12	4.9	3.6	4.4	0.35	0.22	10.7	9.3	4.1	64.1
12~62	5.2	3.7	2.5	0.33	0.21	11.1	7.0	4.9	73.9
62~105	4.6	3.6	3.0	0.24	0.28	9.7	9.5	5.0	81.2
105~120	5.0	3.6	4.0	0.31	0.19	11.3	12.4	6.8	77.4

9.4 铝质酸性湿润淋溶土

9.4.1 鸡笼山系（Jilongshan Series）

土　族：黏壤质硅质混合型热性-铝质酸性湿润淋溶土
拟定者：麻万诸，章明奎

分布与环境条件　主要分布于浙江西北部的低山丘陵区，呈间断的条带状分布，以淳安、开化、富阳、建德、桐庐、诸暨、安吉、余杭等县市区分布面积较大且较为集中，坡度约25°~35°，母质为硅质灰岩风化残坡积物，利用方式以林地为主。属亚热带湿润季风气候区，年均气温约 14.7~16.9℃，年均降水量约1380 mm，年均日照时数约 2025 h，无霜期约240 d。

鸡笼山系典型景观

土系特征与变幅　诊断层包括淡薄表层、黏化层；诊断特性包括热性土壤温度状况、湿润土壤水分状况、石质接触面、铝质现象。该土系分布于低山丘陵山谷的下坡，坡度15°~25°，有效土层约 0.8~1.2 m，母质为硅质灰岩风化残坡积物，植被覆盖度高，地表为1~2 cm 的枯枝落叶或苔藓类植物所覆盖，具有接近常湿的土壤水分状况。土体疏松，>2 mm的粗骨岩石碎屑含量约15%~20%，细土质地为粉质壤土或壤土。土体 10~20 cm 开始的整个 B 层均为黏化层，总厚度约80~100 cm，呈亮红棕色至红棕色，色调 2.5YR~5YR，黏粒含量约 200~300 g/kg，黏粒 CEC_7 约 30.0~50.0 cmol/kg。整个土体呈酸性至强酸性，pH 为 4.0~5.5。受淋溶影响，B 层上部亚层较下部亚层酸性更强，紧接于表层的、厚度20~40 cm 的黏化层，pH 约 4.0~4.5，盐基饱和度<30%，铝饱和度>60%，具有铝质现象；其下部亚层铝饱和度<50%，无铝质现象。表土有机质含量约 35~45 g/kg，全氮约 0.6~1.0 g/kg，有效磷 5~8 mg/kg，速效钾>150 mg/kg。

　　Bt1，黏化层，开始出现于 10~20 cm，厚度约 20~40 cm，润态色调为 5YR，细土质地为壤土或粉砂壤土，黏粒含量约 200~300 g/kg，黏粒 CEC_7 约 50.0~60.0 cmol/kg，土体呈强酸性，pH（KCl）<4.5，具有铝质现象。

对比土系　上天竺系、下天竺系，同一亚纲不同土类，均发源于灰岩风化物母质，分布于海拔<150 m 的低丘斜坡地，区别在于上天竺系、下天竺系坡度稍缓，土体紧实，淋溶稍弱，非酸性，无铝质现象，为铁质湿润淋溶土。八叠系，同一亚类不同土族，颗粒大

小级别为壤质。

利用性能综述　该土系分布于低丘山谷的下坡，土体疏松且土层较为深厚，渗透性好，利于乔木、灌木类植物根系深发，当前植被以落叶和常绿乔木为主，也有部分辟为茶园。表土有机质、钾素水平都较高，氮、磷水平尚可。因地处山谷，土壤水分相对充足，但光照稍少，适合一些喜阴湿环境的植被生长。

参比土种　油黄泥。

代表性单个土体　剖面（编号33-014）于2009年12月17日采自浙江省杭州市西湖区南天竺附近，30°13′42.5″N，120°06′54.1″E，低丘中下坡，海拔56 m，母质为硅质灰岩风化残坡积物，50 cm深度土温18.8℃。

Ah：0~11 cm，灰棕色（7.5YR 4/2，润），浊棕色（7.5YR 5/3，干）；细土质地为粉砂壤土，团粒状结构，疏松；有中量的灌木细根系；粒间孔隙发达；土体中有少量的岩石碎屑，直径1 cm左右，约占土体15%；表土有虫卵等；pH为4.2；向下层平滑清晰过渡。

Bt1：11~42 cm，亮红棕色（5YR 5/6，润），亮红棕色（5YR 5/6，干）；细土质地为粉砂壤土，团块状结构，较疏松；有少量的乔木、灌木的中、粗根系；粒间孔隙发达；pH为4.1；向下层平滑清晰过渡。

Bt2：42~90 cm，红棕色（5YR 4/6，润），亮红棕色（5YR 5/6，干）；细土质地为壤土，小块状结构，稍疏松；有少量的乔木中、细根系；粒间孔隙发达；土体中有少量的母岩碎屑，直径1~2 cm，约占土体10%；pH为4.3；向下层平滑渐变过渡。

Bt3：90~115 cm，红棕色（2.5YR 4/6，润），橙色（2.5YR 6/8，干）；细土质地为壤土，块状结构，稍疏松；粒间孔隙发达；土体中有少量未风化的母岩碎屑，块状，直径约1~2 cm，约占土体15%；pH为5.1；向下层突变不规则过渡。

鸡笼山系代表性单个土体剖面

R：115 cm以下，硅质灰岩。

鸡笼山系代表性单个土体物理性质

土层	深度 /cm	砾石（>2mm，体积分数）/%	细土颗粒组成（粒径:mm）/（g/kg）			质地	容重 /（g/cm³）
			砂粒 2~0.05	粉粒 0.05~0.002	黏粒 <0.002		
Ah	0~11	15	233	569	198	粉砂壤土	0.98
Bt1	11~42	10	182	559	259	粉砂壤土	1.01
Bt2	42~90	10	290	471	239	壤土	1.02
Bt3	90~115	15	295	454	251	壤土	1.01

鸡笼山系代表性单个土体化学性质

深度 /cm	pH		有机质 /（g/kg）	全氮（N） /（g/kg）	全磷（P） /（g/kg）	全钾（K） /（g/kg）	CEC_7 /（cmol/kg）	ExAl /（cmol/kg）	铝饱和度 /%
	H_2O	KCl							
0~11	4.2	3.4	44.1	2.33	0.48	11.4	6.9	7.4	97.0
11~42	4.1	3.5	12.5	0.98	0.41	11.1	13.7	7.0	81.4
42~90	4.3	3.6	15.1	0.78	0.42	12.2	13.5	6.6	69.1
90~115	5.1	3.9	5.6	0.51	0.45	12.6	12.0	1.0	9.6

9.4.2　八叠系（Badie Series）

土　族：壤质硅质混合型热性-铝质酸性湿润淋溶土

拟定者：麻万诸，章明奎

分布与环境条件　广泛分布于全省各市河谷两侧的低丘和阶地上，以桐庐、建德、富阳、余姚、鄞州、临海、仙居、永嘉、苍南等县市区的分布面积较大，海拔一般<150 m，坡度 15°~25°，母质为凝灰岩风化残坡积物，利用方式以林地为主。属亚热带湿润季风气候区，年均气温约 16.0~18.0℃，年均降水量约 1790 mm，年均日照时数约 1930 h，无霜期约 240 d。

八叠系典型景观

土系特征与变幅　诊断层包括淡薄表层、黏化层；诊断特性包括热性土壤温度状况、湿润土壤水分状况、铝质现象。该土系发源于凝灰岩风化残坡积物母质，分布于河谷两侧的低丘和阶地，土体厚度 120~150 cm，颗粒稍粗，>2 mm 的粗骨岩石碎屑平均含量约 20%，细土质地为壤土或砂质壤土，其中砂粒含量>450 g/kg。受淋溶影响，剖面中的黏粒和氧化铁都有了较为明显的迁移淀积，约 10~20 cm 处开始出现黏化层，厚度 80~100 cm，黏粒含量约 150~250 g/kg，黏粒 CEC_7 约 40~70 cmol/kg。土体呈酸性，整个 B 层 pH 约 5.0~5.5，盐基饱和度<50%，铝饱和度约 40%~70%，部分亚层具有铝质现象，土体呈黄橙色，色调 5YR~7.5YR，游离态氧化铁（Fe_2O_3）含量约 20~30 g/kg。表层有机质约 10~20 g/kg，全氮约 0.6~1.2 g/kg，有效磷<5 mg/kg，速效钾>150 mg/kg。

　　Bt，黏化层，起始于 10~20 cm，厚度 80~100 cm，呈黄橙色，色调为 5YR~7.5YR，游离态氧化铁含量约 20~30 g/kg，pH 约 5.0~5.5，盐基饱和度<50%，黏粒 CEC_7 约 40~70 cmol/kg，部分亚层具有铝质现象。

对比土系　陈婆岙系，母质来源相同，分布地形部位相近，剖面形态相似，区别在于陈婆岙系因地表覆盖茂盛、表土根系盘结，淋溶相对较弱，125 cm 内无黏化层，为雏形土。鸡笼山系，同一亚类不同土族，颗粒大小级别为黏壤质。

利用性能综述　该土系地处河谷两侧的低丘斜坡或阶地，土层深厚，颗粒稍粗，孔隙度较高，渗透性和通气性良好，肥水保蓄能力稍差。土体有机质和氮、磷素养分含量较低，钾素含量丰富。该土系在利用上以梯地为主，在水利条件合适的地段，可作为园地。土体呈酸性，光温条件充足，适合种植茶树、杨梅、枇杷、桃子等经济果木。在管理上，可套种绿肥等以提升土壤有机质和氮素养分、改善土壤结构，提高土体保墒性能。同时要增施磷肥，促进养分元素平衡。

参比土种 黄泥土。

代表性单个土体 剖面（编号 33-105）于 2012 年 2 月 28 日采自浙江省台州市临海市永丰镇吕山店包后村，八叠隧道旁，28°55′23.4″N，121°03′47.6″E，低丘中坡，海拔 48 m，

灵江上游始丰溪东侧，距溪流约 200 m，母质为凝灰岩风化残坡积物，林地，50 cm 深度土温 19.7℃。

Ah：0~12 cm，浊黄棕色（10YR 5/4，润），浊黄橙色（10YR 7/3，干）；细土质地为壤土，屑粒结构，疏松；有中量的茅草中、细根系；土体中有少量的未风化砾石；pH 为 5.0；向下层平滑清晰过渡。

Bt1：12~38 cm，淡黄橙色（7.5YR 6/6，润），淡黄橙色（7.5YR 8/3，干）；细土质地为砂质壤土，碎块状结构，稍紧实；土体中夹有部分半风化的母岩碎屑，约占 15%；pH 为 5.2；向下层波状清晰过渡。

Bt2：38~90 cm，黄橙色（7.5YR 6/8，润），黄橙色（7.5YR 7/8，干）；细土质地为壤土，块状结构，稍紧实；土体中有较多半风化的母岩碎屑，约占 20%；部分位置有大量的锰结构；pH 为 5.3。

BC：90~130 cm，黄橙色（7.5YR 8/6，润），黄橙色（7.5YR 7/8，干）；细土质地为壤土，块状结构，紧实；土体中有较多半风化的母岩碎屑，约占土体的 25%；pH 为 5.2。

八叠系代表性单个土体剖面

八叠系代表性单个土体物理性质

土层	深度 /cm	砾石 (>2mm，体积分数) /%	细土颗粒组成（粒径:mm）/（g/kg）			质地	容重 /（g/cm³）
			砂粒 2~0.05	粉粒 0.05~0.002	黏粒 <0.002		
Ah	0~12	15	566	291	143	砂质壤土	1.17
Bt1	12~38	15	494	327	179	壤土	1.19
Bt2	38~90	20	468	323	209	壤土	1.18
BC	90~130	25	482	319	199	壤土	1.18

八叠系代表性单个土体化学性质

深度 /cm	pH		有机质 /（g/kg）	全氮（N） /（g/kg）	全磷（P） /（g/kg）	全钾（K） /（g/kg）	CEC_7 /（cmol/kg）	ExAl /（cmol/kg）	铝饱和度 /%
	H_2O	KCl							
0~12	5.0	3.9	13.1	0.33	0.18	13.7	6.5	1.2	28.4
12~38	5.2	3.9	4.1	0.62	0.22	11.8	8.9	1.9	45.6
38~90	5.3	3.8	2.7	0.33	0.21	14.7	11.3	3.6	63.5
90~130	5.2	3.9	1.7	0.20	0.23	12.8	12.2	3.3	54.4

9.5　红色酸性湿润淋溶土

9.5.1　方溪系（Fangxi Series）

土　族：黏质高岭石混合型热性-红色酸性湿润淋溶土
拟定者：麻万诸，章明奎

分布与环境条件　主要分布于盆地内侧的玄武岩台地上，呈条带状分布，以新昌、嵊州、缙云、仙居、黄岩等县市区的分布面积较大，海拔<600 m，坡度约 8°~15°，母质为玄武岩风化残坡积物，利用方式以茶园为主。属亚热带湿润季风气候区，年均气温约 14.5~16.0℃，年均降水量约 1525 mm，年均日照时数约 1890 h，无霜期约 260 d。

方溪系典型景观

土系特征与变幅　诊断层包括淡薄表层、黏化层；诊断特性包括热性土壤温度状况、湿润土壤水分状况、铁质特性。该土系分布于盆地内侧海拔<600 m 的玄武岩台地上，母质为玄武岩风化残坡积物，土体厚度约在 100~150 cm。土体质地匀细，细土质地为黏壤土或粉砂质黏壤土，土体中有 20%左右直径 1~5 cm 风化程度较高的母岩残留体。约 10~20 cm 处开始出现黏化层，厚度约 60~80 cm，黏粒含量约 350~400 g/kg，CEC_7 约 14.0~18.0 cmol/kg，黏粒 CEC_7 约 40~60 cmol/kg。整个 B 层呈红棕色，色调为 2.5YR ~5YR，润态明度 5~7，彩度 6~8，游离态氧化铁（Fe_2O_3）含量约 45~55 g/kg，pH 约 5.0~5.5，铝饱和度<30%。表土有机质 20~30 g/kg，全氮 1.0~2.0 g/kg，有效磷 20~25 mg/kg，速效钾>200 mg/kg。

Bt，黏化层，开始于 10~20 cm，厚度约 60~80 cm，呈红棕色，色调为 2.5YR ~5YR，润态明度 5~7，彩度 6~8，细土质地为黏壤土或粉砂质黏壤土，黏粒含量约 350~400 g/kg，土体呈酸性，pH 为 5.0~5.5，CEC_7 约 15.0~18.0 cmol/kg，黏粒 CEC_7 约 40.0~60.0 cmol/kg，铝饱和度<30%。

对比土系　茶院系，同一土类不同亚类，均分布于玄武岩发育的台地，质地黏重，区别在于土体颜色差异，茶院系黏化层润态色调为 7.5YR，为铁质酸性湿润淋溶土。

利用性能综述　该土系分布于盆地内侧的阶地上，发源于玄武岩风化残坡积物母质，有效土层较为深厚，土体黏重，通气性和渗透性都较差。土体中阳离子交换量较高，矿质养分含量丰富，钾素含量极高。由于黏粒含量偏高，该土壤湿时黏糊，干时坚硬板结，造成养分的有效性不高。该土系当前一般为园地或林地，种植茶树、板栗等经济果木。

在利用管理上，可通过种植绿肥植物等以改善土体结构，使用植物秸秆等混入土体以提升土壤通气性和渗透性。

参比土种　红砾黏。

代表性单个土体　剖面（编号 33-067）于 2011 年 11 月 19 日采自浙江省丽水市缙云县方溪乡前当村西北，28°35'18.8"N，120°07'40.1"E，低山中坡，海拔 524 m，茶园，母质为玄武岩风化残坡积物，50 cm 深度土温 17.2℃。

方溪系代表性单个土体剖面

Ap：0~11 cm，浊红棕色（5YR 4/4，润），橙色（5YR 6/6，干）；细土质地为黏壤土，块状结构，疏松；有大量的杂草细根系；土体中夹有少量直径 1 cm 左右的高度风化砾石，占 5% 左右；有较多直径 2~3 mm 的动物（蚂蚁）孔穴，约占 5%；pH 为 5.5；向下层平滑清晰过渡。

Bt1：11~35 cm，红棕色（5YR 4/6，润），橙色（5YR 6/8，干）；细土质地为黏壤土，块状结构；有少量的杂草细根系和茶树中、粗根系；土体中有少量直径 1~2 cm 的高度风化砾石，约占 3%；pH 为 5.2；向下层平滑渐变过渡。

Bt2：35~75 cm，红棕色（5YR 4/8，润），橙色（5YR 6/8，干）；细土质地为粉砂质黏壤土，块状结构；土体中有较多直径 1~3 cm 的高度风化砾石，约占 10%；pH 为 5.0；向下层平滑清晰过渡。

Bw：75~125 cm，亮红棕色（5YR 5/8，润），亮红棕色（5YR 5/8，干）；细土质地为黏壤土，棱块状结构；pH 为 5.2。

方溪系代表性单个土体物理性质

土层	深度/cm	砾石（>2mm，体积分数）/%	细土颗粒组成（粒径:mm）/（g/kg）			质地	容重/（g/cm³）
			砂粒 2~0.05	粉粒 0.05~0.002	黏粒 <0.002		
Ap	0~11	5	240	478	282	黏壤土	1.24
Bt1	11~35	3	230	419	351	黏壤土	1.23
Bt2	35~75	10	134	485	381	粉砂质黏壤土	1.24
Bw	75~125	5	217	481	302	黏壤土	1.24

方溪系代表性单个土体化学性质

深度/cm	pH H₂O	pH KCl	有机质/（g/kg）	全氮（N）/（g/kg）	全磷（P）/（g/kg）	全钾（K）/（g/kg）	CEC₇/（cmol/kg）	游离铁/（g/kg）
0~11	5.5	4.7	27.1	1.49	1.38	9.4	16.6	51.5
11~35	5.2	4.6	15.2	0.72	1.19	8.6	16.5	54.4
35~75	5.0	4.4	18.7	0.61	1.10	7.7	15.9	48.8
75~125	5.2	4.4	11.9	0.37	1.39	5.1	16.6	51.1

9.6 铁质酸性湿润淋溶土

9.6.1 茶院系（Chayuan Series）

土　族：黏质高岭石混合型热性-铁质酸性湿润淋溶土
拟定者：麻万诸，章明奎

分布与环境条件　主要分布于玄武岩的台地上，以新昌、嵊州等县市的分布面积较大，宁海、武义、江山、黄岩、缙云等县市区也有少量分布，海拔<500 m，坡度约 8°~15°，母质为玄武岩风化残坡积物，利用方式以茶园为主。属亚热带湿润季风气候区，年均气温约15.8~17.0℃，年均降水量约1560 mm，年均日照时数约1930 h，无霜期约 235 d。

茶院系典型景观

土系特征与变幅　诊断层包括淡薄表层、黏化层；诊断特性包括热性土壤温度状况、湿润土壤水分状况、铁质特性。该土系发源于玄武岩风化残坡积母质，土体厚度在 100 cm 以上，颗粒匀细，细土质地为黏土或黏壤土。全土体呈强酸性，pH 约 3.5~4.5。土体约10~20 cm 处开始出现黏化层，厚度在 80~100 cm，土体呈棕色，色调 7.5YR，游离态氧化铁（Fe_2O_3）含量约 50~60 g/kg，黏粒含量约 450~550 g/kg，CEC_7 约 15.0~20.0 cmol/kg，黏粒 CEC_7 约 30~40 cmol/kg，盐基饱和度<50%，铝饱和度<60%，无铝质现象。该土系多为园地或杂粮旱地，表层厚度约 15~20 cm，有机质含量约 30~50 g/kg，全氮 2.0~3.0 g/kg，碳氮比（C/N）约 10.0~12.0，有效磷 15~20 mg/kg，速效钾<50 mg/kg。

　　Bt，黏化层，开始于 10~20 cm，厚度 80~100 cm，细土质地为黏土，黏粒含量 450~550 g/kg，色调为 7.5YR，游离态氧化铁含量约 50~60 g/kg，土体呈强酸性，pH 为 3.5~4.5，CEC_7 约 15.0~18.0 cmol/kg，盐基饱和度<50%，铝饱和度<60%。

对比土系　方溪系，同一土类不同亚类，均分布于玄武岩发育的台地，质地黏重，区别在于土体颜色差异，方溪系黏化层润态色调为 2.5YR~5YR，为红色酸性湿润淋溶土。大市聚系，母质来源、分布地形部位、利用方式均相同，土体深厚，颗粒细腻，但大市聚系淋溶稍弱，125 cm 内无黏化层，为雏形土。

利用性能综述　该土系土体深厚，质地黏重，保肥性能好，表土疏松，通透性较好，供肥性能稍差。土体呈强酸性，当前在利用上以茶园地为主。发源于玄武岩风化物母质，矿质含量相对丰富，亦可用于种植李子、石榴、板栗等经济果木。因所处地势相对较高，水源短缺，夏秋两季易受干旱威胁，在用作园地开发时，需配套建设蓄水、灌溉设施。

33-099

茶院系代表性单个土体剖面

参比土种　黄黏泥。

代表性单个土体　剖面（编号 33-099）于 2012 年 2 月 26 日采自浙江省宁波宁海县茶院乡许家山村东，29°19′29.0″N，121°32′24.8″E，低丘台地上坡，海拔 180 m，茶园，坡度约 8°~15°，母质为玄武岩风化残坡积物，50 cm 深度土温 18.9℃。

Ap：0~15 cm，红棕色（5YR 4/8，润），浊红棕色（5YR 5/4，干）；细土质地为黏壤土，团粒状结构，稍疏松；有少量的茶树粗、中根系，细根系密集（30 条/dm²）；pH 为 3.7；向下层平滑清晰过渡。

Bt1：15~55 cm，棕色（7.5YR 4/6，润），棕色（7.5YR 4/6，干）；细土质地为黏土，团块状结构，紧实；有少量的细根系，偶见粗根系；结构面上可见黏粒胶膜；土体中偶有直径 1~2 mm 的孔洞；pH 为 3.8；向下层平滑渐变过渡。

Bt2：55~110 cm，棕色（7.5YR 4/6，润），棕色（7.5YR 4/6，干）；细土质地为黏土，团块状结构，紧实；结构面上可见黏粒胶膜；土体中有少量的大石块，直径 10~30 cm；pH 为 3.7。

茶院系代表性单个土体物理性质

| 土层 | 深度 /cm | 砾石 （>2mm，体积分数）/% | 细土颗粒组成（粒径:mm）/（g/kg） | | | 质地 | 容重 /（g/cm³） |
			砂粒 2~0.05	粉粒 0.05~0.002	黏粒 <0.002		
Ap	0~15	2	314	336	350	黏壤土	1.07
Bt1	15~55	0	147	326	527	黏土	1.11
Bt2	55~110	5	146	356	498	黏土	1.13

茶院系代表性单个土体化学性质

| 深度 /cm | pH | | 有机质 /（g/kg） | 全氮（N）/（g/kg） | 全磷（P）/（g/kg） | 全钾（K）/（g/kg） | CEC$_7$ /（cmol/kg） | 游离铁 /（g/kg） |
	H$_2$O	KCl						
0~15	3.7	3.3	43.3	1.77	1.38	7.3	17.9	58.5
15~55	3.8	3.4	16.7	0.78	1.16	6.8	16.0	64.3
55~110	3.7	3.4	18.9	0.85	1.33	6.6	16.1	62.4

9.7 红色铁质湿润淋溶土

9.7.1 上天竺系（Shangtianzhu Series）

土　族：黏壤质硅质混合型酸性热性-红色铁质湿润淋溶土
拟定者：麻万诸，章明奎

分布与环境条件　零星分布于浙西、浙北低山石灰岩丘陵的岗背和山脊，以富阳、建德、桐庐、淳安、西湖、金东、柯城等县市区的分布面积较大，海拔<250 m，坡度约 15°~25°，母质为石灰岩风化残坡积物，利用方式以林地为主。属亚热带湿润季风气候区，年均气温约 15.0~16.5℃，年均降水量约 1375 mm，年均日照时数约 2025 h，无霜期约 240 d。

上天竺系典型景观

土系特征与变幅　诊断层包括淡薄表层、黏化层；诊断特性包括热性土壤温度状况、湿润土壤水分状况、铁质特性、碳酸盐岩岩性特征、石质接触面。该土系地处低丘岗背和山脊，母质为石灰岩风化残坡积物，土体约 80~120 cm 以下为石灰岩岩体的石质接触面，土体呈酸性至微酸性，pH 为 5.0~6.0，细土质地以黏壤土为主。土体 10 cm 内开始出现黏化层，厚度约 60~80 cm，黏粒含量 300~350 g/kg，黏粒 CEC_7 约 40.0~60.0 cmol/kg，黏土矿物以高岭石为主。B 层呈暗红棕色，色调 2.5YR~5YR，游离态氧化铁（Fe_2O_3）含量约 20~40 g/kg，CEC_7 约 15.0~20.0 cmol/kg，盐基饱和度>60%，具有铁质特性。土体中具有较高的腐殖质淀积，0~100 cm 土体有机碳含量约 8.0~10.0 kg/m²。表土有机质达 40~50 g/kg，全氮 1.0~1.2 g/kg，有效磷 1~5 mg/kg，速效钾 120~150 mg/kg。

Bt，黏化层，出现于 10~20 cm，厚度约 50~80 cm，土体呈暗红棕色，色调为 2.5YR~5YR，细土质地为黏壤土，黏粒含量约 300~350 g/kg，土体呈微酸性，CEC_7 约 15.0~18.0 cmol/kg，盐基饱和度>60%。

对比土系　下天竺系，母质来源相同，且均分布于海拔<150 m 的低丘，但下天竺系地处平缓山麓，表土腐殖质淀积明显，明度、彩度都较低，黏化层开始于 30 cm 以下，颗粒组成更匀细，各土层>2 mm 的粗骨碎屑含量均<10%。鸡笼山系，同一亚纲不同土类，均发源于灰岩风化物母质，分布于海拔<150 m 的低丘斜坡地，剖面形态相似，但鸡笼山系土

体疏松，淋溶更强，土体 pH 约 4.0~5.5，为酸性湿润淋溶土。寮顶系，同一亚类不同土族，为酸性。

利用性能综述　该土系地处低丘平缓山麓，有效土层较深，质地偏于黏重，但粗骨屑粒含量稍高，易形成微团聚体结构，渗透性尚好。表土有机质和氮、钾素含量都较好，有效磷较为缺乏。由于该土系与裸露的基岩相间，呈零星分布，因此多以自然林地为主，不利于连片的规模化利用。

参比土种　油红泥。

代表性单个土体　剖面（编号 33-012）于 2009 年 12 月 17 日采自浙江省杭州市西湖区南天竺附近，30°13'48.7"N，120°06'44.0"E，低丘上坡，海拔 57 m，母质为石灰岩风化

残坡积物，林地，植被为香樟、枫树、楔木、青冈栎等乔木，50 cm 深度土温 18.7℃。

Ah：0~10 cm，红棕色（5YR 4/6，润），暗红棕色（5YR 3/6，干）；细土质地为壤土，小团块状结构，疏松；有中量的乔木中、粗根系；粒间孔隙发达；有大量直径 5~10 mm 的块状半风化岩石碎屑，约占土体 30%；pH 为 5.1；向下层模糊过渡。

Bt1：10~38 cm，暗红棕色（2.5YR 3/6，润），红棕色（2.5YR 4/8，干）；细土质地为黏壤土，小团块状结构，稍紧实；有少量乔木的中、粗根系；粒间孔隙较发达；有大量直径 5~10 mm 的块状半风化岩石碎屑，约占土体 20%；pH 为 5.2；向下层模糊过渡。

Bt2：38~85 cm，暗红棕色（2.5YR 3/6，润），暗红棕色（2.5YR 3/6，干）；细土质地为黏壤土，团块状结构，稍紧实；有少量乔木的中、粗根系；粒间孔隙较发达；土体中有较多的块状半风化岩石碎屑，直径 5~10 mm，约占土体 10%；pH 为 5.7；向下层模糊过渡。

上天竺系代表性单个土体剖面

Bw：85~120 cm，暗红棕色（2.5YR 3/6，润），红棕色（2.5YR 4/6，干）；细土质地为黏壤土，团块状结构，稍紧实；粒间孔隙较发达；土体中有较多的块状半风化岩石碎屑，直径 5~10 mm，约占土体 15%；pH 为 5.8；向下层不规则突变过渡。

R：120 cm 以下，石灰岩母岩。

上天竺系代表性单个土体物理性质

土层	深度 /cm	砾石 （>2mm，体积分数）/%	细土颗粒组成（粒径:mm）/（g/kg）			质地	容重 /（g/cm³）
			砂粒 2~0.05	粉粒 0.05~0.002	黏粒 <0.002		
Ah	0~10	35	309	445	246	壤土	0.97
Bt1	10~38	25	297	399	304	黏壤土	1.01
Bt2	38~85	15	310	357	333	黏壤土	1.05
Bw	85~120	20	310	401	289	黏壤土	1.04

上天竺系代表性单个土体化学性质

深度 /cm	pH		有机质 /（g/kg）	全氮（N） /（g/kg）	全磷（P） /（g/kg）	全钾（K） /（g/kg）	CEC_7 /（cmol/kg）	游离铁 /（g/kg）
	H_2O	KCl						
0~10	5.1	3.6	49.4	2.77	0.37	8.3	17.0	34.3
10~38	5.2	3.7	12.9	0.80	0.28	8.9	16.7	31.2
38~85	5.7	4.1	10.5	0.83	0.28	7.0	15.6	30.5
85~120	5.8	4.2	12.3	0.84	0.30	7.6	16.1	32.4

9.7.2 下天竺系(Xiatianzhu Series)

土　　族：黏壤质硅质混合型酸性热性-红色铁质湿润淋溶土
拟定者：麻万诸，章明奎

分布与环境条件　零星分布于浙西、浙北的石灰岩地区的平缓山麓和缓坡地带，以富阳、建德、桐庐、淳安、西湖、金东、柯城等县市区的分布面积较大，一般海拔<250 m，坡度 8°~15°，母质为石灰岩风化残坡积物，利用方式以林地为主。属亚热带湿润季风气候区，年均气温约 15.0~16.5℃，年均降水量约 1375 mm，年均日照时数约 2025 h，无霜期约 240 d。

下天竺系典型景观

土系特征与变幅　诊断层包括淡薄表层、黏化层；诊断特性包括热性土壤温度状况、湿润土壤水分状况、铁质特性、碳酸盐岩岩性特征、石质接触面。该土系分布于低丘中下坡，坡度 8°~15°，母质为石灰岩残坡积物，土体约 100~150 cm 以下可见石灰岩岩体的石质接触面。土体中粗骨含量较低，约 5%~8%，细土质地为壤土或黏壤土。因淋溶影响，土体酸度变化较大，pH 为 4.0~7.0，表层为强酸性，向下趋向中性。土体约 20~40 cm 开始出现黏化层，厚度 80~100 cm，黏粒含量约 300~350 g/kg，CEC_7 约 15.0~20.0 cmol/kg，黏粒 CEC_7 约 40.0~70.0 cmol/kg，pH 为 5.0~5.5，盐基饱和度>60%，铝饱和度<30%。土体呈红棕色，色调为 2.5YR~10R，游离态氧化铁(Fe_2O_3)含量约 20~35 g/kg，具有铁质特性。土表为枯枝落叶覆盖，厚度约 1~2 cm，土体中具有一定的腐殖质淀积，0~100 cm 有机碳储量约 8.0~10.0 kg/m^2。表土有机质约 40~60 g/kg，全氮约 0.6~1.0 g/kg，有效磷约 1~5 mg/kg，速效钾约 120~150 mg/kg。

　　Bt，黏化层，出现于 20~40 cm 以下，厚度约 80~100 cm，呈红棕色，色调为 2.5YR~10R，细土质地为黏壤土，黏粒含量约 250~300 g/kg，土体呈酸性，pH 为 5.0~5.5，CEC_7 约 15.0~20.0 cmol/kg，盐基饱和度>60%，铝饱和度<30%。

对比土系　上天竺系，同一土族，母质来源相同，且均分布于海拔<150 m 的低丘，但上天竺系地处山脊、岗背，表土无明显的腐殖质积累，土体黏粒更粗，>2 mm 的粗骨碎屑含量加权约 20%~25%。鸡笼山系，同一亚纲不同土类，均发源于灰岩风化物母质，分布于海拔<150 m 的低丘，但鸡笼山系土体疏松，淋溶更强，土体 pH 约 4.0~5.5，为酸性湿润淋溶土。寮顶系，同一亚类不同土族，为酸性。

利用性能综述　该土系分布于低丘的平缓中下坡，土体深厚，上部土体孔隙发达，肥水保蓄能力和通气性俱佳。因表土酸性较强，适宜喜酸性植物生长。当前植被覆盖良好，以青冈栎、白栎、香樟和小竹子等为主。土体有机质和速效钾水平较好，氮、磷较为缺乏。在基岩露头较少的地段，仍可开辟为经济果木的种植基地。

参比土种 油红泥。

代表性单个土体 剖面（编号 33-013）于 2009 年 12 月 17 日采自浙江省杭州市西湖区南天竺附近，30°13′46.7″N，120°06′46.9″E，低丘中下坡，海拔 51 m，母质为石灰岩风化残坡积物，林地，植被为香樟、枫树、青冈栎、小竹子等，50 cm 深度土温 18.7℃。

33-013

下天竺系代表性单个土体剖面

Ah：0~12 cm，浊红棕色（5YR 4/3，润），浊红棕色（5YR 4/4，干）；细土质地为壤土，团粒状结构，疏松；有大量小竹子、灌木的中、细根系；土体中有大量虫卵，少量直径 5 mm 左右的蚂蚁孔洞；pH 为 4.1；向下层平滑渐变过渡。

Bwh：12~35 cm，浊红棕色（2.5YR 4/4，润），亮红棕色（2.5YR 5/6，干）；细土质地为壤土，小团块状结构，稍紧实；有中量的乔木、竹子的中、粗根系；偶有直径 5~10 cm 的动物（蚂蚁）孔穴；pH 为 4.7；向下层模糊过渡。

Bt1：35~72 cm，红棕色（2.5YR 4/6，润），红棕色（2.5YR 4/8，干）；细土质地为黏壤土，块状结构，紧实；有少量的乔木粗根系；有明显的黏粒胶膜；pH 为 6.1；向下层模糊过渡。

Bt2：72~130 cm，红棕色（2.5YR 4/6，润），暗红棕色（2.5YR 3/6，干）；细土质地为黏壤土，块状结构，紧实；有明显的黏粒胶膜；有少量直径 0.5 cm 左右的半风化母岩碎屑，约占土体5%；pH 为 6.6。

下天竺系代表性单个土体物理性质

| 土层 | 深度 /cm | 砾石 (>2mm，体积分数) /% | 细土颗粒组成（粒径:mm）/（g/kg） | | | 质地 | 容重 /（g/cm³） |
			砂粒 2~0.05	粉粒 0.05~0.002	黏粒 <0.002		
Ah	0~12	10	287	467	246	壤土	1.03
Bwh	12~35	5	275	452	273	壤土	1.07
Bt1	35~72	3	219	463	318	黏壤土	1.09
Bt2	72~130	5	203	470	327	黏壤土	1.14

下天竺系代表性单个土体化学性质

| 深度 /cm | pH | | 有机质 /（g/kg） | 全氮（N） /（g/kg） | 全磷（P） /（g/kg） | 全钾（K） /（g/kg） | CEC₇ /（cmol/kg） | 游离铁 /（g/kg） |
	H₂O	KCl						
0~12	4.1	3.4	40.5	1.65	0.53	12.5	11.4	25.8
12~35	4.7	3.6	15.1	1.09	0.44	11.9	16.0	24.8
35~72	6.1	5.1	9.9	0.62	0.33	14.6	16.3	29.7
72~130	6.6	5.3	3.9	0.45	0.36	15.1	19.7	33.9

9.7.3 寮顶系（Liaoding Series）

土　族：黏壤质硅质混合型非酸性热性-红色铁质湿润淋溶土
拟定者：麻万诸，章明奎

分布与环境条件　零星分布于普陀、定海、岱山、洞头等县市区的岛屿丘陵缓坡地，坡度 5°~8°，海拔一般<150 m，母质为 Q_2 红土，利用方式以种植蔬菜为主。属亚热带湿润季风气候区，年均气温约 16.5~18.5℃，年均降水量约 1525 mm，年均日照时数约 1920 h，无霜期约 270 d。

寮顶系典型景观

土系特征与变幅　诊断层包括肥熟表层、黏化层、聚铁网纹层；诊断特性包括热性土壤温度状况、湿润土壤水分状况、铁质特性。该土系分布于浙东海岛丘陵缓坡地，母质为第四纪晚更新世红黏土。有效土层厚度在 1.2 m 以上，土体黏闭，孔隙度较低，细土质地以黏壤土或粉砂质黏壤土为主，土体中有较多磨圆度稍好的石英砂砾，直径 2~3 mm，平均含量约 10%~15%。表层厚度约 25~30 cm，由于长期耕作和施肥等影响，土体明显熟化，颜色较心底土土层深暗，具有较高的腐殖质积累，有机碳含量 10~15 g/kg，有效磷> 35 mg/kg，且夹杂有木炭、塑料膜等人为侵入体，磷素淀积明显高于下层，为肥熟表层。表下层尚无明显的磷素淀积。耕作层之下为黏化层，呈亮红棕色，色调为 2.5YR~5YR，厚度 80~100 cm，黏粒含量约 300~400 g/kg，结构面上有明显的黏粒胶膜，黏粒 CEC_7 约 30~50 cmol/kg，有少量的淡色锈纹，游离态氧化铁（Fe_2O_3）含量约 30~40 g/kg。土体呈中性，pH约 6.5~7.5，全土体盐基饱和度>75%，铝饱和度<20%。耕作层有机质约 20~30 g/kg，全氮 1.5~2.5 g/kg，有效磷 50~80 mg/kg，速效钾约 60~ 100 mg/kg。

Ap，耕作层，厚度约 25~30 cm，受长期耕作影响，腐殖质大量淀积，土体明显发黑，色调为 5YR~7.5YR，润态明度 3~4，彩度 3~4，与下垫土层形成强烈反差，有机碳含量达 12.0~15.0 g/kg，有效磷 50~80 mg/kg，盐基饱和度>75%，形成了肥熟表层。

Bt，黏化层，起始于 25~35 cm，厚度 80~100 cm，黏粒含量 300~400 g/kg，黏粒 CEC_7 约 30~50 cmol/kg，土体呈亮红棕色，色调 2.5YR~5YR，游离态氧化铁含量约 30~40 g/kg，盐基饱和度>75%，铝饱和度<20%。

对比土系　九渊系，不同土纲，剖面结构相似，土体呈红棕色，表土均受长期耕作影响明显熟化，但九渊系发源于变质岩风化物母质，125 cm 内形成了低活性富铁层，表土熟化但尚未形成肥熟表层，为富铁土。上天竺系和下天竺系，同一亚类不同土族，为非酸性。

利用性能综述　该土系发源于 Q_2 红土母质，地处海岛低丘缓坡地，土层深厚，质地黏重，保水保肥能力较强，但内部透气性和渗透性极差。该土系分布于村庄附近，多用于种植蔬菜，由于长期耕作施肥的影响，表土熟化程度较高，黏粒明显迁移后质地较为适中。当地农民有施用卤肥的习惯，土体中磷素水平偏高，有机质和氮、钾水平尚可。在今后的管理利用中，要适当减少磷素投入，少用卤肥，注重养分元素平衡。

参比土种　棕红泥。

代表性单个土体　剖面（编号 33-117）于 2012 年 3 月 11 日采自浙江省温州市洞头县东屏镇寮顶村岭头，27°50′21.1″N，121°09′54.3″E，中低丘中坡，海拔 87 m，母质为 Q_2 红土，菜园地，坡度约 5°~8°，50 cm 深度土温 19.6℃。

Ap：0~27 cm，棕色（7.5YR 4/4，润），棕色（7.5YR 4/3，干）；细土质地为壤土，团粒状和团块状结构，疏松；有中量细系根；土体中有少量木炭、塑料制品等侵入体；较多蚯蚓孔穴；土体中有较多直径 2 mm 左右的石英砂粒，约占 10%；pH 为 6.6；向下层平滑突变过渡。

Bt：27~100 cm，亮红棕色（5YR 5/8，润），橙色（5YR 7/8，干）；细土质地为黏壤土，块状结构，稍紧实；无根系；土体黏闭；土体中有少量的淡色锈纹，结构面上有明显的黏粒胶膜；有较多直径 2~5 mm 的石英砂砾，约占土体 10%；pH 为 7.2；向下层波状清晰过渡。

Btl：100~130 cm，橙色（5YR 6/8，润），橙色（5YR 6/8，干）；细土质地为粉砂质黏壤土，块状结构，紧实；土体黏闭；土体中可见少量黄色网纹状物质，约占土体 10%~15%，为聚铁网纹层；有大

寮顶系代表性单个土体剖面
量直径 2~5 mm 的石英砂砾和半风化碎屑，约占土体 20%；pH 为 7.3。

寮顶系代表性单个土体物理性质

土层	深度 /cm	砾石 (>2mm，体积分数) /%	细土颗粒组成（粒径:mm）/（g/kg）			质地	容重 /（g/cm³）
			砂粒 2~0.05	粉粒 0.05~0.002	黏粒 <0.002		
Ap	0~27	10	457	336	207	壤土	1.10
Bt	27~100	10	202	453	345	黏壤土	1.26
Btl	100~130	20	156	472	372	粉砂质黏壤土	1.26

寮顶系代表性单个土体化学性质

深度 /cm	pH		有机质 /（g/kg）	全氮（N） /（g/kg）	全磷（P） /（g/kg）	全钾（K） /（g/kg）	CEC_7 /（cmol/kg）	游离铁 /（g/kg）
	H₂O	KCl						
0~27	6.6	5.4	25.6	1.75	1.00	17.4	8.7	21.7
27~100	7.2	—	5.4	0.29	0.34	11.1	11.5	30.7
100~130	7.3	—	4.5	0.24	0.32	8.1	17.2	33.0

9.8　普通铁质湿润淋溶土

9.8.1　师姑岗系（Shigugang Series）

土　族：黏壤质硅质混合型酸性热性-普通铁质湿润淋溶土
拟定者：麻万诸，章明奎，李　丽

分布与环境条件　主要分布于浙西北的山前古洪积扇和河谷阶地上，以长兴、安吉、吴兴、南浔、德清等县市区的分布面积较大，一般海拔 <80 m，母质为第四纪上更新世（Q₃）红土，利用方式以茶园、果园为主。属亚热带湿润季风气候区，年均气温约 14.5~16.0℃，年均降水量约 1380 mm，年均日照时数约 2030 h，无霜期约 225 d。

师姑岗系典型景观

土系特征与变幅　诊断层包括淡薄表层、黏化层、聚铁网纹层；诊断特性包括热性土壤温度状况、湿润土壤水分状况、铁质特性。该土系分布于古洪积扇和阶地上，母质为 Q₃ 红土，土体深度在 120 cm 以上，细土质地以粉砂壤土或粉砂质黏壤土为主，土体紧实，孔隙度较低。土体中黏粒淋移淀积较明显，于 40~60 cm 开始出现黏化层，厚度约 40~60 cm，黏粒含量约 200~250 g/kg，CEC_7 约 15~20 cmol/kg，黏粒 CEC_7>50 cmol/kg，有大量铁锰斑纹、结核，直径达 0.5~1 cm，游离态氧化铁（Fe_2O_3）含量约 20~30 g/kg。土体约 100 cm 开始为聚铁网纹层，铁锰结核密集，胶结成团，占土体的 30%~50%。全土体呈酸性至微酸性，pH 为 5.0~6.0，盐基饱和度>60%，铝饱和度<30%。表土有机质约 15~25 g/kg，全氮 1.0~ 1.5 g/kg，有效磷 1~5 mg/kg，速效钾 60~100 mg/kg。

Bts，斑纹黏化层，出现于 50 cm 以下，厚度约 30~50 cm，润态色调为 7.5YR~10YR，游离态氧化铁含量约 20~30 g/kg，细土质地为粉砂壤土，黏粒含量约 200~250 g/kg，土体呈微酸性至酸性，CEC_7 约 15.0~20.0 cmol/kg，盐基饱和度>60%，铝饱和度<30%。

Bl，聚铁网纹层，开始于 100 cm 以下，土体红白相间，红色部分色调 10R~2.5YR，铁锰结核胶结成团，占土体 30%~50%，游离态氧化铁含量约 30~40 g/kg，盐基饱和度>60%，铝饱和度<30%。

对比土系　百公岭系，同一亚纲不同土类，母质来源相同，分布地形部位相近，但百公岭系整个 B 层为黄色，且具有铝质现象，125 cm 内无聚铁网纹层，为黄色铝质湿润淋溶土。东屏系，同一亚类不同土族，为壤质、非酸性。

利用性能综述　该土系发源于 Q₃ 红土母质，土体深厚，保水保肥性能较好，因水利条件较差，当前在利用上以园地为主，种植茶叶、油茶、板栗、香樟等经济和园艺林木，部分开辟为斜坡耕地，种植油菜、甘薯等作物。该土系土体紧实，养分含量偏低，若用作园地，可通过套种绿肥等改善土体结构和提升地力；用于农作旱地，则在注重肥料投入的同时需改善灌溉条件，防止夏、秋干旱威胁。

参比土种　亚棕黄筋泥。

代表性单个土体　剖面（编号 33-138）于 2012 年 4 月 8 日采自浙江省湖州市长兴县泗安镇师姑岗村，30°56′46.6″N，119°39′31.8″E，低丘二级阶地，园地，坡度 2°~5°，海拔 54 m，母质为 Q₃ 红土，50 cm 深度土温 17.7℃。

师姑岗系代表性单个土体剖面

Ap：0~18 cm，棕色（10YR 4/6，润），黄棕色（10YR 5/6，干）；细土质地为粉砂壤土，小块状结构，稍疏松；有大量香樟的中、细根系；土体中有较多直径 3~5 mm 的动物孔洞；pH 为 5.2；向下层平滑清晰过渡。

Bs：18~55 cm，黄棕色（10YR 5/6，润），亮黄棕色（10YR 6/6，干）；细土质地为粉砂壤土，块状结构，很紧实；有少量香樟的中、细根系，偶有粗根系；有大量直径 1~2 mm 的细小的铁锰结核，总量约占土体的 1%~3%；有较多直径 3~5 mm 的动物孔洞；pH 为 5.2；向下层平滑清晰过渡。

Bts：55~100 cm，亮棕色（7.5YR 5/8，润），亮棕色（7.5YR 5/6，干）；细土质地为粉砂壤土，块状结构，很紧实；聚铁网纹层，铁锰结核密集，斑纹直径约 0.5~1 cm，斑点状占土体的 20%~30%；pH 为 5.6；向下层波状渐变过渡。

Bl：100~150 cm，聚铁网纹层，暗红色（10R 3/6，润），红色（10R 5/6，干）；细土质地为粉砂壤土，大块状结构，很紧实；土体红、黄、黑相间，呈网纹状；铁锰结核密集胶结，形成了大的红黑色（10R 1.7/1，润；10R 2/1，干）团块，部分区域占土体 50%以上，个别形成直径 30~50 cm 的大结核（当地人称"乌密"，可用于冶铁）；pH 为 5.9。

师姑岗系代表性单个土体物理性质

土层	深度/cm	砾石（>2mm,体积分数）/%	细土颗粒组成（粒径:mm）/（g/kg）			质地	容重/（g/cm³）
			砂粒 2~0.05	粉粒 0.05~0.002	黏粒 <0.002		
Ap	0~18	0	283	544	173	粉砂壤土	1.19
Bs	18~55	0	271	559	170	粉砂壤土	1.24
Bts	55~100	0	240	537	223	粉砂壤土	1.23
Bl	100~150	0	287	507	206	粉砂壤土	1.28

师姑岗系代表性单个土体化学性质

深度/cm	pH		有机质/（g/kg）	全氮（N）/（g/kg）	全磷（P）/（g/kg）	全钾（K）/（g/kg）	CEC₇/（cmol/kg）	游离铁/（g/kg）
	H₂O	KCl						
0~18	5.2	4.0	19.8	1.19	0.26	9.6	15.1	21.1
18~55	5.2	4.1	12.3	0.83	0.21	11.2	14.8	19.3
55~100	5.6	4.4	5.1	0.44	0.19	13.2	16.0	24.2
100~150	5.9	4.5	2.6	0.34	0.17	12.7	19.3	32.4

9.8.2 东屏系〔Dongping Series〕

土　　族：壤质硅质混合型非酸性热性-普通铁质湿润淋溶土

拟定者：麻万诸，章明奎，李丽

分布与环境条件　主要分布于舟山市境内各县市区及洞头、南麂岛等岛屿丘陵，海拔一般<150 m，坡度 10°~30°，母质为花岗岩风化残坡积物，受海风影响，土体的盐基饱和度一般较高，利用方式以旱作耕地和园地为主。属亚热带湿润季风气候区，年均气温约16.0~18.3℃，年均降水量约1530 mm，年均日照时数约1920 h，无霜期约 270 d。

东屏系典型景观

土系特征与变幅　诊断层包括淡薄表层、黏化层；诊断特性包括热性土壤温度状况、湿润土壤水分状况、铁质特性。该土系分布于浙东海岛丘陵区，母质为花岗岩风化残坡积物，有效土层厚度约 100~150 cm，土体颗粒稍粗，有大量的石英砾，细土质地为壤土，其中 2~0.25 cm 的粗、中砂粒含量在 200 g/kg 以上。土体呈酸性至微酸性，pH 从表层向下增高。由于长年受海风等影响，土体盐基含量较高，全土层盐基饱和度>70%，俗称"饱和红壤"。整个 B 层 pH 为 5.5~6.5，CEC_7 约 8~15 cmol/kg，铝饱和度<20%，无铝质现象。约 20~30 cm 开始出现黏化层，厚度 40~60cm，黏粒含量 150~250 g/kg，CEC_7 约 10.0~15.0 cmol/kg。土体润态色调为 5YR~7.5YR，以 7.5YR 为主。土体 100 cm 内无明显的铁锰结核等新生体，游离态氧化铁（Fe_2O_3）含量约 20~25 g/kg。表土厚度约 25 cm，土体中有少量的腐殖质淀积，100 cm 土体的有机碳含量约 8.0~10.0 kg/m^2。表层有机质约 20~30 g/kg，全氮约 1.0~2.0 g/kg，有效磷 1~5 mg/kg，速效钾 150~200 g/kg。

　　Bt，黏化层，开始出现于 20~30 cm，厚度约 40~60 cm，润态色调约 5YR~7.5YR，细土质地为壤土，黏粒含量约 150~250 g/kg，土体呈酸性至微酸性，pH 为 5.5~6.5，CEC_7约 10.0~15.0 cmol/kg，盐基饱和度>75%，铝饱和度<20%。

对比土系　庙子湖系，同一亚类不同土族，分布地形部位、母质来源均相同，庙子湖系土体颗粒较细，颗粒大小级别为黏壤质。亭旁系，同一土类不同亚类，均分布于低丘，发源于花岗岩风化残坡积物母质，亭旁系黏化层厚度较深，为 50~80 cm，但无铁质特性，为普通简育湿润淋溶土。师姑岗系，同一亚类不同土族，为黏壤质、酸性。

利用性能综述　该土系地处海岛丘陵区斜坡地，有效土层较深，质地稍粗，孔隙度较高，排水良好，通气性和渗透性俱佳，但肥水保蓄性能较差，表土养分含量一般不高。由于长年受海风影响，土体盐基饱和度较高，速效钾含量相对丰富。该土系在利用上多为林地，植被为黑松等，也有部分开辟为梯地，种植蔬菜和果树。在施肥管理上，该土系应以有机肥和磷肥投入为主。

参比土种　棕红泥砂土。

代表性单个土体　剖面（编号 33-116）于 2012 年 3 月 11 日采自浙江省温州市洞头县东屏镇大山村，27°49′25.2″N，121°09′56.4″E，低丘上坡，海拔 88 m，母质为花岗岩风化残坡积物，50 cm 深度土温 19.6℃。

东屏系代表性单个土体剖面

Ap：0~27 cm，棕色（7.5YR 4/4，润），浊橙色（7.5YR 6/4，干）；细土质地为壤土，碎块状结构，稍疏松；有少量杂草细根系；土体中有大量直径 5~20 mm 的动物孔穴，约占土体 5%~10%；有大量直径 2~3 mm 的石英砂粒，约占土体 10% 以上；pH 为 5.1；向下层平滑清晰过渡。

Bt：27~75 cm，亮红棕色（5YR 5/8，润），橙色（5YR 6/8，干）；细土质地为壤土，块状结构，稍紧实；有极少量细根系，偶有乔木粗根；偶有直径 2~5 cm 的动物（蚂蚁等）孔穴；土体中有较多直径 3~5 mm 的母岩碎屑，石英砂含量较高，约占土体 10%；pH 为 5.5；向下层平滑清晰过渡。

Bw：75~140 cm，棕色（7.5YR 4/6，润），橙色（7.5YR 6/6，干）；细土质地为壤土，块状结构，紧实；土体中有大量直径 1~3 mm 的石英砂粒，>2 mm 的粗骨岩石屑粒约占土体 20%，偶有直径 10 cm 以上的大石块；pH 为 6.3。

东屏系代表性单个土体物理性质

土层	深度 /cm	砾石（>2mm，体积分数）/%	细土颗粒组成（粒径:mm）/（g/kg）			质地	容重 /（g/cm³）
			砂粒 2~0.05	粉粒 0.05~0.002	黏粒 <0.002		
Ap	0~27	10	520	348	132	壤土	1.14
Bt	27~75	10	406	389	205	壤土	1.17
Bw	75~140	20	505	364	131	壤土	1.20

东屏系代表性单个土体化学性质

深度 /cm	pH		有机质 /（g/kg）	全氮（N）/（g/kg）	全磷（P）/（g/kg）	全钾（K）/（g/kg）	CEC₇ /（cmol/kg）	游离铁 /（g/kg）
	H₂O	KCl						
0~27	5.1	4.2	24.0	1.94	0.27	28.2	13.1	20.6
27~75	5.5	4.4	9.5	0.53	0.19	21.5	14.1	20.3
75~140	6.3	5.1	8.8	0.58	0.19	26.7	9.1	20.0

9.9 普通简育湿润淋溶土

9.9.1 亭旁系（Tingpang Series）

土　族：砂质硅质混合型酸性热性-普通简育湿润淋溶土
拟定者：麻万诸，章明奎，李　丽

分布与环境条件　主要分布于台州、温州两市境内的丘陵中缓坡地，以天台、三门、临海、永嘉、乐清等县市的分布面积较大，丽水、宁波、衢州、舟山等市境内也有少量分布，坡度 8°~15°，海拔一般<250 m，母质为花岗岩风化残坡积物，利用方式以旱作耕地和园地为主。属亚热带湿润季风气候区，年均气温约 15.0~17.0℃，年均降水量约 1550 mm，年均日照时数约 1965 h，无霜期约 250 d。

亭旁系典型景观

土系特征与变幅　诊断层包括淡薄表层、黏化层；诊断特性包括热性土壤温度状况、湿润土壤水分状况。该土系分布于丘陵中缓坡，母质为花岗岩风化残坡积物，土体厚度 100~150 cm，细土质地为砂质壤土或砂质黏壤土，砂粒含量>550 g/kg。该土系土体呈酸性至微酸性，pH 约 5.0~6.0，约 20~30 cm 开始为黏化层，总厚度 80~100 cm，游离态氧化铁（Fe_2O_3）含量约 10~20 g/kg，盐基饱和度>60%，铝饱和度<30%，无铝质特性。黏化层的上部亚层以坡积母质为主，厚度约 20~40 cm，土体亮棕色，色调 7.5YR~10YR，土体颜色稍暗，润态色调为 7.5YR~10YR，无铁质特性，黏粒含量约 150~200 g/kg，CEC_7 约 10.0~15.0 cmol/kg，黏粒 CEC_7>50 cmol/kg；下部亚层以残积母质为主，厚度约 40~60 cm，颜色更红，呈亮红棕色，色调 2.5YR~5YR，黏粒含量约 200~250 g/kg，CEC_7 约 5.0~10.0 cmol/kg，黏粒 CEC_7 约 30~50 cmol/kg，具有铁质特性。表层厚度约 20~30 cm，曾受耕作影响，有机质含量约 20~30 g/kg，全氮约 1.0~1.5 g/kg，有效磷<5 mg/kg，速效钾 60~100 mg/kg。

Bt1，黏化层，开始出现于 20~30 cm，厚度约 20~40 cm，润态色调约 7.5YR~10YR，细土质地为粉砂壤土，黏粒含量约 150~200 g/kg，土体呈酸性至微酸性，CEC_7 约 10.0~15.0 cmol/kg，黏粒 CEC_7>50 cmol/kg，盐基饱和度>60%。

Bt2，黏化层，开始出现于 50~60 cm 以下，厚度约 40~60 cm，润态色调约 2.5YR~5YR，细土质地为砂质壤土或砂质黏壤土，黏粒含量约 200~250 g/kg，土体呈酸性至微酸性，CEC_7 约 5.0~10.0 cmol/kg，黏粒 CEC_7 约 30~50 cmol/kg，盐基饱和度>60%。

对比土系　东屏系，二者均分布于低丘，发源于花岗岩风化残坡积物母质，土体盐基饱和度在 60%以上，且形成了黏化层，区别在于东屏系黏化层较为浅薄，厚度 30~50 cm，且游离态氧化铁含量>20 g/kg，属壤质硅质混合型非酸性热性-普通铁质湿润淋溶土。平桥系，同一亚类不同土族，为黏壤质地，云母混合型、非酸性。

利用性能综述　该土系地处丘陵中缓坡，发源于花岗岩母质，土体深厚，质地较粗，土体渗透性和通气性都较好。由于地势相对稍平，曾为旱作梯地，现多已退耕闲置或为园地，种植板栗、毛竹、柑橘等。由于砂粒含量高，该土系的保水保肥性能较差，作为园地，有机质和氮、磷、钾素养分含量都较低，在管理利用中需注重肥料投入，可套种绿肥以改善土体结构和涵水固肥，提升地力。

参比土种　红泥砂土。

代表性单个土体　剖面（编号 33-101）于 2012 年 2 月 27 日采自浙江省台州市三门县亭旁镇坑洪村，29°02′21.5″N，121°21′25.0″E，低丘中下坡，海拔 63 m，园地，母质为花岗岩风化残坡积物，50 cm 深度土温 19.2℃。

Ap：0~20 cm，棕色（10YR 4/6，润），浊黄橙色（10YR 6/4，干）；细土质地为砂质壤土，屑粒状结构，疏松；有大量毛竹和茅草的中、细根系；有大量 1~2 mm 的砾石，约占土体 10%；pH 为 5.3；向下层平滑清晰过渡。

Bt1：20~60 cm，亮棕色（7.5YR 5/8，润），橙色（7.5YR 6/6，干）；细土质地为砂质壤土，碎块状结构，紧实；有少量的乔木粗、中根系；土体夹杂有大量的半风化石英、长石碎屑，直径 1~3 cm，约占土体 15%；有少量直径 2~5 mm 的动物孔洞；pH 为 5.4；向下层平滑清晰过渡。

Bt2：60~130 cm，亮红棕色（5YR 5/8，润），橙色（5YR 6/8，干）；细土质地为砂质黏壤土，块状结构紧实；土体中有大量直径 0.5~3 cm 的半风化层碎屑；130 cm 左右质地变砂，黏粒变少；pH 为 5.6。

C：130 cm 以下，半风化母质层。

亭旁系代表性单个土体剖面

亭旁系代表性单个土体物理性质

土层	深度 /cm	砾石 （>2mm，体积分数）/%	细土颗粒组成（粒径:mm）/（g/kg）			质地	容重 /（g/cm³）
			砂粒 2~0.05	粉粒 0.05~0.002	黏粒 <0.002		
Ap	0~20	10	683	173	144	砂质壤土	1.22
Bt1	20~60	15	572	248	180	砂质壤土	1.30
Bt2	60~130	15	586	178	236	砂质黏壤土	1.42

亭旁系代表性单个土体化学性质

深度 /cm	pH		有机质 /（g/kg）	全氮（N） /（g/kg）	全磷（P） /（g/kg）	全钾（K） /（g/kg）	CEC₇ /（cmol/kg）	游离铁 /（g/kg）
	H₂O	KCl						
0~20	5.3	4.4	22.3	1.56	0.21	33.0	10.5	12.1
20~60	5.4	4.7	5.5	0.48	0.14	31.1	13.3	16.3
60~130	5.6	4.8	2.8	0.27	0.27	28.6	9.1	17.6

9.9.2 平桥系（Pingqiao Series）

土　族：黏壤质云母混合型非酸性热性-普通简育湿润淋溶土
拟定者：麻万诸，章明奎，李丽

分布与环境条件　主要分布于
金衢盆地、新嵊盆地及天台盆
地等低丘缓坡和岗地，以天台、
兰溪、婺城、金东、嵊州、新
昌、缙云、衢江等县市区的分
布面积较大，海拔<200 m，坡
度 2°~5°，母质为石灰性紫色
泥页岩风化残坡积物，利用方
式以旱作耕地为主。属亚热带
湿润季风气候区，年均气温约
16.0~18.0℃，年均降水量约
1520 mm，年均日照时数约
1980 h，无霜期约 240 d。

平桥系典型景观

土系特征与变幅　诊断层包括肥熟表层、黏化层；诊断特性包括热性土壤温度状况、湿
润土壤水分状况。该土系地处低丘缓坡和岗地，坡度约 2°~5°，地势较为平缓，发源于
石灰性紫色泥页岩风化物母质，土体深厚，有效土层厚度 120 cm 以上，细土质地以砂质
黏壤土为主，孔隙度较低，湿时黏重。该土系多为旱作耕地，受长期深耕影响，表土熟
化，厚度达 25~30 cm，土体中可见木炭、砖瓦残片和较多的蚯蚓孔穴，腐殖质淀积，土
壤有机碳含量约 10.0~15.0 g/kg，形成了肥熟表层。土体中磷素含量从上向下逐渐下降，无
明显的磷质耕作淀积现象。耕作层之下，土体黏粒淀积，形成了黏化层，厚度>100 cm，
黏粒含量约 200~250 g/kg，CEC_7 约 10.0~20.0 cmol/kg，黏粒 CEC_7>40.0 cmol/kg，盐基饱
和度>80%，铝饱和度<20%，无铝质现象。土体呈暗棕色至棕色，色调 5YR~7.5YR，游
离态氧化铁（Fe_2O_3）含量约 10.0~20.0 g/kg，无铁质特性。土体呈微酸性至中性，pH 为
6.0~7.5，受耕作、淋溶影响，150 cm 内土体已完全脱钙，无石灰反应。表层有机碳含量
约 6~8 g/kg，有效磷约 40~50 mg/kg，速效钾约 30~50 mg/kg。

　　Bt，黏化层，开始出现于 20~40 cm，厚度>100 cm，棕色，色调 7.5YR，细土质地
为砂质黏壤土，黏粒含量约 200~250 g/kg，CEC_7 约 10.0~20.0 cmol/kg，盐基饱和度>80%，
铝饱和度<20%，无铝质现象、铁质特性。

对比土系　高坪系，均发源于紫色砂岩、泥岩风化物母质，土体深厚，形态相似，区别
在于高坪系母质呈酸性，125 cm 内无黏化层，为雏形土。上林系，均分布于金衢、新嵊、
天台盆地等石灰性紫色砂岩、泥页岩发育的低丘岗地，土体呈中性至微碱性，但上林系土
体浅薄，发育弱，为新成土。亭旁系，同一亚类不同土族，为砂质、硅质混合型、酸性。

利用性能综述　该土系地处缓坡岗地，发源于石灰性紫色泥页岩母质，土体深厚，当前

多已开辟为耕地或园地，用于种植小麦、玉米、大豆、甘薯等杂粮和蔬菜以及柑橘、黄桃、李子等果树。土体保肥保水性能较好，但孔隙度偏低，湿时较为黏重，影响耕性。土体中有机质和氮、钾素养分都较低，磷素水平较好，在今后管理利用上应该增加有机肥投入，园地中套种绿肥，同时需补充钾素供给。

参比土种 紫泥土。

代表性单个土体 剖面（编号33-120）于2012年3月19日采自浙江省台州市天台县平桥镇东序村，29°11′52.8″N，120°53′21.5″E，岗地，海拔115 m，坡度约2°~5°，母质为

33-120

石灰性紫色泥页岩风化残坡积物，冬闲旱地，前作玉米，50 cm深度土温19.5℃。

Ap: 0~27 cm，暗棕色（5YR 3/3，润），浊棕色（5YR 5/4，干）；细土质地为砂质壤土，团粒状或小团块状结构，疏松；有大量的杂草细根系，密度约30~50 条/dm²；有大量直径1~5 mm的蚯蚓孔洞，密集处约8~10 孔/dm²；偶有木炭、砖瓦片等侵入体；pH为6.4；向下层平滑清晰过渡。

Bt1: 27~65 cm，暗棕色（7.5YR 3/3，润），棕色（7.5YR 4/4，干）；细土质地为砂质黏壤土，块状结构，稍紧实；少量细根系；有少量直径3~5 mm的动物（蚯蚓）孔洞；偶有瓦片等侵入体；无石灰反应；pH为6.8；向下层平滑渐变过渡。

Bt2: 65~105 cm，棕色（7.5YR 4/3，润），棕色（7.5YR 4/4，干）；细土质地为砂质黏壤土，块状结构，稍紧实；土体中有较多的毛孔；结构面中有明显的黏粒胶膜；有极少量的动物孔洞；偶见陶瓷、瓦片等侵入体；无石灰反应；pH为7.5；向下层平滑清晰过渡。

平桥系代表性单个土体剖面

Bt3: 105~160 cm，棕色（7.5YR 4/4，润），浊棕色（7.5YR 5/3，干）；细土质地为砂质黏壤土，块状结构，较紧实；土体中有较多的毛孔；结构面上有明显的黏粒胶膜；无石灰反应；pH为7.2；向下层波状清晰过渡。

C: 160 cm以下，半风化的紫色泥页岩母岩。

平桥系代表性单个土体物理性质

土层	深度 /cm	砾石 (>2mm, 体积分数) /%	细土颗粒组成（粒径:mm）/（g/kg）			质地	容重 /（g/cm³）
			砂粒 2~0.05	粉粒 0.05~0.002	黏粒 <0.002		
Ap	0~27	10	660	235	105	砂质壤土	1.36
Bt1	27~65	5	535	255	210	砂质黏壤土	1.40
Bt2	65~105	3	546	243	211	砂质黏壤土	1.51
Bt3	105~160	2	559	225	216	砂质黏壤土	1.46

平桥系代表性单个土体化学性质

深度 /cm	pH		有机质 /（g/kg）	全氮（N） /（g/kg）	全磷（P） /（g/kg）	全钾（K） /（g/kg）	CEC₇ /（cmol/kg）	游离铁 /（g/kg）
	H₂O	KCl						
0~27	6.4	5.4	12.0	0.71	0.40	15.2	14.1	14.7
27~65	6.8	5.5	7.7	0.36	0.24	14.5	10.8	14.4
65~105	7.5	6.2	6.1	0.29	0.19	13.4	18.1	10.5
105~160	7.2	6.0	6.5	0.25	0.13	13.6	13.5	14.0

第10章 雏 形 土

10.1 弱盐淡色潮湿雏形土

10.1.1 滨海系（Binhai Series）

土　族：壤质硅质混合型石灰性热性-弱盐淡色潮湿雏形土
拟定者：麻万诸，章明奎，李　丽

分布与环境条件　主要分布于浙东、浙南滨海平原外缘的新围海涂上，以慈溪、镇海、象山、宁海、椒江、路桥、温岭等县市区的分布面积较大，围垦时间约 30~40 年，母质为海相沉积物，利用方式以种植蔬菜为主。属亚热带湿润季风气候区，年均气温约 15.5~17.5℃，年均降水量约 1245 mm，年均日照时数约 2095 h，无霜期约 245 d。

滨海系典型景观

土系特征与变幅　诊断层包括淡薄表层、雏形层；诊断特性包括热性土壤温度状况、潮湿土壤水分状况、氧化还原特征、石灰性、盐积现象。该土系地处滨海平原外缘的新围海涂区，土体厚度在 1.5m 以上，细土质地为砂质壤土或壤土，0.1~0.05 mm 的极细砂含量在 350 g/kg 以上，土体疏松，总孔隙度约 25%~40%。围垦时间约 30~40 年，土体结构已基本形成，雏形层厚度约 60~80 cm，剖面分化尚不完善。冬季地下水位约 100~110 cm，土体 50 cm 内即可见较多的锈纹锈斑，具有潮湿土壤水分状况。约 50~60 cm 开始土体中有大量垂直方向的芦苇等植物残体或根孔，土体中有明显的沉积层理。约 70~80 cm 开始土体中出现较多的潜育斑，并有大量黑色的腐烂植物残体。该土系基本尚未进行农业利用，处于自然脱盐脱钙过程中，土体呈碱性，全土体具有强石灰反应，pH 约 8.5~9.0，表层可溶性盐含量在 1.0~2.0 g/kg，雏形层及以下土体可溶性盐含量约 2.0~5.0 g/kg，具有盐积现象。表土有机质 5~10 g/kg，全氮<0.5 g/kg，有效磷 5~8 mg/kg，速效钾 150~　200 mg/kg。

　　Brz，弱盐雏形层，起始于 10~20 cm，厚度 60~80 cm，土体呈碱性，pH 为 8.5~9.0，具有强石灰反应，可溶性全盐含量约 2.0~5.0 g/kg，具有盐积现象。

对比土系　浦坝系，同一土族，均分布于滨海平原外缘，土体具有强石灰反应，100 cm 内有盐积现象。但浦坝系围垦时间稍长，已有农业利用，上部土体已明显脱盐，100 cm 内仅底部 10~20 cm 亚层具有弱盐现象。娥江口系，所处地形部位相似，均位于滨海平原外缘，土体含盐量较高，尚未农业利用，为新成土。

利用性能综述　该土系发源于滨海沉积物母质，土层深厚，土体疏松，渗透性和通气性好。但围垦时间尚短，土体尚未脱盐脱钙，作物适种性较窄，可用于种植棉花等耐盐性经济作物。在管理利用上，需深沟排水，加速土体脱盐脱钙。

参比土种　涂泥。

代表性单个土体　剖面（编号 33-086）于 2012 年 1 月 12 日采自浙江省宁波市慈溪市滨海镇周家路湾水库北 1500 m，30°20′31.3″N，121°15′04.9″E，滨海平原，海拔 0.2 m，母质为滨海沉积物，闲置未利用，植被为芦苇等，50 cm 深度土温 18.5℃。

33-086

滨海系代表性单个土体剖面

Ah：0~13 cm，浊黄棕色（10YR 4/3，润），浊黄橙色（10YR 7/3，干）；细土质地为砂质壤土，弱块状结构，疏松；有中量的芦苇中、细根系；结构面中有少量的红色铁诱，约占 3%；具有强石灰反应；pH 为 9.0；向下层平滑渐变过渡。

Brz1：13~30 cm，浊黄棕色（10YR 4/3，润），浊黄橙色（10YR 6/3，干）；细土质地为砂质壤土，弱块状结构，疏松；有少量的芦苇粗、中根系；有较多的根孔锈纹和锈斑；具有强石灰反应；pH 为 8.9；向下层平滑清晰过渡。

Brz2：30~53 cm，棕色（10YR 4/4，润），浊黄橙色（10YR 6/3，干）；细土质地为砂质壤土，沉积层理，稍紧实；有大量垂直方向的老根孔锈纹和锈斑；土体中偶有贝壳残体；具有强石灰反应；pH 为 8.7。

Brz3：53~71 cm，暗棕色（10YR 3/4，润），浊黄橙色（10YR 6/3，干）；细土质地为壤土，沉积层理，疏松；有大量垂直方向的老根孔锈纹和锈斑；具有强石灰反应；pH 为 8.5；向下层平滑清晰过渡。

Crz：71~120 cm，灰色（5Y 4/1，润），红黄灰色（2.5Y 6/1，干）；细土质地为壤土，沉积层理，疏松；有大量垂直方向的老根孔锈纹和锈斑以及腐烂植物残体，有少量潜育斑；具有强石灰反应；pH 为 8.6。

滨海系代表性单个土体物理性质

土层	深度 /cm	砾石（>2mm，体积分数）/%	细土颗粒组成（粒径:mm）/（g/kg）			质地	容重 /（g/cm³）
			砂粒 2~0.05	粉粒 0.05~0.002	黏粒 <0.002		
Ah	0~13	3	446	505	49	砂质壤土	1.14
Brz1	13~30	0	695	266	39	砂质壤土	1.30
Brz2	30~53	0	581	389	30	砂质壤土	1.30
Brz3	53~71	0	394	488	118	壤土	1.23
Crz	71~120	0	427	488	85	壤土	1.28

滨海系代表性单个土体化学性质

深度 /cm	pH		有机质 /（g/kg）	全氮（N）/（g/kg）	全磷（P）/（g/kg）	全钾（K）/（g/kg）	CEC₇ /（cmol/kg）	含盐量 /（g/kg）
	H₂O	KCl						
0~13	9.0	7.5	—	0.28	0.54	17.8	8.3	1.6
13~30	8.9	7.5	—	0.49	0.65	16.2	8.3	2.0
30~53	8.7	7.6	—	0.23	0.58	15.7	7.5	2.3
53~71	8.5	7.4	—	0.42	0.55	18.9	6.9	2.9
71~120	8.6	7.4	—	0.27	0.59	19.1	6.6	2.3

10.1.2 浦坝系〔Puba Series〕

土　族：壤质硅质混合型石灰性热性-弱盐淡色潮湿雏形土
拟定者：麻万诸，章明奎，李丽

分布与环境条件　主要分布于
宁波、台州和舟山等市的小海
湾平原外缘，以镇海、象山、
宁海、普陀、定海、三门、路
桥等县市区的分布面积较大，
母质为海相沉积物，海拔一般
<10 m，由泥涂经人工围垦而
形成，土体仍处于脱盐脱钙过
程中，利用方式以园地为主，
种植柑橘、蔬菜和旱作杂粮。
属亚热带湿润季风气候区，年
均气温约 15.5~17.5℃，年均降

浦坝系典型景观

水量约 1520 mm，年均日照时数约 1985 h，无霜期约 260 d。

土系特征与变幅　诊断层包括淡薄表层、雏形层；诊断特性包括热性土壤温度状况、潮
湿土壤水分状况、氧化还原特征、石灰性。该土系地处滨海平原小海湾，由海积泥涂经
人工围垦而形成，土体厚度>100 cm，细土质地为粉砂壤土或壤土。土体 50 cm 内可见少
量锈纹锈斑，具有潮湿土壤水分状况。该土系的围垦历史在 50 年以上，80 cm 内土体已
基本脱盐，可溶性盐含量<1.0 g/kg；土体 80~100 cm 可溶性全盐含量约 2.0~5.0 g/kg，尚
有盐积现象。全土体尚处于脱钙过程中，呈碱性，pH 约 8.5~9.5，具有强石灰反应。因
长期耕作影响，表层已有明显熟化，厚度约 20~25 cm，有大量的动物（蚯蚓）孔洞，有
机碳含量约 6.0~10.0 g/kg，游离态氧化铁（Fe_2O_3）含量约 10~15 g/kg。耕作表层有机质
约 15~25 g/kg，全氮 1.0~1.5 g/kg，有效磷 15~20 mg/kg，速效钾 150~200 mg/kg。

　　Bw，雏形层，起始于 25~30 cm，厚度 50~60 cm，土体已基本脱盐，可溶性全盐含
量<2.0 g/kg，尚处于脱钙过程中，pH 为 7.0~8.0，具有强石灰反应。

　　Bwz，弱盐雏形层，起始于 80~90 cm，厚度 20~30 cm，细土质地为粉砂壤土，土体
仍处于脱盐脱钙过程中，pH 为 7.0~8.0，具有强石灰反应，可溶性盐含量约 2.0~5.0 g/kg。

对比土系　滨海系，同一土族，均分布于滨海平原外缘，土体具有强石灰反应，100 cm
内有盐积现象，但滨海系尚无农业利用，土体基本未有脱盐，100 cm 内整个土体具有盐
积现象。东海塘系，同一土类不同亚类，均分布于滨海平原外缘，海相沉积物母质，仅
底部土层中尚有盐积现象，颗粒大小级别为黏壤质。

利用性能综述　该土系由浅海沉积物发育的泥涂经人工围垦而形成，土体深厚，质地匀
细，上部土体孔隙度较高，通透性和耕性都较好。因该土系质地相对较细，脱盐脱钙的
速度较慢，围垦历史约 50 多年，土体仍处于脱盐脱钙的过程中，若遇长时间的干旱，表

土尚有返盐危险。该土系当前多作蔬菜基地，也有部分作为园地种植柑橘等。耕作层土壤有机质和氮素水平稍低，磷素尚可，钾素含量极高。在利用管理中，一是要开挖深沟渠系，加快土体的脱盐速度；二是需重视有机肥投入，补充氮、磷，使养分元素平衡。

参比土种　中咸泥。

代表性单个土体　剖面（编号 33-102）于 2012 年 2 月 27 日采自浙江省台州市三门县沿赤乡胜利村，浦坝港北岸，28°55′11.2″N，121°37′34.9″E，滨海平原，海拔 3 m，母质为海相沉积物，菜园地，种植油菜，50 cm 深度土温 19.5℃。

浦坝系代表性单个土体剖面

Ap：0~23 cm，浊黄棕色（10YR 4/3，润），浊黄棕色（10YR 5/3，干）；细土质地为粉砂壤土，团粒状或块状结构，疏松；有少量杂草根系；地表有大量的螺蛳壳和蚯蚓粪土，土体中有大量直径 2~5 mm 的蚯蚓孔洞，约 3~5 孔/dm²；强石灰反应；pH 为 8.7；向下层平滑渐变过渡。

Bw1：23~60 cm，棕色（10YR 4/4，润），浊黄橙色（10YR 6/3，干）；细土质地为壤土，块状结构，稍紧实；结构面中可见大量毛细气孔；有淡色不明显的锈纹锈斑；土体中有较多的螺丝壳、贝壳等水生动物残体；强石灰反应；pH 为 9.4；向下层平滑模糊过渡。

Bw2：60~90 cm，棕色（10YR 4/4，润），浊黄橙色（10YR 6/3，干）；细土质地为粉砂壤土，块状结构，稍紧实；有淡色不明显的锈纹锈斑；黏性较上层增强；土体中有少量螺蛳壳、贝壳等水生动物残体；强石灰反应；pH 为 9.5；向下层平滑模糊过渡。

Bwz：90~120 cm，棕色（10YR 4/4，润），浊黄橙色（10YR 6/3，干）；细土质地为粉砂壤土，沉积层理，紧实；偶有不明显的锈纹锈斑；土体易发生垂直方向断裂；强石灰反应；pH 为 9.3；向下层波状清晰过渡。

Cz：120~150 cm，黑棕色（10YR 3/2，润），灰黄棕色（10YR 5/2，干）；细土质地为粉砂壤土，沉积层理，紧实；土体黏闭；土体潮湿，未见地下水，结构面上有连片的氧化铁胶膜；土体中出现青泥层；有较多的贝壳、螺蛳壳等水生动物残体；强石灰反应；pH 为 9.2。

浦坝系代表性单个土体物理性质

土层	深度/cm	砾石（>2mm，体积分数）/%	细土颗粒组成（粒径:mm）/（g/kg）			质地	容重/（g/cm³）
			砂粒 2~0.05	粉粒 0.05~0.002	黏粒 <0.002		
Ap	0~23	0	363	514	123	粉砂壤土	1.33
Bw1	23~60	0	328	477	195	壤土	1.40
Bw2	60~90	0	250	550	200	粉砂壤土	1.30
Bwz	90~120	0	280	539	181	粉砂壤土	1.35
Cz	120~150	0	259	531	210	粉砂壤土	1.32

浦坝系代表性单个土体化学性质

深度/cm	pH		有机质/（g/kg）	全氮（N）/（g/kg）	全磷（P）/（g/kg）	全钾（K）/（g/kg）	CEC₇/（cmol/kg）	含盐量/（g/kg）
	H₂O	KCl						
0~23	8.7	—	17.1	1.00	0.90	19.8	10.0	0.3
23~60	9.4	—	5.7	0.35	0.61	22.3	7.4	0.7
60~90	9.5	—	6.8	0.37	0.62	21.9	6.9	1.4
90~120	9.3	—	7.4	0.40	0.63	22.5	6.6	2.6
120~150	9.2	—	9.2	0.45	0.62	23.0	5.9	4.1

10.2　石灰淡色潮湿雏形土

10.2.1　舥艚系（Pacao Series）

土　　族：黏壤质云母混合型热性-石灰淡色潮湿雏形土
拟定者：麻万诸，章明奎，李　丽

分布与环境条件　主要分布于浙东、浙南的滨海平原外侧，以宁海、象山、三门、临海、椒江、路桥、温岭、瑞安、龙湾、苍南等县市区的分布面积较大，母质为海相沉积物，海拔一般<10 m，围垦历史约30年，利用方式以水产养殖为主。属亚热带湿润季风气候区，年均气温约16.5~18.5℃，年均降水量约1625 mm，年均日照时数约1875 h，无霜期约275 d。

舥艚系典型景观

土系特征与变幅　诊断层包括淡薄表层、雏形层；诊断特性包括热性土壤温度状况、潮湿土壤水分状况、氧化还原特征、石灰性。该土系分布于滨海平原的外侧，由海相沉积物的黏质滩涂经人工围垦而形成，围垦历史约30年。该土壤土体深厚，约10~20cm开始为雏形层，具有块状结构发育，雏形层厚度约80~100 cm，细土质地为粉砂壤土或壤土，黏粒含量约200 g/kg。土体已基本脱盐，50 cm内可溶性全盐含量<0.5 g/kg，100 cm内<1.5 g/kg，无盐积现象。土体仍处于脱钙过程中，呈碱性，pH约8.5~9.5，100 cm内全土层具有弱石灰反应。地下水位约80~100 cm，20~30 cm土体中开始出现铁锰氧化物等新生体，具有潮湿土壤水分状况。由于城镇化扩张的影响，土层有人为翻动痕迹，层次分化不明显。表土有机质约10~20 g/kg，全氮0.8~1.0 g/kg，有效磷5~8 g/kg，速效钾>200 mg/kg。

　　Br，雏形层，开始于10~20 cm，厚度约80~100 cm，块状结构发育，土体中可见锈纹锈斑，土体已基本脱盐，可溶性全盐含量<2 g/kg，尚处于脱钙过程中，呈碱性，pH为8.5~9.5，弱石灰反应。

对比土系　东海塘系，同一亚类不同土族，均分布于滨海平原外侧，土体脱盐较为彻底，100 cm内土体含盐量均<2.0 g/kg，但东海塘系土体砂粒含量更低，黏粒含量更高，土体100 cm黏粒含量加权约250~350 g/kg；100~120 cm以下土体可溶性全盐含量约2.0~5.0 g/kg，尚有盐积现象，矿物学类型为硅质混合型。

利用性能综述　该土系地处滨海平原外侧，发源于海相沉积物，土体深厚，质地细腻，肥水保蓄能力较好，通透性稍差。土体呈碱性，脱盐较完全，作物适种性较广，可作为蔬菜种植园地。由于地下水位较高，目前该土系仍以闲置或养殖为主，农业利用尚少。作农业种植利用时，仍需完善排灌渠系，平整地面，深沟排水。表土有机质和氮、磷素都稍缺，钾素含量丰富，在耕作管理中需注重养分平衡补充。

参比土种 淡涂黏。

代表性单个土体 剖面（编号 33-112）于 2012 年 3 月 7 日采自浙江省温州市苍南县龙港镇（原肥艚乡）泮河西村，27°30′15.6″N，120°36′47.1″E，滨海平原，海拔 5 m，闲置地，植被为湿生杂草，母质为海相沉积物，地下水位 100 cm，50 cm 深度土温 20.7℃。

肥艚系代表性单个土体剖面

Ah：0~18 cm，棕色（10YR 4/4，润），浊黄橙色（10YR 7/2，干）；细土质地为粉砂壤土，团块状和小块状结构，稍疏松；有大量的杂草中、细根系；具有少量的根孔锈纹；可见蚯蚓活动；弱石灰反应；pH 为 8.8；向下层平滑渐变过渡。

Br1：18~45 cm，黄棕色（10YR 5/3，润），灰黄棕色（10YR 6/2，干）；细土质地为壤土，大块状和块状结构，稍紧实；有中量的中、细根系；有少量的铁锈纹；弱石灰反应；pH 为 9.1；向下层平滑渐变过渡。

Br2：45~70 cm，浊黄棕色（10YR 4/3，润），浊黄棕色（10YR 5/3，干）；细土质地为壤土，块状结构，稍紧实；有中量的残留中、细根系，可见少量细根系；有少量铁锈纹；土体中有大量的贝壳残体；弱石灰反应；pH 为 9.2；向下层平滑清晰过渡。

Br3：70~110 cm，浊黄棕色（10YR 5/4，润），浊黄棕色（10YR 6/3，干）；细土质地为粉砂壤土，大块状，弱结构发育，较紧实；有极少量残留细根系；土体中可见少量铁锈纹；弱石灰反应；pH 为 9.4。

肥艚系代表性单个土体物理性质

土层	深度 /cm	砾石（>2mm，体积分数）/%	细土颗粒组成（粒径:mm）/（g/kg）			质地	容重 /（g/cm³）
			砂粒 2~0.05	粉粒 0.05~0.002	黏粒 <0.002		
Ah	0~18	5	241	547	212	粉砂壤土	1.34
Br1	18~45	1	360	456	184	壤土	1.43
Br2	45~70	0	365	436	199	壤土	1.57
Br3	70~110	0	194	585	221	粉砂壤土	1.48

肥艚系代表性单个土体化学性质

深度 /cm	pH		有机质 /（g/kg）	全氮（N）/（g/kg）	全磷（P）/（g/kg）	全钾（K）/（g/kg）	CEC₇ /（cmol/kg）	含盐量 /（g/kg）
	H₂O	KCl						
0~18	8.8	—	16.8	0.59	0.64	21.4	20.2	0.3
18~45	9.1	—	8.2	0.43	0.61	20.6	17.9	0.3
45~70	9.2	—	18.0	0.75	0.69	19.8	18.4	0.7
70~110	9.4	—	8.7	0.64	0.59	23.0	15.0	1.1

10.2.2　东海塘系（Donghaitang Series）

土　族：黏壤质硅质混合型热性-石灰淡色潮湿雏形土
拟定者：麻万诸，章明奎

分布与环境条件　主要分布于甬江口以南的沿海小海湾平原外缘，以温岭、临海、路桥、三门、玉环、乐清、瑞安、宁海、象山等县市区的分布面积较大，由黏性滩涂经人工围垦而形成，母质为海相沉积物，海拔一般 <10 m，土体仍处于脱盐脱钙过程中，利用方式以种植蔬菜为主。属亚热带湿润季风气候区，年均气温约 16.5~18.0℃，年均降水量约 1530 mm，年均日照时数约 1990 h，无霜期 270 d。

东海塘系典型景观

土系特征与变幅　诊断层包括淡薄表层、雏形层；诊断特性包括热性土壤温度状况、潮湿土壤水分状况、氧化还原特征、石灰性、盐积现象。该土系地处沿海小海湾平原，发源于浅海相沉积物母质，由黏性滩涂经人工围垦而形成，土体厚度在 150 cm 以上，土体颗粒匀细，孔隙度较小，细土质地以粉砂壤土或黏壤土为主，黏粒含量约 200~350 g/kg。该土系的围垦历史在 50 年左右，土体已有较好的结构发育，雏形层厚度约 80~100 cm。地下水位 110~120 cm，土体 30 cm 左右开始有少量的淡色铁锰锈纹，具有潮湿土壤水分状况。剖面层次分化不明显，润态色调 7.5YR~10YR，明度、彩度差异较小，100 cm 内游离态氧化铁（Fe_2O_3）含量约 10~20 g/kg。土体脱盐较完全，100 cm 内可溶性全盐含量<2.0 g/kg，50 cm 内<1.0 g/kg。土体 100~120 cm 以下尚有盐积现象，可溶性全盐含量约 2.0~5.0 g/kg。土体尚处于脱盐过程中，呈碱性，pH 约 8.5~9.5，具有强石灰反应。该土系现多作蔬菜生产基地，因耕作等影响，表土已有熟化，厚度约 20~25 cm，土体中有较多的蚯蚓孔洞。耕作表层有机质含量约 10~20 g/kg，全氮 1.0~1.5 g/kg，有效磷 15~25 mg/kg，速效钾>200 mg/kg。

Ap，耕作表层，厚度约 20~25 cm，土体中有较多的蚯蚓孔洞，有机碳含量约 6.0~10.0 g/kg，有效磷 20~30 mg/kg，速效钾>150 mg/kg。

Br，雏形层，起始于 20~25 cm，厚度 80~100 cm，土体脱盐较完全，可溶性全盐含量<2.0 g/kg，尚处于脱钙过程中，pH 为 8.5~9.5，具有强石灰反应，土体中有少量淡色的锈纹锈斑，游离态氧化铁含量约 10~20 g/kg。

对比土系　肥艚系，同一亚类不同土族，均分布于滨海平原外侧，土体脱盐较彻底，100 cm 内土体含盐量均<2.0 g/kg，区别在于肥艚系砂粒含量稍高而黏粒含量较低，土体 100 cm 黏粒含量加权约 200~250 g/kg，土体 150 cm 内可溶性全盐含量均<2.0 g/kg，无盐积现象，矿物学类型为云母混合型。千步塘系，同一土类不同亚类，分布位置、利用方式和母质来源均相同，土体已基本脱盐，尚处于脱钙过程中，但千步塘系脱盐脱钙更彻底，表土 20 cm 内已无石灰反应，土体 150 cm 内全盐含量均<2.0 g/kg，无盐积现象，为普通淡色潮湿雏形土。

利用性能综述　该土系由浅海沉积物发育的黏性滩涂经人工围垦而形成，土层深厚，质地匀细，孔隙度较低，土体相对黏闭，通透性稍差。该土系围垦时间有 50 年左右，土体上部已基本脱盐但全土体仍未脱钙，呈碱性。因该土系质地细腻，土体内水分的毛管水运动相对稍弱，脱盐脱钙的速度较慢，一旦脱盐后也不容易反盐。该土系当前多为蔬菜生产基地，耕作层的钾素含量较高，但有机质和氮、磷素的水平都偏低。在管理利用中，一是要深挖排水渠系，使土体继续脱盐脱钙；二是注重有机肥源的投入，以改善土壤结构和提升地力。

参比土种　中咸黏。

代表性单个土体　剖面（编号 33-126）于 2012 年 3 月 22 日采自浙江省台州市温岭市箬横镇浦头村，东海塘内侧，大港湾西岸，28°25′12.6″N，121°34′30.1″E，海拔 9 m，母质为海相沉积物，蔬菜基地，种植甘蓝、绿花菜等，地下水位 110 cm，50 cm 深度土温 19.6℃。

东海塘系代表性单个土体剖面

Ap：0~22 cm，棕色（7.5YR 4/3，润），浊棕色（7.5YR 5/3，干）；细土质地为粉砂壤土，团块状结构，稍紧实；有大量的花菜细根系；土体中有少量的蚯蚓孔洞；有塑料薄膜等侵入体；强石灰反应；pH 为 8.5；向下层平滑清晰过渡。

Br1：22~60 cm，棕色（7.5YR 4/3，润），浊棕色（7.5YR 6/3，干）；细土质地为粉砂壤土，块状结构，紧实；有少量细根系；土体中有较多的毛孔；有少量铁锰结核，结构面可见淡色斑纹，约占 3%~5%；强石灰反应；pH 为 8.9；向下层平滑渐变过渡。

Br2：60~110 cm，暗棕色（7.5YR 3/4，润），灰棕色（7.5YR 6/2，干）；细土质地为黏壤土，大块状结构，紧实；有少量铁锰结核，结构面中有少量的淡色锈斑，约占 1%~3%；强石灰反应；pH 为 9.1；向下层平滑清晰过渡。

Cz：110~140 cm，灰棕色（7.5YR 4/2，润），淡棕灰色（7.5YR 7/2，干）；细土质地为粉砂质黏壤土，块状结构，紧实；土体黏闭；强石灰反应；pH 为 9.2。

东海塘系代表性单个土体物理性质

土层	深度 /cm	砾石 (>2mm, 体积分数)/%	细土颗粒组成(粒径:mm)/(g/kg)			质地	容重 /(g/cm³)
			砂粒 2~0.05	粉粒 0.05~0.002	黏粒 <0.002		
Ap	0~22	1	162	608	230	粉砂壤土	1.28
Br1	22~60	0	175	555	270	粉砂壤土	1.30
Br2	60~110	0	217	495	288	黏壤土	1.31
Cz	110~140	0	112	557	331	粉砂质黏壤土	1.35

东海塘系代表性单个土体化学性质

深度 /cm	pH		有机质 /(g/kg)	全氮(N) /(g/kg)	全磷(P) /(g/kg)	全钾(K) /(g/kg)	CEC$_7$ /(cmol/kg)	含盐量 /(g/kg)
	H$_2$O	KCl						
0~22	8.5	—	16.0	1.13	1.17	22.7	11.1	0.3
22~60	8.9	—	9.5	0.46	0.61	23.3	9.8	0.4
60~110	9.1	—	8.3	0.47	0.58	21.0	9.8	1.3
110~140	9.2	—	12.3	0.62	0.60	23.3	10.1	2.3

10.2.3　崧厦系（Songxia Series）

土　族：壤质硅质混合型热性-石灰淡色潮湿雏形土
拟定者：麻万诸，章明奎

分布与环境条件　呈条带状分布于浙江省内的曹娥江、甬江、椒江、瓯江、飞云江、鳌江等的下游及河口地段，以上虞、瑞安、永嘉、平阳、苍南、黄岩、临海、鄞州、镇海等县市区的分布面积较大，母质为江潮淤积的河口海相沉积物，利用方式以蔬菜和杂粮种植为主。属亚热带湿润季风气候区，年均气温约 16.0~18.0℃，年均降水量约 1315 mm，年均日照时

崧厦系典型景观

数约 2070 h，无霜期约 235 d。

土系特征与变幅　诊断层包括淡薄表层、雏形层；诊断特性包括热性土壤温度状况、潮湿土壤水分状况、氧化还原特征、石灰性、肥熟现象。该土系分布于古河口平缓地带，由河流相和海潮相母质共同作用淤积而成，成土历史相对较短，剖面层次分化不明显。土体厚度150~200 cm 或更厚，质地均匀，>2 mm 的粗骨屑粒含量<5%，细土质地为壤土或砂质壤土，砂粒含量约 400~700 g/kg，从表层向下砂性增强。围垦时间约有 50 年以上，已形成块状或棱块状结构体发育。受耕作影响，表土已有熟化，呈暗棕色，色调 10YR，厚度约 15~20 cm，土体中有大量的蚯蚓孔穴，并有大量螺蛳壳等侵入体，有机碳含量约 6.0~10.0 g/kg，尚未形成暗瘠表层或肥熟表层。土体约 20~30 cm 即可见大量淡色的锈纹锈斑，具有潮湿土壤水分状况。经长时间的耕作，土体已脱盐，100 cm 内土体可溶性盐含量<1.0 g/kg，但仍处于脱钙过程中，呈微碱性至碱性，pH 约 8.0~9.5，全土体具有石灰反应。耕作层的有机质约 10~20 g/kg，全氮 0.8~1.2 g/kg，有效磷 8~12 mg/kg，速效钾 30~50 mg/kg。

　　Ap，耕作层，厚度约 15~20 cm，呈暗棕色，土体中有大量的蚯蚓孔穴，并有大量螺蛳壳等侵入体，土壤有机碳含量约 6.0~10.0 g/kg。

对比土系　杭湾系，同一土族，母质来源、地貌特征均相似，区别在于杭湾系以海相沉积为主，砂粒含量约 300~500 g/kg。瀣浦系，同一土族，母质来源、地貌特征均相似，区别在于瀣浦系颗粒组成更细，砂粒含量约 200~300 g/kg，黏粒含量约 150~250 g/kg。

利用性能综述　该土系发源于古河口海相沉积物，经围垦脱盐而来，土体深厚，质地匀细适中，呈微碱性至碱性，适种性稍广。土体脱盐程度虽然较高，但在夏秋干旱季节仍可能会出现返盐现象。目前在种植上，多以蔬菜、杂粮作物为主，如萝卜、甘蓝、毛豆、玉米、高粱等，再辅以棉花、油菜等作物。土体孔隙稍大，通气好，下渗快，保肥保水性能稍差，耕作层的有机质、氮、磷、钾等养分含量都相对较低。在今后的利用管理中，一是需重视有机肥的投入，增肥地力；二是深耕、翻耕，增加地表水的下渗，防止土体返盐。

参比土种　江涂泥。

代表性单个土体　剖面（编号 33-075）于 2012 年 1 月 10 日采自浙江省绍兴市上虞市崧厦镇曙光村东南，30°03′09.6″N，120°49′58.2″E，滨海平原，海拔 6 m，母质为古河口海相沉积物，地下水位 120 cm，冬闲，前作高粱，50 cm 深度土温 19.3℃。

Ap：0~18 cm，暗棕色（10YR 3/4，润），灰黄棕色（10YR 6/2，干）；细土质地为砂质壤土，碎块状结构，稍紧实；土体中有少量杂草根系；地表和土体中有大量的螺蛳壳残体；土体中有大量的蚯蚓孔穴和粪土，孔洞直径 2~5 mm，约 3~5 个/dm²；弱石灰反应；pH 为 8.4；向下层平滑清晰过渡。

Br1：18~48 cm，棕色（10YR 4/4，润），浊黄橙色（10YR 6/3，干）；细土质地为壤土，块状结构，紧实；土体中有少量的淡色铁锈纹，分布均匀，约占 3%~5%；有少量的蚯蚓孔洞；强石灰反应；pH 为 8.9；向下层平滑渐变过渡。

Br2：48~69 cm，浊黄棕色（10YR 5/3，润），浊黄橙色（10YR 6/3，干）；细土质地为壤土，块状结构，紧实；结构面中有较多的淡色铁锈纹，较上下土层分布更密集、更均匀，约占土体 5%~8%；强石灰反应；pH 为 9.0；向下层平滑清晰过渡。

Br3：69~97 cm，棕色（10YR 4/4，润），灰黄棕色（10YR 5/2，干）；细土质地为砂质壤土，块状结构，有少量的淡色铁锈纹，分布均匀，约占土体 3%~5%；强石灰反应；pH 为 9.1；向下层平滑清晰过渡。

Cr：97~125 cm，浊黄棕色（10YR 5/4，润），浊黄棕色（10YR 5/3，干）；细土质地为砂质壤土，块状结构，有少量锈纹锈斑，少量垂直方向的锈孔；120 cm 左右出现地下水；强石灰反应；pH 为 9.2。

崧厦系代表性单个土体剖面

崧厦系代表性单个土体物理性质

土层	深度/cm	砾石（>2mm，体积分数）/%	砂粒 2~0.05	粉粒 0.05~0.002	黏粒 <0.002	质地	容重/（g/cm³）
Ap	0~18	3	524	400	76	砂质壤土	1.15
Br1	18~48	0	425	495	80	壤土	1.24
Br2	48~69	0	412	493	95	壤土	1.36
Br3	69~97	0	637	319	44	砂质壤土	1.33
Cr	97~125	0	695	272	33	砂质壤土	1.36

崧厦系代表性单个土体化学性质

深度/cm	pH H₂O	pH KCl	有机质/（g/kg）	全氮（N）/（g/kg）	全磷（P）/（g/kg）	全钾（K）/（g/kg）	CEC₇/（cmol/kg）	含盐量/（g/kg）
0~18	8.4	—	12.6	0.83	0.96	16.7	12.5	0.6
18~48	8.9	—	4.2	0.29	0.69	17.7	8.9	0.5
48~69	9.0	—	4.7	0.24	0.61	18.3	8.1	0.5
69~97	9.1	—	4.2	0.18	0.64	20.3	7.4	0.7
97~125	9.2	—	3.2	0.18	0.69	17.0	7.2	0.4

10.2.4 杭湾系（Hangwan Series）

土　族：壤质硅质混合型热性-石灰淡色潮湿雏形土
拟定者：麻万诸，章明奎

分布与环境条件　主要分布于滨海平原的外缘，以宁波市境内的慈溪、镇海、象山、奉化等县市区的分布面积较大，由滨海沉积物经围垦脱盐而形成，利用方式以种植棉花和蔬菜为主。属亚热带湿润季风气候区，年均气温约 16.0~17.0℃，年均降水量约 1245 mm，年均日照时数约 2095 h，无霜期约 245 d。

杭湾系典型景观

土系特征与变幅　诊断层包括淡薄表层、雏形层；诊断特性包括热性土壤温度状况、潮湿土壤水分状况、氧化还原特征、石灰性、肥熟现象。该土系地处滨海平原外缘，母质为滨海沉积物，经人工围垦脱盐而形成，土体厚度 1.5 m 以上，颗粒均匀，>2 mm 的粗骨砂砾含量<5%，细土质地以砂质壤土为主，砂粒平均含量约 350~450 g/kg，黏粒含量<100 g/kg。地下水位在 1.5 m 以下，土体 30~40 cm 开始可见少量的锈纹锈斑，约 50~80 cm 锈纹锈斑较为密集，游离态氧化铁（Fe_2O_3）含量约 10.0~15.0 g/kg，具有潮湿土壤水分状况。该土系的围垦时间约有 50 年，剖面已有较好的层次分化和结构发育，土体已基本脱盐，100 cm 内土壤可溶性全盐含量<2.0 g/kg，无盐积现象。土体正处于脱钙过程中，呈碱性，全土体具有强石灰反应，pH 约 8.5~9.0。表层（含亚表层）厚度约 20~25 cm，有效磷含量加权约 25~35 mg/kg，有机碳含量加权约 6~10 g/kg，速效钾>200 mg/kg，具有肥熟现象。

对比土系　崧厦系，同一土族，母质来源、地貌特征均相似，区别在于崧厦系母质为河口海相沉积物，以河流相淀积物为主，土体砂性更强，砂粒含量约 400~700 g/kg，向下砂性增强，土体脱盐更彻底，100 cm 内可溶性全盐含量均低于 1.0 g/kg。瀣浦系，同一土族，母质来源、地貌特征均相似，区别在于瀣浦系母质为纯海相沉积物，颗粒组成更细，砂粒含量约 200~300 g/kg，黏粒含量约 100~250 g/kg，脱盐更彻底，土体 80 cm 内可溶性全盐含量均低于 1.0 g/kg。

利用性能综述　该土系发源于滨海沉积物母质，土体深厚，质地偏轻，渗透性和通气性良好，耕作轻松。由于粉粒和细砂的含量偏高，土体中毛管水运动较为强烈，遇干旱天气极易返盐，故称为盐白地。该土系当前多用于种植蔬菜、棉花等，土体保肥保水性能较差，耕作表层的有机质和全氮含量较低，磷素水平尚可，钾素含量较高。在耕作管理中，需重视有机肥的投入，化肥则需少量多次施用以减少淋溶流失。

参比土种 盐白地。

代表性单个土体 剖面（编号 33-085）于 2012 年 1 月 12 日采自浙江省宁波市慈溪市庵东镇杭湾村西，30°18′17.4″N，121°12′18.1″E，滨海平原，海拔 6 m，母质为海相沉积物，蔬菜地，种植油菜，50 cm 深度土温 18.7℃。

Ap1：0~11 cm，橄榄棕色（2.5YR 4/3，润），灰黄色（2.5Y 7/2，干）；细土质地为壤土，团粒状结构，疏松；有大量蔬菜和杂草细根系；强石灰反应；pH 为 8.8；向下层平滑清晰过渡。

Ap2：11~23 cm，暗灰黄色（2.5Y 5/2，润），灰黄色（2.5Y 7/2，干）；细土质地为砂质壤土，小块状结构，疏松；强石灰反应；pH 为 8.8；向下层平滑清晰过渡。

Br1：23~48 cm，棕色（7.5YR 4/4，润），浊棕色（7.5YR 6/3，干）；细土质地为粉砂壤土，棱块状结构，稍紧实；有少量细根系；有较多锈纹锈斑；土体中偶有贝壳残体；强石灰反应；pH 为 8.7；向下层平滑渐变过渡。

Br2：48~90 cm，棕色（7.5YR 4/3，润），浊橙色（7.5YR 6/4，干）；细土质地为砂质壤土，小块状结构，紧实；老根孔发达，有大量的铁锰斑纹，占土体 5%~8%，结构面中有少量成片的氧化铁胶膜；有少量贝壳残体；强石灰反应；pH 为 8.9；向下层平滑渐变过渡。

Cr：90~140 cm，棕色（7.5YR4/4，润），浊棕灰色（7.5YR 7/2，干）；细土质地为砂质壤土，棱块状结构，紧实；土体中有大量垂直方向的孔洞，直径 1~2 cm，孔壁有黄色锈纹；强石灰反应；pH 为 9.0。

杭湾系代表性单个土体剖面

杭湾系代表性单个土体物理性质

| 土层 | 深度 /cm | 砾石（>2mm,体积分数）/% | 细土颗粒组成（粒径:mm）/（g/kg） | | | 质地 | 容重 /（g/cm³） |
			砂粒 2~0.05	粉粒 0.05~0.002	黏粒 <0.002		
Ap1	0~11	1	463	453	84	壤土	1.33
Ap2	11~23	0	606	364	30	砂质壤土	1.39
Br1	23~48	1	380	534	86	粉砂壤土	1.42
Br2	48~90	0	450	492	58	砂质壤土	1.55
Cr	90~140	1	439	501	60	砂质壤土	1.59

杭湾系代表性单个土体化学性质

| 深度 /cm | pH | | 有机质 /（g/kg） | 全氮（N） /（g/kg） | 全磷（P） /（g/kg） | 全钾（K） /（g/kg） | CEC₇ /（cmol/kg） | 含盐量 /（g/kg） |
	H₂O	KCl						
0~11	8.8	—	13.9	0.61	0.72	17.5	11.0	0.7
11~23	8.8	—	8.3	0.30	0.61	16.8	7.5	1.8
23~48	8.7	—	10.3	0.37	0.61	17.1	8.7	1.9
48~90	8.9	—	4.7	0.28	0.57	16.9	7.3	1.7
90~140	9.0	—	5.4	0.24	0.57	18.8	6.9	1.8

10.2.5　瀣浦系（Xiepu Series）

土　　族：壤质硅质混合型热性–石灰淡色潮湿雏形土
拟定者：麻万诸，章明奎

瀣浦系典型景观

分布与环境条件　主要分布于宁波、舟山、嘉兴、绍兴等市境内的滨海平原外侧，以上虞、慈溪、镇海等县市区的分布面积较大，母质为海相沉积物，围垦时间约 50~80 年，土体已基本脱盐，尚处于脱钙过程中，利用方式以种植蔬菜为主。属亚热带湿润季风气候区，年均气温约 15.5~16.8℃，年均降水量约 1335 mm，年均日照时数约 2085 h，无霜期约 240 d。

土系特征与变幅　诊断层包括淡薄表层、雏形层；诊断特性包括热性土壤温度状况、潮湿土壤水分状况、氧化还原特征、石灰性。该土系地处滨海平原外侧，发源于海相沉积物，经人工围垦而形成，土体厚度在 100 cm 以上，细土质地为粉砂壤土，砂粒含量约 200~300 g/kg，黏粒含量约 150~250 g/kg。地下水位 100 cm 左右，约 40 cm 开始有少量的锈纹锈斑，游离态氧化铁（Fe_2O_3）含量约 12~16 g/kg，具有潮湿土壤水分状况。该土系的围垦历史约 50~80 年，土体已基本脱盐，100 cm 内可溶性盐含量<1.5 g/kg，无盐积现象。土体尚处于脱钙过程中，呈微碱性至碱性，pH 为 8.0~9.0，全土体具有石灰反应。耕作历史较长，耕作表层已有熟化，厚度约 15~20 cm，土体中有大量的蚯蚓孔洞，土体呈棕色，色调 7.5YR~10YR，有机碳含量约 10.0~20.0 g/kg，尚未形成暗瘠表层和肥熟现象。表层有机质 10~20 g/kg，全氮 1.0~1.5 g/kg，有效磷 20~30 mg/kg，速效钾 150~200 mg/kg。

　　Ap，耕作层，厚度 15~20 cm，呈棕色，色调 7.5YR~10YR，微碱性，pH 为 8.0~8.5，具有弱石灰反应，已脱盐，可溶性全盐含量<1.0 g/kg，有机碳含量约 10.0~20.0 g/kg，有效磷 20~30 mg/kg，尚未形成暗瘠表层和肥熟现象。

对比土系　崧厦系，同一土族，母质来源、地貌特征均相似，区别在于崧厦系母质为河口海相沉积物，以河流相淀积物为主，土体砂性更强，砂粒含量约 400~700 g/kg，黏粒含量<100 g/kg，土体脱盐更彻底，100 cm 内可溶性全盐含量均低于 1.0 g/kg。杭湾系，同一土族，母质来源、地貌特征均相似，区别在于杭湾系以海相沉积为主，土体砂性稍强，砂粒含量约 300~500 g/kg，黏粒含量<100 g/kg，除耕作层外土体可溶性全盐含量约 1.0~2.0 g/kg。

利用性能综述　该土系由海相沉积物经人工围垦而成，土层深厚，质地适中，孔隙发达，渗透性和通气性都较好。土体脱盐较为彻底，作物适种性广，是滨海平原区良好的蔬菜种植基地。作为蔬菜园地，耕作层有机质和氮素水平稍低，磷素含量正常，钾素含量较高，今后需重视有机肥和氮、磷肥的投入。

参比土种 轻咸泥。

代表性单个土体 剖面（编号 33-087）于 2012 年 1 月 13 日采自浙江省宁波市镇海区澥浦镇核心村东，30°01′10.6″N，121°37′20.4″E，滨海平原，菜园地，海拔 5 m，母质为海相沉积物，50 cm 深度土温 18.7℃。

Ap：0~17 cm，棕色（7.5YR 4/3，润），浊棕色（7.5YR 5/4，干）；细土质地为粉砂壤土，团粒状或块状结构，稍紧实；有大量的蔬菜和杂草根系；土体中有大量动物（蚯蚓）孔洞，直径 3~5 mm，约占土体的 10%；有少量木炭等侵入体，土表有大量的螺蛳壳、贝壳等动物残体；弱石灰反应；pH 为 8.4；向下层平滑清晰过渡。

Bw：17~40 cm，棕色（7.5YR 4/4，润），浊橙色（7.5YR 6/4，干）；细土质地为粉砂壤土，块状结构，紧实；毛细孔发达；极少量锈纹锈斑；土体中有少量直径 5~10 mm 的动物孔洞，有小贝壳残体；强石灰反应；pH 为 8.7；向下层平滑渐变过渡。

Br：40~90 cm，棕色（7.5YR 4/4，润），浊棕色（7.5YR 5/3，干）；细土质地为粉砂壤土，块状结构，稍紧实；毛细孔发达；有微弱的铁锰斑纹；强石灰反应；pH 为 8.8；向下层平滑渐变过渡。

澥浦系代表性单个土体剖面

Cr：90~125 cm，棕色（7.5YR 4/4，润），浊棕色（7.5YR 5/3，干）；细土质地为粉砂壤土，块状结构，稍紧实；土体中有较多的气孔；有微弱的铁锰斑纹；强石灰反应；pH 为 8.9。

澥浦系代表性单个土体物理性质

土层	深度 /cm	砾石（>2mm，体积分数）/%	细土颗粒组成（粒径:mm）/（g/kg）			质地	容重 /（g/cm³）
			砂粒 2~0.05	粉粒 0.05~0.002	黏粒 <0.002		
Ap	0~17	5	216	590	194	粉砂壤土	1.39
Bw	17~40	0	328	528	144	粉砂壤土	1.44
Br	40~90	5	275	537	188	粉砂壤土	1.49
Cr	90~125	0	227	547	226	粉砂壤土	1.50

澥浦系代表性单个土体化学性质

深度 /cm	pH		有机质 /（g/kg）	全氮（N） /（g/kg）	全磷（P） /（g/kg）	全钾（K） /（g/kg）	CEC₇ /（cmol/kg）	含盐量 /（g/kg）
	H₂O	KCl						
0~17	8.4	—	18.1	1.25	1.41	19.9	9.6	0.2
17~40	8.7	—	10.3	0.64	0.65	20.2	9.4	0.3
40~90	8.8	—	3.5	0.48	0.54	19.9	7.9	0.4
90~125	8.9	—	8.4	0.52	0.60	21.0	7.5	1.2

10.3　酸性淡色潮湿雏形土

10.3.1　莲花系（Lianhua Series）

土　族：砂质盖粗骨砂质硅质混合型盖硅质型热性-酸性淡色潮湿雏形土
拟定者：麻万诸，章明奎

莲花系典型景观

分布与环境条件　分布于河谷平原或盆地区河流两侧的河漫滩上，距离河流 50~100 m，以富阳、象山、宁海、奉化、余姚、乐清、永嘉、苍南、三门、临海、黄岩、温岭、长兴、安吉、定海等县市区分布面积较大，金华、衢州、丽水等市境内也有少量分布，母质为河流冲积物，利用方式为旱作耕地，种植蔬菜和旱粮。属亚热带湿润季风气候区，年均气温约 15.5~18.5℃，年均降水量约 1590 mm，年均日照时数约 2045 h，无霜期约 260 d。

土系特征与变幅　诊断层包括淡薄表层、雏形层；诊断特性包括热性土壤温度状况、潮湿土壤水分状况、氧化还原特征、肥熟现象。该土系分布于河谷平原区或盆地区的河流两侧，距离河流稍远，具有潮湿土壤水分状况，有效土层一般在 60~100 cm。土体疏松，细土质地为砂质壤土，砂粒含量在 600 g/kg 以上，黏粒含量<100 g/kg。全土体呈棕色，色调 7.5YR~10YR，游离态氧化铁（Fe2O3）含量 18.0~25.0 g/kg。受长期耕作影响，表土熟化，厚度约 18~25 cm，呈酸性，pH 为 5.0~5.5，有机碳含量 6.0~10.0 g/kg，盐基饱和度>50%，土体中有少量蚯蚓孔穴，具有肥熟现象，未形成暗瘠表层。B 层厚度约 20~40 cm，块状结构发育，可见极少量的锈纹锈斑，无明显的磷素淀积。土体 40~60 cm 处开始出现卵石夹砂层母质层，厚度 30~50 cm，土体中 2~5 cm 的砾石含量>50%。表土有机质含量约 10.0~20.0 g/kg，全氮 0.6~1.0 g/kg，有效磷 30~50 mg/kg，速效钾低于 50 mg/kg。

　　Ap，耕作层，厚度约 18~25 cm，棕色，呈酸性，pH 为 5.0~5.5，受长期耕作影响，有机碳和磷素淀积，有机碳含量约 6.0~10.0 g/kg，有效磷含量约 40~50 mg/kg，盐基饱和度>50%，土体中有少量的蚯蚓孔穴，具有肥熟现象，未形成暗瘠表层。

对比土系　下渚湖系，同一亚类不同土族，颗粒大小级别壤质，矿物学类型为云母混合型。郑家系，不同土纲，所处地形部位、母质来源相同，土体颗粒较粗，表土受长期耕作影响，但郑家系具有肥熟表层和磷质耕作淀积层，且土体 100 cm 内未形成颗粒强对比层次，为斑纹肥熟旱耕人为土。

利用性能综述　该土系土质偏砂性，土体内排水、透气性强，但肥水保蓄能力差，多用作蔬菜地或果园。表土有机质、氮、钾水平都偏低，磷素水平稍高，可能因园地多施磷肥所致。该土系距离水源（小溪、河流）较近，灌溉基本有保障。因土体砂粒含量高，结构相对松散，需通过多施有机肥以改善结构，增强土体保墒性能，提升土壤肥力。

参比土种　砾心培泥砂土。

代表性单个土体　剖面（编号 33-032）于 2010 年 11 月 4 日采自浙江省衢州市衢江区莲花镇杜村北，距铜山溪支流（铜山源水库下游，注入衢江）约 20 m，29°05′07.8″N，118°58′30.3″E，盆地底部的河漫滩，一级阶地上，坡度 2°~5°，海拔 75 m，旱地，种植大豆，母质为河流冲积物，50 cm 深度土温 20.0℃。

Ap：0~19 cm，棕色（7.5YR 4/4，润），浊橙色（7.5YR 6/4，干）；细土质地为砂质壤土，团块状结构，疏松；有较多的细根系；粒间孔隙发达；可见木炭等侵入体，少量的蚯蚓孔洞；pH 为 5.0；向下层平滑渐变过渡。

Br：19~47 cm，棕色（7.5YR 4/6，润），浊棕色（7.5YR 6/3，干）；细土质地为砂质壤土，块状结构，有少量中根系（柑橘根系）；粒间孔隙发达；有极少量不明显锈斑；有少量动物（蚯蚓）孔穴；pH 为 5.3；向下层平滑清晰过渡。

C：47~80 cm，砾石夹砂层，棕色（7.5YR 4/6，润），浊橙色（7.5YR 6/4，干）；细土质地为砂质壤土，屑粒状结构，稍疏松；粒间孔隙发达；>2 cm 的磨圆卵石占土体的 60% 以上；pH 为 5.4。

莲花系代表性单个土体剖面

莲花系代表性单个土体物理性质

土层	深度 /cm	砾石 （>2mm，体积分数）/%	细土颗粒组成（粒径:mm）/（g/kg）			质地	容重 /（g/cm³）
			砂粒 2~0.05	粉粒 0.05~0.002	黏粒 <0.002		
Ap	0~19	1	614	294	92	砂质壤土	1.09
Br	19~47	2	656	273	71	砂质壤土	1.09
C	47~80	70	648	283	69	砂质壤土	1.28

莲花系代表性单个土体化学性质

深度 /cm	pH		有机质 /（g/kg）	全氮（N） /（g/kg）	全磷（P） /（g/kg）	全钾（K） /（g/kg）	CEC₇ /（cmol/kg）	游离铁 /（g/kg）
	H₂O	KCl						
0~19	5.0	3.8	13.8	0.66	0.83	18.5	8.1	21.1
19~47	5.3	3.9	5.0	0.54	0.38	20.5	5.4	21.7
47~80	5.4	4.2	6.1	0.75	0.37	21.2	5.6	20.0

中国土系志·浙江卷

10.3.2 下渚湖系（Xiazhuhu Series）

土　族：壤质云母混合型热性-酸性淡色潮湿雏形土
拟定者：麻万诸，章明奎

下渚湖系典型景观

分布与环境条件　主要分布于杭嘉湖、宁绍及温（岭）黄（岩）平原等水网平原区的稍高处，以德清、平湖、嘉善、秀城、南湖、余杭、江北、黄岩、临海、温岭等县市区的分布面积较大，与河湖浜荡相交叉分布，母质为河湖相沉积物，海拔一般<10 m，利用方式以旱作耕地和园地为主。属亚热带湿润季风气候区，年均气温约15.5~17.5℃，年均降水量约1360 mm，年均日照时数约2035 h，无霜期约235 d。

土系特征与变幅　诊断层包括淡薄表层、雏形层；诊断特性包括热性土壤温度状况、潮湿土壤水分状况、氧化还原特征。该土系地处水网平原稍高处，发源于河湖相沉积物，土体厚度120 cm以上，颗粒匀细，几无2 mm以上的砾石，细土质地为壤土或粉砂壤土，粉粒和黏粒的含量在600 g/kg以上，粗中砂和细砂的含量<100 g/kg。土体约30 cm开始有较多的淡色锈纹，冬季地下水位约150~200 cm，具有潮湿土壤水分状况。土体结构发育良好，剖面层次分化明显，土体孔隙度适中，通透性较好。全土体呈酸性至强酸性，pH约4.0~5.5，CEC_7约20~30 cmol/kg，盐基饱和度60%~80%，铝饱和度<30%，游离态氧化铁（Fe_2O_3）含量约10.0~20.0 g/kg。受长期耕作影响，表土熟化，厚度约15~20 cm，呈棕色，色调10YR~2.5Y，有机碳含量10.0~15.0 g/kg，未形成暗瘠表层和肥熟现象。表土有机质含量约15~25 g/kg，全氮约1.0~2.0 g/kg，有效磷20~30 mg/kg，速效钾100~120 mg/kg。

　　Br，雏形层，起始于15~20 cm，厚度>100 cm，呈棕色，结构面中可见大量锈纹锈斑，游离态氧化铁含量约10.0~20.0 g/kg，土体呈酸性，pH为4.5~5.5，盐基饱和度60%~80%，CEC_7约20.0~30.0 cmol/kg。

对比土系　莲花系，同一亚类不同土族，颗粒大小级别为砂质盖粗骨砂质，矿物学类型为硅质混合型。丁栅系，同一土类不同亚类，分布地形部位、母质来源相同，但丁栅系土族控制层段pH>5.5，属普通淡色潮湿雏形土。

利用性能综述　该土系发源于水网平原的河湖相母质，土体深厚，质地适中，肥水保蓄性能和通透性俱佳，灌溉水源便捷，是种植蔬菜、桑、橘的良好土壤类型之一。但因该土系多与河湖浜荡交叉分布，较为零散。在连片面积较大的区域，通过排灌渠系的建设，亦可改为水耕土壤，用于种植水稻。当前土体酸性较强，应与有机肥施用减少、化肥投入过大有关。在今后的管理利用中，需注重有机肥源的投入，减少化肥的投入比例和用量。

参比土种　潮泥土。

代表性单个土体　剖面（编号 33-135）于 2012 年 4 月 7 日采自浙江省湖州市德清县三合乡湖山村南，下渚湖景区东北，距下渚湖 500 m 左右，30°31′25.1″N，120°03′15.0″E，水网平原高地，海拔 6.6 m，菜园地，前作为马铃薯，母质为河湖相沉积物，地下水位 150 cm 左右，50 cm 深度土温 18.7℃。

下渚湖系代表性单个土体剖面

　　Ap：0~15 cm，棕色（10YR 4/4，润），浊黄棕色（10YR 4/3，干）；细土质地为壤土，小团块状结构，稍疏松；有中量的细根系；有较多片状云母；有较多直径 2~5 mm 的动物（蚯蚓）孔洞；pH 为 4.4；向下层平滑清晰过渡。

　　Br1：15~60 cm，棕色（10YR 4/6，润），浊黄棕色（10YR 5/4，干）；细土质地为壤土，块状结构，紧实；土体中有较多的气孔；有大量的淡色的铁锈纹，尚未形成结核，占土体的 3%~5%；有少量直径 2~5 mm 的动物孔洞；pH 为 4.8；向下层平滑渐变过渡。

　　Br2：60~120 cm，棕色（10YR 4/6，润），浊黄橙色（10YR 6/3，干）；细土质地为壤土，块状结构，紧实；土体中有大量的孔洞；有大量铁锰斑，偶见直径 1 mm 以下的锰结核，锈纹占土体的 5%~8%；pH 为 5.1。

下渚湖系代表性单个土体物理性质

土层	深度 /cm	砾石 （>2mm，体积 分数）/%	细土颗粒组成（粒径:mm）/（g/kg）			质地	容重 /（g/cm³）
			砂粒 2~0.05	粉粒 0.05~0.002	黏粒 <0.002		
Ap	0~15	0	349	497	154	壤土	1.30
Br1	15~60	0	367	460	173	壤土	1.46
Br2	60~120	0	395	432	173	壤土	1.48

下渚湖系代表性单个土体化学性质

深度 /cm	pH		有机质 /（g/kg）	全氮（N） /（g/kg）	全磷（P） /（g/kg）	全钾（K） /（g/kg）	CEC₇ /（cmol/kg）	游离铁 /（g/kg）
	H₂O	KCl						
0~15	4.4	3.4	21.3	1.20	0.83	20.6	20.2	16.0
15~60	4.8	3.4	10.9	0.72	0.71	20.2	21.4	14.3
60~120	5.1	3.4	9.6	0.67	0.59	21.5	26.2	16.6

10.4　普通淡色潮湿雏形土

10.4.1　浦岙系〔Pu'ao Series〕

土　族：粗骨砂质硅质型非酸性热性-普通淡色潮湿雏形土
拟定者：麻万诸，章明奎

分布与环境条件　主要分布于山溪河谷两侧的滩地、谷口和山前洪积扇上，以长兴、三门、乐清、临海、温岭、安吉、苍南、永嘉、奉化、宁海、象山、青田、松阳等县市区的分布面积较大，母质为近代溪流洪冲积物，土体颗粒较粗，砾、砂、泥混杂，分选性较差，旱地，利用方式以种植旱杂粮和蔬菜为主。属亚热带湿润季风气候区，年均气温约 15.2~17.5 ℃，年均降水量约

浦岙系典型景观

1530 mm，年均日照时数约 1980 h，无霜期约 265 d。

土系特征与变幅　诊断层包括淡薄表层、雏形层；诊断特性包括热性土壤温度状况、潮湿土壤水分状况、氧化还原特征、肥熟现象。该土系分布于山谷溪流的谷口洪积扇上，母质为近代溪流洪冲积物，具有潮湿土壤水分状况，土体厚度约 60~100 cm，颗粒较粗，砾、砂、泥混杂，分选性较差，细土质地以砂质壤土为主，其中黏粒含量<150 g/kg，直径 2~0.25 mm 的粗、中砂含量在 300 g/kg 以上。土体中有大量的粗砂和砾石，>2 mm 的粗骨岩石屑粒平均含量在 25%以上。该土系一般都作菜园、果园，耕作历史较长，剖面层次分化明显。全土体呈微酸性至中性，pH 约 5.5~7.0，CEC_7 约 8.0~15.0 cmol/kg，盐基饱和度>70%，铝饱和度<30%。表土厚度约 18~25 cm，具有明显的腐殖质淀积，颜色较暗，呈灰黄棕色，色调 7.5YR~10YR，润态明度 4~5，彩度 2~3，有机碳含量约 10.0~15.0 g/kg，具有肥熟现象。B 层厚度 20~40 cm，呈浊黄橙色，色调 7.5YR~10YR，游离态氧化铁（Fe_2O_3）含量约 10.0~20.0 g/kg。耕作表层有机质约 20~30 g/kg，全氮 1.0~2.0 g/kg，有效磷 50~80 mg/kg，速效钾 100~150 mg/kg。

Ap，耕作层，厚度约 18~25 cm，砂质壤土，>2 mm 的粗骨砾石含量约 25%~35%，灰黄棕色，色调 7.5YR~10YR，润态明度 4~5，彩度 2~3，pH 为 5.5~6.5，盐基饱和度>70%，有机碳含量约 10.0~15.0 g/kg，有效磷 50~80 mg/kg，具有肥熟现象。

Br，雏形层，厚度 20~40 cm，砂质壤土，>2 mm 的粗骨砾石含量约占 20%~30%，浊黄橙色，碎块状结构，土体中可见少量锈纹锈斑，游离态氧化铁含量约 10.0~ 20.0 g/kg，微酸性至中性，pH 为 5.5~6.5，盐基饱和度>70%。

对比土系　双黄系（详见《浙江省土系概论》），同一土类不同亚类，均分布于谷口和山前洪积扇上，母质为近代洪冲积物，细土质地以砂质壤土为主，砂粒含量高，颗粒分选性差，但双黄系土体 pH 为 5.0~5.5，为酸性淡色潮湿雏形土。千步塘系、丁栅系、宗汉系、江湾系、大钱系，同一亚类不同土族，颗粒大小级别分别为黏壤质和壤质，矿物学类型分别为云母混合型和硅质混合型。

利用性能综述　该土系地处谷口洪积扇，发源于洪冲积母质，土体厚度一般，颗粒较粗，砾石粗砂含量高，孔隙丰富，结持性差，漏水漏肥严重。在利用上多为旱作耕地或果园，种植麦类、甘薯、豆类、蔬菜等作物和柑橘、枇杷、柚子、桃子等果树。土体松散，有机质和氮素含量都较低，需增加有机肥的投入，果园中可套种绿肥，以此改善土地结构和提升地力。

参比土种　洪积泥砂土。

代表性单个土体　剖面（编号 33-127）于 2012 年 3 月 22 日采自浙江省台州市温岭市箬横镇浦岙村，谷口冲积扇的小溪旁，28°22′53.9″N，121°27′08.9″E，洪积扇，海拔 19 m，母质为谷口洪冲积物，蔬菜地，50 cm 深度土温 19.7℃。

Ap: 0~20 cm，灰黄棕色（10YR 4/2，润），浊黄棕色（10YR 5/3，干）；细土质地为砂质壤土，团粒状或碎块状结构，疏松；有大量杂草细根系；土体中有较多的蚯蚓孔洞，可见蚯蚓活动；有大量直径 2~5 cm 的砾石，略有磨圆，约占土体的 30%；pH 为 6.4；向下层平滑清晰过渡。

Bw: 20~38 cm，浊黄棕色（10YR 5/3，润），浊黄橙色（10YR 6/3，干）；细土质地为砂质壤土，碎块状结构，稍紧实；土体中有大量直径 2~5 cm 的砾石，略有磨圆，约占土体的 25%；有少量的蚯蚓孔洞，可见蚯蚓活动；pH 为 6.1；向下层平滑清晰过渡。

Br: 38~60 cm，浊黄橙色（10YR 6/4，润），灰黄棕色（10YR 6/2，干）；细土质地为砂质壤土，块状结构，紧实；有少量铁锰斑，分布不均匀；土体中有较多直径 1~3 cm 的砾石，略有磨圆，约占 20%；pH 为 5.9；向下层平滑清晰过渡。

C: 60~110 cm，浊黄橙色（10YR 7/4，润），浊黄橙色（10YR 7/3，干）；细土质地为砂质壤土，单粒状无结构，稍紧实；砾石夹砂层，土体中有大量直径 1~10 cm 的砾石，磨圆度稍好，占土体 50%以上；pH 为 5.8。

浦岙系代表性单个土体剖面

浦峇系代表性单个土体物理性质

土层	深度 /cm	砾石 (>2mm，体积分数) /%	细土颗粒组成（粒径:mm）/ (g/kg)			质地	容重 / (g/cm³)
			砂粒 2~0.05	粉粒 0.05~0.002	黏粒 <0.002		
Ap	0~20	30	614	323	63	砂质壤土	1.11
Bw	20~38	25	585	322	93	砂质壤土	1.13
Br	38~60	20	596	310	94	砂质壤土	1.20
C	60~110	55	645	244	111	砂质壤土	1.31

浦峇系代表性单个土体化学性质

深度 /cm	pH		有机质 / (g/kg)	全氮（N） / (g/kg)	全磷（P） / (g/kg)	全钾（K） / (g/kg)	CEC$_7$ / (cmol/kg)	游离铁 / (g/kg)
	H₂O	KCl						
0~20	6.4	5.0	24.4	1.74	1.02	26.4	10.8	13.8
20~38	6.1	4.6	8.5	0.73	0.68	28.5	9.7	12.2
38~60	5.9	4.2	6.5	0.43	0.45	29.8	12.5	15.4
60~110	5.8	4.3	6.0	0.48	0.42	35.7	12.1	15.4

10.4.2 千步塘系（Qianbutang Series）

土　族：黏壤质云母混合型石灰性热性–普通淡色潮湿雏形土
拟定者：麻万诸，章明奎

分布与环境条件　主要分布于浙东、浙南的滨海平原外侧，以宁海、象山、三门、临海、椒江、路桥、温岭、瑞安、龙湾、苍南等县市区的分布面积较大，母质为海相淀积物，海拔一般<5 m。利用方式以种植棉花、蔬菜和杂粮为主。属亚热带湿润季风气候区，年均气温约 16.5~18.0℃，年均降水量约 1520 mm，年均日照时数约 1960 h，无霜期约 245 d。

千步塘系典型景观

土系特征与变幅　诊断层包括淡薄表层、雏形层；诊断特性包括热性土壤温度状况、潮湿土壤水分状况、氧化还原特征。该土系分布于滨海平原的外侧，由海相沉积物的黏质滩涂经人工围垦而形成。土体厚度在 1.5 m 以上，细土质地为粉砂壤土或壤土，粉粒和黏粒的含量约 800 g/kg。围垦历史在 50~70 年，剖面层次已开始分化，土体已基本脱盐，100 cm 内土体可溶性全盐含量<1.5 g/kg，无盐积现象。土体呈微碱性至碱性，pH 约 8.0~9.5。地下水位约 100 cm，土体 30~40 cm 开始有锈纹锈斑和铁锰结核出现，游离态氧化铁（Fe_2O_3）含量约 10.0~20.0 g/kg，具有潮湿土壤水分状况。表层厚度约 18~25 cm，由于长期耕作影响，已有熟化，腐殖质淀积，有机碳含量 6.0~10.0 g/kg，盐基饱和，已脱钙，无石灰反应，尚未形成暗瘠表层和肥熟现象。B 层总厚度 80~100 cm，尚处于脱钙过程中，20~30 cm 的上部亚层具有弱石灰反应，下部亚层具有强石灰反应。100~120 cm 以下为母质层，可溶性全盐含量约 1.5~2.0 g/kg，具有强石灰反应。耕作表层有机质约 10~20 g/kg，全氮 1.0~1.5 g/kg，有效磷 20~30 mg/kg，速效钾>200 mg/kg。

Ap，耕作层，厚度 20~25 cm，土体已脱盐脱钙，可溶性全盐含量<1.5 g/kg，微碱性，pH 为 8.0~8.5，无石灰反应，腐殖质淀积，有机碳含量约 6.0~10.0 g/kg，有效磷 20~30 mg/kg，尚未形成暗瘠表层和肥熟现象。

Bw1，雏形层，紧接于耕作层之下，厚度 20~30 cm，细土质地为粉砂壤土，土体已脱盐，可溶性全盐含量<1.5 g/kg，尚处于脱钙过程中，具有弱石灰反应，土体中可见锈

纹锈斑，游离态氧化铁含量约 10.0~20.0 g/kg。

对比土系　东海塘系，同一土类不同亚类，分布位置、利用方式和母质来源均相同，土体已基本脱盐，尚处于脱钙过程中。但东海系脱盐脱钙程度略低，土体 100 cm 内均有强石灰反应，100~150 cm 内上部分亚层可溶性全盐含量>2.0 g/kg，具有盐积现象，为石灰淡色潮湿雏形土。

利用性能综述　该土系地处滨海平原外侧，发源于海相沉积物，土层深厚，质地细腻，通气性、渗透性都较差。土体呈微碱性至碱性，耕作层较为深厚，脱盐脱钙已较完全，适种性较广，当前多用作蔬菜生产基地，种植甘蓝、大白菜、毛豆、瓜果等，也用于种植柑橘，套种蔬菜。作为菜园或果园，该土系土体的有机质和氮、磷素养分的含量都偏低，钾素含量较高，因此耕作管理上需重视有机肥源的投入，可在园地空闲季节套种绿肥植物，如紫云英、箭舌豌豆、三叶草等豆科作物，同时补充氮、磷素。由于土体相对黏闭，土体中的毛管水运动相对减弱，脱盐过程缓慢，一旦脱盐后也不容易返盐，但如遇夏秋季的长时间高温干旱，仍有出现返盐的风险，需作防范。

参比土种　淡涂黏。

代表性单个土体　剖面（编号 33-106）于 2012 年 2 月 29 日采自浙江省宁波市宁海县力洋镇跳头村千步塘，三门湾力洋港东岸，29°14′10.3″N，121°36′44.0″E，滨海平原，海拔 4 m，母质为浅海相沉积物，前作棉花，地下水位 110 cm，50 cm 深度土温 19.5℃。

千步塘系代表性单个土体剖面

Ap: 0~23 cm，棕色（7.5YR 4/3，润），浊棕色（7.5YR 5/3，干）；细土质地为粉砂壤土，小团块状结构，疏松；有较多片状云母；有少量的杂草和蔬菜残留根系；地表有较多的螺蛳壳，土体中有较多直径 5~8 mm 的蚯蚓孔洞和少量的木炭、砖瓦片等侵入体；pH 为 8.3；向下层平滑清晰过渡。

Bw1: 23~70 cm，棕色（7.5YR 4/4，润），浊棕色（7.5YR 6/3，干）；细土质地为粉砂壤土，块状结构，稍紧实；有少量毛细根；土体中有较多气孔；结构面中有较多淡色锈纹，约占 3%~5%；土体中有少量螺蛳壳、贝壳等侵入体；弱石灰反应；pH 为 8.8；向下层平滑渐变过渡。

Bw2: 70~118 cm，浊黄棕色（10YR 4/3，润），浊黄橙色（10YR 6/3，干）；细土质地为粉砂壤土，块状结构，紧实；结构面中可见大量毛细气孔，土体黏闭；结构面中有少量锈斑，约占 1%~3%；强石灰反应；pH 为 9.1；向下层平滑清晰过渡。

C: 118~150 cm，灰黄棕色（10YR 4/2，润），灰黄棕色（10YR 6/2，干）；细土质地为粉砂壤土，大块状，弱结构发育，紧实；土体黏闭；有少量铁锰锈斑；强石灰反应；pH 为 9.1。

千步塘系代表性单个土体物理性质

土层	深度 /cm	砾石 (>2mm,体积 分数) /%	细土颗粒组成（粒径:mm）/（g/kg）			质地	容重 /（g/cm³）
			砂粒 2~0.05	粉粒 0.05~0.002	黏粒 <0.002		
Ap	0~23	1	212	566	222	粉砂壤土	1.25
Bw1	23~70	0	98	587	315	粉砂壤土	1.55
Bw2	70~118	0	177	547	276	粉砂壤土	1.47
C	118~150	0	179	584	237	粉砂壤土	1.33

千步塘系代表性单个土体化学性质

深度 /cm	pH H₂O	pH KCl	有机质 /（g/kg）	全氮（N） /（g/kg）	全磷（P） /（g/kg）	全钾（K） /（g/kg）	CEC₇ /（cmol/kg）	含盐量 /（g/kg）
0~23	8.3	—	14.9	1.12	0.95	25.0	14.8	0.2
23~70	8.8	—	6.4	0.58	0.50	23.1	15.0	0.5
70~118	9.1	—	6.8	0.60	0.64	24.9	15.5	1.0
118~150	9.1	—	9.6	0.57	0.54	23.3	12.4	1.8

10.4.3　丁栅系（Dingzha Series）

土　族：黏壤质云母混合型非酸性热性–普通淡色潮湿雏形土
拟定者：麻万诸，章明奎，李　丽

丁栅系典型景观

分布与环境条件　主要分布于浙江省的杭嘉湖、宁绍等水网平原的地势稍高处，以德清、平湖、嘉善、秀城、南湖、余杭、江北、黄岩、临海、温岭等县市区的分布面积较大。母质为河、湖相沉积物，多处于河流、塘浜四周，常与水耕人为土交叉分布，底层土体仍受常年渍水影响，利用方式以旱作耕地为主。属亚热带湿润季风气候区，年均气温约15.3~16.5 ℃，年均降水量约1230 mm，年均日照时数约2100 h，无霜期约230 d。

土系特征与变幅　诊断层包括淡薄表层、雏形层；诊断特性包括热性土壤温度状况、潮湿土壤水分状况、氧化还原特征。该土系发源于河湖相沉积物，土体厚度1 m以上，由于所处地势平缓，沉积颗粒以粉、黏粒为主，一般粉、黏粒含量之和在550~850 g/kg。该土系与水耕人为土交叉分布，土体受河道疏浚、田面平整等过程影响，上部30~50 cm具有堆垫现象，一般高出田面80~100 cm。土体约30~50 cm即可见明显锈纹锈斑，具有潮湿土壤水分状况。表层厚度约18~25 cm，呈黄棕色，色调10YR~2.5Y，pH为6.0~6.5，有机碳含量约20~30 g/kg，盐基饱和度>90%，尚未形成暗瘠表层。B层呈暗灰黄至灰黄色，呈中性，pH为6.5~7.5，土体中有大量约50 cm开始的下部亚层中锈纹锈斑密集，游离态氧化铁（Fe_2O_3）含量约20~30 g/kg，有机碳含量约10~15 g/kg。约80~100cm开始，土体受地下水（河道或田面积水）影响，土体水分常年饱和。表土有机质30.0~50.0 g/kg，全氮2.0~3.0 g/kg，碳氮比（C/N）约11.0~12.0，有效磷20~30 mg/kg，速效钾>150 mg/kg。

Aup，耕作层，厚度18~25 cm，呈黄棕色，色调10YR~2.5Y，微酸性，pH为6.0~6.5，盐基饱和度>90%，有机碳20~30 g/kg，有效磷20~30 mg/kg，未形成暗瘠表层。

对比土系　八里店系，不同土纲，分布地形部位、母质来源均相同，土体上部均受人工堆垫影响，但八里店系堆垫层厚50 cm以上，形成了泥垫表层，为旱耕人为土。

利用性能综述　该土系母质为河湖相沉积物，土体深厚、质地适中，渗水透气性和肥水保蓄性良好，排灌能力较好，是平原地区种植果蔬的理想旱作土壤之一，通过适当的排灌基础设施建设，即可改作水耕土壤，种植水稻。相对于菜园地土壤，该土系表层土壤的有机质、全氮、速效钾水平都较高，有效磷水平属中等偏下，因此在施肥管理中需适当注重磷肥投入。

参比土种　潮泥土。

代表性单个土体　剖面（编号 33-034）于 2010 年 11 月 16 日采自浙江省嘉兴市嘉善县丁栅镇北藏浜荡，31°00′08.5″N，120°56′47.0″E，水网平原，海拔 2 m，母质为淡水湖沼相沉积物，地下水位 120 cm，旱地，种植大豆，大地形坡度 2°左右，50 cm 深度土温 18.1℃。

Aup：0~18 cm，黄棕色（2.5Y 5/3，润），暗灰黄色（2.5Y 5/2，干）；细土质地为粉砂壤土，团块状结构，稍疏松；有大量的大豆、杂草细根系和少量的中、粗根系；粒间孔隙发达；pH 为 6.3；向下层波状清晰过渡。

Bup：18~45 cm，暗灰黄色（2.5Y 5/2，润），黄棕色（2.5Y 5/3，干）；细土质地为粉砂壤土，团块状结构，稍紧实；有少量的中、粗根系；粒间孔隙发达；结构面中有少量的锈纹锈斑，约占土体 3%~5%；pH 为 7.0；向下层波状清晰过渡。

Br：45~86 cm，灰黄色（2.5Y 7/2，润），暗灰黄色（2.5Y 5/2，干）；细土质地为粉砂质黏壤土，大块状结构，紧实；土体中毛孔发达，有较多 2~5 mm 的孔洞；结构面中有大量的红色铁锈斑；有较多的垂直方向裂隙，容易形成断理；pH 为 7.2；向下层平滑清晰过渡。

Cr：86~140 cm，灰色（5Y 5/1，润），灰橄榄色（5Y 6/2，干）；细土质地为壤土，棱块状结构，紧实；毛孔较多；土体中有大量的腐根孔和根孔锈纹，约占土体 10%~15%；pH 为 5.9。

丁栅系代表性单个土体剖面

丁栅系代表性单个土体物理性质

土层	深度 /cm	砾石（>2mm，体积分数）/%	细土颗粒组成（粒径:mm）/（g/kg）			质地	容重 /（g/cm³）
			砂粒 2~0.05	粉粒 0.05~0.002	黏粒 <0.002		
Aup	0~18	5	216	579	205	粉砂壤土	1.25
Bup	18~45	3	274	567	159	粉砂壤土	1.26
Br	45~86	2	170	510	320	粉砂质黏壤土	1.27
Cr	86~140	3	460	351	189	壤土	1.26

丁栅系代表性单个土体化学性质

深度 /cm	pH		有机质 /（g/kg）	全氮（N） /（g/kg）	全磷（P） /（g/kg）	全钾（K） /（g/kg）	CEC$_7$ /（cmol/kg）	游离铁 /（g/kg）
	H$_2$O	KCl						
0~18	6.3	5.4	43.6	2.08	0.84	14.0	22.0	19.9
18~45	7.0	—	19.7	1.10	0.49	17.9	22.7	22.7
45~86	7.2	—	18.2	1.01	0.42	14.8	23.3	23.9
86~140	5.9	4.8	37.5	1.64	0.44	13.3	12.0	16.3

10.4.4　宗汉系（Zonghan Series）

土　　族：壤质硅质混合型石灰性热性-普通淡色潮湿雏形土
拟定者：麻万诸，章明奎

分布与环境条件　主要分布于滨海平原的古海塘外侧，以慈溪、镇海、象山、温岭、瑞安等县市区的分布面积较大，母质为海相沉积物，围垦历史在 80 年以上，利用方式为旱地，以种植蔬菜、棉花、油菜等为主。属亚热带湿润季风气候区，年均气温约 16.0~17.0℃，年均降水量约 1250 mm，年均日照时数约 2095 h，无霜期约 245 d。

宗汉系典型景观

土系特征与变幅　诊断层包括淡薄表层、雏形层；诊断特性包括热性土壤温度状况、潮湿土壤水分状况、氧化还原特征。该土系分布于滨海平原的古海塘外侧，土体厚度 120 cm 以上，细土质地为粉砂壤土，粉粒含量约 500~600 g/kg。该土系围垦历史在 80 年以上，土体结构发育，剖面层次分化，土体已脱盐，100 cm 内土体可溶性盐含量<1.0 g/kg。冬季地下水位在 120 cm 以下，土体约 30~40 cm 开始出现明显的铁锰锈纹锈斑，游离态氧化铁（Fe_2O_3）含量约 10~20 mg/kg，具有潮湿土壤水分状况。表层厚度约 10~18 cm，微碱性，pH 为 7.5~8.0，土体中有大量的蚯蚓孔穴，受长期耕作影响已脱钙，无石灰反应。亚表层厚度约 10~15 cm，pH 为 8.0~8.5，尚有弱石灰反应。约 35~40 cm 开始为雏形层，厚度 60~80 cm，呈碱性，pH 为 8.5~9.0，具有强石灰反应。表层和亚表层均有腐殖质淀积，有机碳加权含量约 6.0~8.0 g/kg，色调 10YR~2.5Y，明度、彩度均为 3~4，盐基饱和度>60%，尚未形成暗瘠表层。表土有机质 10~20 g/kg，全氮 0.6~1.2 g/kg，有效磷 20~40 mg/kg，速效钾 50~80 mg/kg。

　　Ap1，耕作层，10~18 cm，暗棕色，微碱性，pH 为 7.5~8.0，无石灰反应，已完全脱盐，可溶性全盐含量<1.0 g/kg，有机碳含量约 6.0~10.0 g/kg，有效磷 20~35 mg/kg。

对比土系　江湾系，同一土族，利用方式相同，地表景观特征相似，区别是二者在分布地带、母质来源不同而引起土体性状差异，江湾系位于滨海平原与水网平原交界地带的河流凸岸，土体颜色更红，色调 7.5YR，砂性更强，B 层砂粒含量约 400~500 g/kg，表土砂粒含量可达 700~800 g/kg，且受不定期的洪水来砂淀积影响。

利用性能综述　该土系地处平原古海塘外侧，土体深厚，土质疏松，耕性、通透性良好，质地适中，宜种性广。当前在利用上，该土系多用于种植棉花或蔬菜。由于土体孔隙发达，渗透性强，肥水供应能力好而保蓄能力稍差，遇多雨水年份容易前期猛长而后期肥力不足，导致产量受影响。土体有机质和氮、磷、钾素含量都不高，在管理利用上，需重视有机肥的投入，同时要注重后期肥料的及时补充。

参比土种　黄泥翘。

代表性单个土体　剖面（编号 33-078）于 2012 年 1 月 11 日采自浙江省宁波市慈溪市宗汉街道福源村北，30°13′11.6″N，121°13′32.6″E，滨海平原，海拔 6 m，母质为海相沉积物，种植棉花，50 cm 深度土温 18.8℃。

Ap1：0~13 cm，暗棕色（10YR 3/4，润），淡黄橙色（10YR 7/3，干）；细土质地为粉砂壤土，团粒状或块状结构，疏松；有大量的棉花和杂草根系；土体中有大量的蚯蚓粪土和直径 0.5~ 1.0 cm 的蚯蚓孔洞，密度约 8~10 个/dm²；pH 为 7.6；向下层平滑清晰过渡。

Ap2：13~38 cm，暗棕色（10YR 3/4，润），淡黄橙色（10YR 7/3，干）；细土质地为粉砂壤土，团粒状或块状结构，稍紧实；极少量锈纹锈斑；土体中有较多的气孔；有少量蚯蚓孔洞；弱石灰反应；pH 为 8.1；向下层平滑渐变过渡。

Br1：38~75 cm，浊黄棕色（10YR 5/4，润），灰黄棕色（10YR 6/2，干）；细土质地为粉砂壤土，棱块状结构，紧实；土体气孔发达；有大量淡色的铁锰斑纹，约占土体 5%~8%；偶有贝壳残体等侵入体；强石灰反应；pH 为 8.7；向下层平滑清晰过渡。

Br2：75~120 cm，棕色（10YR 4/4，润），浊黄橙色（10YR 7/3，干）；细土质地为粉砂壤土，棱块状结构，稍紧实；土体中气孔较发达；有较多淡色的铁锰斑纹，较上层稍少，约占3%~5%；土体中偶有螺蛳壳等侵入体；约 120 cm 左右出现地下水；强石灰反应；pH 为 8.9。

宗汉系代表性单个土体剖面

宗汉系代表性单个土体物理性质

土层	深度/cm	砾石（>2mm，体积分数）/%	细土颗粒组成（粒径:mm）/（g/kg）			质地	容重/（g/cm³）
			砂粒 2~0.05	粉粒 0.05~0.002	黏粒 <0.002		
Ap1	0~13	2	340	536	124	粉砂壤土	1.19
Ap2	13~38	0	333	540	127	粉砂壤土	1.27
Br1	38~75	10	387	514	99	粉砂壤土	1.33
Br2	75~120	0	388	568	44	粉砂壤土	1.34

宗汉系代表性单个土体化学性质

深度/cm	pH		有机质/（g/kg）	全氮（N）/（g/kg）	全磷（P）/（g/kg）	全钾（K）/（g/kg）	CEC₇/（cmol/kg）	含盐量/（g/kg）
	H₂O	KCl						
0~13	7.6	—	15.0	0.97	1.14	16.3	19.2	0.3
13~38	8.1	—	9.7	0.81	0.76	16.9	11.9	0.3
38~75	8.7	—	4.9	0.36	0.58	15.9	19.2	0.5
75~120	8.9	—	5.6	0.29	0.52	17.4	23.4	0.4

10.4.5 江湾系（Jiangwan Series）

土　　族：壤质硅质混合型石灰性热性-普通淡色潮湿雏形土
拟定者：麻万诸，章明奎

分布与环境条件　主要分布于入海河流中下游的凸岸地段，滨海平原与水网平原交接处，以曹娥江河口的上虞、甬江下游的鄞州、灵江下游的临海、瓯江下游的永嘉、飞云江下游的瑞安、鳌江下游的平阳等县市区分布面积较大，呈条带状分布，海拔一般<50 m，母质为河口海相沉积物，利用方式以种植蔬菜和杂粮为主。属亚热带湿润季风气候区，年均气温约 16.0~18.5℃，年均降水量

江湾系典型景观

约 1630 mm，年均日照时数约 1865 h，无霜期约 275 d。

土系特征与变幅　诊断层包括淡薄表层、雏形层；诊断特性包括热性土壤温度状况、潮湿土壤水分状况、氧化还原特征、石灰性。该土系地处入海河流中下游，水网平原与滨海平原交接处，母质为河口海相沉积物，以河流淀积相为主，全土体可溶性全盐含量<0.5 g/kg。土体厚度 120 cm 以上，质地偏轻，细土质地以壤土为主，黏粒含量<150 g/kg。该土系耕作历史约 50 年，已有较好的结构发育，但剖面层次分化尚不明显，全土体颜色较为均一，呈棕色至浊棕色，色调 7.5YR~10YR，各层次之间明度、彩度也无明显差异，游离态氧化铁（Fe_2O_3）含量约 10.0~15.0 g/kg。地下水位约 100~120 cm，土体约 20~30 cm 开始可见锈纹锈斑，具有潮湿土壤水分状况。表层厚度约 15~18 cm，仍受不定期的洪水影响，砂粒含量较高，达 700~800 g/kg，细土质地为壤质砂土，呈微碱性，pH 为 7.5~8.0，无石灰反应，有少量腐殖质淀积，有机碳含量<6.0 g/kg。B 层厚度约 60~80 cm，砂粒含量明显低于表层，约 400~500 g/kg，pH 为 8.0~9.0，具有弱石灰反应。表土有机质<10 g/kg，全氮<1.0 g/kg，有效磷约 20~40 mg/kg，速效钾<30 mg/kg。

　　Ap，耕作层，厚度约 15~18 cm，呈棕色，色调 7.5YR~10YR，细土质地为壤质砂土，砂粒含量达 700~800 g/kg，有少量腐殖质淀积，有机碳含量<6.0 g/kg，微碱性，pH 为 7.5~8.0，无石灰反应。

对比土系　宗汉系，同一土族，利用方式相同，地表景观特征相似，区别是二者在分布地带、母质来源不同而引起土体性状差异，宗汉系处于滨海平原的古海塘外侧，发源于海相沉积物母质，土体层次分化，表土受耕作影响已明显熟化，土体颗粒均匀，砂粒含量在 300~400 g/kg，从上向下渐变增加，剖面层次分化。

利用性能综述　该土系发源于河口海相母质，土体深厚，质地较轻，土体通透性好，肥水保蓄能力差，耕作层的有机质和氮、磷、钾素水平都相对较低。在利用上当前多作蔬菜园地，种植甘蓝、毛豆、萝卜、大白菜等。在耕作管理方面，今后需注重有机物质的投入以改善土体结构，提升保墒性能。化肥的施用上，需作少量多次地投入以减少淋溶流失。

参比土种　江涂砂。

代表性单个土体　剖面（编号 33-110）于 2012 年 3 月 7 日采自浙江省温州市平阳县麻步镇江湾村，鳌江南岸麻步三桥旁，27°35′40.0″N，120°25′39.6″E，水网平原，菜园地，海拔 2 m，母质为河口海相沉积物，地下水位 100 cm，50 cm 深度土温 21.0℃。

Ap：0~16 cm，棕色（10YR 4/4，润），灰黄棕色（10YR 6/2，干）；细土质地为壤质砂土，屑粒状结构，疏松；有大量的杂草细根系；粒间孔隙发达；土体中有少量的蚯蚓孔洞和粪土；pH 为 7.5；土体砂性明显较下层强，向下层平滑清晰过渡。

Br1：16~50 cm，浊棕色（7.5YR 5/3，润），浊棕色（7.5YR 5/4，干）；细土质地为粉砂壤土；块状结构为主，并有少量的柱状结构发育；稍紧实；有少量的杂草细根系；结构面上有少量的氧化铁淀积，约占 1%~3%；土体中有少量的蚯蚓孔洞；弱石灰反应；pH 为 8.6；向下层模糊过渡。

Br2：50~80 cm，浊棕色（7.5YR 5/3，润），浊棕色（7.5YR 5/4，干）；细土质地为壤土；碎块状结构，发育较上层稍差；稍疏松；土体中有大量直径 1mm 以下的孔洞；有少量的锈纹锈斑，约占 1%；偶见贝壳残体等侵入体；弱石灰反应；pH 为 8.7；向下层模糊过渡。

江湾系代表性单个土体剖面

Cr：80~110 cm，浊棕色（7.5YR 5/4，润），浊橙色（7.5YR 6/4，干）；细土质地为砂质壤土，疏松；粗砂粒含量较上层明显增加，遇水呈流砂状；弱石灰反应；pH 为 8.5。

江湾系代表性单个土体物理性质

| 土层 | 深度 /cm | 砾石 (>2mm，体积分数) /% | 细土颗粒组成（粒径:mm）/（g/kg） | | | 质地 | 容重 /（g/cm³） |
			砂粒 2~0.05	粉粒 0.05~0.002	黏粒 <0.002		
Ap	0~16	3	785	189	26	壤质砂土	1.57
Br1	16~50	0	400	522	78	粉砂壤土	1.56
Br2	50~80	0	461	452	87	壤土	1.53
Cr	80~110	0	529	366	105	砂质壤土	1.54

江湾系代表性单个土体化学性质

| 深度 /cm | pH | | 有机质 /（g/kg） | 全氮（N） /（g/kg） | 全磷（P） /（g/kg） | 全钾（K） /（g/kg） | CEC₇ /（cmol/kg） | 含盐量 /（g/kg） |
	H₂O	KCl						
0~16	7.5	—	7.7	0.43	0.61	22.5	11.6	0.1
16~50	8.6	—	7.2	0.38	0.53	19.5	13.8	0.3
50~80	8.7	—	5.5	0.29	0.44	20.3	11.3	0.3
80~110	8.5	—	5.0	0.23	0.39	22.4	11.7	0.3

10.4.6　大钱系（Daqian Series）

土　族：壤质硅质混合型非酸性热性-普通淡色潮湿雏形土
拟定者：麻万诸，章明奎

分布与环境条件　主要分布于浙江嘉兴、湖州两市境内海拔<20 m的水网平原区，以环太湖的吴兴、南浔两区分布面积较大，地势平坦，坡度<2°，母质为滨湖相沉积物，利用方式以种植蔬菜、桑树等为主。属亚热带湿润季风气候区，年均气温约15.0~16.0℃，年均降水量约1275 mm，年均日照时数约2085 h，无霜期约240 d。

大钱系典型景观

土系特征与变幅　诊断层包括淡薄表层、雏形层；诊断特性包括热性土壤温度状况、潮湿土壤水分状况、氧化还原特征。该土系由滨湖相沉积物发育而来，土体深度1.5 m以上，土体疏松，质地较为均一，为砂质壤土或壤土。该土系耕作历史50年左右，土壤结构发育，但剖面层次分化不明显，全土体呈暗棕色至棕色，色调7.5YR~10YR，地下水位较低，土体100 cm内无明显的铁锰分离物和新生体。表土厚度约18~25 cm，呈酸性，pH为5.0~5.5，腐殖质淀积，有机碳含量约10.0~15.0 g/kg，盐基饱和度>60%。因种植桑树等深根作物，土体20~40 cm仍可见根系，但无明显的腐殖质和磷素淀积。雏形层厚度约60~80 cm，呈微酸性至中性，pH为6.0~7.0，无石灰反应。表土有机质约20~30 g/kg，全氮1.0~1.5 g/kg，C/N比约10.2，有效磷6~10 mg/kg，速效钾150 mg/kg以上。

　　Ap，耕作层，厚度约18~25 cm，暗棕色，色调10YR~7.5YR，土体疏松，细土质地为砂质壤土-壤土，酸性，pH为5.0~5.5，盐基饱和度>60%，有机碳含量10.0~15.0 g/kg，有效磷6~10 mg/kg，尚未形成肥熟现象和暗瘠表层。

对比土系　宗汉系，同一亚类不同土族，分布于平原区，利用上以种植蔬菜为主，受耕作影响，表土明显熟化但尚未形成肥熟表层，区别在于母质来源不同造成土体性状差异，大钱系发源于滨湖相沉积物，土体呈酸性至中性，pH约5.5~7.0，为普通淡色潮湿雏形土。

利用性能综述　该土系土体深厚，土质疏松，通气性、渗水性良好，土体保肥能力稍差，宜耕作，多种植蔬菜。作为菜园地，有机质水平尚可，全氮和速效钾水平较好，有效磷则严重偏低，因此施用有机肥和磷肥会有较好的肥效表现。地处水网平原，灌溉水源充足，抗旱能力较强。

参比土种　（壤质湖泥土）潮松土。

代表性单个土体 剖面（编号 33-047）于 2010 年 12 月 23 日采自浙江省湖州市吴兴区大钱镇大钱村张家浜，太湖南岸（距离太湖约 120 m），30°56′05.1″N，120°10′12.6″E，水网平原，海拔 3 m，旱地，种植蔬菜，母质为滨湖相沉积积物，50 cm 深度土温 17.8℃。

Ap：0~20 cm，暗棕色（10YR 3/4，润），浊黄棕色（10YR 5/3，干）；细土质地为砂质壤土，块状结构，疏松；有中量细根系；有较多的蚯蚓孔洞和根孔，土粒间隙丰富；pH 为 5.2；向下层平滑渐变过渡。

ABr：20~40 cm，棕色（10YR 4/4，润），浊黄棕色（10YR 5/3，干）；细土质地为砂质壤土，小块状结构，稍紧实；少量不明显斑纹；有中量的中、粗根系（桑树根系）；偶有木炭等侵入体；有较多的根孔；pH 为 6.1；向下层平滑渐变过渡。

Br1：40~70 cm，暗棕色（10YR 3/4，润），浊黄棕色（10YR 5/3，干）；细土质地为壤土，块状结构，疏松；少量不明显斑纹；有中量的中、粗根系（桑树根系）；少量根孔，土体松散；pH 为 6.6；向下层平滑渐变过渡。

Br2：70~100 cm，暗棕色（10YR 3/4，润），浊黄棕色（10YR 5/4，干）；细土质地为砂质壤土，块状结构，疏松；少量不明显斑纹；有少量的中、粗根系（桑树根系）；有少量根孔，土体较松散；偶有黑炭侵入；土体中有约 20%的灰白色土壤物质；pH 为 6.4；向下层平滑渐变过渡。

33-047

大钱系代表性单个土体剖面

Cr：100~150 cm，棕色（10YR 4/4，润），浊黄橙色（10YR 6/4，干）；细土质地为砂质壤土；土体较松散，结构不明显；疏松；有少量不明显斑纹；基本无根系；土体中有 30%~40%的灰白色土壤物质；pH 为 6.4。

大钱系代表性单个土体物理性质

土层	深度 /cm	砾石 （>2mm，体积分数）/%	细土颗粒组成（粒径:mm）/（g/kg）			质地	容重 /（g/cm³）
			砂粒 2~0.05	粉粒 0.05~0.002	黏粒 <0.002		
Ap	0~20	0	524	332	144	砂质壤土	1.19
ABr	20~40	2	538	357	105	砂质壤土	1.25
Br1	40~70	0	506	391	103	壤土	1.27
Br2	70~100	1	545	350	105	砂质壤土	1.36
Cr	100~150	0	703	233	64	砂质壤土	1.35

大钱系代表性单个土体化学性质

深度 /cm	pH		有机质 /（g/kg）	全氮（N） /（g/kg）	全磷（P） /（g/kg）	全钾（K） /（g/kg）	CEC₇ /（cmol/kg）	游离铁 /（g/kg）
	H₂O	KCl						
0~20	5.2	3.9	21.3	1.18	0.89	12.3	11.7	21.1
20~40	6.1	4.5	6.8	0.53	0.47	13.7	13.4	21.2
40~70	6.6	4.8	5.9	0.42	0.54	14.1	10.9	21.8
70~100	6.4	5.9	6.6	0.37	0.51	14.0	10.3	20.5
100~150	6.4	4.4	4.2	0.23	0.40	13.6	11.2	14.2

10.5　腐殖铝质常湿雏形土

10.5.1　天堂山系（Tiantangshan Series）

土　　族：砂质硅质混合型酸性温性-腐殖铝质常湿雏形土
拟定者：麻万诸，章明奎

天堂山系典型景观

分布与环境条件　零星分布于浙江省龙泉、庆元、莲都、龙游、乐清、余姚、临安等县市区的中山山垄或鞍部平缓低洼处，海拔>1000 m，坡度 2°~5°，母质凝灰岩风化残坡积物。由于海拔高，气温低，湿度大，自然植被以喜湿的草甸灌丛为主，地势相对较低，土体受山体侧渗水影响。属亚热带湿润季风气候区，年均气温约 9.0~12.0℃，年均降水量约 1720 mm，年均日照时数约 1855 h，无霜期约 260 d。

土系特征与变幅　诊断层包括暗瘠表层、雏形层；诊断特性包括温性土壤温度状况、常湿润土壤水分状况、盐基饱和度、腐殖质特性、均腐殖质特性、铝质现象。该土系地处中山上部的平缓低洼处，海拔>1000 m，坡度 2°~5°，发源于凝灰岩风化残坡积物母质，有效土层在 100 cm 以上，细土质地以砂质壤土为主。由于海拔高，气温、土温都相对较低，多云雾，湿度大，自然植被以耐湿的草甸灌丛为主，地势相对较低，受山体侧渗水影响，具有常湿土壤水分状况。土体呈酸性至微酸性，pH（H$_2$O）约 5.0~6.0，pH（KCl）< 4.5，CEC$_7$ 约 10.0~18.0 cmol/kg，黏粒 CEC$_7$>50.0 cmol/kg，盐基饱和度<30%，整个 B 层的铝饱和度>60%，具有铝质现象。由于地表杂草在潮湿环境下年复一年的积累腐化，土体中形成了大量的腐殖质积累，并从上向下逐层减少。表层厚度 25~40 cm，呈黑棕色，色调 10YR~2.5Y，润态明度 2~3，彩度 1~2，有机碳含量 40~60 g/kg，为暗瘠表层。B 层呈浊黄橙色至暗灰黄色，色调 10YR~2.5Y，具有腐殖质淀积胶膜。土体 100 cm 有机碳储量达 20~30 kg/m^2，20 cm 深度与 100 cm 深度土体的有机碳含量之比<0.4，具有腐殖质特性。表层有机质约 60~100 g/kg，全氮约 3.0~4.0 g/kg，碳氮比（C/N）约 10~12，有效磷<5 mg/kg，速效钾 80~120 mg/kg。

　　Aho，腐殖质表层，厚度 30~40 cm，细土质地为砂质壤土，有大量杂草根系盘结，土体腐殖质大量淀积，呈黑棕色，色调 10YR~2.5Y，润态明度 2~3，彩度 1~2，有机碳含量 40~60 g/kg，土体 pH 为 5.0~5.5，盐基饱和度<30%，为暗瘠表层。

Bwh，雏形层，厚度 60~80 cm，浊黄橙色至暗灰黄色，色调 10YR~2.5Y，土体受表层腐殖质下移淀积，有机碳含量约 10~20 g/kg，pH 为 5.0~5.5，CEC_7 约 10.0~18.0 cmol/kg，黏粒 CEC_7>50.0 cmol/kg，盐基饱和度<30%，具有铝质现象。

对比土系　大明山系，不同土纲，均分布于海拔>1000 m 的中高山平缓鞍谷，具有温性土温，土体腐殖质大量淀积，但大明山系所处地势相对低洼且排水不畅，一年中有 6 个月以上的时间全土体渍水，20~30 cm 开始即出现潜育特征，为潜育土。东天目系，同一亚类不同土族，颗粒大小级别为壤质。

利用性能综述　该土系分布于中山山垄或鞍部，土体处于相对低温和潮湿环境，地表湿生草丛茂盛，土体腐殖质高度积累。但由于海拔较高且处于密林深处，交通不便，该土系不宜进行农业开发。在利用管理上，以维持生态功能为目的，适度作森林旅游开发，发挥其天然氧吧和避暑纳凉之功效。

参比土种　山草甸土。

33-131

代表性单个土体　剖面（编号 33-131）于 2012 年 3 月 31 日采自浙江省丽水市龙泉市屏南镇南兴村，天堂山小天堂东 1500 m，27°48′12.8″N，119°10′17.7″E，海拔 1250 m，母质为凝灰岩风化残坡积物，植被为湿生草本植物，50 cm 深度土温 12.7℃。

Aho：0~37 cm，黑棕色（10YR 3/2，润），棕灰色（10YR 4/1，干）；细土质地为砂质壤土，团粒状结构，疏松；杂草根系密集；土体中有少量直径 1~2 cm 的半风化砾石，约占 5%；pH 为 5.1；向下层平滑清晰过渡。

Bwh1：37~75 cm，浊黄橙色（10YR 6/4，润），浊黄橙色（10YR 6/3，干）；细土质地为砂质壤土，团块状和散粒状结构，稍疏松；有少量细根系；结构面中有大量腐殖质胶膜；土体中有较多直径 2~5 cm 的半风化砾石，约占土体 15%；pH 为 5.5；向下层平滑清晰过渡。

天堂山系代表性单个土体剖面

Bwh2：75~110 cm，暗灰黄色（2.5Y 5/2，润），淡灰色（2.5Y 7/1，干）；细土质地为砂质壤土，块状或散粒状结构，稍紧实；无明显根系；结构面中有少量腐殖质胶膜；受山体侧渗水和表渗滞水影响，土体呈青灰色；pH 为 5.5。

天堂山系代表性单个土体物理性质

土层	深度 /cm	砾石 （>2mm,体积分数）/%	细土颗粒组成（粒径:mm）/（g/kg）			质地	容重 /（g/cm³）
			砂粒 2~0.05	粉粒 0.05~0.002	黏粒 <0.002		
Aho	0~37	5	611	282	107	砂质壤土	0.99
Bwh1	37~75	5	647	278	75	砂质壤土	1.04
Bwh2	75~110	5	633	258	109	砂质壤土	1.10

天堂山系代表性单个土体化学性质

深度 /cm	pH		有机质 /（g/kg）	全氮（N） /（g/kg）	全磷（P） /（g/kg）	全钾（K） /（g/kg）	CEC_7 /（cmol/kg）	ExAl /（cmol/kg）	铝饱和度 /%
	H₂O	KCl							
0~37	5.1	4.1	75.8	3.72	0.35	19.0	15.2	4.0	50.5
37~75	5.5	4.1	26.3	1.87	0.23	20.5	12.1	4.4	77.5
75~110	5.5	4.0	20.8	1.01	0.19	21.4	11.4	4.0	72.4

10.5.2　东天目系（Dongtianmu Series）

土　族：壤质硅质混合型酸性温性-腐殖铝质常湿雏形土
拟定者：麻万诸，章明奎

分布与环境条件　主要分布于浙西北的临安、德清、安吉等县市海拔 800~1000 m 的低山区中上坡，坡度 25°~35°，母质为凝灰岩风化物残坡积物，利用方式为林地。属亚热带湿润季风气候区，年均气温约 10.5~13.4℃，年均降水量约 1620 mm，年均日照时数约 2000 h，无霜期约 215 d。

东天目系典型景观

土系特征与变幅　诊断层包括淡薄表层、雏形层；诊断特性包括温性土壤温度状况、常湿润土壤水分状况、盐基饱和度、腐殖质特性、铝质现象。该土系主要分布于浙江西北的低山中上坡，母质为凝灰岩风化物残坡积物，有效土层厚度为 60~100 cm，土体中有较多风化的巨砾（直径>25 cm），占 20%~30%，细土质地为壤土，砂粒含量约 400~550 g/kg。该土系植被茂密，地表有 2 cm 左右的枯枝落叶层覆盖，土体具有常湿润土壤水分状况。矿质表层根系盘结，厚度 10~15 cm，呈黑棕色，色调 7.5YR~10YR，润态明度 2~3，彩度 2~3，土体呈酸性，pH 为 5.0~5.5，盐基饱和度<60%，腐殖质大量淀积，有机碳含量约 20~40 g/kg。表层腐殖质向 B 层迁移，从上向下逐层减少。亚表层土体中腐殖质大量淀积，厚度约 15~20 cm，棕色，色调 7.5YR~10YR，润态明度 3~4，彩度 3~4，有机碳含量 20~30 g/kg。B 层呈亮黄棕色，pH（KCl）<4.5，盐基饱和度<30%，下部亚层铝饱和度>60%，整个 B 层黏粒交换性铝>12 cmol/kg，具有铝质现象。B 层结构面中仍可见腐殖质淀积胶膜，土体 100 cm 有机碳储量约 12.0~15.0 kg/m^2，具有腐殖质特性。表层有机质含量 40.0~60.0 g/kg，全氮 2.0~2.5 g/kg，有效磷 3~5 mg/kg，速效钾 80~100 mg/kg。

　　Aho，腐殖质表层，厚度约 10~15 cm，黑棕色，色调 7.5YR~10YR，润态明度 2~3，彩度 2~3，根系盘结，细土质地为壤土，土体呈酸性，pH 为 5.0~5.5，盐基饱和度<60%，有机碳含量约 20~40 g/kg。

　　ABh，亚表层，厚度 15~20 cm，棕色，色调 7.5YR~10YR，润态明度 3~4，彩度 3~4，腐殖质大量淀积，有机碳含量约 20~30 g/kg。

对比土系　西天目系，同一土族，发源于花岗岩风化残坡积物母质，土体紧实，颗粒均匀，有效土层厚度在 100 cm 以上，质地以粉砂壤土为主，砂粒含量<350 g/kg，表土有机碳含量达 40~60 g/kg，土体 100 cm 内少有大石块等侵入体。黄源系，同一土族，发源于花岗岩风化残坡积物母质，有效土层厚度约 80~120 cm，土体疏松，颗粒稍粗，砂粒含量约 400~800 g/kg，从表层向下逐层增加，表土有机碳含量达 40~60 g/kg，土体少有石块侵入体。上山铺系，不同土纲，均发源于凝灰岩残坡积物母质，地处海拔 800~1000 m 的中山区，具有温性土温，土体腐殖质大量淀积，但上山铺系处于浙南，淋溶相对较强，形成了黏化层，为淋溶土。

利用性能综述　该土系土体有效土层稍深，土质疏松，孔隙度极高，内排水稍快。因地形坡度较大且土体结持性稍差，在地表植被破坏的情况下，较容易产生地表侵蚀，水土流失。目前的毛竹加杂草这种生态结构还是比较脆弱的，很容易遭到破坏。在利用上，以种植杉木、松木等针叶林木为宜。

参比土种　山黄泥土。

代表性单个土体　剖面（编号 33-044）于 2010 年 12 月 11 日采自浙江省杭州市临安东天目东关村北，30°22′31.6″N，119°28′48.2″E，海拔 828 m，坡度约 30°~35°，母质为凝灰岩风化物残积物，林地，植被为杉木和小竹子、灌木等，覆盖度 85%~90%，50 cm 深度土温 15.4℃。

Aho: 0~10 cm，黑棕色（10YR 2/3，润），灰黄棕色（10YR 5/2，干）；细土质地为壤土，团粒状结构，疏松；毛竹的中、细须根密集且纵横交织，有少量的毛竹粗根系；pH 为 5.0；向下层平滑清晰过渡。

ABh: 10~28 cm，棕色（10YR 4/4，润），浊黄橙色（10YR 6/3，干）；细土质地为壤土，团块状结构，疏松；有较多的毛竹中、细根系和少量粗根系；土体中有少量 2~5 cm 的砾石，约占 5%，磨圆度较差；pH 为 5.0；向下层平滑渐变过渡。

Bw: 28~110 cm，土体颜色明显变黄，亮黄棕色（10YR 6/6，润），浊黄橙色（10YR 7/4，干）；细土质地为壤土，块状结构，稍疏松；结构面中有大量腐殖质胶膜；有少量直径 2~5 cm 的砾石，约占土体 5%；土体中直径 10 cm（有的达 40~50 cm）以上的大石块与泥土相夹杂而生，岩石表层略有风化，稍有磨圆，占土体 10%左右；pH 为 5.3；向下层波状清晰过渡。

东天目系代表性单个土体剖面

C: 110 cm 以下，亮黄棕色（10YR 6/6，润），浊黄橙色（10YR 7/4，干）；细土质地为壤土，块状结构，稍疏松；大石块含量明显增加，成为主体，占土体 60%以上，夹生有少量的泥土。

东天目系代表性单个土体物理性质

土层	深度 /cm	砾石 (>2mm,体积 分数)/%	细土颗粒组成 (粒径:mm)/(g/kg)			质地	容重 /(g/cm³)
			砂粒 2~0.05	粉粒 0.05~0.002	黏粒 <0.002		
Aho	0~10	5	442	390	168	壤土	0.95
ABh	10~28	5	502	347	151	壤土	1.02
Bw	28~110	15	464	416	120	壤土	1.17

东天目系代表性单个土体化学性质

深度 /cm	pH		有机质 /(g/kg)	全氮(N) /(g/kg)	全磷(P) /(g/kg)	全钾(K) /(g/kg)	CEC_7 /(cmol/kg)	ExAl /(cmol/kg)	铝饱和度 /%
	H_2O	KCl							
0~10	5.0	4.1	51.9	1.84	0.31	26.1	12.2	4.7	41.7
10~28	5.0	4.2	36.8	1.57	0.22	29.9	9.2	4.5	46.1
28~110	5.3	4.2	13.5	0.16	0.15	29.6	6.1	3.2	76.3

10.5.3 西天目系（Xitianmu Series）

土　族：壤质硅质混合型酸性温性-腐殖铝质常湿雏形土
拟定者：麻万诸，章明奎

分布与环境条件　主要分布于浙西的临安和浙南的龙泉、遂昌、青田、云和、泰顺、庆元等县市海拔 1000~1500 m 的中、高山的中、上坡，坡度约 25°~35°，母质为花岗岩风化残坡积物，利用方式为林地。属亚热带湿润季风气候区，年均气温约 8.0~10.8℃，年均降水量约 1650 mm，年均日照时数约 2000 h，无霜期约 210 d。

西天目系典型景观

土系特征与变幅　诊断层包括淡薄表层、雏形层；诊断特性包括温性土壤温度状况、常湿润土壤水分状况、盐基饱和度、腐殖质特性、铝质现象。该土系地处中高山中上坡稍缓处，海拔 1000~1500 m，母质为细晶花岗岩残坡积物，土体一般厚度为 1 m 以上，林木覆盖率在 95%以上，地表有 1~2 cm 的枯枝落叶层，土体湿度较大，具有常湿润土壤水分状况。全土体颗粒组成较为均一，细土质地以粉砂壤土为主，除母质层外，砂粒含量<200 g/kg，粉粒含量 600~700 g/kg。矿质表层厚度约 18~25 cm，根系盘结，土体黑棕色，色调 7.5YR~10YR，润态明度 2~3，彩度 1~2，酸性，pH 约 4.5~5.0，盐基饱和度<30%，腐殖质大量淀积，有机碳含量约 40~60 g/kg。B 层厚度约 60~80 cm，亮棕色至橙色，细土质地为粉砂壤土，黏粒含量约 150~250 g/kg，土体呈酸性，pH 约 5.0~5.5，整个 B 层 CEC_7 约 6.0~10.0 cmol/kg，黏粒 CEC_7>30 cmol/kg，盐基饱和度<30%，铝饱和度>70%，具有铝质现象。受表土腐殖质下行影响，结构面中可见表层下移的腐殖质黏粒淀积胶膜，有机碳含量从上向下逐层减少，土体 100 cm 有机碳储量约 15.0~18.0 kg/m^2，具有腐殖质特性。土体约 80~100 cm 以下为半风化母质层。表土有机质含量可达 80~100 g/kg，全氮 3.0~4.0 g/kg，有效磷低于 8 mg/kg，速效钾在 100~120 mg/kg。土体的盐基饱和度都低于 30%。土体 100 cm 以下有较多半风化的基岩，呈核状风化。

Aho，腐殖质表层，厚度 18~25 cm，根系盘结，土体黑棕色，色调 7.5YR ~10YR，润态明度 2~3，彩度 1~2，细土质地为砂质壤土，酸性，pH 为 4.5~5.0，盐基饱和度<30%，腐殖质大量淀积，有机碳含量约 40~60 g/kg，有效磷 5~8 mg/kg。

对比土系　东天目系，同一土族，发源于凝灰岩风化残坡积物母质，有效土层约 60~

100 cm，质地以壤土为主，砂粒含量为 400~550 g/kg，各土层间无明显差异，表土有机碳含量约 20~40 g/kg，土体各层中均有大量直径 30~50 cm 或更大的石块侵入。黄源系，同一土族，母质来源相同，但黄源系土体疏松，颗粒组成更粗，砂粒含量约 400~800 g/kg，各土层间变幅较大，从表层向下逐层增加。

利用性能综述　该土系由花岗岩残坡积物发育而来，土体深厚且松紧度适宜，土体有机质含量丰富，是中亚热带常绿阔叶林、落叶阔叶林、针阔混交林生长的主要土壤之一。土壤呈弱酸性，种植人工林时，以杉木、松木、柳杉等针叶树种为宜。

参比土种　山黄泥土。

代表性单个土体　剖面（编号 33-045）于 2010 年 12 月 11 日采自浙江省杭州市临安市西天目龙凤景点入口，30°20′40.1″N，119°26′24.7″E，海拔 1148 m，林地，植被为马尾松和小竹子、灌木等，坡度约 25°~30°，母质为细晶花岗岩风化残坡积物，50 cm 深度土温 12.2℃。

33-045

西天目系代表性单个土体剖面

Aho：0~20 cm，黑棕色（7.5YR 3/2，润），暗棕色（7.5YR 3/3，干）；细土质地为粉砂壤土，团粒状结构，疏松；小竹子的中、细根系密集，还有中量的小竹子和灌木的粗根系；土体颜色暗黑，枯枝落叶已腐化为泥；pH 为 4.8；向下层波状清晰过渡。

Bwh：20~52 cm，亮棕色（7.5YR 5/6，润），浊橙色（7.5YR 6/4，干）；细土质地为粉砂壤土，块状结构，稍疏松；有少量的中根系；结构面中有大量腐殖质胶膜；土体中有较多直径 2~5 mm 的孔洞；偶有直径 20~30 cm 的大石块夹杂于土体中，表层已高度风化；pH 为 5.0；向下层平滑清晰过渡。

Bw：52~90 cm，橙色（7.5YR 6/6，润），浊橙色（7.5YR 6/4，干）；细土质地为粉砂壤土，块状结构，稍紧实；有少量的细根系；土体中有较多的 1~2 mm 孔洞；pH 为 5.3；向下层平滑清晰过渡。

BC：90~125 cm，亮棕色（7.5YR 5/8，润），浊橙色（7.5YR 7/4，干）；细土质地为壤土，块状结构，紧实；土体中夹杂有核状风化的母岩，外黄内白，直径 10~30 cm 或更大，约占土体体积的 30%以上；pH 为 5.5。

西天目系代表性单个土体物理性质

土层	深度 /cm	砾石 (>2mm, 体积分数) /%	细土颗粒组成（粒径:mm）/（g/kg）			质地	容重 /（g/cm³）
			砂粒 2~0.05	粉粒 0.05~0.002	黏粒 <0.002		
Aho	0~20	5	186	601	213	粉砂壤土	0.92
Bwh	20~52	3	154	642	204	粉砂壤土	1.02
Bw	52~90	1	197	620	183	粉砂壤土	1.10
BC	90~125	30	342	492	166	壤土	1.10

西天目系代表性单个土体化学性质

深度 /cm	pH		有机质 /（g/kg）	全氮（N） /（g/kg）	全磷（P） /（g/kg）	全钾（K） /（g/kg）	CEC₇ /（cmol/kg）	ExAl /（cmol/kg）	铝饱和度 /%
	H₂O	KCl							
0~20	4.8	4.0	88.7	3.51	0.51	13.9	12.3	8.6	69.9
20~52	5.0	4.3	20.3	1.06	0.25	16.6	10.9	4.4	81.8
52~90	5.3	4.2	10.1	0.57	0.20	19.5	7.0	4.1	80.0
90~125	5.5	4.2	4.9	0.39	0.16	19.8	9.1	5.5	83.2

10.5.4 黄源系（Huangyuan Series）

土　族：壤质硅质混合型酸性温性-腐殖铝质常湿雏形土
拟定者：麻万诸，章明奎

分布与环境条件　分布于海拔 800~1200 m 的中、高山，以杭州市的临安、丽水市和温州市境内分布面积较大，坡度 20°~40°，母质为花岗岩风化残坡积物，利用方式为林地，植被主要为毛竹和灌木丛。属亚热带湿润季风气候区，年均气温约 11.0~13.4℃，年均降水量约 1650 mm，年均日照时数约 1780 h，无霜期约 250 d。

黄源系典型景观

土系特征与变幅　诊断层包括暗瘠表层、雏形层；诊断特性包括温性土壤温度状况、常湿润土壤水分状况、盐基饱和度、腐殖质特性、铝质现象。该土系分布于海拔 800~1200 m 的中山区，植被茂盛，母质为花岗岩风化物残坡积物，土体较为深厚，一般可达 100~150 cm，土体具有常湿润土壤水分状况。土体疏松，质地较轻，砂粒含量>400 g/kg，土表有 1 cm 左右的枯枝落叶层，受潮湿环境的影响容易腐化形成腐殖质进入土体。腐殖质表层厚度约 15~18 cm，呈暗棕色，色调 7.5YR ~10YR，润态明度 2~3，彩度 2~3，呈酸性至强酸性，pH 为 4.0~4.5，有机碳含量约 40~60 g/kg。整个 B 层呈棕色至黄棕色，游离态氧化铁（Fe_2O_3）含量约 20~30 g/kg，pH 为 5.0~5.5，盐基饱和度<30%，铝饱和度>60%，具有铝质现象。受表层腐殖质黏粒下移淀积影响，B 层的上部 30~50 cm 亚层结构面中可见腐殖质淀积胶膜，土体有机碳含量约 20~25 g/kg。土体 100 cm 有机碳储量>15 kg/m²，具有腐殖质特性。表层全氮约 20~40 g/kg，有效磷 10~20 mg/kg，速效钾 150~180 mg/kg。

　　Ah，厚度 15~18 cm，呈暗棕色，色调 7.5YR~10YR，润态明度 2~3，彩度 2~3，呈酸性至强酸性，pH 为 4.0~4.5，盐基饱和度<30%，有机碳含量约 40~60 g/kg，有效磷 10~20 mg/kg。

　　Bwh，雏形层，厚度约 30~50 cm，黄棕色，游离态氧化铁含量约 20~30 g/kg，酸性，pH 为 5.0~5.5，盐基饱和度<30%，铝饱和度>60%，具有铝质现象，腐殖质大量淀积，结构面中可见腐殖质淀积胶膜，有机碳含量 20~25 g/kg。

对比土系　东天目系，同一土族，发源于凝灰岩风化残坡积物母质，有效土层约 60~100 cm，质地以壤土为主，砂粒含量约 400~550 g/kg，表层有机碳含量约 20~40 g/kg，土体各层中均有大量直径 30~50 cm 或更大的石块侵入。西天目系，同一土族，母质来源相同，但西天目系颗粒更细且各土层分布较为均一，砂粒含量<350 g/kg。

利用性能综述　该土系土体疏松，有机养分含量较高，林木生长较快，且土体深厚，适合种植高大的乔木，可作为用材林的种植基地。适生树种有杉木、松木、毛竹等。因所处地形坡度较大，易造成水土流失，不宜开垦农用。该土系分布于浙江省的高、中山区，乔木林地，植被茂密，是调节、净化大气的天然氧吧，负载着平衡生态的功能。

参比土种　山黄泥土。

代表性单个土体　剖面（编号 33-055）于 2011 年 8 月 10 日采自浙江省丽水市云和县黄源乡木树村，28°02′33.3″N，119°25′58.0″E，海拔 1061 m，高山中坡，坡度 30°~35°，母质为花岗岩风化残坡积物，50 cm 深度土温 14.8℃。

黄源系代表性单个土体剖面

Ah：0~17 cm，暗棕色（10YR 3/3，润），浊黄棕色（10YR 5/3，干）；细土质地为壤土，小粒状或团粒状结构，疏松；有少量中根系，含量<1%；有大量细根系，约占 5%；直径 0.5~1 cm 的砾石，约占 15%~20%；pH 为 4.3；与下层在紧实度、颜色和根系分布上有较明显的差异，向下层平滑清晰过渡。

Bwh：17~75 cm，棕色（10YR 4/6，润），浊黄橙色（10YR 6/4，干）；细土质地为壤土，小块状结构，稍疏松；有大量中根系，约占 3%；结构面中可见腐殖质胶膜；土体中夹杂砾石，石块大小在 5~10 cm，数量在 15%~20%；pH 为 5.2；与下层在颜色上有明显的差异，向下层波状清晰过渡。

Bw：75~130 cm，黄棕色（10YR 5/6，润），浊黄橙色（10YR 7/4，干）；细土质地为砂质壤土，小块状结构，疏松；有 1% 左右细根系；土体中夹杂砾石块，砾石大小和数量与上层相似；pH 为 5.4；向下层波状清晰过渡。

C：130~150 cm，半风化物，浊黄橙色（10YR 7/3，润），橙白色（10YR 8/2）；细土质地为壤质砂土，无明显的结构体；稍紧实；pH 为 4.7。

黄源系代表性单个土体物理性质

土层	深度/cm	砾石（>2mm，体积分数）/%	细土颗粒组成（粒径:mm）/（g/kg）			质地	容重/（g/cm³）
			砂粒 2~0.05	粉粒 0.05~0.002	黏粒 <0.002		
Ah	0~17	20	433	372	195	壤土	0.94
Bwh	17~75	20	453	387	160	壤土	1.03
Bw	75~130	20	622	247	131	砂质壤土	1.12
C	130~150	70	770	165	65	壤质砂土	1.10

黄源系代表性单个土体化学性质

深度/cm	pH		有机质/（g/kg）	全氮（N）/（g/kg）	全磷（P）/（g/kg）	全钾（K）/（g/kg）	CEC₇/（cmol/kg）	ExAl/（cmol/kg）	铝饱和度/%
	H₂O	KCl							
0~17	4.3	3.9	83.5	3.26	0.41	6.9	5.7	0.8	14.3
17~75	5.2	4.1	35.5	2.21	0.49	22.4	10.0	4.3	82.6
75~130	5.4	4.0	6.9	0.65	0.37	29.8	6.3	3.3	79.8
130~150	4.7	3.9	2.4	0.07	0.38	35.4	3.2	2.5	77.3

10.6 铝质酸性常湿雏形土

10.6.1 仰坑系（Yangkeng Series）

土　族：砂质硅质型温性-铝质酸性常湿雏形土
拟定者：麻万诸，章明奎

分布与环境条件　主要分布于浙西南中山区的斜坡林地，以龙泉、遂昌、庆元、泰顺、文成、苍南、开化、龙游等县市的分布面积较大，海拔 800~1500 m，坡度约 25°~35°，母质为石英砂岩风化残坡积物，利用方式为林地，植被良好，地表有 1 cm 以上的枯枝落叶覆盖，土体具有常湿润土壤水分状况。属亚热带湿润季风气候区，年均气温约 10.5~12.5℃，年均降水量

仰坑系典型景观

约 1720 mm，年均日照时数约 1860 h，无霜期约 260 d。

土系特征与变幅　诊断层包括淡薄表层、雏形层；诊断特性包括温性土壤温度状况、常湿润土壤水分状况、铝质现象。该土系地处中山陡坡，坡度约 25°~35°，发源于石英砂岩风化残坡积物母质，海拔 800~1500 m，土体厚度约 80~120 cm，细土质地为砂质壤土或壤质砂土，砂粒含量>500 g/kg，黏粒含量<150 g/kg。该土系多为茂林地，海拔较高，植被覆盖良好，地表有枯枝落叶覆盖，具有常湿润土壤水分状况。剖面层次分化明显，土体颜色上部深暗，明度、彩度向下增高。表层根系盘结，厚度 15~18 cm，浊黄棕色，色调 7.5YR~10YR，pH 为 5.0~5.5，盐基饱和度<50%，有机碳含量约 20~30 g/kg。B 层土体紧实，无明显的腐殖质下移淀积，土体呈酸性至微酸性，pH（H_2O）约 5.0~6.5，pH（KCl）约 4.0~4.5，全土体的盐基饱和度<50%。B 层的上部亚层土体铝饱和度>60%，具有铝质现象。土体 100 cm 的有机碳储量约 8.0~10.0 kg/m²，无腐殖特性。表土全氮 2.0~3.0 g/kg，有效磷 1~5 mg/kg，速效钾 50~80 mg/kg。

　　Aho，腐殖质表层，根系盘结，厚度 15~18 cm，浊黄棕色，色调 7.5YR~10YR，酸性，pH 约 5.0~5.5，细土质地为砂质壤土，砂粒含量>500 g/kg，盐基饱和度<50%，腐殖质大量淀积，有机碳含量 20~30 g/kg，有效磷 1~5 mg/kg。

对比土系　西天目系，同一亚纲不同土类，分布地形部位、景观特征相似，均具有温性土壤温度状况和常湿润土壤水分状况，但西天目系发源于花岗岩风化物母质，整个 B 层

具有铝质现象，为铝质常湿雏形土。

利用性能综述　该土系地处中山陡坡，土体较深，质地稍粗，通透性较好。该土系当前多为密林地，海拔较高，土温稍低，土体呈酸性至微酸性，植被以松、杉、柏等喜酸的常绿针叶林为主，底层灌木茂密，覆盖良好，生态功能明显。由于地形坡度较大，该土系不宜作其他农业利用，且一旦植被遭破坏则容易形成水土流失。因此，在管理利用中，需继续封山育林，保持地表覆盖，充分发挥林地的生态功效。

参比土种　山黄泥砂土。

代表性单个土体　剖面（编号 33-130）于 2012 年 3 月 31 日采自浙江省丽水市龙泉市屏南镇仰坑村，27°51′55.3″N，119°04′55.7″E，林地，海拔 1185 m，坡度约 25°~30°，母质为石英砂岩风化残坡积物，50 cm 深度土温 13.7℃。

Aho：0~16 cm，浊黄棕色（10YR 4/3，润），浊黄棕色（10YR 5/3，干）；细土质地为砂质壤土，块状和小团块状结构，稍疏松；有大量杂草、灌木的中、细根系；土体中有较多直径 1~2 cm 的半风化岩石碎屑，约占土体 10%；有少量直径 0.5~1 cm 的动物（蚂蚁）孔洞；pH 为 5.2；向下层平滑清晰过渡。

Bw1：16~50 cm，黄棕色（10YR 5/6，润），浊黄橙色（10YR 6/4，干）；细土质地为砂质壤土，块状结构，较紧实；有少量乔木、灌木的中、细根系；土体中有较多直径 2~5 cm 的半风化岩石和碎屑，约占土体 10%；有少量直径 0.5~1 cm 的动物（蚂蚁）孔洞；pH 为 5.4；向下层波状清晰过渡。

Bw2：50~80 cm，浊黄色（2.5Y 6/4，润），浅淡黄色（2.5Y 8/3，干）；细土质地为砂质壤土，块状结构，紧实；有极少量的乔木细根系；土体中有较多直径 2 cm 左右的半风化砾石，约占土体 10%；有少量直径 0.5~1 cm 的动物（蚂蚁）孔洞；pH 为 5.8；向下层颜色与紧实度明显变化，呈波状清晰过渡。

BC：80~120 cm，黄橙色（10YR 7/8，润），黄橙色（10YR 7/8，干）；细土质地为壤质砂土，碎块状结构，很紧实；土体

仰坑系代表性单个土体剖面

由细土与风化度较高的易磨碎半风化体组成，半风化体的比例向下增加；pH 为 6.1。

仰坑系代表性单个土体物理性质

土层	深度 /cm	砾石（>2mm，体积分数）/%	细土颗粒组成（粒径:mm）/（g/kg）			质地	容重 /（g/cm³）
			砂粒 2~0.05	粉粒 0.05~0.002	黏粒 <0.002		
Aho	0~16	10	551	323	126	砂质壤土	1.07
Bw1	16~50	15	527	330	143	砂质壤土	1.26
Bw2	50~80	15	700	198	102	砂质壤土	1.26
BC	80~120	15	769	164	67	壤质砂土	1.25

仰坑系代表性单个土体化学性质

深度 /cm	pH		有机质 /（g/kg）	全氮（N） /（g/kg）	全磷（P） /（g/kg）	全钾（K） /（g/kg）	CEC₇ /（cmol/kg）	ExAl /（cmol/kg）	铝饱和度 /%
	H₂O	KCl							
0~16	5.2	4.1	38.4	2.17	0.34	28.4	7.0	3.3	65.6
16~50	5.4	4.2	12.8	0.69	0.29	32.6	11.7	3.6	71.5
50~80	5.8	4.1	5.1	0.32	0.23	38.4	4.6	2.4	63.1
80~120	6.1	4.2	4.0	0.35	0.32	36.1	9.7	1.3	43.5

10.7　普通酸性常湿雏形土

10.7.1　南田系（Nantian Series）

土　族：粗骨砂质硅质混合型温性-普通酸性常湿雏形土
拟定者：麻万诸，章明奎

分布与环境条件　少量分布于浙江
温州、丽水、衢州、绍兴等市境内的
中山区，海拔一般>600 m，母质为凝
灰岩风化残坡积物，地形坡度
25°~40°，土体内外排水良好。次生
林地自然土壤，由于封山育林，近期
人为活动影响已较少，植被覆盖度好，
地表常年为枯枝落叶覆盖，土体具有
常湿润土壤水分状况。属亚热带湿润
季风气候区，年均气温约 12.0~13.4℃，
年均降水量约 1695 mm，年均日照时
数约 1840 h，无霜期约 265 d。

南田系典型景观

土系特征与变幅　诊断层包括淡薄表层、雏形层；诊断特性包括温性土壤温度状况、
常湿润土壤水分状况。该土系发育于熔结凝灰岩风化物母质，土层厚度 50~80 cm，颗
粒较粗，>2 mm 的粗骨碎屑约占土体体积的 30%~50%，细土质地为砂质壤土或壤质砂
土，各层次的黏粒含量均<100 g/kg。植被茂密，地表为枯枝落叶所覆盖，厚度 1~3 cm，
具有常湿润土壤水分状况。土体疏松，腐殖质大量淀积并从上向下逐层减少。全土体
呈酸性，pH（H_2O）约 5.0~5.5，pH（KCl）约 4.0~4.5。表层厚度约 10~15 cm，呈暗棕
色，色调 7.5YR~10YR，润态明度 3~4，彩度 3~4，有机碳含量约 20~30 g/kg，盐基饱
和度<50%。B 层厚度约 30~50 cm，浊黄棕色，色调 7.5YR~10YR，润态明度 4~5，彩
度 3~4，结构面中有大量腐殖质淀积黏粒胶膜，有机碳含量约 6.0~10.0 g/kg，铝饱和度
<30%，游离态氧化铁（Fe_2O_3）含量<20 g/kg，无铝质现象、铁质特性。100 cm 土体有
机碳储量约 8~10 kg/m²，无腐殖质特性。表层全氮 2.0~4.0 g/kg，有效磷 10~15 mg/kg，速效
钾 100~150 mg/kg。

　　Bwh，雏形层，厚度 30~50 cm，浊黄棕色，色调 7.5YR~10YR，润态明度 4~5，彩
度 3~4，游离态氧化铁含量<20 g/kg，土体呈酸性，pH（H_2O）为 5.0~5.5，pH（KCl）约
4.0~4.5，盐基饱和度<50%，铝饱和度<30%，无铝质现象、铁质特性。

对比土系　大溪系，同一亚纲不同土类，均发源于凝灰岩风化物母质，地处陡坡，地表景观
特征、剖面形态均相似，但大溪系位于海拔 300~500 m 的低山区，具有热性土壤温度状况和
湿润土壤水分状况，且土体腐殖质淀积更明显，形成了腐殖质特性，为腐殖酸性湿润雏形土。

利用性能综述　该土系土质疏松、表土有机质含量较高,且林木生长。但由于质地较砂,土壤保水保肥能力较差,若地表植被遭破坏,表土的有机物质和养分则很容易随水流失。地表坡度较大,且砾石、碎屑含量较高,不宜农用耕作。该土系颗粒较粗、质地偏砂,土体相对疏松,地表流水易迅速下渗,土体结持性差,且所处地形部分坡度较大,遇多水雨季,易形成土体崩塌,产生泥石流。因此,保护林地,保持该土系地表植被的有效覆盖,可极大地减少此类地质灾害的发生。

参比土种　山香灰土。

代表性单个土体　剖面(编号 33-060)于 2011 年 11 月 16 日采自浙江省温州市文成县

南田系代表性单个土体剖面

南田镇从头村,27°53′52.8″N,119°53′15.1″E,林地中下坡,坡度 35° 左右,母质为熔结凝灰岩风化物残坡积物,海拔 659 m,林地,植被为马尾松和阔叶灌木、芒萁等,50 cm 深度土温 15.9℃。

Aho: 0~10 cm,暗棕色(10YR 3/3,润),浊黄棕色(10YR 5/4,干);细土质地为砂质壤土,团粒状结构,疏松;中、细根系盘结,约占 50%;pH 为 5.2;向下层平滑清晰过渡。

Bwh: 10~35 cm,浊黄棕色(10YR 4/3,润),浊黄橙色(10YR 7/3,干);细土质地为砂质壤土,小块状结构,较紧实;根系较多,约占 10%;有较多 5~10 mm 的砾石;pH 为 5.2;向下层模糊过渡。

CB: 35~70 cm,黄棕色(10YR 5/6,润),淡黄橙色(10YR 8/3,干);细土质地为砂质壤土,块状结构,较紧实;颜色较上层略黄,有大量 5~10 cm 的砾石;pH 为 5.4。

R: 70 cm 以下为基岩,弱风化。

南田系代表性单个土体物理性质

土层	深度 /cm	砾石 (>2mm,体积分数)/%	细土颗粒组成(粒径:mm)/(g/kg)			质地	容重 /(g/cm³)
			砂粒 2~0.05	粉粒 0.05~0.002	黏粒 <0.002		
Aho	0~10	45	761	159	80	砂质壤土	0.94
Bwh	10~35	50	729	183	88	砂质壤土	1.07
CB	35~70	60	740	181	79	砂质壤土	1.12

南田系代表性单个土体化学性质

深度 /cm	pH		有机质 /(g/kg)	全氮(N) /(g/kg)	全磷(P) /(g/kg)	全钾(K) /(g/kg)	CEC₇ /(cmol/kg)	游离铁 /(g/kg)
	H₂O	KCl						
0~10	5.2	4.3	38.7	2.68	0.39	35.5	11.2	17.9
10~35	5.2	4.4	16.9	0.98	0.16	36.1	8.0	19.7
35~70	5.4	4.4	6.8	0.42	0.11	37.6	8.3	13.0

10.8 石质钙质湿润雏形土

10.8.1 竹坞系（Zhuwu Series）

土　族：粗骨壤质硅质混合型非酸性热性-石质钙质湿润雏形土
拟定者：麻万诸，章明奎

分布与环境条件　主要分布于浙西北的临安、安吉等县市的高丘或低山上，海拔300~ 600 m，地形较为陡峭，坡度 25°~40°，母质为灰岩或泥质灰岩风化物的残坡积物。利用方式上多为林地或园地，地表覆盖较差，植被稀疏。属亚热带湿润季风气候区，年均气温约13.6~15.0℃，年均降水量约1460 mm，年均日照时数约1950 h，无霜期约 235 d。

竹坞系典型景观

土系特征与变幅　诊断层包括淡薄表层、雏形层；诊断特性包括热性土壤温度状况、湿润土壤水分状况、碳酸盐岩岩性特征、石质接触面。该土系发育于灰岩或泥质灰岩风化残坡积物，分布于石灰岩低山或高丘的中上坡，地形陡峭，坡度在25°以上，土层厚度40~60 cm，细土质地为粉砂壤土或壤土，黏粒含量约 100~150 g/kg。全土体呈微酸性至中性，pH 约6.0~7.0，CEC_7 约 10.0~15.0 cmol/kg，盐基饱和度>90%，具有碳酸盐岩岩性特征。表层厚度约 5~10 cm，呈灰黄棕色，色调 7.5YR~10YR，润态明度 4~5，彩度 2~3，腐殖质淀积，有机碳含量 20~30 g/kg，土体中>2 mm 的粗骨岩石碎屑含量约占25%~30%。B 层厚度 10~20 cm，浊黄棕色，游离态氧化铁（Fe_2O_3）含量约 20~40 g/kg，有机碳含量约 10~ 15 g/kg。土体 100 cm 有机碳储量约 6~10 kg/m^2，无腐殖质特性。约 25~30 cm 以下为 BC 层，厚度约 20~30 cm，土体中半风化的灰岩占 50%~60%，50 cm 内水平方向有 50%以上土体出现石质接触面。表土全氮约 2.0~3.0 g/kg，有效磷 6~10 mg/kg，速效钾 100~120 mg/kg。

　　Ah，腐殖质表层，厚度<10 cm，呈灰黄棕色，色调 7.5YR~10YR，润态明度 4~5，彩度 2~3，腐殖质大量淀积，有机碳含量达 20~30 g/kg，土体呈微酸性至中性，pH 约6.0~7.0，盐基饱和度>90%。

对比土系　天荒坪系，不同土纲，均发育于灰质泥岩或泥质灰岩母质，土体具有均腐殖特性，土体呈微酸性至中性，盐基饱和度>75%，但天荒坪系土体深厚，表层厚度 25~30 cm，具有暗沃表层，为均腐土。

利用性能综述　该土系所处地形坡度大，地表植被为一年生的矮小杂草和稀疏的乔木，生态功能脆弱，是浙江省山核桃的主要生产土壤。表土有机质、氮、钾的含量都较高，磷素水平中等，适合经济果木生长。但水源较为短缺，且由于坡度大再加人为侵扰，极易形成土壤侵蚀。在应用管理上，应于果木间隙套种绿肥，起到涵水保土和保持地力的多重功效。

参比土种　黑油泥。

代表性单个土体　剖面（编号 33-038）于 2010 年 12 月 8 日采自浙江省杭州市临安市新

桥镇竹坞村南，30°14′38.9″N，118°56′22.8″E，低山中上坡，海拔　572 m，山核桃林地，坡度 30°~35°，母质为泥质灰岩风化物残积物，50 cm 深度土温 17.0℃。

Ah：0~7 cm，灰黄棕色（10YR 5/2，润），浊黄橙色（10YR 7/3，干）；细土质地为粉砂壤土，团粒状结构，疏松；有大量的杂草细根系；土体中含有大量 2~5 cm 以上的半风化泥岩碎屑，约占 25%；pH 为 6.4；向下层平滑清晰过渡。

Bwh：7~20 cm，浊黄棕色（10YR 5/3，润），浊黄橙色（10YR 7/2，干）；细土质地为粉砂壤土，小块状结构，稍紧实；土体中有大量 2~5 cm 以上的半风化泥岩碎块，约占 15%，偶有较大块的泥岩与土壤相夹杂；结构面中可见腐殖质胶膜；pH 为6.8；向下层清晰不规则过渡。

BC：20~50 cm，亮棕色（7.5YR 5/6，润），浊棕色（7.5YR 7/4，干）；细土质地为壤土，块状结构，稍紧实；半风化母岩碎屑占土体60%以上，水平方向50%以上出现连片母岩；pH 为 7.0。

竹坞系代表性单个土体剖面

R：50 cm 以下，泥质灰岩基岩。

竹坞系代表性单个土体物理性质

| 土层 | 深度 /cm | 砾石 (>2mm,体积分数) /% | 细土颗粒组成（粒径:mm）/（g/kg） | | | 质地 | 容重 /（g/cm³） |
			砂粒 2~0.05	粉粒 0.05~0.002	黏粒 <0.002		
Ah	0~7	25	273	605	122	粉砂壤土	0.99
Bwh	7~20	15	316	556	128	粉砂壤土	1.22
BC	20~50	60	510	388	102	壤土	1.26

竹坞系代表性单个土体化学性质

| 深度 /cm | pH | | 有机质 /（g/kg） | 全氮（N） /（g/kg） | 全磷（P） /（g/kg） | 全钾（K） /（g/kg） | CEC₇ /（cmol/kg） | 游离铁 /（g/kg） |
	H₂O	KCl						
0~7	6.4	5.1	38.5	1.48	0.48	11.4	13.2	25.4
7~20	6.8	5.2	20.9	1.35	0.51	16.1	12.7	34.3
20~60	7.0	5.2	11.7	0.80	0.44	18.1	14.8	39.4

10.9 棕色钙质湿润雏形土

10.9.1 龙井系（Longjing Series）

土　族：黏壤质硅质混合型非酸性热性-棕色钙质湿润雏形土
拟定者：麻万诸，章明奎

分布与环境条件　主要分布于浙江西北部的低山丘陵区，包括杭州、湖州两市境内，呈间断的条带状分布，以临安、淳安、余杭、长兴等县市区的分布面积较大，海拔 250 m 以下，坡度 15°~25°，母质为石灰岩风化残坡积物。利用方式多为林地，植被良好，土体外排水良好，渗透性稍差。属亚热带湿润季风气候区，年均气温约 15.0~16.5℃，年均降水量约

龙井系典型景观

1380 mm，年均日照时数约 2030 h，无霜期约 240 d。

土系特征与变幅　诊断层包括淡薄表层、雏形层；诊断特性包括热性土壤温度状况、湿润土壤水分状况、碳酸盐岩岩性特征、石质接触面。该土系分布于低丘林地中下坡，母质为石灰岩风化残坡积物，土体约 100~150 cm 可见石灰岩岩性的石质接触面。土体中有少量的石灰岩石碎片，>2 mm 的粗骨碎屑含量平均约 10%，细土质地为粉砂壤土或壤土，各土层的黏粒含量无明显的差异，约在 200~300 g/kg，砂粒含量<300 g/kg，pH 约 7.0~8.0，无石灰反应，CEC_7 约 20~30 cmol/kg，盐基饱和度>90%，具有碳酸盐岩岩性特征。全土体呈暗红棕色，色调 2.5YR~5YR，游离态氧化铁（Fe_2O_3）含量约 20~35 g/kg。由于林地的土壤稍偏湿润，枯枝落叶较易腐烂，土体腐殖质量具有一定的积累。表层厚度约 10~15 cm，有机碳含量约 20~30 g/kg。土体 0~100 cm 的有机碳含量可达 10.0~12.0 g/kg，未形成腐殖质特性。表土全氮 1.0~1.5 g/kg，有效磷 1~5 mg/kg，速效钾 100~120 mg/kg。

　　Bw，起始于 10~15 cm，厚度 80~100 cm，土体呈暗红棕色，色调 2.5YR~5YR，游离态氧化铁含量约 20~30 g/kg，细土质地为粉砂壤土-壤土，黏粒含量 200~　　300 g/kg，呈中性至微碱性，pH 为 7.0~8.0，无石灰反应，CEC_7 约 20~30 cmol/kg，盐基饱和度>90%，土体中偶有石灰岩碎屑，具有石灰岩岩性特征。

对比土系　上天竺系、下天竺系，不同土纲，母质来源相同，所处地形部位、景观特征、

剖面形态相似，盐基饱和度均>60%，全土体无铝质现象，但上天竺系和下天竺系淋溶较强，土体 125 cm 内形成了黏化层，为淋溶土。鸡笼山系，不同土纲，母质来源相同，所处地形部位、景观特征、剖面形态相似，但鸡笼山系淋溶较强，形成了黏化层，为淋溶土。

利用性能综述　该土系地处低丘山地的中缓坡，多为林地，植被覆盖度较好，以乔木类为主。发源于石灰岩母质，阳离子交换量较高，土体孔隙度中等，保水保肥能力较好，但通气性稍差。由于土体富含钙，是一些喜钙的柑橘、枇杷、板栗、山核桃、香榧等经济果木的适生土壤之一，因此在灌溉水源充足的合适地段，可开辟为果园。表土的有机质和钾素养分含量较高，氮素水平尚可，但磷素较为缺乏，在施肥管理中需作平衡补充。

龙井系代表性单个土体剖面

参比土种　油黄泥。

代表性单个土体　剖面（编号 33-011）于 2009 年 12 月 8 日采自浙江省杭州市西湖区龙井茶社旁，30°13′32.2″N，120°06′25.5″E，海拔 89 m，丘陵中坡，林地，乔木，50 cm 深度土温 18.3℃。

　　–1~0 cm，枯枝落叶。

　　Ah：0~10 cm，暗红棕色（5YR 3/4，润），浊红棕色（5YR 4/3，干）；细土质地为壤土，团块状结构，疏松；有少量乔木中、粗根系；有少量石灰岩碎屑残留；pH 为 7.2；向下层波状渐变过渡。

　　Bw1：10~42 cm，暗红棕色（5YR 3/4，润），亮红棕色（5YR 5/6，干）；细土质地为粉砂壤土，团块状结构，有少量乔木中、粗根系；有少量石灰岩碎屑残留；pH 为 7.5；向下层波状渐变过渡。

　　Bw2：42~100 cm，暗红棕色（5YR 3/4，润），红棕色（5YR 4/8，干）；细土质地为粉砂壤土，块状结构，有少量石灰岩碎屑残留；pH 为 7.3；向下层波状清晰过渡。

　　BC：100~125 cm，暗红棕色（5YR 3/4，润），红棕色（5YR 4/6，干）；细土质地为粉砂壤土，块状结构，土体中有较多大块的石灰岩碎屑残留，直径 5~10 cm；pH 为 7.3。

龙井系代表性单个土体物理性质

土层	深度/cm	砾石（>2mm,体积分数）/%	细土颗粒组成（粒径:mm）/（g/kg）			质地	容重/（g/cm³）
			砂粒 2~0.05	粉粒 0.05~0.002	黏粒 <0.002		
Ah	0~10	10	269	491	240	壤土	1.09
Bw1	10~42	5	186	594	220	粉砂壤土	1.13
Bw2	42~100	5	215	539	246	粉砂壤土	1.16
BC	100~125	25	286	527	187	粉砂壤土	1.43

龙井系代表性单个土体化学性质

深度/cm	pH		有机质/（g/kg）	全氮（N）/（g/kg）	全磷（P）/（g/kg）	全钾（K）/（g/kg）	CEC₇/（cmol/kg）	游离铁/（g/kg）
	H₂O	KCl						
0~10	7.2	—	40.7	2.22	0.39	11.8	21.7	21.9
10~42	7.5	—	16.0	1.07	0.26	13.4	22.9	28.5
42~100	7.3	—	13.8	0.82	0.27	14.7	24.1	30.8
100~125	7.3	—	8.8	0.51	0.22	14.7	15.6	27.5

10.10　酸性紫色湿润雏形土

10.10.1　芝英系（**Zhiying Series**）

土　族：粗骨砂质云母混合型热性-酸性紫色湿润雏形土
拟定者：麻万诸，章明奎

分布与环境条件　主要分布于
金衢盆地、新嵊盆地内侧及富
春江两岸的低丘上，以建德、
兰溪、永康、武义、淳安、江
山、新昌等县市的分布面积较
大，坡度约 15°~25°，排水良好，
母质为石灰性紫色砂岩、砂砾
岩风化残坡积物，利用方式为
旱地，种植蔬菜和杂粮。属亚
热带湿润季风气候区，年均气
温约 16.0~17.5℃，年均降水量

芝英系典型景观

约 1455 mm，年均日照时数约 1960 h，无霜期约 255 d。

土系特征与变幅　诊断层包括淡薄表层、雏形层；诊断特性包括热性土壤温度状况、湿
润土壤水分状况、紫色砂岩岩性特征、准石质接触面。该土系主要分布于紫色砂岩、砂
砾岩发育的低丘上，有效土层厚度约 20~40 cm，颗粒较粗，土体中>2 mm 的粗骨岩石碎
屑含量平均在 35% 以上，细土质地为砂质壤土或壤质砂土，砂粒含量在 650~800 g/kg，
黏粒含量<100 g/kg。由于耕作、淋溶等影响，土体已完全脱钙，呈微酸性至酸性，pH
约 5.0~6.0，无石灰反应。雏形层厚度约 10~30 cm，结构发育较弱，土体中>2 mm 的粗
骨碎屑含量达 30%~40%，游离态氧化铁（Fe_2O_3）含量约 15~25 g/kg，CEC_7 约 12~16 cmol/kg，
盐基饱和度>60%，具有紫色砂岩岩性特征。表土有机质约 20~25 g/kg，全氮 1.0~1.5 g/kg，
有效磷 20~40 mg/kg，速效钾>200 mg/kg。

　　Bw，起始于 10~15 cm，厚度 10~30 cm，灰紫色，润态色调 5RP，呈微酸性至酸性，
游离态氧化铁含量约 15~25 g/kg，CEC_7 约 12~16 cmol/kg，盐基饱和度>60%，土体结构
发育较弱，颗粒较粗，细土质地为砂质壤土或壤质砂土，砂粒含量达 650~800 g/kg，土
体中有大量直径>2 mm 的粗骨母岩碎屑，具有紫色砂岩岩性特征。

对比土系　上林系，不同土纲，母质来源、分布地形部位均相同，土体浅薄，有效土层
厚度<50 cm，但上林系尚未形成雏形层，为新成土。上塘系，同一土类不同亚类，母质
来源、分布地形部位均相同，土体浅薄，有效土层<50 cm，但上塘系粗骨屑粒含量低于

10%，且土族控制层段内 pH>5.5，为普通紫色湿润雏形土。高坪系，同一亚类不同土族，颗粒大小级别为壤质。

利用性能综述　该土系发源于红紫砂岩或红紫砂砾岩母质，土体中富含钾、钙等矿质养分，适种性较广，是小麦、甘薯、大豆等粮食作物的适生土壤，同时也是果树生长的良好土壤之一。由于该土系土层浅薄，质地较粗，土体松散，结持性较差，适宜栽种灌木类或矮化乔木类的经济果木，如矮化的青枣、红心李等。水源较为短缺，夏秋季节易受干旱威胁。土体较粗且坡度较大，易遭水土侵蚀。在今后的改良利用上，可通过套作豆科绿肥以实现保土、涵水、增肥的多重效用，同时要注重灌溉设施的配套建设。

参比土种　红紫砂土。

芝英系代表性单个土体剖面

代表性单个土体　剖面（编号 33-069）于 2011 年 11 月 20 日采自浙江省金华市永康市芝英街道江瑶村东，28°53′39.9″N，120°07′02.4″E，海拔 112 m，坡度约 10°~15°，母质为石灰性紫色砂岩风化残坡积物，梯地，种植甘薯、蔬菜及柑橘等，50 cm 深度土温 19.5℃。

Ap：0~12 cm，灰紫色（5RP 4/3，润），灰紫色（7.5RP 4/3，干）；细土质地为砂质壤土，小团块状结构，疏松；有少量根系；粒间孔隙发达；土体中有大量直径 1~2 cm 的紫砂岩砾石，约占 30%；pH 为 5.8；向下层渐变过渡。

Bw：12~25 cm，灰紫色（5RP 4/3，润），灰紫色（7.5RP 4/3，干）；细土质地为砂质壤土，碎块状结构，稍疏松；粒间孔隙发达；土体中有大量直径 2~5 mm 的砾石，占 30%以上；pH 为 5.2；向下层波状清晰过渡。

C：25~50 cm，灰红紫色（5RP 4/4，润），灰红紫色（7.5RP 4/4，干）；细土质地为壤质砂土，块状结构；土体中有一半以上为保持母岩岩性结构的半风化紫砂岩，经长时间浸湿之后也如泥状易碎；pH 为 5.3。

芝英系代表性单个土体物理性质

土层	深度 /cm	砾石（>2mm，体积分数）/%	细土颗粒组成（粒径:mm）/（g/kg）			质地	容重 /（g/cm³）
			砂粒 2~0.05	粉粒 0.05~0.002	黏粒 <0.002		
Ap	0~12	30	681	234	85	砂质壤土	1.14
Bw	12~25	35	679	227	94	砂质壤土	1.18
C	25~50	60	792	178	30	壤质砂土	1.21

芝英系代表性单个土体化学性质

深度 /cm	pH		有机质 /（g/kg）	全氮（N） /（g/kg）	全磷（P） /（g/kg）	全钾（K） /（g/kg）	CEC /（cmol/kg）	游离铁 /（g/kg）
	H₂O	KCl						
0~12	5.8	5.1	22.9	1.37	0.34	24.8	10.9	21.4
12~25	5.2	4.4	18.0	1.09	0.16	28.1	14.9	18.3
25~50	5.3	4.4	5.7	0.09	0.07	29.1	14.6	16.8

10.10.2　高坪系（Gaoping Series）

土　　族：壤质云母混合型温性-酸性紫色湿润雏形土
拟定者：麻万诸，章明奎

分布与环境条件　主要分布于酸性紫砂岩发育的中山，以遂昌、庆元及奉化等县市的分布面积较大，地形坡度约 25°~45°，海拔约 800~1000 m，相对高程约 50 m，母质为酸性紫砂岩风化残坡积物，利用方式为林地，土体排水良好，植被以松树和矮小的山茶、杜鹃花、芒萁等灌木丛为主，覆盖度较高。属亚热带湿润季风气候区，年均气温约 10.5~12.5℃，年均降水量约 1570 mm，年均日照时数约 1955 h，无霜期约 255 d。

高坪系典型景观

土系特征与变幅　诊断层包括淡薄表层、雏形层；诊断特性包括温性土壤温度状况、湿润土壤水分状况、紫色砂岩岩性特征、准石质接触面。该土系地处中山陡坡，坡度在 25°以上，海拔在 800~1000 m，发源于酸性紫砂岩风化残坡积物母质，有效土层深度 60 cm 以上，细土质地以壤土为主。土体呈酸性，pH 约 4.5~5.5，CEC_7 约 15.0~25.0 cmol/kg，盐基饱和度<30%，铝饱和度>60%，游离态氧化铁（Fe_2O_3）含量约 20~40 g/kg，全土层具有铝质现象。该土系为林地，植被以松树、山茶、杜鹃花及芒萁等为主。约 60~80 cm 开始，土体中有约 50%的半风化紫砂岩母岩相夹杂，半风化体润态色调为 2.5RP~5RP，结持性较差，极易破碎，具有紫色砂岩岩性特征。表土为枯枝落叶所覆盖，土体中具有一定的腐殖质淀积，有机质含量约 20~30 g/kg，全氮 1.0~1.5 g/kg，有效磷 1~5 mg/kg，速效钾 60~100 mg/kg。

　　BC，紫色砂岩半风化体与土体相夹杂，约占 50%，色调为 2.5RP~5RP，结持性差，极易破碎，具有紫色砂岩岩性特征。

对比土系　金瓜垄系，不同土纲，均发源于酸性紫色砂岩风化残坡积物母质，土体深厚，剖面形态相似，但金瓜垄系处于海拔<500 m 的低山丘陵区，具有热性土温，淋溶强度稍高，形成了黏化层，为淋溶土。芝英系，同一亚类不同土族，颗粒大小级别为粗骨砂质。

利用性能综述　该土系分布于中山斜坡，发源于酸性紫砂岩母质，有效土层厚度稍深，质地中等，土体孔隙度略偏低，外排水良好，通透性一般。该土系多为林地，因坡度较大易形成水土流失，不宜作农业利用，可种植松树、山茶等，但不适合种植杉树。由于过去柴薪砍伐频繁，该土系过去是水土流失的重灾区，现因封山育林，植被覆盖较好，有效防止了土壤侵蚀，今后宜继续保持好地表植被。

参比土种　酸性山紫砂土。

代表性单个土体　　剖面（编号 33-133）于 2012 年 4 月 1 日采自浙江省丽水市遂昌县高坪乡塘下村东南，28°42′17.5″N，119°04′14.6″E，林地，海拔 925 m，坡度约 35°~40°，母质为白

垩纪酸性紫砂岩风化残坡积物，植被为松树、杜鹃花、芒萁等，50 cm 深度土温 14.3℃。

Ah：0~20 cm，棕色（7.5YR 4/4，润），浊橙色（7.5YR 6/4，干）；细土质地为壤土，块状结构，稍疏松；有大量灌木中、细根系和少量粗根系；土体中有少量粗骨碎屑，约占 5%；pH 为 4.7；向下层平滑渐变过渡。

Bw：20~70 cm，浊红棕色（2.5YR 4/3，润），浊红棕色（2.5YR 5/3，干）；细土质地为壤土，块状结构，稍紧实；有少量中、细根系，偶有乔木（松树）粗根系；土体中有少量半风化易碎的粗骨碎屑，约占土体 5%；pH 为 5.2；向下层波状清晰过渡。

BC：70~150 cm，暗灰紫色（2.5RP 3/4，润），灰紫色（2.5RP 4/4，干）；细土质地为砂质壤土，块状和屑粒状结构，稍紧实；土体由半风化岩母岩与细土混合而成，半风化体约占土体 40%，但风化度较高，极易磨碎；pH 为 5.3。

高坪系代表性单个土体剖面

高坪系代表性单个土体物理性质

| 土层 | 深度 /cm | 砾石 （>2mm，体积分数）/% | 细土颗粒组成（粒径:mm）/（g/kg） | | | 质地 | 容重 /（g/cm³） |
			砂粒 2~0.05	粉粒 0.05~0.002	黏粒 <0.002		
Ah	0~20	5	363	444	193	壤土	1.10
Bw	20~70	5	340	436	224	壤土	1.12
BC	70~150	40	509	435	56	砂质壤土	1.15

高坪系代表性单个土体化学性质

| 深度 /cm | pH | | 有机质 /（g/kg） | 全氮（N） /（g/kg） | 全磷（P） /（g/kg） | 全钾（K） /（g/kg） | CEC₇ /（cmol/kg） | 游离铁 /（g/kg） |
	H₂O	KCl						
0~20	4.7	3.9	28.6	1.28	0.22	33.3	15.3	38.7
20~70	5.2	4.0	7.5	0.35	0.17	34.9	16.9	39.0
70~150	5.3	4.0	1.3	0.04	0.17	46.0	22.1	25.0

10.11　普通紫色湿润雏形土

10.11.1　上塘系（Shangtang Series）

土　　族：砂质云母混合型非酸性热性-普通紫色湿润雏形土
拟定者：麻万诸，章明奎

分布与环境条件　主要分布
于浙江省的金衢盆地、新嵊
盆地境内，以兰溪、永康、
武义、淳安、江山、新昌等
县市的分布面积较大。母质
为红紫砂岩、红紫砂砾岩的
风化残坡积物。利用方式为
旱地，种植蔬菜和杂粮。属
亚热带湿润季风气候区，年
均气温约 16.0~18.0℃，年均
降水量约 1605 mm，年均日
照时数约 2050 h，无霜期约
260 d。

上塘系典型景观

土系特征与变幅　诊断层包括淡薄表层、雏形层；诊断特性包括热性土壤温度状况、湿
润土壤水分状况、紫色砂岩岩性特征、准石质接触面。该土系分布于低丘中上坡，母质
为红紫砂岩、红紫砂砾岩的风化残坡积物。土体厚度约 20~40 cm，质地较为匀细，>2 mm
的粗骨碎屑含量<10%，细土质地一般为砂质壤土或壤土。由于长期耕作等影响，土体已
全部脱钙，呈酸性至微酸性，pH 从表土向下增高，约 5.0~6.0，无石灰反应。全土体呈
灰红紫色，游离态氧化铁（Fe_2O_3）含量约 20~30 g/kg，CEC_7 约 10~18 cmol/kg，盐基饱
和度约 50%~70%。B 层厚度约 10~30 cm，pH（KCl）约 4.0~4.5，铝饱和度<30%，无铝
质现象。B 层之下为半风化红紫砂岩母质层，呈灰红紫色，具有紫色砂岩岩性特征。表
层厚度约 10~15 cm，受耕作影响，呈团块状或核粒状结构，腐殖质和磷素大量淀积，有
机碳约 10~15 g/kg，全氮 0.8~1.5 g/kg，有效磷 100~150 mg/kg，速效钾>150 mg/kg。

　　Bw，雏形层，起始于 10~15 cm，厚度约 10~30 cm，颗粒匀细，>2 mm 的粗骨碎屑
含量<10%，土体呈灰红紫色，游离态氧化铁含量约 20~30 g/kg，CEC_7 约 10~18 cmol/kg，
盐基饱和度 50%~70%，铝饱和度<30%。

对比土系　芝英系，同一土类不同亚类，均分布于石灰性紫色砂岩发育的低丘岗地，土
体浅薄，有效土层<50 cm，但芝英系粗骨屑粒含量平均>35%，且土族控制层段内 pH<5.5，
为酸性紫色湿润雏形土。

利用性能综述　该土系发源于红紫砂岩母质，土体钾、钙等矿质元素含量较为丰富。目

前该土系基本已辟为耕地或果园，种植甘薯、大豆等，同时也是青枣、红心李等水果的重要生产基地。该土系地处台地边缘或低丘的中上坡，水源短缺，且土体较为浅薄，表土疏松且结持性稍差，易遭侵蚀，在利用中需修建好配套的灌溉设施，并且通过种植绿肥等以涵水培肥。

参比土种　红紫砂土。

上塘系代表性单个土体剖面

代表性单个土体　剖面（编号 33-030）于 2010 年 11 月 4 日采自浙江省衢州市衢江区杜泽镇上塘村西北，29°05′18.6″N，118°56′30.2″E，海拔 98 m，低丘上坡，坡度 8°~15°，母质为红紫砂岩风化残坡积物，菜地，橘园，50 cm 深度土温 20.0℃。

Ap：0~12 cm，灰红紫色（10RP 4/4，润），灰红紫色（7.5RP 4/4，干）；细土质地为砂质壤土，核粒状或小团块状结构，疏松；有中量的杂草根系；pH 为 5.4；向下层平滑渐变过渡。

Bw：12~24 cm，灰红紫色（10RP 4/4，润），灰红紫色（7.5RP 4/4，干）；细土质地为砂质壤土，块状结构，稍紧实；土体中有少量直径 2 mm 左右的动物（蚯蚓）孔洞；pH 为 5.5；向下层清晰不规则过渡。

C：24 cm 以下，半风化的紫砂岩母岩层，灰红紫色（10RP 4/3，润），灰紫色（7.5RP 4/3）。

上塘系代表性单个土体物理性质

| 土层 | 深度/cm | 砾石（>2mm，体积分数）/% | 细土颗粒组成（粒径:mm）/（g/kg） | | | 质地 | 容重/（g/cm³） |
			砂粒 2~0.05	粉粒 0.05~0.002	黏粒 <0.002		
Ap	0~12	5	575	311	115	砂质壤土	1.09
Bw	12~24	3	618	287	95	砂质壤土	1.24

上塘系代表性单个土体化学性质

| 深度/cm | pH | | 有机质/（g/kg） | 全氮（N）/（g/kg） | 全磷（P）/（g/kg） | 全钾（K）/（g/kg） | CEC₇/（cmol/kg） | 游离铁/（g/kg） |
	H₂O	KCl						
0~12	5.4	4.2	22.0	1.20	0.98	17.5	13.2	22.8
12~24	5.5	4.2	13.0	1.16	0.85	17.8	16.3	22.3

10.12 表蚀铝质湿润雏形土

10.12.1 杜泽系（Duze Series）

土　族：黏壤质硅质混合型酸性热性-表蚀铝质湿润雏形土
拟定者：麻万诸，章明奎

分布与环境条件　零星分布于浙江省的衢州、金华和杭州等市境内的低丘和二级阶地顶部，母质为 Q_2 红土。利用方式以荒地为主，地表覆盖度差，植被稀疏或无植被，由于严重的地表侵蚀，雏形层直接裸露于地表。小地形起伏，坡度不等。属亚热带湿润季风气候区，年均气温约 16.0~17.5℃，年均降水量约 1610 mm，年均日照时数约 2050 h，无霜期约 260 d。

杜泽系典型景观

土系特征与变幅　诊断层包括雏形层、聚铁网纹层；诊断特性包括热性土壤温度状况、湿润土壤水分状况、铝质特性、铁质特性。该土系分布于浙西 Q_2 红土发育区的低丘或二级阶地顶部，小地形起伏较大，形似小沙丘。由于受强烈侵蚀作用的影响，雏形层直接裸露于地表，土层厚度可达 60~100 cm，无明显的层次分化，全土体为紧实的聚铁网纹层，红色（色调 7.5R）与亮棕色（色调 7.5YR）相间形成网纹，细土质地为黏壤土，黏粒含量约 250~350 g/kg，游离态氧化铁（Fe_2O_3）含量约 30~40 g/kg，具有铁质特性。整个 B 层呈强酸性，pH（H_2O）为 4.0~4.5，pH（KCl）约 3.0~4.0，CEC_7 约 10~15 cmol/kg，盐基饱和度<20%，铝饱和度>80%，具有铝质特性。土体基本无养分积累，有机质<5 g/kg，全氮<0.5 g/kg，有效磷<2 mg/kg，速效钾<50 mg/kg。

　　Bw1，聚铁网纹雏形层，裸露于地表，土体红（色调 7.5R）棕（色调 7.5YR）相间形成网纹，细土质地为黏壤土，黏粒含量约 250~350 g/kg，游离态氧化铁含量约 30~40 g/kg，pH（KCl）约 3.0~4.0，CEC_7 约 10~15 cmol/kg，盐基饱和度<20%，铝饱和度>80%，具有铝质现象。

对比土系　蒋塘系（详见《浙江省土系概论》），同一土类不同亚类，分布地形部位、母质来源均相同，地表侵蚀严重，土体 pH（KCl）<4.5，铝饱和度>60%，但蒋塘系尚有<10 cm 的表层残留，为网纹铝质湿润雏形土。

利用性能综述　该土系因遭严重的地表侵蚀，雏形层接近或裸露于地表，土体非常紧实且呈强酸性，养分含量极低，植被为稀疏灌木或无植被。小地形坡度起伏较大，宜作林地。在利用上，宜先通过种草植树的方式，逐步实现涵水固土、提升土壤养分蓄积。

参比土种 黄泥骨。

杜泽系代表性单个土体剖面

代表性单个土体 剖面（编号33-022）于2010年5月28日采自浙江省衢州市衢江区杜泽镇前垾村，28°56′11.9″N，119°00′00.2″E，海拔103m，母质为Q_2红土，50 cm深度土温19.9℃。

Bwl1：0~10 cm，聚铁网纹层，红色部分润态（7.5R 4/8，润），红色（7.5R 4/8，干），黄色部分润态亮棕色（7.5YR 5/8，润），黄橙色（7.5YR 8/8，干）；细土质地为黏壤土，大块状结构，紧实；pH为4.1；向下层平滑模糊过渡。

Bwl2：10~90 cm，聚铁网纹层，红色部分润态（7.5R 4/8，润），红色（7.5R 4/8，干），黄色部分润态亮棕色（7.5YR 5/8，润），黄橙色（7.5YR 8/8，干）；细土质地为黏壤土，大块状结构，很紧实；pH为4.4。

杜泽系代表性单个土体物理性质

土层	深度 /cm	砾石（>2mm，体积分数）/%	细土颗粒组成（粒径:mm）/（g/kg）			质地	容重/（g/cm³）
			砂粒 2~0.05	粉粒 0.05~0.002	黏粒 <0.002		
Bwl1	0~10	10	352	302	346	黏壤土	1.16
Bwl2	10~90	10	390	317	293	黏壤土	1.19

杜泽系代表性单个土体化学性质

深度 /cm	pH		有机质 /（g/kg）	全氮（N） /（g/kg）	全磷（P） /（g/kg）	全钾（K） /（g/kg）	CEC_7 /（cmol/kg）	ExAl /（cmol/kg）	铝饱和度 /%
	H_2O	KCl							
0~10	4.1	3.4	1.6	0.15	0.07	7.1	13.0	11.4	87.9
10~90	4.4	3.6	3.9	0.14	0.07	8.1	13.7	9.3	89.1

10.13　黄色铝质湿润雏形土

10.13.1　上坪系（Shangping Series）

土　族：粗骨砂质硅质型酸性热性–黄色铝质湿润雏形土
拟定者：麻万诸，章明奎

分布与环境条件　分布于全省各市海拔<500 m 的丘陵山区中上坡，以宁波、丽水、衢州、绍兴、湖州、温州等市境内的分布面积较大，坡度 25°~35°，母质为花岗岩风化残坡积物，利用方式为林地，以灌木丛为主，植被茂盛。属亚热带湿润季风气候区，年均气温约 16.0~17.5 ℃，年均降水量约 1385 mm，年均日照时数约 2035 h，无霜期约 235 d。

上坪系典型景观

土系特征与变幅　诊断层包括淡薄表层、雏形层；诊断特性包括热性土壤温度状况、湿润土壤水分状况、铝质现象。该土系分布于丘陵山区的中上坡，母质为粗晶花岗岩或高石英含量的熔结凝灰岩风化残坡积物，有效土层 50~80 cm。全土体>2 mm 的粗骨屑粒含量较高，多为不易风化的石英砂砾，平均达 30%~50%，细土质地为砂质壤土或壤质砂土，其中 2~0.05 mm 的砂粒含量高达 700~800 g/kg，黏粒含量低于 100 g/kg。B 层厚度约 40~60 cm，具有弱结构发育，屑粒状和弱块状结构并存，结持性较差。土体呈浊黄橙色，色调 7.5YR~10YR，游离态氧化铁（Fe_2O_3）含量<10 g/kg，呈酸性至强酸性，pH（H_2O）约 4.0~5.0，pH（KCl）约 3.5~4.0，CEC_7 约 5.0~8.0 cmol/kg，盐基饱和度<35%，铝饱和度>60%，具有铝质现象。地表植被茂盛，表土厚度约 10~15 cm，腐殖质淀积，有机碳含量约 10~15 g/kg，全氮<1.0 g/kg，有效磷<5 mg/kg，速效钾 50~80 g/kg。

　　Bw，雏形层，厚度约 40~60 cm，土体中有大量直径>2 mm 的石英砂砾，约占 30%~50%，细土质地为砂质壤土或壤质砂土，砂粒含量达 700~800 g/kg，黏粒含量<100 g/kg，土体呈浊黄橙色，色调 7.5YR~10YR，游离态氧化铁含量<10 g/kg，土体呈酸性至强酸性，pH（KCl）为 3.5~4.0，CEC_7 约 5.0~8.0 cmol/kg，盐基饱和度<35%，铝饱和度>60%，具有铝质现象。

对比土系　卓山系，同一亚纲不同土类，均分布于中低丘陡坡，母质为花岗岩风化残坡积物，土体粗骨含量在 30%以上，土体呈酸性至强酸性，但卓山系有铁质特性但无铝质现象，为铁质湿润雏形土。梅家邬系、宝石山系、陈婆岙系，同一亚类不同土族，成土母岩不同，为砂岩和凝灰岩，颗粒大小级别不同，为壤质。

利用性能综述　该土系分布于丘陵山地的中上坡陡坡，粗骨砾石和砂粒的含量较高，土体偏疏松，无效孔隙多，水分下渗速度快，肥水保蓄能力较差。表土有机质含量虽高，但腐殖化程度较差，碳氮比（C/N）为 15~20 以上。因所处地形坡度大且表土疏松，结持性差，容易形成水土流失，不宜农业开发利用。当前植被茂盛，多为矮生的灌木丛，宜作持续的封山育林以保护水土。

参比土种　黄泥砂土。

代表性单个土体　剖面（编号 33-003）于 2009 年 12 月 7 日采自浙江省杭州市西湖区转塘镇中村，30°09′43.8″N，120°02′38.7″E，海拔 60 m，坡度为 30°~35°，母质为粗晶花岗岩风化残坡积物，植被为芒萁和灌木，50 cm 深度土温 19.2℃。

上坪系代表性单个土体剖面

Ah：0~10 cm，浊黄棕色（10YR 5/3，润），浊黄橙色（10YR 7/2，干）；细土质地为砂质壤土，碎块状结构，疏松；有大量的芒萁细根系和少量的灌木中、粗根系；有少量的动物孔穴；2 mm 左右的粗屑粒约占 30%；pH 为 4.4；向下层平滑清晰过渡。

Bw1：10~37 cm，浊黄橙色（10YR 6/4，润），橙白色（10YR 8/1，干）；细土质地为砂质壤土，弱块状和屑粒状结构；有中量的细根系和极少量的灌木粗根系；2~5 mm 的粗屑粒约占 40%；pH 为 4.4；向下层平滑清晰过渡。

Bw2：37~60 cm，浊黄橙色（10YR 6/4，润），橙白色（10YR 8/2，干）；细土质地为砂质壤土，弱块状和屑粒状结构；极少量的细根系；>2 mm 的粗屑粒占 40%以上； pH 为 4.5；向下层清晰不规则过渡。

C：60~120 cm；半风化母质层，浊黄橙色（10YR 7/4，润），橙白色（10YR 8/2，干）；细土质地为壤质砂土，单粒状无结构；保留母岩岩性的结构体占到 60%以上；pH 为 4.6。

上坪系代表性单个土体物理性质

土层	深度/cm	砾石（>2mm，体积分数）/%	细土颗粒组成（粒径:mm）/（g/kg）			质地	容重/（g/cm³）
			砂粒 2~0.05	粉粒 0.05~0.002	黏粒 <0.002		
Ah	0~10	30	729	188	83	砂质壤土	0.99
Bw1	10~37	40	721	204	75	砂质壤土	1.09
Bw2	37~60	40	733	168	99	砂质壤土	1.20
C	60~120	60	807	118	75	壤质砂土	1.32

上坪系代表性单个土体化学性质

深度/cm	pH		有机质/（g/kg）	全氮（N）/（g/kg）	全磷（P）/（g/kg）	全钾（K）/（g/kg）	CEC₇/（cmol/kg）	ExAl/（cmol/kg）	铝饱和度/%
	H₂O	KCl							
0~10	4.4	3.5	24.9	0.73	0.24	38.6	7.2	3.3	84.1
10~37	4.4	3.6	9.8	0.34	0.14	34.1	8.0	3.6	66.9
37~60	4.5	3.5	4.0	0.15	0.25	32.8	5.3	3.9	76.1
60~120	4.6	3.5	2.8	0.10	0.23	9.6	6.9	4.8	91.3

10.13.2 梅家坞系（Meijiawu Series）

土　　族：壤质硅质型酸性热性-黄色铝质湿润雏形土
拟定者：麻万诸，章明奎

分布与环境条件　广泛分布于
省内各市的低山丘陵区中下坡，
以宁波、丽水、衢州、绍兴等
市境内的分布面积较大，海拔
<600 m，坡度 15°~25°，母质
为砂岩残坡积物，利用方式为
林地，植被茂盛。属亚热带湿
润季风气候区，年均气温约
15.5~17.0℃，年均降水量约
1375 mm，年均日照时数约
2035 h，无霜期约 240 d。

梅家坞系典型景观

土系特征与变幅　诊断层包括淡薄表层、雏形层；诊断特性包括热性土壤温度状况、湿
润土壤水分状况、铁质特性、铝质现象。该土系分布于低山丘陵的林地中下坡，母质为
砂岩风化残坡积物，有效土层厚度约 100~120 cm，乔、灌木植被茂盛，地表为枯枝落叶
所覆盖，具有接近常湿的土壤水分状况。细土质地为壤土或砂质壤土，黏粒含量约 100~
150 g/kg，土体中>2 mm 的粗骨屑粒平均含量约 10%~15%，上部低下部高。全土体呈强酸性，
pH（KCl）< 3.5，CEC_7 约 8.0~15.0 cmol/kg，盐基饱和度<30%，铝饱和度>60%，具有铝质
现象。B 层呈棕色至暗红棕色，上部亚层色调为 7.5YR，下部亚层色调为 5YR，明度约 6~8，
彩度 3，30~40 cm 深处开始有少量铁锰结核，游离态氧化铁（Fe_2O_3）含量约 10~30 g/kg。
表层厚度约 10~15 cm，呈黑棕色，色调 7.5YR，腐殖质大量淀积，有机碳含量约 20~40 g/kg，
腐殖质黏粒具有下渗的趋势，从上向下逐层降低，100 cm 土体有机碳储量约 9.0~12.0 kg/m²，
尚未形成腐殖质特性。表土全氮 0.5~1.0 g/kg，有效磷 1~5 mg/kg，速效钾 80~100 mg/kg。

　　Ah，腐殖质表层，厚度约 10~15 cm，色调 7.5YR，细土质地为砂质壤土或壤土，黏
粒含量约 100~150 g/kg，腐殖质大量淀积，有机碳含量约 20~40 g/kg，土体呈强酸性，
pH 为 3.5~4.5，CEC_7 约 8~15 cmol/kg，盐基饱和度<30%。

对比土系　云栖寺系，不同土纲，母质来源相同，分布地形部位和利用方式相近，且土体整
个 B 层具有铝质现象，但云栖寺系位于中上坡，125 cm 内形成了黏化层，为淋溶土。宝石
山系，同一亚类不同土族，分布区域、土壤温度状况、地表景观特征均相近，但母质来源不
同而造成矿物类别差异，宝石山系母质为凝灰岩风化残坡积物，矿物学类型为硅质混合型。

利用性能综述　该土系分布于低山丘陵的中下坡，有效土层深厚，质地和松紧度适中，
孔隙发达，土体内部通气性和渗透性都较好，是大型乔木生长的良好土壤之一。土体呈
强酸性，适生的树种主要有常绿的松木、杉木、香樟和落叶的青冈栎、枫树等。在地形

适宜处，也可辟为茶园、果园。因湿热的土壤水、气环境，枯枝落叶容易腐化，土壤有机质含量较高，钾素养分尚可，氮、磷素较为缺乏。

参比土种　黄泥砂土。

代表性单个土体　剖面（编号 33-010）于 2009 年 12 月 8 日采自浙江省杭州市西湖区转塘镇梅家坞村，30°11′30.1″N，120°05′08.8″E，海拔 58 m，坡度约 20°，母质为砂岩风化残坡积物，林地，植被为香樟、枫树、青冈栎等乔木以及灌木，50 cm 深度土温 18.9℃。

　　Ah：0~14 cm，黑棕色（7.5YR 3/2，润），浊棕色（7.5YR 5/3，干）；细土质地为砂质壤土，小团粒状结构，疏松；有少量的乔、灌木中、粗根系和大量的细根系；粒间孔隙发达；地表有较多直径 1 cm 左右的砾石，土体中含量较少；pH 为 3.9；向下层平滑清晰过渡。

　　Bw1：14~30 cm，棕色（7.5YR 4/3，润），浊棕色（7.5YR 6/3，干）；细土质地为壤土，团粒状或块状结构，稍紧实；有少量的乔木粗根系和大量的中、细根系；粒间孔隙发达；pH 为 3.8；向下层平滑清晰过渡。

　　Bw2：30~62 cm，暗红棕色（5YR 3/6，润），浊橙色（5YR 7/3，干）；细土质地为壤土，团块状结构，稍紧实；粒间孔隙发达；土体中有少量的铁、锰斑纹；有较多直径 1~3 cm 的棱块状砾石，约占土体的 10%；pH 为 3.9；向下层平滑渐变过渡。

梅家坞系代表性单个土体剖面

　　Bw3：62~120 cm，暗红棕色（5YR 3/6，润），浊橙色（5YR 7/3，干）；细土质地砂质壤土，团块状结构，稍紧实；粒间孔隙较发达；土体中有少量的铁、锰锈斑；有较多直径 2~5 cm 的砾石，约占 20%；pH 为 4.0。

梅家坞系代表性单个土体物理性质

土层	深度/cm	砾石（>2mm,体积分数）/%	细土颗粒组成（粒径:mm）/（g/kg）			质地	容重/（g/cm³）
			砂粒 2~0.05	粉粒 0.05~0.002	黏粒 <0.002		
Ah	0~14	5	528	342	130	砂质壤土	0.96
Bw1	14~30	5	482	398	120	壤土	0.98
Bw2	30~62	10	491	365	144	壤土	1.09
Bw3	62~120	20	551	318	131	砂质壤土	1.07

梅家坞系代表性单个土体化学性质

深度/cm	pH		有机质/（g/kg）	全氮（N）/（g/kg）	全磷（P）/（g/kg）	全钾（K）/（g/kg）	CEC₇/（cmol/kg）	ExAl/（cmol/kg）	铝饱和度/%
	H₂O	KCl							
0~14	3.9	3.1	57.3	1.19	0.27	9.1	11.4	6.3	55.4
14~30	3.8	3.3	21.1	0.74	0.23	9.4	9.5	7.1	83.1
30~62	3.9	3.4	12.5	0.40	0.25	11.2	11.3	7.5	87.9
62~120	4.0	3.5	7.1	0.34	0.35	17.3	9.5	7.9	82.5

10.13.3 宝石山系（Baoshishan Series）

土　族：壤质硅质混合型酸性热性-黄色铝质湿润雏形土
拟定者：麻万诸，章明奎

分布与环境条件　广泛分布
于浙江省各县市的低山丘陵
区，以温州、丽水、杭州等
市境内的分布面积最大，地
形坡度 25°~35°，海拔<500 m，
母质为凝灰岩风化残坡积物，
利用方式为林地，植被茂盛。
属亚热带湿润季风气候区，
年均气温约 15.5~17.5℃，年
均降水量约 1385 mm，年均
日照时数约 2010 h，无霜期
约 240 d。

宝石山系典型景观

土系特征与变幅　诊断层包括淡薄表层、雏形层；诊断特性包括热性土壤温度状况、湿
润土壤水分状况、铁质特性、铝质现象。该土系分布于低丘中下坡，坡度 25°~35°，母
质为凝灰岩风化残坡积物，土体厚度一般 120~150 cm。植被覆盖度高，　　　地表有 2~3
cm 的枯枝落叶层，局部偶有苔藓覆盖，具有接近常湿的水分状况。土体疏松，>2 mm 的
粗骨岩石碎屑平均含量在 10%，细土质地为壤土，黏粒含量约 100~200 g/kg。土体呈强酸
性，pH（H_2O）为 3.5~4.5，pH（KCl）<4.0。B 层厚度约 100~120 cm，土体呈棕色，色
调 7.5YR，润态明度 4~5，彩度 6~8，游离态氧化铁（Fe_2O_3）含量约 15~20 g/kg，CEC_7 约
8~12 cmol/kg，盐基饱和度<25%，铝饱和度约 70%~90%，整个 B 层具有铝质现象。受
地表枯枝落叶覆盖影响，土体腐殖质大量淀积并有向 B 层下渗的趋势。表层厚度 10~15 cm，
呈黑棕色，有机碳含量约 20~40 g/kg，0~100 cm 的土体有机碳储量约 10~　　　12 kg/m²，
尚未形成腐殖质特性。表土有机质 40~60 g/kg，全氮 0.6~1.0 g/kg，碳氮比（C/N）30~50，
有效磷 1~5 mg/kg，速效钾 150~200 mg/kg。

　　Ah，腐殖质表层，厚度约 10~15 cm，黑棕色，腐殖质大量淀积，有机碳含量约 20~
40 g/kg，土体呈强酸性，pH 约 3.5~4.5，CEC_7 约 8.0~12.0 cmol/kg，盐基饱和度<25%。

对比土系　陈婆岙系，二者所处地形部位、母质来源均相同，区别在于景观特征不同而
引起土体性状差异，陈婆岙系以杜鹃、芒萁等矮小灌木类植被为主，土体表层根系盘结，
B 层呈浊黄橙色，色调 10YR~2.5Y，润态明度 6~8，彩度 2~3，整个 B 层具有铝质现象，
但有部分亚层铝饱和度<60%。梅家坞系，二者同属黄色铝质湿润雏形土亚类，分布区域、
土壤温度状况、地表景观特征均相近，区别在于母质来源不同而造成矿物类别差异，梅
家坞系母质为砂岩风化残坡积物，底土砂粒和粗骨屑粒含量更高，二氧化硅含量>90%，
属壤质硅质型酸性热性-黄色铝质湿润雏形土。

利用性能综述　该土系地处低丘中下坡，土层深厚且土体疏松，因坡度较大，不宜农业耕作利用，但可种植乔木类的经济果木，如山核桃、板栗等。土体呈强酸性，表土有机质和钾素含量丰富，但氮、磷素缺乏，碳氮比（C/N）过高，有机质的腐殖化程度和有效性不高。作为园地，可套种箭舌豌豆、紫云英等豆科植物以协助土壤固氮，增加磷肥的投入，同时配施一些生石灰以降低土壤酸度。

参比土种　黄泥土。

代表性单个土体　剖面（编号 33-015）于 2009 年 12 月 17 日采自浙江省杭州市西湖区宝石山，30°15′26.5″N，120°07′51.2″E，海拔 40 m，坡度约 25°~30°，母质为凝灰岩风化残坡积物，林地，植被为青冈栎、枫树等落叶和常绿乔木相混交，50 cm 深度土温 19.1℃。

33-015

Ah：0~13 cm，黑棕色（7.5YR 3/1，润），灰棕色（7.5YR 5/2，干）；细土质地为壤土，团粒状结构，疏松；少量的灌木中、细根系；粒间孔隙发达；土体中有大量的动物孔穴、粪土和虫卵等；pH 为 4.2；向下层平滑清晰过渡。

Bw1：13~50 cm，棕色（7.5YR 4/6，润），浊橙色（7.5YR 7/3，干）；细土质地为壤土，小团块状结构，疏松；粒间孔隙发达；有中量的乔木中、细根系；pH 为 4.2；向下层平滑渐变过渡。

Bw2：50~105 cm，棕色（7.5YR 4/6，润），浊橙色（7.5YR 7/3，干）；细土质地为壤土，小团块状结构，稍紧实；粒间孔隙发达；有少量的乔木中、粗根系；土体中偶有直径 30 cm 或更大的石块；pH 为 3.9；向下层平滑渐变过渡。

Bw3：105~120 cm，亮棕色（7.5YR 5/6，润），浊橙色（7.5YR 7/4，干）；细土质地为壤土，小团块状结构，紧实；粒间孔隙较发达；pH 为 3.8。

宝石山系代表性单个土体剖面

宝石山系代表性单个土体物理性质

土层	深度 /cm	砾石（>2mm，体积分数）/%	细土颗粒组成（粒径:mm）/（g/kg）			质地	容重 /（g/cm³）
			砂粒 2~0.05	粉粒 0.05~0.002	黏粒 <0.002		
Ah	0~13	10	428	409	163	壤土	1.02
Bw1	13~50	5	405	457	138	壤土	1.05
Bw2	50~105	10	395	465	140	壤土	1.05
Bw3	105~120	10	402	447	151	壤土	1.07

宝石山系代表性单个土体化学性质

深度 /cm	pH		有机质 /（g/kg）	全氮（N）/（g/kg）	全磷（P）/（g/kg）	全钾（K）/（g/kg）	CEC₇ /（cmol/kg）	ExAl /（cmol/kg）	铝饱和度 /%
	H₂O	KCl							
0~13	4.2	3.4	56.2	2.26	0.37	22.9	13.4	4.7	35.1
13~50	4.2	3.6	11.6	0.69	0.25	23.6	8.6	5.5	77.0
50~105	3.9	3.5	10.9	0.53	0.22	23.3	9.0	5.7	80.8
105~120	3.8	3.4	13.2	0.72	0.26	24.7	11.5	7.1	86.4

10.13.4　陈婆岙系（Chenpoao Series）

土　　族：壤质硅质混合型酸性热性-黄色铝质湿润雏形土
拟定者：麻万诸，章明奎

分布与环境条件　主要分布
于浙东的低山丘陵区，浙西、
浙南也有少量分布，以临海、
黄岩、仙居等县市区的分布面
积居大。海拔一般<500 m，坡
度 15°~25°，母质为凝灰岩风
化残坡积物，利用方式为林地，
植被以马尾松、杜鹃、芒萁等
矮生灌木类为主。属亚热带湿
润季风气候区，年均气温约
16.0~17.5℃，年均降水量约
1765 mm，年均日照时数约
1930 h，无霜期约 240 d。

陈婆岙系典型景观

土系特征与变幅　诊断层包括淡薄表层、雏形层；诊断特性包括热性土壤温度状况、湿
润土壤水分状况、铁质特性、铝质现象。该土系主要分布于浙东的低山丘陵区中下坡，
坡度约 15°~25°，母质为凝灰岩风化残坡积物，有效土层厚度约 80~120 cm，细土质地为
壤土或砂质壤土，其中粉粒含量约 450 g/kg，砂粒含量约 350 g/kg，>2 mm 的粗骨岩石屑
粒约占 20%。该土系的植被以灌木类为主，覆盖率较高，表层厚度约 15~20 cm，根系盘结，
呈棕色，腐殖质淀积，有机碳含量约 30~40 g/kg，具有湿润而趋向常湿润的土壤水分状况。
B 层厚度约 80~100 cm，呈浊黄橙色，色调 10YR~2.5Y，土体中可见少量铁锰结核，游离态
氧化铁（Fe_2O_3）含量约 5.0~10.0 g/kg，土体中黏粒略有淋移淀积，但尚未形成黏化层，细
土质地为壤土，黏粒含量约 150~200 g/kg，土体呈酸性，pH 约 4.5~5.0，CEC_7 约 10.0~
18.0 cmol/kg，黏粒 CEC_7>50 cmol/kg，黏粒浸提铝>12.0 cmol/kg，盐基饱和度<30%，铝饱
和度约 50%~70%，具有铝质现象。表土有机质约 30~50 g/kg，全氮 1.0~2.0 g/kg，碳氮比（C/N）
约 15.0~18.0，有效磷 8~12 mg/kg，速效钾 100~120 mg/kg。

　　Aho，腐殖质表层，根系盘结，细土质地为壤土，黏粒含量约 150~200 g/kg，土体呈
浊黄棕色，酸性，pH 约 4.5~5.0，有机碳含量约 30~40 g/kg，CEC_7 约 10.0~18.0 cmol/kg。

对比土系　宝石山系，同一土族，所处地形部位、母质来源均相同，区别在于景观特征
不同引起土体性状差异，宝石山系以青冈栎、枫树、苦槠等高大乔木类植被为主，地表
枯枝落叶堆积，但表土无根系盘结，整个 B 层铝饱和度>70%，铝质现象更为明显。八叠
系，不同土纲，均地处低丘，发源于凝灰岩风化残坡积物，土体深厚，剖面形态相似，
但八叠系淋溶较强，125 cm 内形成了黏化层，为淋溶土。

利用性能综述　该土系发源于凝灰岩母质，地处低山丘陵中下坡，土体较厚，质地偏粗，

排水和通透性良好，但土体孔隙度稍高，肥水保蓄能力较差，坡度较大，易产生地表侵蚀。该土系一般为林地，由于多年的封山育林以及农村对木柴需求量的减少，现地表覆盖度都较高。表土有机质积累明显，但腐殖化程度不高。在利用上，仍以继续育林，保护水土，保持生态平衡为主。土体呈酸性，在适当地段也可开辟为梯地茶园或果园，但需防止水土流失。

参比土种　红粉泥土。

代表性单个土体　剖面（编号33-103）于2012年2月27日采自浙江省台州市临海市永丰镇（原沿溪乡）陈婆岙村，28°57′45.5″N，121°02′22.1″E，林地，植被以杜鹃、芒萁等

矮小灌木类为主，海拔71 m，坡度20°~25°，母质为浅色凝灰岩风化残坡积物，50 cm深度土温19.5℃。

Aho：0~15 cm，浊黄棕色（10YR 4/3，润），灰黄棕色（10YR 6/2，干）；细土质地为壤土，屑粒状结构，松散；芒萁等根系盘结；有大量直径3~5 mm的砂砾，磨圆度较差，约占土体15%；pH为4.7；向下层平滑清晰过渡。

Bw：15~68 cm，浊黄橙色（10YR 7/3，润），橙白色（10YR 8/2，干）；细土质地为壤土，团块状结构，稍紧实；有中量的灌木中根系；土体中有大量直径2~5 mm的粗骨岩石碎屑，约占土体20%；pH为4.8；向下层平滑渐变过渡。

Bws：68~105 cm，浊黄橙色（10YR 7/2，润），橙白色（10YR 8/2，干）；细土质地为壤土，团块状结构，稍紧实；结构面可见少量的铁锰斑，与母质交界处斑纹较为密集；土体中有大量直径2~5 mm的粗骨屑粒，约占土体20%；pH为5.0；向下层波状清晰过渡。

陈婆岙系代表性单个土体剖面

C：105~140 cm，半风化母质层，灰黄棕色（10YR 6/2，润），浊黄橙色（10YR 7/2，干）；保持母岩岩性的半风化体占70%以上。

陈婆岙系代表性单个土体物理性质

土层	深度/cm	砾石（>2mm，体积分数）/%	细土颗粒组成（粒径:mm）/（g/kg）			质地	容重/（g/cm³）
			砂粒 2~0.05	粉粒 0.05~0.002	黏粒 <0.002		
Aho	0~15	15	377	440	183	壤土	1.02
Bw	15~68	20	330	475	195	壤土	1.19
Bws	68~105	20	375	430	195	壤土	1.21

陈婆岙系代表性单个土体化学性质

深度/cm	pH		有机质/（g/kg）	全氮（N）/（g/kg）	全磷（P）/（g/kg）	全钾（K）/（g/kg）	CEC₇/（cmol/kg）	ExAl/（cmol/kg）	铝饱和度/%
	H₂O	KCl							
0~15	4.7	3.5	44.3	1.39	0.12	21.3	15.5	6.0	64.4
15~68	4.8	3.8	6.0	0.34	0.07	22.7	13.8	5.1	61.6
68~105	5.0	3.7	3.5	0.17	0.06	28.3	15.1	4.6	55.9

10.14 普通铝质湿润雏形土

10.14.1 大茶园系（Dachayuan Series）

土　族：黏壤质硅质混合型酸性热性-普通铝质湿润雏形土
拟定者：麻万诸，章明奎

分布与环境条件　主要分布于浙南的低丘中坡、山麓上，以台州、宁波、丽水、温州等市境内的分布面积较大，坡度一般 15°~25°，海拔<400 m，母质为凝灰岩风化残坡积物，利用方式为林地，植被以毛竹为主。属亚热带湿润季风气候区，年均气温约 15.0~17.5℃，年均降水量约 1610 mm，年均日照时数约 2040 h，无霜期约 255 d。

大茶园系典型景观

土系特征与变幅　诊断层包括淡薄表层、雏形层；诊断特性包括热性土壤温度状况、湿润土壤水分状况、铁质特性、铝质现象。该土系分布于高中丘的中上坡，坡度 8°~15°，母质为凝灰岩风化残坡积物，颗粒匀细，>2 mm 的粗骨岩石碎屑平均含量约 5%~8%，细土质地以黏壤土或粉砂质黏壤土为主，砂粒含量<250 g/kg，黏粒含量约 250~350 g/kg，未发生明显的淋移淀积。土体颜色较为均一，呈红棕色，色调为 2.5YR~5YR，润态明度 4~5，彩度 6~8，游离态氧化铁（Fe_2O_3）含量约 20~30 g/kg。土体呈酸性至强酸性，pH（H_2O）为 4.0~5.0，pH（KCl）<4.0。B 层厚度>120 cm，CEC_7 约 10~15 cmol/kg，黏粒 CEC_7>30.0 cmol/kg，盐基饱和度<30%，铝饱和度 70%~90%，整个 B 层具有铝质现象。125 cm 内无铁锰斑等新生体和聚铁网纹层。表层厚度约 15~20 cm，有机质约 10~20 g/kg，全氮<1.0 g/kg，有效磷 1~5 mg/kg，速效钾<50 mg/kg，0~ 100 cm 土体有机碳含量<8 kg/m²。

　　Bw，厚度>120 cm，细土质地为粉砂质黏壤土或粉砂壤土，黏粒含量 250~350 g/kg，土体呈红棕色，色调 2.5YR~5YR，润态明度 4~5，彩度 6~8，游离态氧化铁含量约 20.0~30.0 g/kg，土体呈酸性至强酸性，pH（KCl）<4.0，CEC_7 约 10~15.0 cmol/kg，黏粒 CEC_7>30.0 cmol/kg，盐基饱和度<30%，铝饱和度约 70%~90%，具有铝质现象。

对比土系　新茶系，同一土族，均分布于中低丘斜坡地，土体疏松，土层深厚，颗粒匀细，但新茶系发源于变质岩风化物母质，细土砂粒含量约 250~400 g/kg，土体颜色更红，B 层色调 2.5YR~10R，具有铝质现象但铝饱和度<60%。

利用性能综述 该土系地处高中丘的中上坡，土体深厚，质地细腻，总孔隙度偏低，外排水良好但内部渗透性、通气性稍差。土壤有机质、氮、磷、钾等养分均较为贫缺。由于坡度较大，多为林地，不宜农业耕作利用，再者土体呈强酸性或酸性，适宜毛竹、松树、杉木等耐酸的林木生长。

参比土种 红泥土。

代表性单个土体 剖面（编号 33-016）于 2010 年 5 月 27 日采自浙江省衢州市衢江区大洲镇大茶园村，28°50′44.9″N，118°58′18.0″E，海拔 206 m，坡度 15°~20°，母质为凝灰岩风化残坡积物，林地，植被为毛竹，50 cm 深度土温 18.0℃。

大茶园系代表性单个土体剖面

Ah：0~17 cm，红棕色（5YR 4/8，润），橙色（7.5YR 6/6，干）；细土质地为黏壤土，小块状结构，稍紧实；有中量的杂草细根系和少量的毛竹中根系；有少量树枝状的动物孔穴（蚁穴）；pH 为 4.2；向下层平滑渐变过渡。

ABh：17~38 cm，红棕色（5YR 4/6，润），橙色（5YR 6/6，干）；细土质地为粉砂壤土，小块状结构，稍疏松；有中量的毛竹中、粗根系；土体中有蜂窝状的动物（蚂蚁）孔穴；pH 为 4.1；向下层模糊过渡。

Bw1：38~80 cm，红棕色（5YR 4/8，润），橙色（5YR 6/8，干）；细土质地为粉砂质黏壤土，小块状结构，稍紧实；pH 为 4.4；向下层平滑渐变过渡。

Bw2：80~125 cm，红棕色（5YR 4/8，润），橙色（5YR 7/6，干）；细土质地为粉砂质黏壤土，小块状结构，紧实；pH 为 4.9；向下层平滑渐变过渡。

Bw3：125~200 cm，亮红棕色（5YR 5/8，润），橙色（5YR 7/6，干）；细土质地为粉砂壤土，小块状结构，紧实；pH 为 4.9。

大茶园系代表性单个土体物理性质

土层	深度 /cm	砾石 （>2mm，体积 分数）/%	细土颗粒组成（粒径:mm）/（g/kg）			质地	容重 /（g/cm³）
			砂粒 2~0.05	粉粒 0.05~0.002	黏粒 <0.002		
Ah	0~17	10	203	525	272	黏壤土	1.07
ABh	17~38	5	157	578	265	粉砂壤土	1.10
Bw1	38~80	5	170	526	304	粉砂质黏壤土	1.14
Bw2	80~125	5	161	561	278	粉砂质黏壤土	1.20
Bw3	125~200	5	150	585	265	粉砂壤土	1.22

大茶园系代表性单个土体化学性质

深度 /cm	pH		有机质 /（g/kg）	全氮（N） /（g/kg）	全磷（P） /（g/kg）	全钾（K） /（g/kg）	CEC₇ /（cmol/kg）	ExAl /（cmol/kg）	铝饱和度 /%
	H₂O	KCl							
0~17	4.2	3.4	15.8	0.66	0.14	9.7	14.8	10.3	69.6
17~38	4.1	3.4	19.3	0.91	0.43	9.5	9.5	5.9	81.0
38~80	4.4	3.5	9.0	0.52	0.51	9.8	11.7	5.7	82.7
80~125	4.9	3.6	6.4	0.38	0.27	9.7	12.5	4.4	71.5
125~200	4.9	3.6	1.9	0.39	0.36	9.7	12.1	5.7	76.2

10.14.2　新茶系〔Xingcha Series〕

土　　族：黏壤质硅质混合型酸性热性-普通铝质湿润雏形土
拟定者：麻万诸，章明奎

分布与环境条件　分布于海拔 200~500 m 的中、高丘缓坡地，以龙泉、遂昌等县市分布最多，地形坡度 10°~15°，母质为变质岩风化残坡积物，利用方式为林地，植被多为毛竹或松树，覆盖良好。属亚热带湿润季风气候区，年均气温约 15.0~17.0℃，年均降水量约 1740 mm，年均日照时数约 1865 h，无霜期约 265 d。

新茶系典型景观

土系特征与变幅　诊断层包括淡薄表层、雏形层；诊断特性包括热性土壤温度状况、湿润土壤水分状况、铁质特性、铝质现象。该土系由变质岩风化物发育而来，土体深厚，一般有效土层厚度>100 cm，土体中偶有直径 5~10 cm 的半风化母岩。颗粒组成较均一，细土质地为壤土或黏壤土，砂粒含量<450 g/kg，黏粒含量 200~250 g/kg。土体呈红棕色，色调为 2.5YR~10R，游离态氧化铁（Fe_2O_3）含量约 40~60 g/kg。B 层厚度 100~120 cm，呈酸性，pH（H_2O）约 4.5~5.5，pH（KCl）<4.0，CEC_7 约 6.0~10.0 cmol/kg，铝饱和度约 40%~60%，黏粒浸提铝>12.0 cmol/kg，具有铝质现象。表层厚度约 18~25 cm，有机碳含量 10~15 g/kg，全氮 1.0~1.5 g/kg，有效磷 6~10 mg/kg，速效钾 80~120 mg/kg。

Bw，厚度 100~120 cm，土体中偶有直径 5~10 cm 的半风化母岩，细土质地为壤土或黏壤土，黏粒含量 200~250 g/kg，土体呈红棕色，色调 2.5YR~10R，游离态氧化铁含量约 40~60 g/kg，土体呈酸性，pH（KCl）<4.0，CEC_7 约 6.0~10.0 cmol/kg，铝饱和度约 40%~60%，黏粒浸提铝>12.0 cmol/kg，具有铝质现象。

对比土系　大茶园系，同一土族，均分布于中低丘斜坡地，土体疏松，土层深厚，颗粒匀细，但大茶园系发源于凝灰岩风化残坡积物，B 层土体色调 2.5YR~5YR，颗粒更匀细，砂粒含量<200 g/kg，整个 B 层具有铝质现象且铝饱和度>60%。

利用性能综述　该土系土体深厚、松散，通透性好，适宜茶树、毛竹、杉木等经济林木的生长，缓坡处可开垦为梯地，种植茶树。由于质地黏重，宜多施有机肥或秸秆等以调整土壤结构。该土系土体保水性好，由于粉、黏粒含量较高，胀缩性较大。在该土系的地基上修建建筑或是用作公路路基时，容易产生沉降、下陷，因而需深挖地基以提高抗降性能。

参比土种　红松泥。

代表性单个土体　剖面（编号 33-057）于 2011 年 8 月 11 日采自浙江省丽水市龙泉市锦溪镇新茶村，28°03′42.6″N，119°02′44.1″E，海拔 409 m，高丘下坡，坡度 10°~15°，母质为变质岩风化物坡积物。林地，板栗、毛竹和灌木丛，土体深厚，50 cm 深度土温 18.3℃。

新茶系代表性单个土体剖面

Ah：0~25 cm，红棕色（2.5YR 4/8，润），亮红棕色（2.5YR 5/6，干）；细土质地为壤土，团粒状结构，疏松；有 1%~2% 的植物中、细根系；可见蚁穴，大小在 5 cm 左右，数量占土体的 5%；可见半风化岩石碎屑，呈红色或灰白色，大小 1~2 cm，约占土体 5%；pH 为 4.6；向下层波状模糊过渡。

Bw1：25~80 cm，亮红棕色（2.5YR 5/8，润），橙色（2.5YR6/6，干）；细土质地为壤土，块状结构，稍紧实；有少量毛竹粗根系；可见少量直径 1~2 cm 的岩石半风化碎屑，有细小（<0.5 cm）动物孔穴，数量<1%；pH 为 5.1；向下层波状模糊过渡。

Bw2：80~140 cm，红土碎石层，红棕色（2.5YR 4/6，润），橙色（2.5YR 6/8，干）；细土质地为壤土，块状结构，稍紧实；有少量（<0.5%）细根系；含约 10% 岩石碎屑，石块大小 2~10 cm，碎屑常集中分布，不均匀；pH 为 5.3。

新茶系代表性单个土体物理性质

土层	深度 /cm	砾石 (>2mm, 体积分数) /%	细土颗粒组成（粒径:mm）/（g/kg）			质地	容重 /（g/cm³）
			砂粒 2~0.05	粉粒 0.05~0.002	黏粒 <0.002		
Ah	0~25	5	426	347	227	壤土	1.15
Bw1	25~80	3	418	368	214	壤土	1.17
Bw2	80~140	10	363	395	242	壤土	1.21

新茶系代表性单个土体化学性质

深度 /cm	pH		有机质 /（g/kg）	全氮（N） /（g/kg）	全磷（P） /（g/kg）	全钾（K） /（g/kg）	CEC₇ /（cmol/kg）	ExAl /（cmol/kg）	铝饱和度 /%
	H₂O	KCl							
0~25	4.6	3.7	19.0	0.94	7.48	16.1	7.5	3.1	41.2
25~80	5.1	3.8	13.8	0.59	0.49	17.8	7.5	3.5	50.2
80~140	5.3	3.8	16.0	0.81	0.52	19.3	8.2	3.3	48.0

10.14.3 上甘系（Shanggan Series）

土　族：黏壤质硅质混合型非酸性热性-普通铝质湿润雏形土
拟定者：麻万诸，章明奎

分布与环境条件　主要分布于浙江西北部的低山丘陵区，以临安、建德、淳安、开化等县市分布面积较大，大地形坡度 15°~25°，海拔 300~600 m，母质为石灰岩风化物的残坡积物，利用方式为人工竹林。属亚热带湿润季风气候区，年均气温约 15.0~16.8℃，年均降水量约 1420 mm，年均日照时数约 2020 h，无霜期约 235 d。

上甘系典型景观

土系特征与变幅　诊断层包括淡薄表层、雏形层；诊断特性包括热性土壤温度状况、湿润土壤水分状况、铁质特性、石质接触面、铝质现象。该土系由石灰岩风化物的残坡积物发育而来，有效土体深度变幅较大，为 100~150cm，部分基岩裸露。该土系多为人工毛竹林地或雷竹林地，表层厚度 18~25 cm，受人工翻挖、施肥等影响，表土疏松且明显熟化，土体呈棕色，有机碳含量 10~20 g/kg，明显高于下垫土层。B 层土体紧实，孔隙度小，有明显的母岩岩脉风化痕迹残留，黄白色，呈垂直方向条状分布，下部亚层更为明显，土体呈红棕色，色调 5YR，游离态氧化铁（Fe_2O_3）含量约 50~70 g/kg，细土质地为黏壤土，黏粒含量约 250~350 g/kg，土体呈酸性，pH（KCl）<4.5，CEC_7 约 10.0~085/15.0 cmol/kg，黏粒 CEC_7 约 40~50 cmol/kg，KCl 浸提的黏粒 Al^+ 约 16.0~17.0 cmol/kg，具有铝质现象。表土 pH 为 5.0 左右，有机质 25~30 g/kg，全氮 1.5~2.0 g/kg，碳氮比（C/N）约 10.0，有效磷<5 mg/kg，速效钾 150~200 mg/kg。

Bw，雏形层，厚度 80~120 cm，土体中有垂直方向的黄白色条纹，系石灰岩岩脉风化后的残留痕迹。细土质地为黏壤土，黏粒含量 250~350 g/kg，土体呈红棕色，色调 5YR，游离态氧化铁含量为 50~70 g/kg，土体呈酸性，pH（KCl）<4.5，CEC_7 约 10.0~15.0 cmol/kg，黏粒 CEC_7 约 40~50 cmol/kg，KCl 浸提的黏粒 Al^+ 约 16.0~17.0 cmol/kg，具有铝质现象。

对比土系　龙井系，同一亚纲不同土类，均分布于低丘斜坡地，发源于石灰岩风化残坡积物母质，山体中有石灰岩露头，但龙井系植被为乔木林，土体中残留石灰岩岩屑，呈中性，具有石灰岩岩性特征，为钙质湿润雏形土。大茶园系、新茶系，同一亚类不同土族，土族控制层段为酸性。

利用性能综述　该土系地处低山或高、中丘缓坡地，有裸露的石灰岩基岩穿插分布。目前以人工毛竹林、雷竹林为主，也可种植板栗等经济果木。由于地表坡度较大，容易形成侵蚀，一般不宜农垦种植。在开发利用时，可通过种植绿肥等以便起到覆盖地表、保持水土的作用，同时又可兼作有机肥源以改善土壤结构。

参比土种　油黄泥。

上甘系代表性单个土体剖面

代表性单个土体　剖面（编号 33-040）于 2010 年 12 月 9 日采自浙江省杭州市临安市上甘镇郜家头村西，30°08′52.5″N，119°42′43.0″E，中丘中坡，海拔 357 m，坡度 20°~25°，母质为石灰岩残坡积物，雷竹林地，50 cm 深度土温 17.7℃。

Ap：0~22 cm，棕色（7.5YR 4/6，润），橙色（7.5YR 6/6，干）；细土质地为粉砂质黏壤土，团粒状结构，疏松；有大量的毛竹中、粗根系；粒间孔隙丰富；可见少量的蚯蚓孔穴；pH 为 5.0；向下层平滑清晰过渡。

Bw1：22~60 cm，红棕色（5YR 4/8，润），亮红棕色（5YR 5/6，干）；细土质地为黏壤土，块状结构，紧实；有少量的毛竹中、粗根系；土体垂直方向上有较多宽度 1 mm 左右的黄白色条纹，与边上裸露母岩的残留形态相似，为稍难风化的岩脉痕迹；pH 为 5.5；向下层平滑渐变过渡。

Bw2：60~150 cm，亮红棕色（5YR 5/8，润），亮红棕色（5YR 5/8，干）；细土质地为黏壤土，块状结构，紧实；土体中有大量垂直方向的黄白色条纹，较上层更为密集；pH 为 5.4。

上甘系代表性单个土体物理性质

| 土层 | 深度 /cm | 砾石 (>2mm, 体积分数) /% | 细土颗粒组成（粒径:mm）/ (g/kg) | | | 质地 | 容重 / (g/cm³) |
			砂粒 2~0.05	粉粒 0.05~0.002	黏粒 <0.002		
Ap	0~22	10	194	491	315	粉砂质黏壤土	Ap
Bw1	22~60	3	310	372	318	黏壤土	Bw1
Bw2	60~150	2	275	442	283	黏壤土	Bw2

上甘系代表性单个土体化学性质

| 深度 /cm | pH | | 有机质 / (g/kg) | 全氮（N） / (g/kg) | 全磷（P） / (g/kg) | 全钾（K） / (g/kg) | CEC₇ / (cmol/kg) | ExAl / (cmol/kg) | 铝饱和度 /% |
	H₂O	KCl							
0~22	5.0	3.9	29.0	1.69	0.51	23.7	11.0	4.5	41.0
22~60	5.5	4.1	4.2	0.39	0.32	22.1	14.0	5.2	52.5
60~150	5.4	4.0	2.3	0.33	0.34	27.0	13.6	4.8	52.4

10.15　红色铁质湿润雏形土

10.15.1　灵龙系（Linglong Series）

土　族：粗骨壤质硅质混合型酸性热性-红色铁质湿润雏形土
拟定者：麻万诸，章明奎

分布与环境条件　主要分布于浙西、浙北的低山丘陵的上部，以杭州市境内分布面积居大，衢州、绍兴、湖州等市也有较大面积分布，丽水、台州等市有少量分布，海拔 <200 m，地形坡度 15°~25°，母质为泥页岩风化残坡积物，利用方式以自然林地为主。属亚热带湿润季风气候区，年均气温约 15.5~17.5℃，年均降水量约 1385 mm，年均日照时数约 2035 h，无霜期约 235 d。

灵龙系典型景观

土系特征与变幅　诊断层包括淡薄表层、雏形层；诊断特性包括热性土壤温度状况、湿润土壤水分状况、铁质特性、准石质接触面。该土系分布于低山丘陵区的上坡，母质为泥页岩风化残积物，土体浅薄，有效土层厚度约 30~50 cm。土体中粗骨碎屑含量较高，平均在 30% 以上。B 层厚度约 20~30 cm，具有弱结构发育，细土质地为壤土，黏粒含量 200~300 g/kg，亮红棕色，色调为 2.5YR~5YR，游离态氧化铁（Fe_2O_3）含量约 30~50 g/kg，土体呈微酸性至酸性，pH 约 5.0~6.0，CEC_7 约 10~15 cmol/kg，盐基饱和度 >60%，铝饱和度约 20%~40%。表土厚度 10~15 cm，有机碳约 6.0~10.0 g/kg，全氮 <0.8 g/kg，有效磷 <5 mg/kg，速效钾 140~180 mg/kg。

Bw，厚度 20~30 cm，壤土，黏粒含量 200~300 g/kg，亮红棕色，色调 2.5YR~5YR，游离态氧化铁含量 30~50 g/kg，pH 为 5.0~6.0，CEC_7 约 10~15 cmol/kg，盐基饱和度 >60%，铝饱和度 20%~40%。

对比土系　灵壮山系，同一土族，但灵壮山系发源于凝灰岩风化物母质，以坡积母质为主，土层深厚，厚度 100 cm 以上，B 层土体中有较多直径 20~50 cm 的母岩大石块侵入，且 B 层有部分亚层铝饱和度 >60%，具有铝质现象，游离态氧化铁含量约 20~30 g/kg。沙溪系，同一土族，但沙溪系发源于花岗岩风化物母质，各土层颗粒组成均一，砂粒含量约 400~450 g/kg，黏粒含量约 200~300 g/kg。铜山源系，不同土纲，母质来源相同，地处低丘陡坡，但铜山源系表下层土体中保持母岩岩性的结构占到土体 50% 以上，未形成雏形层，为新成土。杨家门系，不同土纲，母质来源相同，且均分布于海拔<200 m 的低丘，但杨家门系位于下坡，有效土层深厚，土体颗粒细腻，粗骨碎屑平均含量<10%，土体中形成了黏化层，为淋溶土。

利用性能综述 该土系地处低山丘陵区的上坡，有效土层较浅薄且粗骨碎屑粒的含量较高，土体粒间孔隙较大，表土疏松利于水分下渗，适宜小毛竹、矮灌木等植被的生长。土体呈微酸性至酸性，在坡度稍平缓处亦可辟为茶园，但因处上坡位置的影响，水源相对短缺，在干旱季节需蓄水或引水浇灌。在施肥方面需增加氮、磷肥的投入。

参比土种 （薄层）黄红泥。

灵龙系代表性单个土体剖面

代表性单个土体 剖面（编号 33-005）于 2009 年 12 月 7 日采自浙江省杭州市西湖区转塘镇中村，灵龙路口，30°09′48.7″N，120°02′34.5″E，海拔 53 m，母质为泥页岩风化残坡积物，50 cm 深度土温 19.2℃。

Ao：0~10 cm，红棕色（5YR 4/6，润），亮红棕色（5YR 5/8，干）；细土质地为黏壤土，碎块状结构，疏松；大量小竹子中、粗根系盘结；土体中有大量的半风化岩石碎屑，约占土体 30%；pH 为 5.5；向下层平滑渐变过渡。

Bw：10~25 cm，亮红棕色（5YR 5/6，润），橙色（5YR 6/8，干）；细土质地为壤土，碎块状结构，稍疏松；土体中有大量半风化的母岩碎屑，约占 25%；pH 为 5.7；向下层平滑清晰过渡。

BC：25~45 cm，红棕色（2.5YR 4/6，润），橙色（2.5YR 6/8，干）；细土质地为粉砂壤土，块状结构，紧实；土体有 50%以上保持母岩岩性的结构；pH 为 5.4；向下层波状清晰过渡。

R：45 cm 以下，半风化的泥页岩母岩。

灵龙系代表性单个土体物理性质

土层	深度 /cm	砾石（>2mm，体积分数）/%	细土颗粒组成（粒径:mm）/（g/kg）			质地	容重 /（g/cm³）
			砂粒 2~0.05	粉粒 0.05~0.002	黏粒 <0.002		
Ao	0~10	30	217	462	321	黏壤土	0.93
Bw	10~25	25	324	460	216	壤土	0.97
BC	25~45	50	322	529	149	粉砂壤土	1.25

灵龙系代表性单个土体化学性质

深度 /cm	pH		有机质 /（g/kg）	全氮（N） /（g/kg）	全磷（P） /（g/kg）	全钾（K） /（g/kg）	CEC₇ /（cmol/kg）	游离铁 /（g/kg）
	H₂O	KCl						
0~10	5.5	3.9	16.5	0.61	0.36	9.8	11.4	50.8
10~25	5.7	4.3	8.9	0.38	0.39	9.7	11.5	34.5
25~45	5.4	3.7	4.2	0.20	0.36	15.3	15.7	40.0

10.15.2 灵壮山系（Lingzhuangshan Series）

土　族：粗骨壤质硅质混合型酸性热性-红色铁质湿润雏形土
拟定者：麻万诸，章明奎

分布与环境条件　主要分布于浙南、浙西凝灰岩风化物母质发育的低丘斜坡地的中下坡，以黄岩、临海、仙居、三门、温岭、绍兴、瑞安、龙游等县市区的分布面积最大，坡度约 15°~25°，母质为凝灰岩残坡积和再积物，利用方式为灌木林地。属亚热带湿润季风气候区，年均气温约 16.5~18.5℃，年均降水量约 1530 mm，年均日照时数约 1995 h，无霜期约 265 d。

灵壮山系典型景观

土系特征与变幅　诊断层包括淡薄表层、雏形层；诊断特性包括热性土壤温度状况、湿润土壤水分状况、铁质特性、准石质接触面、铝质现象。该土系地处低丘中下坡，坡度 15°~25°，发源于凝灰岩风化坡积和再积物，土体厚度 100 cm 以上，夹杂有大量直径>10 cm 的凝灰岩石块，直径 2~5 cm 的粗骨岩石碎屑含量约占 25%~40%，细土质地为壤土或粉砂壤土，黏粒含量 150~250 g/kg。土体呈酸性至强酸性，pH（H_2O）约 4.0~5.0，pH（KCl）<4.5，CEC_7 约 10~15 cmol/kg，黏粒 CEC_7>40 cmol/kg，盐基饱和度<35%。B 层的上部分亚层的铝饱和度>60%，黏粒浸提铝>12 cmol/kg，具有铝质现象。土体颜色较为均一，呈红棕色，色调为 2.5YR~5YR，游离态氧化铁（Fe_2O_3）含量约 20~30 g/kg，全土体具有铁质特性。表土厚度 18~25 cm，有机碳约 20~30 g/kg，全氮 1.5~2.5 g/kg，碳氮比（C/N）约 12.0~15.0，有效磷 5~8 mg/kg，速效钾 60~100 mg/kg。

　　Bw1，雏形层，起始于 20~25 cm，厚度 30~50 cm，土体中有大量直径>10 cm 的石块，粗骨岩石碎屑含量达 25%~40%，细土质地为壤土或粉砂壤土，黏粒含量 150~250 g/kg，红棕色，色调为 2.5YR~5YR，游离态氧化铁含量约 20~30 g/kg，pH（KCl）<4.5，CEC_7 约 10~15 cmol/kg，铝饱和度>60%，黏粒浸提铝>12 cmol/kg，具有铝质现象。

对比土系　灵龙系，同一土族，但灵龙系发源于泥页岩风化物母质，土体浅薄，厚度约 30~50 cm，土体中>2 mm 的粗骨碎屑含量从上向下逐层增加，但无直径 10 cm 以上的石块侵入。沙溪系，同一土族，但沙溪系发源于花岗岩风化物母质，土体浅薄，厚度约 50~70 cm，各土层颗粒组成均一，土体中少有直径 10 cm 以上的石块侵入。东天目系，同一亚纲不同土类，均发源于凝灰岩风化残坡积物母质，分布于陡坡，但东天目系分布于海拔>800 m 的中山区，具有温性土壤温度状况和常湿润土壤水分状况，且整个 B 层具有铝质现象，土体具有腐殖质特性，为腐殖铝质常湿雏形土。

利用性能综述 该土系地处低丘中下坡，坡度稍大，土层较深厚，细土质地尚可，外排水良好，通透性稍差，土体呈强酸性至酸性，适种性稍差。由于土体中有大量的石块，农业利用适宜性较差，当前多为林地，适合香樟、马尾松等耐酸植物生长。在合适地段，可开辟为梯地茶园或果园，种植石榴、杨梅等果树和茶叶。因坡度稍大，容易形成土壤侵蚀，在用作园地开发利用时，宜套种绿肥植物以保持地表覆盖。

参比土种 红砾泥。

代表性单个土体 剖面（编号 33-123）于 2012 年 3 月 21 日采自浙江省台州市路桥区金清镇小桥里北村，灵壮山东北坡，28°30′41.7″N，121°26′47.4″E，低丘林地，坡度 15°~20°，海拔 10 m，母质为凝灰岩风化坡积再积物，50 cm 深度土温 19.8℃。

灵壮山系代表性单个土体剖面

Ah：0~25 cm，浊红棕色（5YR 5/4，润），浊红棕色（5YR 5/4，干）；细土质地为壤土，块状结构，稍紧实；有大量乔、灌木的粗、中根系；土体中有大量直径 10 cm 以上的石块，直径 2~ 5 cm 的粗骨岩石碎屑约占 30%；pH 为 4.4；向下层平滑渐变过渡。

Bw1：25~60 cm，亮红棕色（5YR 5/6，润），橙色（5YR 7/6，干）；细土质地为壤土，块状结构，较紧实；有少量乔、灌木粗根系；土体中有大量直径 10 cm 以上的石块，直径 2~5 cm 的粗骨岩石碎屑约占 30%；pH 为 4.4；向下层不规则模糊过渡。

Bw2：60~150 cm，橙色（5YR 6/6，润），淡黄橙色（5YR 7/6，干）；细土质地为壤土，块状结构，紧实；土体中有大量直径 10 cm 以上的石块，直径 1~5 cm 的粗骨岩石碎屑约占 20%；pH 为 4.8。

灵壮山系代表性单个土体物理性质

| 土层 | 深度 /cm | 砾石（>2mm, 体积分数）/% | 细土颗粒组成（粒径:mm）/（g/kg） | | | 质地 | 容重 /（g/cm³） |
			砂粒 2~0.05	粉粒 0.05~0.002	黏粒 <0.002		
Ah	0~25	35	478	304	218	壤土	1.17
Bw1	25~60	40	366	422	212	壤土	1.32
Bw2	60~150	25	434	375	191	壤土	1.30

灵壮山系代表性单个土体化学性质

| 深度 /cm | pH | | 有机质 /（g/kg） | 全氮（N） /（g/kg） | 全磷（P） /（g/kg） | 全钾（K） /（g/kg） | CEC₇ /（cmol/kg） | 游离铁 /（g/kg） |
	H₂O	KCl						
0~25	4.4	4.1	38.6	1.87	0.39	24.3	11.2	26.9
25~60	4.4	4.0	10.0	0.62	0.34	25.6	11.8	27.7
60~150	4.8	4.3	5.1	0.20	0.30	30.3	13.0	26.4

10.15.3 沙溪系（Shaxi Series）

土　族：粗骨壤质硅质混合型酸性热性-红色铁质湿润雏形土
拟定者：麻万诸，章明奎

分布与环境条件　主要分布于浙江省的新昌、诸暨、奉化、宁海、云和、景宁、青田、衢江、普陀等县市区的低山丘陵陡坡，海拔一般<500 m，坡度25°~35°，母质为粗晶花岗岩或花岗斑岩风化残坡积物，利用方式为林地。属亚热带湿润季风气候区，年均气温约15.5~17.0 ℃，年均降水量约1420 mm，年均日照时数约2010 h，无霜期约240 d。

沙溪系典型景观

土系特征与变幅　诊断层包括淡薄表层、雏形层；诊断特性包括热性土壤温度状况、湿润土壤水分状况、铁质特性、石质接触面。该土系地处丘陵陡坡，母质为花岗岩风化残坡积物，土层厚度约50~70 cm。该土系剖面颜色已有明显分化，但雏形层的结构发育极弱，以屑粒状或单粒状为主，结持性差，黏粒无明显的迁移淀积。土体颗粒较粗，>2 mm的粗骨岩石碎屑（主要为石英砂砾）占到土体30%~50%，细土质地以壤土或砂质壤土为主，砂粒含量约400~450 g/kg，其中0.25~2 mm的粗、中砂含量在250 g/kg以上。土体呈红棕色至亮棕色，从上向下由红色向黄色变淡，色调为5YR~7.5YR，其中红棕色部分占50%以上，游离态氧化铁（Fe_2O_3）含量约20~25 g/kg，黏粒CEC_7约30~50 cmol/kg，土体呈强酸性，pH约4.0~4.5，盐基饱和度<50%，上部亚层的铝饱和度<50%。表土有机质约10~20 g/kg，全氮<1.0 g/kg，碳氮比（C/N）约10.0~12.0，有效磷<5 mg/kg，速效钾约50~80 mg/kg。

　　Bw，紧接于表层之下，厚度20~40 cm，土体颗粒较粗，>2mm的粗骨岩石屑粒含量约占30%~40%，细土质地为黏壤土-壤土，黏粒含量200~300 g/kg，土体呈红棕色，色调5YR，游离态氧化铁含量约20~25 g/kg，pH为4.0~5.0，盐基饱和度20%~40%，铝饱和度30%~60%。

对比土系　灵龙系，同一土族，但灵龙系发源于泥页岩风化物母质，土体浅薄，厚度约30~50 cm，土体中>2 mm的粗骨碎屑含量从上向下逐层增加，但无直径10 cm以上的石块侵入。灵壮山系，同一土族，但灵壮山系发源于凝灰岩风化物母质，以坡积母质为主，土层深厚，厚度100 cm以上，B层土体中有较多直径20~50 cm的母岩大石块侵入，且B层有部分亚层铝饱和度>60%，具有铝质现象，游离态氧化铁含量约20~30 g/kg。卓山系，同一土类不同亚类，母质来源相同，分布地形部位相似，但卓山系砂性更强，B层细土质地以砂质壤土为主，黏粒含量<100 g/kg，土体颜色较为均一，润态色调7.5YR~10YR，为普通铁质湿润雏形土。

利用性能综述　该土系发源于花岗岩母质，地处丘陵陡坡，土体厚度一般，颗粒较粗，石英砂砾含量极高，通透性好，结持性极差，易受暴雨冲刷而形成土壤侵蚀。该土系一般都为林地，土体酸性较强，适宜杉木、松木、毛竹等植物生长，在地形合适的部位，也可开辟为梯地茶园。在利用管理方面，需保持好地表覆盖，防止水土流失。

参比土种　砂黏质红泥。

代表性单个土体　剖面（编号33-094）于2012年2月24日采自浙江省绍兴市新昌县沙溪镇唐家坪村，29°30′18.2″N，121°09′22.7″E，海拔235 m，母质为花岗斑岩风化残积物，林地，植被为杉木等，50 cm深度土温18.3℃。

Ah：0~20 cm，红棕色（5YR 4/8，润），亮红棕色（5YR 5/6，干）；细土质地为黏壤土，屑粒状结构，稍紧实；有大量的芒萁细根系和中量的杉木中根系；粒间孔隙发达；土体中直径2~5 mm的粗骨屑粒约占40%；pH为4.1；向下层平滑清晰过渡。

Bw：20~45 cm，亮红棕色（5YR 5/8，润），橙色（5YR 6/6，干）；细土质地为壤土，碎块状结构，稍紧实；有少量的芒萁细根系，少量的杉木中根系；粒间孔隙发达；直径2~5 mm的砂砾占30%以上；pH为4.3；向下层平滑清晰过渡。

BC：45~70 cm，亮棕色（7.5YR 5/8，润），浊橙色（7.5YR 7/4，干）；细土质地为壤土，碎块状或单粒无结构，稍紧实；有少量的杉木等细根系；粒间孔隙发达；半风化体占40%以上；pH为4.3；向下层波状清晰过渡。

沙溪系代表性单个土体剖面

R：70 cm以下，花岗斑岩母岩。

沙溪系代表性单个土体物理性质

土层	深度 /cm	砾石 （>2mm, 体积 分数）/%	细土颗粒组成（粒径:mm）/（g/kg）			质地	容重 /（g/cm³）
			砂粒 2~0.05	粉粒 0.05~0.002	黏粒 <0.002		
Ah	0~20	40	428	284	288	黏壤土	1.10
Bw	20~45	35	430	326	244	壤土	1.24
BC	45~70	50	425	350	225	壤土	1.23

沙溪系代表性单个土体化学性质

深度 /cm	pH		有机质 /（g/kg）	全氮（N） /（g/kg）	全磷（P） /（g/kg）	全钾（K） /（g/kg）	CEC₇ /（cmol/kg）	游离铁 /（g/kg）
	H₂O	KCl						
0~20	4.1	3.6	15.8	0.60	0.11	17.3	10.3	21.9
20~45	4.3	3.7	9.7	0.37	0.10	18.4	11.8	22.8
45~70	4.3	3.9	17.0	0.73	0.14	18.6	11.2	21.0

10.15.4　大市聚系（Dashiju Series）

土　族：黏质高岭石混合型酸性热性-红色铁质湿润雏形土
拟定者：麻万诸，章明奎

分布与环境条件　主要分布于新嵊盆地的玄武岩台地上，以新昌县和嵊州市的分布面积居大，武义、江山、宁海、黄岩、缙云等县市区也有少量分布，海拔一般<500 m，坡度约 5°~8°，母质为玄武岩风化残坡积物，利用方式以茶园为主。属亚热带湿润季风气候区，年均气温约 15.0~17.0℃，年均降水量约 1365 mm，年均日照时数约 2015 h，无霜期约 240 d。

大市聚系典型景观

土系特征与变幅　诊断层包括淡薄表层、雏形层；诊断特性包括热性土壤温度状况、湿润土壤水分状况、铁质特性。该土系地处玄武岩台地缓坡，坡度 2°~5°，母质为玄武岩风化残坡积物，土体厚度在 150 cm 以上，颗粒组成细腻，土体黏闭，细土质地为黏土或粉砂质黏土，除母质层外，黏粒含量约 450~600 g/kg。土体呈酸性至强酸性，pH（H_2O）约 4.0~5.0，pH（KCl）<4.0，B 层盐基饱和度<30%，铝饱和度约 20%~50%，黏粒 CEC_7 约 25~35 cmol/kg，黏粒浸提铝<12.0 cmol/kg，无低活性富铁层、无铝质现象。125 cm 内整个 B 层呈暗红棕色，色调为 2.5YR~5YR，游离态氧化铁（Fe_2O_3）含量约 50~70 g/kg。黏粒矿物以高岭石为主。表土有机质约 20~30 g/kg，全氮 1.0~1.5 g/kg，有效磷<5 mg/kg，速效钾约 80~120 mg/kg。

　　Bw，厚度>120 cm，细土质地为黏土或粉砂质黏土，黏粒含量 450~600 g/kg，暗红棕色，色调 2.5YR~5YR，游离态氧化铁含量约 50~70 g/kg，pH（KCl）<4.0，盐基饱和度<30%，铝饱和度约 20%~50%，黏粒 CEC_7 约 25~35 cmol/kg，黏粒浸提铝<12.0 cmol/kg，无低活性富铁层、铝质现象。

对比土系　茶院系，不同土纲，母质来源相同，剖面形态相似，均分布于玄武岩发育的低山丘陵台地，土体深厚，颗粒细腻，B 层黏粒含量在 450 g/kg 以上，呈酸性，具有铁质特性，但茶院系淋溶较强，125 cm 内形成了黏化层，为淋溶土。

利用性能综述　该土系发源于玄武岩风化残坡积物母质，土体深厚，质地黏重，孔隙度低，透气透水性能差，土体呈酸性至强酸性，宜耕期短，适种性稍差。但玄武岩母质土体的矿质含量相对丰富，特别是钾素含量较高，适合茶、果类作物生长。当前该土系多为茶园，同时也是新昌"小京生"的主产土壤类型之一。在利用管理上，一是通过增施有机肥、套种绿肥等改善土壤结构；二是要增施磷肥，促进养分元素平衡；三是要提高植被覆盖率，防止地表土壤侵蚀。

参比土种　红黏泥。

代表性单个土体　剖面（编号 33-092）于 2012 年 2 月 24 日采自浙江省绍兴市新昌县大市聚镇西山村东北，29°29′35.8″N，120°59′43.7″E，海拔 193 m，茶园地，玄武岩风化残坡积物，50 cm 深度土温 18.8℃。

Ap：0~30 cm，红棕色（5YR 4/6，润），红棕色（5YR 4/6，干）；细土质地为黏土，团粒状结构，稍疏松；有大量的杂草细根系和少量的茶树粗、中根系；无铁锰锈纹锈斑；表层覆盖有一层腐烂茶叶；pH 为 4.3；向下层平滑清晰过渡。

Bw1：30~70 cm，亮红棕色（5YR 5/8，润），亮红棕色（5YR 5/6，干）；细土质地为黏土，块状结构，紧实；有少量的茶树粗、中根系；土体中有少量的锰结核；pH 为 4.4。向下层平滑渐变过渡。

Bw2：70~100 cm，亮红棕色（5YR 5/8，润），红棕色（5YR 4/8，干）；细土质地为黏土，块状结构，紧实；土体较黏闭；结构面中有明显的氧化铁胶膜，土体中有少量的锰结核；pH 为 4.6。

Bw3：100~180 cm，红棕色（5YR 4/8，润），亮红棕色（5YR 5/8，干）；细土质地为粉黏土，大块状结构，紧实；土体较黏闭；结构面中有明显的氧化铁胶膜，土体中有少量的锰结核；pH 为 4.9；向下层平滑清晰过渡。

C：180~200 cm，暗红棕色（5YR 3/3，润），亮红棕色（5YR 5/8，干）；细土质地为黏壤土，块状结构，紧实；土体中有大量（黑棕色 5YR 2/1，润；棕灰色 5YR 4/1，干）的半风化体，夹有根系状的白色条纹；强酸性，pH 为 4.4。

大市聚系代表性单个土体剖面

大市聚系代表性单个土体物理性质

土层	深度/cm	砾石（>2mm, 体积分数）/%	细土颗粒组成（粒径:mm）/（g/kg）			质地	容重/（g/cm³）
			砂粒 2~0.05	粉粒 0.05~0.002	黏粒 <0.002		
Ap	0~30	1	153	250	597	黏土	1.09
Bw1	30~70	0	118	339	543	黏土	1.12
Bw2	70~100	3	119	336	545	黏土	1.12
Bw3	100~180	0	100	430	470	粉砂质黏土	1.15
C	180~200	0	367	263	370	黏壤土	1.25

大市聚系代表性单个土体化学性质

深度/cm	pH		有机质/（g/kg）	全氮（N）/（g/kg）	全磷（P）/（g/kg）	全钾（K）/（g/kg）	CEC₇/（cmol/kg）	游离铁/（g/kg）
	H₂O	KCl						
0~30	4.3	3.5	27.2	0.97	1.04	4.4	16.5	63.1
30~70	4.4	3.6	19.6	1.43	0.71	5.3	15.5	54.1
70~100	4.6	3.7	20.1	0.80	0.85	4.3	15.8	60.3
100~180	4.9	3.8	10.6	0.30	1.20	2.7	15.7	60.6
180~200	4.4	3.8	5.8	0.21	1.82	3.4	22.1	68.1

10.15.5　赤寿系（Chishou Series）

土　族：壤质硅质混合型酸性热性-红色铁质湿润雏形土
拟定者：麻万诸，章明奎

分布与环境条件　分布于
浙江丽水、金华、衢州等市
境内海拔 100~200 m 的低丘
底部和盆地边缘，与河谷平
原交界的区域，地形较为平
坦，坡度 2°~5°，排水条件
稍差，母质为 Q_2 红土，利
用方式以茶园为主。属亚热
带湿润季风气候区，年均气
温约 16.0~18.0℃，年均降水
量约 1530 mm，年均日照时
数约 1855 h，无霜期约 250 d。

赤寿系典型景观

土系特征与变幅　诊断层包括淡薄表层、雏形层、聚铁网纹层；诊断特性包括热性土壤
温度状况、湿润土壤水分状况、铁质特性。该土系母质为第四纪 Q_2 红土，分布于盆地区
的河谷边缘的微坡地，地势较为平坦，多为园地。表层（含亚表层）厚度 25~40 cm，受
耕作影响，明显熟化，土体中有大量蚯蚓孔洞，有机碳含量约 10~15 g/kg，但无明显的
磷素淀积，有效磷含量<15 mg/kg，具有肥熟现象。约 30~40 cm 开始出现聚铁网纹层，
厚度约 30~50 cm，细土质地为壤土，黏粒含量约 150~200 g/kg，土体呈微酸性至酸性，
pH（H_2O）为 5.0~6.0，pH（KCl）<5.5，盐基饱和度>60%，铝饱和度<30%，黏粒 CEC_7
约 30~50 cmol/kg，土体红、黄、白相间形成网纹——聚铁网纹，基色呈红棕色，色调 5YR，
游离态氧化铁（Fe_2O_3）含量约 20~30 g/kg。整个 B 层无低活性富铁层，无铝质现象。

　　Bl，聚铁网纹层，开始出现于 30~40 cm，厚度 30~50 cm，细土质地为壤土，黏粒含
量 150~200 g/kg，土体红、黄、白相间形成网纹，游离态氧化铁含量约 20~30 g/kg，pH 为
5.0~6.0，盐基饱和度>60%，铝饱和度<30%，黏粒 CEC_7 约 30~50 cmol/kg。

对比土系　塘沿系，不同土纲，均分布于盆地区，发源于 Q_2 红土母质，土体 30~50 cm
以下出现聚铁网纹层，但塘沿系长期植稻，已发育为水耕人为土。

利用性能综述　该土系由于表土酸性较强，土体稍紧，目前多作园地，种植茶树、果木
等。根据绿色食品标准，作为园地，有机质和全氮水平都较高，有效磷和有效钾水平属
中等偏上，但 C/N 比偏高，达 15 左右。在培肥改良方面，宜种箭舌豌豆、印尼绿豆等
豆科绿肥进行生物固氮，从而达到保持、提升土壤有机质的同时降低 C/N 比。

参比土种　褐斑黄筋泥。

代表性单个土体　剖面（编号 33-052）于 2011 年 8 月 9 日采自浙江省丽水市松阳县赤

寿乡朝阳村，28°33′24.4″N，119°22′45.0″E，海拔 153 m，松古盆地边缘，坡度<5°，茶园，母质为第四纪红黏土，50 cm 深度土温 19.8℃。

Ap：0~30 cm，耕作层，浊黄橙色（10YR 6/4，润），浊黄橙色（10YR 7/3，干）；细土质地为壤土，小块状结构，稍紧实；有少量的中根系，数量约 1%；无明显的铁、锰新生体；土体因长期耕作影响，呈淡灰色，有较多的动物孔穴，孔径在 0.5~1 cm，数量约占土体的 8%；偶有直径 2~3 cm 的半风化砾石；pH 为 3.3；向下层平滑清晰过渡。

Bw：30~40 cm，褐斑层，亮黄棕色（10YR 6/6，润），浅淡黄色（2.5Y 8/4）；细土质地为壤土，块状结构，稍紧实；有大量的褐色铁锰斑，数量约 30%，褐斑直径 1~2 cm，黑棕色（10YR 2/2，润），暗棕色（10YR 3/3）；pH 为 4.8；向下层平滑清晰过渡。

Bl：40~85 cm，聚铁网纹层，细土质地为壤土，块状结构和大块状结构，很紧实；土体主要为红、黄、白网纹组成的聚铁网纹层，红色部分润态红棕色（5YR 4/8，润），橙色（5YR 7/8），约占土体的 60%，黄白色部分润态黄棕色（10YR 5/6，润），淡黄橙色（10YR 8/4）；pH 为 5.6；向下层平滑清晰过渡。

C：85 cm 以下，红土砾石层，紧实；有较多直径 10~15 cm 磨圆度较高的砾石块，数量在 25%~30%，细土部分物质的性状与 B 层相似，红色部分润态红棕色（5YR 4/8，润），橙色（5YR 7/8，干），约占土体的 60%，黄白色部分润态黄棕色（10YR 5/6，润），淡黄橙色（10YR 8/4，干）。

赤寿系代表性单个土体剖面

赤寿系代表性单个土体物理性质

土层	深度 /cm	砾石 （>2mm，体积分数）/%	细土颗粒组成（粒径:mm）/（g/kg）			质地	容重 /（g/cm³）
			砂粒 2~0.05	粉粒 0.05~0.002	黏粒 <0.002		
Ap	0~30	5	416	436	148	壤土	1.17
Bw	30~40	3	380	450	170	壤土	1.21
Bl	40~85	5	374	448	178	壤土	1.21

赤寿系代表性单个土体化学性质

深度 /cm	pH		有机质 /（g/kg）	全氮（N） /（g/kg）	全磷（P） /（g/kg）	全钾（K） /（g/kg）	CEC₇ /（cmol/kg）	游离铁 /（g/kg）
	H_2O	KCl						
0~30	3.3	3.3	23.7	1.31	1.00	6.7	11.0	20.8
30~40	4.8	3.7	5.2	0.34	0.21	11.3	5.7	28.4
40~85	5.6	4.1	3.8	0.30	0.22	11.6	7.7	25.7

10.15.6 杨家埠系（Yangjiabu Series）

土　　族：壤质硅质混合型非酸性热性-红色铁质湿润雏形土
拟定者：麻万诸，章明奎

分布与环境条件　主要分布于浙北的吴兴、南浔、长兴、安吉等县市区的中低丘下部的中缓坡地，坡度 8°~15°，母质为凝灰岩风化残坡积物，利用方式以林地为主。属亚热带湿润季风气候区，年均气温约 14.5~16.5℃，年均降水量约 1290 mm，年均日照时数约 2080 h，无霜期约 235 d。

杨家埠系典型景观

土系特征与变幅　诊断层包括淡薄表层、雏形层；诊断特性包括热性土壤温度状况、湿润土壤水分状况、铁质特性。该土系地处中低丘中缓坡，母质为凝灰岩风化残坡积物，有效土层约 80~100 cm，土体上部 20~30 cm 砾石含量较高，>2 mm 的粗骨岩石碎屑平均约占土体的 20%~25%。B 层厚度约 60~80 cm，细土质地为壤土，黏粒含量约 100~200 g/kg，土体呈红棕色至暗红棕色，润态色调 2.5YR~5YR，游离态氧化铁（Fe_2O_3）含量约 30~50 g/kg，盐基饱和度>50%，铝饱和度<50%，CEC_7 约 6.0~10.0 cmol/kg，无铝质现象。表土厚度约 10~15 cm，呈灰棕色，腐殖质大量淀积，有机碳含量约 20~30 g/kg，向下逐层减少，土体 100 cm 有机碳储量约 6.0~8.0 kg/m²，未形成腐殖质特性。表土全氮 2.0~3.0 g/kg，有效磷<5 mg/kg，速效钾>150 mg/kg。

　　Bw，雏形层，厚度 60~80 cm，细土质地为壤土，黏粒含量 100~200 g/kg，色调 2.5YR~5YR，游离态氧化铁含量约 30~50 g/kg，CEC_7 约 6.0~10.0 cmol/kg，盐基饱和度>50%，铝饱和度<50%。

对比土系　灵壮山系，同一亚类不同土族，均分布于低丘坡地，母质为凝灰岩风化残坡积物，但灵壮山系地处中上坡陡坡，土体中有较多的大石块侵入，粗骨屑粒平均含量>25%，颗粒大小级别为粗骨壤质。

利用性能综述　该土系地处低丘中缓坡，水源相对短缺，土体失水后非常紧实，再者地表砾石含量高，不宜农用。可用于种植林木，起到地表覆盖、保持水土的作用。在坡度平缓且有水源供应之处，也可开垦为梯地，种植茶树。表土有机质、全氮、速效钾的含量尚高，但 C/N 比近 13，因此有机质的肥力有效性不高，再者有效磷严重缺乏，养分很不平衡，因此在肥水管理中需注意磷素的补充。

参比土种　亚棕黄筋泥。

代表性单个土体　　剖面（编号 33-046）于 2010 年 12 月 22 日采自浙江省湖州市吴兴区杨家埠三天门村，30°55′20.2″N，120°00′44.3″E，海拔 108 m，林地，植被为马尾松和小竹子、灌木等，坡度 10° 左右，母质为凝灰岩风化残坡积物，50 cm 深度土温 17.3℃。

杨家埠系代表性单个土体剖面

A：0~10 cm，灰棕色（5YR 4/2，润），浊红棕色（5YR 5/3，干）；细土质地为壤土，块状结构，紧实；有大量的小竹子中、细根系；地表有大量 5~8 cm 的棱块状砾石裸露，土体中直径大于 2 cm 的砾石约占土体体积 30%，磨圆度较差；pH 为 6.9；向下层平滑清晰过渡。

Bw1：10~28 cm，暗红棕色（5YR 3/4，润），亮红棕色（5YR 5/6，干）；细土质地为壤土，块状结构，较紧实；有较多的细根系；土体中直径大于 2 cm 的砾石约占土体体积的 15%，磨圆度较差；pH 为 6.2；向下层平滑清晰过渡。

Bw2：28~50 cm，红棕色（2.5YR 4/8，润），橙色（2.5YR 6/8，干）；细土质地为壤土，块状结构，较紧实；直径 1 cm 左右的砾石约占土体体积的 10%，磨圆度较差；pH 为 5.8；向下层平滑清晰过渡。

Bw3：50~90 cm，暗红棕色（2.5YR 3/6，润），橙色（2.5YR 6/6，干）；细土质地为壤土，小块状结构，较疏松；有少量的细根系；少量的砾石；pH 为 5.1；向下层平滑清晰过渡。

C：90 cm 以下，细土质地为壤土，块状结构，紧实；结构面可见铁、锰斑纹；半风化有砾石夹泥层与泥土层交互出现。

杨家埠系代表性单个土体物理性质

| 土层 | 深度 /cm | 砾石（>2mm，体积分数）/% | 细土颗粒组成（粒径:mm）/（g/kg） | | | 质地 | 容重 /（g/cm³） |
			砂粒 2~0.05	粉粒 0.05~0.002	黏粒 <0.002		
A	0~10	30	406	431	163	壤土	1.24
Bw1	10~28	15	417	439	144	壤土	1.27
Bw2	28~50	10	409	427	164	壤土	1.18
Bw3	50~90	10	413	423	164	壤土	1.28

杨家埠系代表性单个土体化学性质

| 深度 /cm | pH | | 有机质 /（g/kg） | 全氮（N） /（g/kg） | 全磷（P） /（g/kg） | 全钾（K） /（g/kg） | CEC₇ /（cmol/kg） | 游离铁 /（g/kg） |
	H₂O	KCl						
0~10	6.9	5.9	45.2	2.41	0.40	10.8	14.2	33.0
10~28	6.2	5.0	18.0	0.73	0.21	12.5	7.0	36.9
28~50	5.8	4.6	6.0	0.37	0.21	13.7	7.9	46.0
50~90	5.1	4.1	2.0	0.29	0.00	13.9	7.6	42.6

10.16 暗沃铁质湿润雏形土

10.16.1 剡湖系（Shanhu Series）

土　族：极黏质高岭石混合型非酸性热性-暗沃铁质湿润雏形土
拟定者：麻万诸，章明奎

分布与环境条件　主要分布于新嵊盆地内的玄武岩台地边缘，以嵊州市的浦口、广利、崇仁等乡镇的玄武岩低丘坡地上分布较为集中，母质为淡水湖硅藻沉积物，海拔一般<150 m，坡度 15°~25°，利用方式为园地或旱作耕地。属亚热带湿润季风气候区，年均气温约 15.5~17.0℃，年均降水量约 1280 mm，年均日照时数约 2020 h，无霜期约 235 d。

剡湖系典型景观

土系特征与变幅　诊断层包括暗沃表层、雏形层；诊断特性包括热性土壤温度状况、湿润土壤水分状况、铁质特性；诊断现象有肥熟现象。该土系地处新嵊盆地内的玄武岩台地外缘，坡度 15°~25°，母质为淡水湖硅藻沉积物，由覆盖于硅藻之上的玄武岩风化体遭侵蚀之后露出地表所致。土体厚度约 100~120 cm，细土质地为黏土，黏粒含量约 450~650 g/kg，由表层向下增加。该土系现已基本开发为果园地或杂粮旱地，由于耕作影响，表土已明显熟化，厚度约 25~30 cm，呈暗棕色，色调 10YR，润态明度 2~3，彩度 2~3，较母质层彩度低 3 个单位以上，有机碳含量 10~20 g/kg，pH 约 5.0~6.0，盐基饱和度>90%，形成了暗沃表层，但无明显的磷素淀积，具有肥熟现象。B 层厚度 30~50 cm，结构面中可见较多的锈纹锈斑，土体呈浊黄棕色至浊黄色，色调 10YR~2.5Y，游离态氧化铁（Fe_2O_3）含量约 25~30 g/kg，土体呈微酸性至中性，pH 约 6.0~7.0，CEC_7>20 cmol/kg，盐基饱和度>90%。受上层耕作影响，B 层中有少量的腐殖质淀积，土体 100 cm 有机碳含量 5.0~8.0 kg/m²。母质层为硅藻沉积物，呈浊黄色，细土黏粒含量达 600~650 g/kg。表层有机质约 15~25 g/kg，全氮 1.0~1.5 g/kg，有效磷 6~12 mg/kg，速效钾 60~100 mg/kg。

　　Ap，耕作层，厚度 25~30 cm，细土质地为黏土，黏粒含量 450~550 g/kg，暗棕色，色调 10YR，润态明度、彩度均为 2~3，彩度较母质层低 3 个单位以上，有机碳含量约 10~20 g/kg，pH 为 5.0~6.0，盐基饱和度>90%，有效磷 6~12 mg/kg，暗沃表层，具有肥熟现象。

　　Bst，润态呈黄白色，厚度约 30~50 cm，块状结构，细土质地为黏土，黏粒含量 550~

650 g/kg，pH 约 6.0~7.0，CEC$_7$>20 cmol/kg，盐基饱和度>90%。

对比土系　大浦桥系（详见《浙江省土系概论》），同一亚类不同土族，所处地形部位、母质来源均相同，但大浦桥系颗粒稍粗，颗粒大小级别为黏质。

利用性能综述　该土系发源于硅藻沉积物，土壤质地黏闭，养分释放能力较差，且地处台地外缘的低丘斜坡，坡度较大，易造成侵蚀，不利于农业利用。虽然因长时间的耕作和上坡玄武岩风化再积物质的影响，表层有较好的发育，但在农业种植上总体欠佳。该土系的硅藻沉积物母质是一种宝贵的工业原料，可用于吸附剂、填充剂、催化剂载体以及耐火、耐高温原料等多种用途。

参比土种　硅藻白土。

剡湖系代表性单个土体剖面

代表性单个土体　剖面（编号 33-089）于 2012 年 2 月 23 日采自浙江省绍兴市嵊州市剡湖街道下瑶山村，29°38′57.1″N，120°47′03.5″E，海拔 100 m，母质为淡水湖硅藻沉积物，梯地，种植桑树、李子或花生等，50 cm 深度土温 19.0℃。

Ap: 0~25 cm，暗棕色（10YR 3/3，润），暗棕色（10YR 3/3，干）；细土质地为黏土，团粒状结构，稍松；大量杂草（胡葱）细根系；地表有较多直径 2~5 cm 的玄武岩砾石，土体中有少量，平均约占 10%；pH 为 5.5；向下层平滑清晰过渡。

Bst1：25~46 cm，浊黄棕色（10YR 4/3，润），浊黄棕色（10YR 5/4，干）；细土质地为黏土，块状结构，紧实；有较多的桑树粗、中根系；土体中有大量的气孔；结构面中有较多的锈纹；土体中有少量腐殖质淀积；偶有大块砾石，直径 5~10 cm；pH 为 6.3；向下层平滑清晰过渡。

Bst2：46~70 cm，浊黄色（2.5Y 6/3，润），浊黄色（2.5Y 6/3，干）；细土质地为黏土，块状结构，紧实；有少量的桑树粗、中根系；土体黏闭；结构面中有大量的锈纹；pH 为 6.7；向下层平滑清晰过渡。

Cst：70~125 cm，浅淡黄色（5Y 8/3，润），浅淡黄色（5Y 8/3，干）；细土质地为黏土，大块状结构，紧实；土体黏闭；土体中有少量的锈纹锈斑；土体垂直结构发达，易崩塌；pH 为 6.9。

剡湖系代表性单个土体物理性质

土层	深度 /cm	砾石 （>2mm，体积分数）/%	细土颗粒组成（粒径:mm）/（g/kg）			质地	容重 /（g/cm³）
			砂粒 2~0.05	粉粒 0.05~0.002	黏粒 <0.002		
Ap	0~25	10	149	366	485	黏土	1.05
Bst1	25~46	5	90	321	589	黏土	1.15
Bst2	46~70	0	110	255	635	黏土	1.21
Cst	70~125	0	49	285	666	黏土	1.17

剡湖系代表性单个土体化学性质

深度 /cm	pH		有机质 /（g/kg）	全氮（N） /（g/kg）	全磷（P） /（g/kg）	全钾（K） /（g/kg）	CEC$_7$ /（cmol/kg）	BS （%）	游离铁 /（g/kg）
	H$_2$O	KCl							
0~25	5.5	4.2	21.6	1.47	0.53	12.4	37.2	90.6	24.7
25~46	6.3	5.0	9.3	0.66	0.31	13.0	20.2	97.8	28.6
46~70	6.7	5.5	5.2	0.40	0.29	15.9	24.7	98.7	25.6
70~125	6.9	5.5	3.3	0.37	0.18	17.4	40.0	99.3	34.9

10.17　普通铁质湿润雏形土

10.17.1　卓山系（Zhuoshan Series）

土　族：粗骨壤质硅质混合型酸性热性-普通铁质湿润雏形土
拟定者：麻万诸，章明奎

分布与环境条件　零星分布于全省各市的丘陵山地陡坡处，以嵊州、上虞、安吉、象山、瑞安、青田、嵊泗等县市的分布面积较大，海拔<300 m，坡度 25°~35°，母质为花岗岩风化残坡积物，利用方式为林地。属亚热带湿润季风气候区，年均气温约15.5~17.5℃，年均降水量约1545 mm，年均日照时数约1870 h，无霜期约 260 d。

卓山系典型景观

土系特征与变幅　诊断层包括淡薄表层、雏形层；诊断特性包括热性土壤温度状况、湿润土壤水分状况、铁质特性、准石质接触面。该土系分布于中低丘山地陡坡处，坡度约 25°~ 35°，母质为花岗岩风化残坡积物，土体厚度约 80~100 cm。土体结构发育较弱，质地较粗，全土体 >2 mm 的粗骨岩石碎屑平均含量约占 30%~40%，细土质地为砂质壤土或壤质砂土，砂粒含量 500~600 g/kg，黏粒含量<150 g/kg。B 层厚度约 60~80 cm，亮棕色，色调为 10YR，游离态氧化铁（Fe_2O_3）含量约 20~30 g/kg，土体呈强酸性至酸性，pH（H_2O）为 4.0~5.0，CEC_7 约 8.0~12.0 cmol/kg，盐基饱和度 20%~40%，铝饱和度<30%，无铝质现象。表层厚度<10 cm，有机质约 10~20 g/kg，全氮<1.0 g/kg，有效磷 1~5 mg/kg，速效钾 80~120 mg/kg。

　　Bw，雏形层，土体厚度 60~80 cm，土体发育较弱，>2 mm 的粗骨岩石碎屑平均含量约占 30%~40%，细土质地为砂质壤土或壤质砂土，砂粒含量 500~600 g/kg，黏粒含量<150 g/kg，亮棕色，色调 10YR，游离态氧化铁含量约 20~30 g/kg，pH 为 4.0~5.0，盐基饱和度 20%~40%，铝饱和度<30%。

对比土系　沙溪系，同一土类不同亚类，所处地形部位、母质来源相同，地貌景观特征相似，土体结构发育较弱，但沙溪系土体上部润态色调为 5YR 或更红，且细土质地以壤土或黏壤土为主，黏粒含量约 200~300 g/kg，为红色铁质湿润雏形土。上坪系，同一亚纲不同土类，母质来源相同、剖面形态相似，但上坪系全土层铝饱和度>60%，具有铝质现象，为铝质湿润雏形土。罗塘系，同一亚类不同土族，颗粒大小级别为壤质，为非酸性。

利用性能综述　该土系地处中低丘的陡坡，土体质地较粗，因受地形等影响，土壤极易遭受侵蚀,不宜作农业利用。在过去,该土系地表植被稀疏,水土侵蚀严重,是较难利用的"癞头山"。近年由于生态保护,植被得以恢复,但仍以小松木和芒萁等植被为主,属生态脆弱区,需作持续保护。

参比土种　白岩砂土。

代表性单个土体　剖面(编号 33-064)于 2011 年 11 月 18 日采自浙江省丽水市青田县海口镇东江村西北卓山,28°22′34.4″N,120°06′07.7″E,低丘中下坡,坡度约 25°~30°,海拔 150 m,母质为花岗岩残积物,植被为灌木、芒萁等,50 cm 深度土温 19.4℃。

卓山系代表性单个土体剖面

Ah:0~5 cm,棕色(10YR 4/6,润),亮黄棕色(10YR 7/6,干);细土质地为砂质壤土,屑粒状或碎块状结构,疏松;有大量的芒萁根系;粒间孔隙发达;土体中直径 3~5 cm 的半风化砾石占土体的 30%以上;pH 为 5.2;向下层平滑清晰过渡。

Bw1:5~25 cm,黄棕色(10YR 5/6,润),黄橙色(10YR 8/6,干);细土质地为砂质壤土,屑粒状或碎块状结构,稍紧实;土体中直径 3~5 cm 的半风化砾石占土体的 30%左右;pH 为 5.2;向下层平滑渐变过渡。

Bw2:25~60 cm,黄棕色(10YR 5/6,润),黄橙色(10YR 8/8,干);细土质地为砂质壤土,屑粒状或碎块状结构,紧实;土体中直径 3~5 cm 的半风化砾石占土体的 30%左右;pH 为 5.3;向下层平滑渐变过渡。

BC:60~100 cm,黄棕色(10YR 5/6,润),黄橙色(10YR 8/6,干);细土质地为砂质壤土,屑粒状或碎块状结构,紧实;土体中直径 3~5 cm 的半风化砾石占土体的 30%以上;pH 为 5.4。

卓山系代表性单个土体物理性质

土层	深度 /cm	砾石 (>2mm,体积分数)/%	砂粒 2~0.05	粉粒 0.05~0.002	黏粒 <0.002	质地	容重 /(g/cm³)
			细土颗粒组成(粒径:mm)/(g/kg)				
Ah	0~5	35	572	317	111	砂质壤土	1.12
Bw1	5~25	35	526	402	72	砂质壤土	1.22
Bw2	25~60	30	553	374	73	砂质壤土	1.25
BC	60~100	35	519	407	74	砂质壤土	1.25

卓山系代表性单个土体化学性质

深度 /cm	pH H₂O	pH KCl	有机质 /(g/kg)	全氮(N) /(g/kg)	全磷(P) /(g/kg)	全钾(K) /(g/kg)	CEC₇ /(cmol/kg)	游离铁 /(g/kg)
0~5	5.2	4.3	12.5	0.27	0.19	21.3	8.7	24.5
5~25	5.2	4.4	6.9	0.31	0.16	17.7	10.8	22.0
25~60	5.3	4.4	4.0	0.23	0.14	18.3	9.5	25.8
60~100	5.4	4.4	1.6	0.29	0.13	17.9	8.9	23.9

10.17.2　罗塘系（Luotang Series）

土　族：壤质硅质混合型非酸性热性-普通铁质湿润雏形土
拟定者：麻万诸，章明奎

分布与环境条件　主要分布于浙西北的低山丘陵中下坡，以杭州市境内分布面积最大，浙东、浙南的低山丘陵也有较多分布。海拔一般<500 m，大地形坡度 25°~35°，母质为泥页岩风化物残坡积物。该土系由梯地人工种植经济林木或退耕还林而来，受梯地开垦影响，具有埋藏表层。属亚热带湿润季风气候区，年均气温约 15.5~17.0℃，年均降水量约 1410 mm，年均日照时数约 2025 h，无霜期约 230 d。

罗塘系典型景观

土系特征与变幅　诊断层包括淡薄表层、雏形层；诊断特性包括热性土壤温度状况、湿润土壤水分状况、铁质特性、准石质接触面。该土系母质为泥页岩风化物残坡积物，经人工开垦形成坡地，地面坡度 8°~15°。土体较为紧实，有效厚度 60~100 cm，上部土体孔隙度较高，但以无效孔隙居多，下部较为紧实，土体中直径 2~5 cm 的砾石平均含量约占土体 20%，细土中砂粒含量一般在 350~450 g/kg，黏粒含量 100~200 g/kg，质地为壤土或粉砂壤土。表层厚度 18~25 cm，亮棕色，有机碳含量约 15~20 g/kg。紧接于表层之下有一埋藏表层，厚度 20~30 cm，棕色，土体较疏松，有机碳含量约 10~15 g/kg，尚未形成暗瘠表层。约 40~50 cm 开始为雏形层，厚度 20~40 cm，亮红棕色，色调 5YR~7.5YR，游离态氧化铁（Fe_2O_3）含量约 50~80 g/kg，pH 为 6.0~7.0，盐基饱和度>90%。表土全氮 1.5~2.0 g/kg，碳氮比（C/N）约 10~11，有机质的腐殖化程度较好。表土有效磷低于 5 mg/kg，速效钾 50~80 mg/kg。

　　Ab，埋藏层，厚度约 20~30 cm，棕色，色调 7.5YR，人为扰动层次，由于人工垦殖的影响，原表土层遭新土层掩埋，土体较疏松，有机碳含量约 10~15 g/kg，pH 为 6.0~7.0，盐基饱和度>90%。

对比土系　灵龙系，同一土类不同亚类，分布于低陡坡，发源于泥页岩风化残坡积物母质，土体粗骨屑粒含量较高，但灵龙系位于中上坡，属自然林地，受人为影响较少，润态色调 5YR 或更红，为红色铁质湿润雏形土。卓山系，同一亚类不同土族，颗粒大小级别为粗骨壤质，为酸性。

利用性能综述　该土系为人工垦殖坡地，小地面尚有 5°~15° 的坡度，多用于种植毛竹、雷竹等经济果木。埋藏表层之上，多无效孔隙，少水时土体较为紧实。表土有机质、全氮含量尚可，磷、钾素水平严重偏低，再者表土砾石含量稍高，且灌溉水源缺乏，不宜农用。

参比土种 黄红泥土。

代表性单个土体 剖面（编号 33-043）于 2010 年 12 月 10 日采自浙江省杭州市临安市板桥镇罗塘村乌竹坞西，30°10′26.2″N，119°45′44.9″E，低丘坡底，海拔 69 m，大地形坡度 25°~30°，地块坡度约 10°~15°，母质为硅质泥岩风化物残坡积物，林地，植被为雷竹林，50 cm 深度土温 19.0℃。

A：0~25 cm，亮棕色（7.5YR 5/6，润），浊橙色（7.5YR 7/4，干）；细土质地为壤土，小块状结构，稍紧实；有中量的毛竹中根系和少量的毛竹细根系；土体中有较多直径 2~5 cm 的砾石，约占土体的 15%，磨圆度较差；pH 为 6.0；向下层渐变过渡。

Ab：25~50 cm，棕色（7.5YR 4/6，润），橙色（7.5YR 7/6，干）；细土质地为壤土，碎块状结构，稍紧实；有中量的毛竹根系；直径 2 cm 以上的砾石约占 10%，磨圆度较差；pH 为 6.7；向下层平滑清晰过渡。

Bw：50~85 cm，网纹层，亮红棕色（5YR 5/8，润），橙色（5YR 6/6，干）；细土质地为壤土，块状结构，很紧实；黄白相间，干时坚硬，湿时变软；pH 为 6.9；向下层平滑清晰过渡。

C：85 cm 以下，半风化母岩层，亮红棕色（5YR 5/8，润），亮红棕色（5YR 5/8）。

罗塘系代表性单个土体剖面

罗塘系代表性单个土体物理性质

土层	深度 /cm	砾石 (>2mm, 体积分数) /%	细土颗粒组成（粒径:mm）/（g/kg）			质地	容重 /（g/cm³）
			砂粒 2~0.05	粉粒 0.05~0.002	黏粒 <0.002		
A	0~25	15	348	460	192	壤土	1.19
Ab	25~50	10	445	393	162	壤土	1.23
Bw	50~85	15	466	423	111	壤土	1.35

罗塘系代表性单个土体化学性质

深度 /cm	pH		有机质 /（g/kg）	全氮（N） /（g/kg）	全磷（P） /（g/kg）	全钾（K） /（g/kg）	CEC$_7$ /（cmol/kg）	游离铁 /（g/kg）
	H$_2$O	KCl						
0~25	6.0	4.8	31.2	1.80	0.58	22.6	11.4	62.5
25~50	6.7	5.4	19.2	0.90	0.45	23.6	9.2	56.4
50~85	6.9	5.6	8.1	0.53	0.36	26.9	6.6	57.1

10.18 腐殖酸性湿润雏形土

10.18.1 大溪系（Daxi Series）

土　族：粗骨壤质硅质混合型热性–腐殖酸性湿润雏形土
拟定者：麻万诸，章明奎

分布与环境条件　广泛分布于浙江省境内低山丘陵区的林地陡坡，坡度 25°~35°，海拔约 300~500 m，母质为凝灰岩风化残坡积物，利用方式为林地，植被为乔、灌木林，地表覆盖良好，有 1~2 cm 的枯枝落叶，具有趋向常湿润的土壤水分状况。属亚热带湿润季风气候区，年均气温约 14.0~16.5℃，年均降水量约 2000 mm，年均日照时数约 1900 h，无霜期约 230 d。

大溪系典型景观

土系特征与变幅　诊断层包括淡薄表层、雏形层；诊断特性包括热性土壤温度状况、湿润土壤水分状况、腐殖质特性。该土系发源于凝灰岩风化残坡积物，地处低山和中高丘陵林地中坡，坡度约 25°~35°。地表植被覆盖良好，具有趋向常湿的土壤水分状况。有效土层厚度约 60~100 cm，土体中夹杂有较多的半风化砾石，>2 mm 的粗骨屑粒平均含量达 25%~40%，细土质地为壤土，黏粒含量<250 g/kg，无明显的淋移淀积现象。因土体腐殖质积累较多，土体颜色偏暗，故称黑黄泥土，100 cm 土体的有机碳含量达 12.0~15.0 kg/m²，具有腐殖特性。表土厚度约 18~25 cm，黑棕色，色调 10YR，润态明度 3~4，彩度 2~3，腐殖质大量淀积，有机碳含量约 20~40 g/kg，pH 为 5.0~5.5，盐基饱和度>60%。约 20~25 cm 开始为雏形层，厚度约 60~80 cm，呈酸性，pH 为 4.5~5.0，棕色至黄棕色，色调 10YR，游离态氧化铁（Fe₂O₃）含量约 10.0~15.0 g/kg，CEC₇ 约 10.0~15.0 cmol/kg，铝饱和度约 40%~60%，盐基饱和度<30%，无铝质现象。表土厚度约 20 cm，腐殖质积累明显，CEC₇ 在 20.0 cmol/kg 以上，盐基饱和度>60%，有机质约 40~60 g/kg，全氮 3.0~5.0 g/kg，有效磷 6~10 mg/kg，速效钾>150 mg/kg。

Aho，腐殖表层，厚度 18~25 cm，黑棕色，色调 10YR，润态明度 3~4，彩度 2~3，土体疏松暗黑，团粒状结构，腐殖质大量淀积，有机碳含量 20.0~40.0 g/kg，pH 为 5.0~5.5，盐基饱和度>60%，未形成暗瘠表层。

对比土系　许家山系，同一亚类不同土族，许家山系发育于细晶花岗岩母质，颗粒大小级别为砂质。着树山系，不同土纲，着树山系发育于玄武岩母质，土体呈微酸性-微碱性，全土体盐基饱和度均在 60%以上，具有暗沃表层和均腐殖质特性，为均腐土。南田系，同一土类不同亚类，均发源于凝灰岩风化物母质，地处陡坡，剖面形态相似，但南田系分布于海拔>600 m 的中山，具有温性土壤温度状况和常湿润土壤水分状况，土体腐殖质含量稍低，未形成腐殖质特性，为普通酸性常湿雏形土。

利用性能综述　该土系分布于低山丘陵的中坡，土层厚度一般，土体疏松，质地较粗，渗透性和通气性良好，坡度较陡，在利用上多为林地。植被覆盖茂密，具有趋向常湿的土壤水分状况，土体有机物质积累丰富，氮、钾素养分含量都较高，磷素较为缺乏。由于坡度较大，粗骨砾石含量高，极易形成土壤侵蚀，不宜作农业利用开发，因此该土系以林木蓄积和维持生态平衡为主要功能，在利用上需持续保护森林，保持地表有效覆盖。

参比土种　黑黄泥土。

代表性单个土体　剖面（编号 33-104）于 2012 年 2 月 28 日采自浙江省台州市临海市大溪镇林家坑村，28°45′13.3″N，120°58′45.5″E，海拔 450 m，坡度约 30°~35°，母质为熔结凝灰岩风化残坡积物，50 cm 深度土温 16.9℃。

Aho：0~18 cm，黑棕色（10YR 3/2，润），浊黄棕色（10YR 5/3，干）；细土质地为壤土，屑粒状结构，松散；有大量的毛竹中、细根系；土体中有大量的直径 2~5 cm 的砾石，磨圆度稍好，约占土体的 40%；表层有大量虫卵，直径 2~5 mm；pH 为 5.2；向下层平滑渐变过渡。

Bwh：18~50 cm，棕色（10YR 4/4，润），浊黄橙色（10YR 6/3，干）；细土质地为壤土，碎块状结构，有大量毛竹中根系和少量粗根系；结构面中有大量腐殖质胶膜；土体中有大量直径 2~ 5 cm 的砾石，稍有磨圆，约占土体 40%；pH 为 5.0；向下层平滑清晰过渡。

Bw：50~100 cm，黄棕色（10YR 5/6，润），浊黄橙色（10YR 6/4，干）；细土质地为壤土，碎块结构，有少量的毛竹粗、中、细根系；土体中有大量直径 2~5 cm 的砾石，稍有磨圆，约占土体 40%；pH 为 5.0。

大溪系代表性单个土体剖面

大溪系代表性单个土体物理性质

土层	深度 /cm	砾石（>2mm, 体积分数）/%	细土颗粒组成（粒径:mm）/（g/kg）			质地	容重 /（g/cm³）
			砂粒 2~0.05	粉粒 0.05~0.002	黏粒 <0.002		
Aho	0~18	40	327	488	185	壤土	1.02
Bwh	18~50	40	497	360	143	壤土	1.06
Bw	50~100	40	366	433	201	壤土	1.08

大溪系代表性单个土体化学性质

深度 /cm	pH		有机质 /（g/kg）	全氮（N）/（g/kg）	全磷（P）/（g/kg）	全钾（K）/（g/kg）	CEC₇ /（cmol/kg）	BS /%
	H₂O	KCl						
0~18	5.2	4.1	52.5	3.03	0.41	17.9	20.5	76.7
18~50	5.0	4.0	33.1	1.22	0.32	18.2	13.0	23.8
50~100	5.0	4.0	19.1	0.90	0.30	20.1	12.2	23.3

10.18.2 许家山系（Xujiashan Series）

土 族：砂质硅质混合型热性-腐殖酸性湿润雏形土
拟定者：麻万诸，章明奎

分布与环境条件 主要分布于全省各市的中低山和丘陵区的中坡，以安吉、奉化、新昌、天台、开化、遂昌、云和、龙泉等县市的分布面积较大，坡度 15°~25°，海拔一般 800 m，母质为细晶花岗岩风化残坡积物，利用方式为林地。属亚热带湿润季风气候区，年均气温约 14.0~15.5℃，年均降水量约 1400 mm，年均日照时数约 2020 h，无霜期约 240 d。

许家山系典型景观

土系特征与变幅 诊断层包括淡薄表层、雏形层；诊断特性包括热性土壤温度状况、湿润土壤水分状况、腐殖质特性。该土系地处中低山和丘陵的中坡地，坡度约 15°~25°，母质为细晶花岗岩风化残坡积物，有效土层厚度约 80~120 cm，土体疏松，总孔隙度约 25%~40%，细土质地为砂质壤土，黏粒含量约 100~150 g/kg。地表为厚约 1 cm 的枯枝落叶所覆盖，土体疏松，土体结构面中具有明显的腐殖质淀积，并向下逐层减少。表层厚度 25~30 cm，呈棕色，色调 10YR，润态明度 4~5，彩度 4~6，有机碳含量 15~20 g/kg，pH 为 4.5~5.0，盐基饱和度<50%，未形成暗瘠表层。B 层厚度约 60~80 cm，亮黄棕色，色调为 10YR，游离态氧化铁（Fe_2O_3）含量约 10~18 g/kg，pH 为 4.0~4.5，黏粒 CEC_7>60 cmol/kg，盐基饱和度<50%，铝饱和度约 30%~50%。100 cm 土体的有机碳含量达 12.0~16.0 kg/m^2，具有腐殖质特性。表土全氮 1.0~2.0 g/kg，有效磷约 6~10 mg/kg，速效钾 60~80 mg/kg。

Ah，腐殖表层，厚度 25~30 cm，屑粒状结构，土体疏松，细土质地为壤土，黏粒含量 100~150 g/kg，呈棕色，腐殖质大量淀积，有机碳含量 15~20 g/kg，土体呈酸性，盐基饱和度<50%，未形成暗瘠表层。

Bwh，腐殖雏形层，厚度 60~80 cm，土体呈亮棕色，色调为 10YR，游离态氧化铁含量约 10~18 g/kg，腐殖质大量淀积，有机碳含量 10.0~15.0 g/kg，pH 为 4.0~4.5，盐基饱和度<50%，铝饱和度 30%~50%。

对比土系 大溪系，同一亚类不同土族，但大溪系发育于凝灰岩母质，颗粒大小级别为粗骨壤质。着树山系，不同土纲，剖面形态相似，土体疏松，团粒状结构，表层暗黑，腐殖质大量淀积，土体具有均腐殖质特性，但着树山系发育于玄武岩母质，土体呈微酸性至微碱性，全土体盐基饱和度均在 60%以上，具有暗沃表层和均腐殖质特性，为均腐土。

利用性能综述　该土系地处中坡，土层较厚，土体疏松，通透性好，利于植物根系伸展，但肥水保蓄能力稍差。当前该土系多为林地，在地形、地势合适的地段，可开辟为园地，因土体酸性较强，可种植雷竹、杨梅、柑橘、板栗、茶叶等经济果木。由于水源相对短缺，在用作园地时，需配套建设相应的蓄水、灌溉设施。同时，因坡度较大，需在园地中套种绿肥植物，保证地表覆盖，以期涵水增肥，保持水土。

参比土种　黄泥砂土。

代表性单个土体　剖面（编号 33-095）于 2012 年 2 月 25 日采自浙江省宁波市奉化市萧王庙街道许家山村南山，29°37′06.3″N，121°16′33.2″E，毛竹林地，海拔 370 m，坡度

15°~25°，母质为细晶花岗岩风化残坡积物，50 cm 深度土温 17.0℃。

Ah：0~27 cm，棕色（10YR 4/6，润），浊黄橙色（10YR 6/3，干）；细土质地为砂质壤土，团粒状结构，疏松；有大量的毛竹中（>30 条/dm²）、细（>50 条/dm²）根系；pH 为 4.6；向下层平滑渐变过渡。

Bwh1：27~65 cm，亮黄棕色（10YR 6/6，润），浊黄橙色（10YR 6/4，干）；细土质地为砂质壤土，团粒状结构，稍疏松；有大量毛竹中根系（>20 条/dm²），少量的粗根系；结构面中可见腐殖质胶膜；pH 为 4.6；向下层平滑渐变过渡。

Bwh2：65~100 cm，亮黄棕色（10YR 6/8，润），浊黄橙色（10YR 7/4，干）；细土质地为砂质壤土，团粒状结构，稍紧实；有较多的毛竹根中根系；结构面中可见腐殖质胶膜；土体中有较多直径 2~5 cm 的半风化母岩碎片，约占土体的 10%；pH 为 4.4。

许家山系代表性单个土体剖面

C：100 cm 以下，半风化母质层，保持母岩岩性结构的半风化体占土体的 70%以上。

许家山系代表性单个土体物理性质

| 土层 | 深度/cm | 砾石（>2mm，体积分数）/% | 细土颗粒组成（粒径:mm）/（g/kg） | | | 质地 | 容重/（g/cm³） |
			砂粒 2~0.05	粉粒 0.05~0.002	黏粒 <0.002		
Ah	0~27	10	622	248	130	砂质壤土	1.03
Bwh1	27~65	10	628	259	113	砂质壤土	1.04
Bwh2	65~100	10	667	221	112	砂质壤土	1.04

许家山系代表性单个土体化学性质

| 深度/cm | pH | | 有机质/（g/kg） | 全氮（N）/（g/kg） | 全磷（P）/（g/kg） | 全钾（K）/（g/kg） | CEC₇/（cmol/kg） | BS/% |
	H₂O	KCl						
0~27	4.6	3.8	27.1	1.49	0.24	20.8	13.3	31.4
27~65	4.6	3.9	21.7	1.27	0.23	22.8	12.4	44.5
65~100	4.4	3.9	17.6	0.94	0.21	22.4	12.1	18.0

第 11 章 新 成 土

11.1 斑纹淤积人为新成土

11.1.1 庵东系（**Andong Series**）

土　族：砂质硅质混合型石灰性热性-斑纹淤积人为新成土
拟定者：麻万诸，章明奎

分布与环境条件　少量分布于滨海平原外缘的河道两侧，以慈溪、镇海、椒江、路桥、温岭、龙湾、瑞安等县市区的分布面积稍大，由海涂经围垦脱盐而来，现仍有不定期的河道清淤浆灌，母质为海相沉积物，利用方式以种植蔬菜为主。属亚热带湿润季风气候区，年均气温约 15.5~17.5℃，年均降水量约 1245 mm，年均日照时数约 2095 h，无霜期约 245 d。

庵东系典型景观

土系特征与变幅　诊断层包括淡薄表层；诊断特性包括热性土壤温度状况、潮湿土壤水分状况、人为淤积物质、氧化还原特征、石灰性、肥熟现象。该土系地处滨海平原外缘的河道两侧稍低处，近 1 m 土体均由多次的泵浆淤积而形成，细土质地为砂质壤土或粉砂壤土，除耕作表层外，下层的土体中可见明显的淀积层理。由于不同颗粒大小的土壤的淀积速度不同，在同一次泵浆淀积中总是颗粒粗的先沉淀，而黏粒最后沉淀，这样就形成了大量厚度 0.2~1.0 cm 的坚硬的薄层黏粒结壳。由于结壳的隔阻，一次泵浆淀积就形成了一个相对封闭的土层，阻止了水分的上下运动。约 50~60 cm 处土体中可见滞水，为淤积封存水分而非地下水，土体中开始出现锈纹锈斑。由于土体来源于河道泥砂，受河水脱盐，含盐量较低，全土体可溶性盐含量低于 1.0 g/kg，尚未脱钙，呈碱性，具有强石灰反应，pH 为 8.5~9.5。耕作表层厚度约 15~18 cm，土体中有大量的动物孔穴，有机质约 10~20 g/kg，全氮<1.0 g/kg，有效磷 30~50 mg/kg，速效钾>200 mg/kg。

　　Cur，斑纹淤积母质层，单粒状无结构，细土质地以砂质壤土或粉砂壤土为主，土体中可见明显的淤积层理和铁锰锈纹锈斑，土体脱盐较完全，全盐含量<1.0 g/kg，呈碱性，

pH 为 8.5~9.5，尚处于脱钙过程中，具有强石灰反应。

对比土系　杭湾系，不同土纲，均处滨海平原外缘，母质为海相沉积物，均由人工围垦而成，土体颗粒均匀，具有石灰反应，但杭湾系属正常围垦，不存在周期性的人为淤积覆盖，且已形成了雏形层，为雏形土。

利用性能综述　该土系分布于滨海平原外缘的河道两侧，排灌便捷，土层深厚，土体相对疏松，耕性良好，适种性广，目前多用于种植蔬菜和棉花等。由于土体中存在许多薄层的黏粒结壳，当结壳层处于耕作范围时，可为锄具所破坏，不影响作物生长；当结壳层处于心底层时，一方面阻止了水分上下运动；另一方面也一定程度地阻止了返盐现象的发生。由于表土相对较新，有机质、氮、磷等养分含量也相对稍低，钾素含量较高，在应用管理中需注重有机肥的投入。土体渗透性强，养分供应能力好而保蓄能力稍差，作物容易出现后期缺肥，需注意及时补充肥料。

参比土种　夜阴土。

代表性单个土体　剖面（编号 33-079）于 2012 年 1 月 12 日采自浙江省宁波市慈溪市庵东镇安东车站东，30°16′39.1″N，121°13′30.3″E，海拔 6 m，菜地，母质为海相沉积物，50 cm 深度土温 18.7℃。

Aup：0~18 cm，浊黄棕色（10YR 4/3，润），浊黄橙色（10YR 6/3，干）；细土质地为壤土，团粒状或块状结构，疏松；有中量蔬菜细根系；有大量蚯蚓粪土和直径 3~5 mm 的蚯蚓孔洞，可见少量蚯蚓；地表有大量的螺蛳壳、贝壳等水生动物残体；强石灰反应；pH 为 8.7；向下层平滑清晰过渡。

Cur1：18~48 cm，黄棕色（2.5Y 5/3，润），灰黄色（2.5Y 7/2，干）；细土质地为砂质壤土，单粒状无结构，疏松；土体中有较多水平方向分布的薄层黏粒结壳，厚度 1~20 mm，间隔距离 5~10 cm，磐层之间形成了一个相对封闭土层；强石灰反应；pH 为 8.8；向下层平滑清晰过渡。

Cur2：48~68 cm，浊黄棕色（2.Y 5/3，润），灰黄色（2.5Y 7/2，干）；细土质地为砂质壤土，单粒状无结构，疏松；有少量土体中有较多水平方向分布的薄层黏粒结壳，厚度 1~10 mm，间隔距离约 5~10 cm，磐层之间形成了一个相对封闭土层；土体中有少量的铁锈纹；强石灰反应；pH 为 9.0；向下层平滑清晰过渡。

庵东系代表性单个土体剖面

Cr：68~120cm，棕色（10YR 4/4，润），淡浊黄橙色（10Y 7/3，干）；细土质地为粉砂壤土，单粒状无结构，较疏松；土体中有大量的锈纹，不均匀分布，总量约占 5%~8%；土体中有被薄层黏粒结壳封存的滞留水；强石灰反应；pH 为 9.0。

庵东系代表性单个土体物理性质

土层	深度 /cm	砾石 (>2mm，体积 分数) /%	细土颗粒组成（粒径:mm）/（g/kg）			质地	容重 /（g/cm³）
			砂粒 2~0.05	粉粒 0.05~0.002	黏粒 <0.002		
Aup	0~18	0	398	477	125	壤土	1.22
Cur1	18~48	0	642	320	38	砂质壤土	1.28
Cur2	48~68	0	617	362	21	砂质壤土	1.27
Cr	68~120	0	452	520	28	粉砂壤土	1.27

庵东系代表性单个土体化学性质

深度 /cm	pH		有机质 /（g/kg）	全氮（N） /（g/kg）	全磷（P） /（g/kg）	全钾（K） /（g/kg）	CEC$_7$ /（cmol/kg）	含盐量 /（g/kg）
	H$_2$O	KCl						
0~18	8.7	—	14.1	0.74	1.01	18.2	11.9	0.3
18~48	8.8	—	4.2	0.19	0.58	16.5	7.7	0.4
48~68	9.0	—	3.1	0.17	0.70	15.8	7.3	0.6
68~120	9.0	—	6.4	0.22	0.60	17.5	8.6	0.7

11.2　潜育潮湿冲积新成土

11.2.1　盖北系（Gaibei Series）

土　族：砂质硅质混合型热性-潜育潮湿冲积新成土
拟定者：麻万诸，章明奎，李　丽

分布与环境条件　主要分布于江河口两岸内侧咸淡水交汇区域的潮间带上，以甬江以北的海宁、萧山、柯桥、上虞、余姚、慈溪等县市区的分布面积较大，土体受河流淡水和咸潮水双重影响，母质为河口海相沉积物，多为苇草滩涂。属亚热带湿润季风气候区，年均气温约15.5~17.5℃，年均降水量约1295 mm，年均日照时数约2075 h，无霜期约240 d。

盖北系典型景观

土系特征与变幅　诊断层包括淡薄表层；诊断特性包括热性土壤温度状况、常潮湿土壤水分状况、潜育特征、氧化还原特征。该土系分布于江河入海口内侧的潮间带上，受到河流淡水和海水的双重影响，土体含盐量稍低，可溶性全盐含量约 1.0~2.0 g/kg。土体厚度 150~200 cm 或更厚，颗粒均匀，>2 mm 的粗骨屑粒含量低于 5%，细土质地一般为砂质壤土，砂粒含量在 600 g/kg 以上，其中 0.1~0.05 mm 的极细砂含量 450 g/kg 以上，黏粒含量低于 100 g/kg。土体尚未脱盐脱钙，呈碱性，pH 约 8.5~9.5。处于潮间带，地下水位起落变化较大，水位最低时在 100 cm 左右，一天中有近一半时间处于淹水状态，30~40 cm 开始有少量潜育斑，土体约 70~80 cm 开始具有明显的潜育特征。全土体具有明显的沉积层理，尚无结构发育，剖面没有明显的层次分化，全土体有机质含量<10 g/kg。表土全氮<1.0 g/kg，有效磷 6~10 mg/kg，速效钾 150~200 mg/kg。

　　Cr，起始于 30~40 cm，厚度>30 cm，土体呈黄灰色，色调 10YR~5Y，润态明度 4~6，彩度 1~2。土体中有少量水平方向的青灰色条状斑纹——潜育斑。土体颗粒均匀，细土质地以砂质壤土为主，单粒状无结构，具有明显的沉积层理，层理厚度 1~2 mm，可溶性全盐含量 1.0~2.0 g/kg，pH 为 8.5~9.5，具有强石灰反应。

对比土系　娥江口系，同一亚类不同土族，二者均处河口地带，母质为河口海相沉积物，土体呈单粒状无结构，细土质地以砂质壤土或壤质砂土为主，土体可溶性全盐含量在 1.0~2.0 g/kg，具有强石灰反应，但娥江口系约 50~60 cm 处出现青泥斑，土体无潜育特征，属砂质硅质混合型热性-石灰潮湿冲积新成土。

利用性能综述　该土系地处河口潮间带，土体质地稍粗，受海水浸渍后易淀积板结，不宜用于贝类养殖。在合适的地段可结合河网整治进行围涂垦殖，因处咸淡水交汇地带，土体含盐量本底值不高且颗粒稍粗，脱盐相对较快，经适当的脱盐措施之后即可用于棉花等作物的种植。

参比土种　砂涂土。

代表性单个土体　剖面（编号 33-076）于 2012 年 1 月 11 日采自浙江省绍兴市上虞市盖北乡北面潮间带，30°10′07.6″N，120°52′29.3″E，海拔 1 m，母质为河口海相沉积物，植被为芦苇及星草等，50 cm 深度土温 19.2℃。

ACr：0~30 cm，黄灰色（2.5Y 6/1，润），灰黄色（2.5Y 7/2，干）；细土质地为砂质壤土，结构，疏松；有少量莎草根系；土体有少量直径 1~2 mm 的孔洞（根孔），有少量的根孔锈纹；沉积层理清晰，间距 1 mm 左右；强石灰反应；pH 为 9.0；向下层平滑渐变过渡。

Cr1：30~40 cm，黄灰色（2.5Y 6/1，润），灰黄色（2.5Y 7/2，干）；细土质地为砂质壤土，结构，稍紧实；少量锈纹锈斑；土体中有少量水平方向的青灰色条状斑纹——潜育斑；沉积层理清晰，间距 1 mm 左右；强石灰反应；pH 为 8.9；向下层平滑清晰过渡。

Cr2：40~80 cm，黄灰色（2.5Y 5/1，润），灰黄色（2.5Y 6/2，干）；细土质地为砂质壤土，结构，稍紧实；土体中有少量水平方向的青灰色条状斑纹——潜育斑，无亚铁反应；沉积层理清晰，间距 1~2 mm；强石灰反应；pH 为 8.9；向下层平滑渐变过渡。

盖北系代表性单个土体剖面

Cg：80~130 cm，黄灰色（2.5Y 5/1，润），灰黄色（2.5Y 6/2，干）；细土质地为砂质壤土，明显沉积层理，稍紧实；土体中有大量水平方向的青灰色条状斑纹，具有亚铁反应；沉积层理清晰，间距 1~3 mm；土体垂直结构发达，土体易崩塌；强石灰反应；pH 为 9.1。

盖北系代表性单个土体物理性质

土层	深度/cm	砾石（>2mm，体积分数）/%	细土颗粒组成（粒径:mm）/（g/kg）			质地	容重/（g/cm³）
			砂粒 2~0.05	粉粒 0.05~0.002	黏粒 <0.002		
ACr	0~30	0	694	245	61	砂质壤土	1.47
Cr1	30~40	0	619	283	98	砂质壤土	1.46
Cr2	40~80	0	688	227	85	砂质壤土	1.47
Cg	80~130	1	702	237	61	砂质壤土	1.47

盖北系代表性单个土体化学性质

深度/cm	pH		有机质/（g/kg）	全氮（N）/（g/kg）	全磷（P）/（g/kg）	全钾（K）/（g/kg）	CEC₇/（cmol/kg）	含盐量/（g/kg）
	H₂O	KCl						
0~30	9.0	—	5.6	0.27	0.62	18.2	7.7	1.7
30~40	8.9	—	6.9	0.28	0.68	21.2	7.5	1.7
40~80	8.9	—	8.6	0.32	0.57	15.6	6.8	1.5
80~130	9.1	—	6.7	0.28	0.58	18.6	6.7	1.4

11.3 石灰潮湿冲积新成土

11.3.1 娥江口系（Ejiangkou Series）

土　族：砂质硅质混合型热性-石灰潮湿冲积新成土
拟定者：麻万诸，章明奎，李丽

娥江口系典型景观

分布与环境条件　主要分布于钱塘江、曹娥江、涌江等河口冲积平原，以海宁、萧山、上虞、余姚、慈溪等县市区的分布面积居大，由近代的河口海相沉积物发育而来，经筑堤围垦脱盐而形成，属新围涂地，尚未农业利用。属亚热带湿润季风气候区，年均气温约 15.8~17.0℃，年均降水量约 1310 mm，年均日照时数约 2075 h，无霜期约 235 d。

土系特征与变幅　诊断层包括淡薄表层；诊断特性包括热性土壤温度状况、常潮湿土壤水分状况、冲积物岩性特征、氧化还原特征、石灰性。该土系分布于河口内侧，围垦前受河流淡水和海水的双重影响，以河流冲积影响为主，具有潮湿的土壤水分状况，土体含盐量本底值相对稍低。围垦历史为 5~10 年，全土体基本无结构发育，土壤剖面尚未分化，土体尚有明显的沉积层理，细土质地为壤质砂土或砂质壤土，砂粒含量>550 g/kg，黏粒含量<100 g/kg。地下水位约 80~ 100 cm，土体 30~40 cm 开始可见少量锈纹锈斑。土体已有脱盐，可溶性盐含量约 0.8~ 2.0 g/kg，但尚未脱钙，具有较强的石灰反应，pH 约 8.5~9.5。土体约 50~60 cm 再现厚度 20~ 30 cm 的青泥斑，呈暗橄榄灰色，色调 2.5GY，润态明度 3~4，彩度 1，呈舌状水平分布。表层有机质<10 g/kg，全氮<0.6 g/kg，有效磷约 6~10 mg/kg，速效钾 150~200 mg/kg。

　　Crt，青泥夹砂层，开始出现于 50~60 cm，厚度约 20~30 cm，砂性土体中夹杂有细黏淤泥组成的青泥斑，呈暗橄榄灰色，色调 2.5GY，润态明度 3~4，彩度 1，舌状水平分布，土体可溶性全盐含量约 1.0~2.0 g/kg，pH 为 8.5~9.5，尚处于脱钙过程中，具有强石灰反应。

对比土系　沥海系，同一土族，发源于海相沉积物母质，围垦已有 30 年以上，受耕作影响，具有肥熟现象，利用方式和景观地貌特征具有明显差异。西塘桥系，同一亚类但不同土族，颗粒大小级别为壤质。盖北系，同一土类不同亚类，均处河口地带，母质为河口海相沉积物，但为石灰性。

利用性能综述　该土系发源于河海相沉积物母质，围垦历史较短，土体中尚有一定的可溶性盐含量，只适合稍耐盐的棉花等植物生长。为使适种性更广，土体仍需继续脱盐。土体有机质、氮、磷的含量都较低，钾素含量较高。在施肥管理中，需注重有机肥的投入，再配以适当比例的磷肥。

参比土种 中咸砂土。

代表性单个土体 剖面（编号33-073）于2012年1月10日采自浙江省绍兴市上虞市围垦区曹娥江口南岸(江滨农场)，新围江涂，距曹娥江与钱塘江交汇处约400 m，30°11′53.1″N，120°46′14.2″E，海拔1 m，母质为河口海相沉积物，50 cm深度土温19.2℃。

Ah：0~18 cm，棕色（10YR 4/4，润），灰黄色（2.5Y 6/2，干）；细土质地为壤质砂土，团块结构，稍紧；芦苇和杂草等中、细根系密集，有少量粗根系；可见沉积层理；强石灰反应；pH为9.1；向下层平滑渐变过渡。

Cr1：18~50 cm，橄榄棕色（2.5Y 4/3，润），灰黄色（2.5Y 7/2，干）；细土质地为壤质砂土，单粒状无结构，稍紧实；大量的芦苇中、细根系和少量粗根系；有少量的淡色锈斑；可见沉积层理；强石灰反应；pH为9.1；向下层波状清晰过渡。

Crt：50~80 cm，暗橄榄灰色（2.5GY 4/1，润），灰色（7.5Y 6/1，干）；细土质地为砂质壤土，单粒状无结构，稍紧实；有少量根系；有少量的淡色锈斑；少量青灰色的腐殖与泥砂层夹杂分布，约占墙体10-20%；沉积层理清晰；弱石灰反应；pH为8.9；向下层波状清晰过渡。

Cr2：80~100 cm，暗灰黄色（2.5Y 4/2，润），暗灰黄色（2.5Y 5/2，干）；细土质地为砂质壤土，单粒状无结构，有中量的残留根系；有少量的根孔锈纹和锈斑；有大量腐烂的植物残体，青黑色；沉积层理清晰；强石灰反应；pH为9.1；向下层平滑渐变过渡。

娥江口系代表性单个土体剖面

Cr3：100~120 cm，橄榄棕色（2.5Y 4/3，润），浊黄色（2.5Y 6/3，干）；细土质地为壤质砂土，单粒状无结构，稍紧实；有少量根系；土体中有较多的锈斑；地下水位120 cm左右，含水较多，土体悬浮松动；沉积层理清晰；强石灰反应；pH为9.2。

娥江口系代表性单个土体物理性质

| 土层 | 深度/cm | 砾石（>2mm，体积分数）/% | 细土颗粒组成（粒径:mm）/（g/kg） | | | 质地 | 容重/（g/cm³） |
			砂粒 2~0.05	粉粒 0.05~0.002	黏粒 <0.002		
Ah	0~18	3	769	188	43	壤质砂土	1.22
Cr1	18~50	0	749	220	31	壤质砂土	1.23
Crt	50~80	0	598	307	95	砂质壤土	1.24
Cr2	80~100	0	681	279	40	砂质壤土	1.25
Cr3	100~120	0	771	194	35	壤质砂土	1.25

娥江口系代表性单个土体化学性质

| 深度/cm | pH | | 有机质/（g/kg） | 全氮（N）/（g/kg） | 全磷（P）/（g/kg） | 全钾（K）/（g/kg） | CEC₇/（cmol/kg） | 含盐量/（g/kg） |
	H₂O	KCl						
0~18	9.1	—	6.1	0.26	0.57	15.6	6.5	0.9
18~50	9.1	—	3.6	0.20	0.58	15.4	6.3	1.5
50~80	8.9	—	7.9	0.34	0.57	18.4	8.2	1.6
80~100	9.1	—	5.5	0.24	0.58	16.0	7.6	1.3
100~120	9.2	—	6.7	0.25	0.58	15.5	5.1	1.6

11.3.2　沥海系（Lihai Series）

土　族：砂质硅质混合型热性-石灰潮湿冲积新成土
拟定者：麻万诸，章明奎，李丽

分布与环境条件　主要分布于钱塘江河口两侧，以上虞、萧山、海宁、余姚、慈溪等县市区的分布面积居大，由近代的河口海相沉积物发育而来，经筑堤垦殖形成，土体已基本脱盐，利用方式以种植蔬菜为主。属亚热带湿润季风气候区，年均气温约 15.5~17.0℃，年均降水量约 1335 mm，年均日照时数约 2075 h，无霜期约 235 d。

沥海系典型景观

土系特征与变幅　诊断层包括淡薄表层；诊断特性包括热性土壤温度状况、潮湿土壤水分状况、冲积物岩性特征、氧化还原特征、石灰性、肥熟现象。该土系地处钱塘江口，母质为河口海相沉积物，土层厚度 150~200 cm 或更厚，颗粒匀细，细土质地为砂质壤土或壤质砂土，除表层外，砂粒含量达 700~800 g/kg，黏粒含量<100 g/kg。围垦历史 30 年以上，土体已基本脱盐，100 cm 土体内的可溶性盐含量<2.0 g/kg。表层厚度 18~25 cm，受耕作影响明显熟化，土体中有大量蚯蚓及其孔穴，有机碳含量约 6.0~10.0 g/kg，有效磷 50~80 mg/kg，具有肥熟现象。由于土体砂性较强，除耕作层外，土体下部尚未形成结构，具有明显的沉积层理，且 100 cm 内各土层有机碳含量均>2.0 g/kg，具有冲积物岩性特征。土体呈弱碱性至碱性，pH 约 7.5~9.5，具有强石灰反应。地下水位在 120 cm 以下，土体 30~50 cm 内可见少量的淡色锈纹锈斑，土体 50~100 cm 内有明显的锈纹锈斑。表土有机质约 10~20 g/kg，全氮 0.8~　　1.2 g/kg，速效钾 120~160 mg/kg。

　　Ap，耕作层，厚度 18~25 cm，受长期耕作影响明显熟化，土体中有大量蚯蚓及其孔穴，有机碳含量约 6.0~10.0 g/kg，有效磷 50~80 mg/kg，具有肥熟现象。

　　Cr，斑纹母质层，单粒状无结构，细土质地为壤质砂土或砂质壤土，砂粒含量约 700~800 g/kg，黏粒含量<100 g/kg，土体具有明显的沉积层理，可见锈纹锈斑，已较完全脱盐，全盐含量在 1.0~2.0 g/kg，尚处于脱钙过程中，pH 为 7.5~9.5，具有强石灰反应。

对比土系　娥江口系，同一土族，但娥江口系发源于河口海相沉积物，土体含盐量本底值相对较低，围垦时间约 5~10 年，尚未农业利用，表土无明显的腐殖质淀积，利用方式和景观地貌特征方面均有明显区别。西塘桥系，同一亚类但不同土族，颗粒大小级别为壤质。

利用性能综述　该土系发源于河口海相沉积物，围垦历史较长，土体已基本脱盐，现多为棉花和蔬菜种植基地。经多年耕作，有机质和氮、磷素已明显提升，钾素含量本底值就较高。由于该土系的毛管水运动强烈，土体虽已脱盐，若遇长时间的干旱，仍会出现返盐现象。因此，在利用管理上，需淡水（收集雨水等）浇灌，深沟排水脱盐。

参比土种　轻咸砂土。

代表性单个土体　剖面（编号 33-074）于 2012 年 1 月 10 日采自浙江省绍兴市上虞市沥海镇中塘内，30°08′32.7″N，120°42′13.6″E，海拔 15 m，植被为包心菜，母质为河口海相沉积物，50 cm 深度土温 19.3℃。

Ap：0~22 cm，棕色（10YR 4/4，润），灰黄棕色（10YR 6/2，干）；细土质地为砂质壤土，团粒状结构，疏松；有大量的包心菜细根系；有大量的蚯蚓孔穴和蚯蚓；强石灰反应；pH 为 7.6；向下层平滑清晰过渡。

Cr1：22~51 cm，黄棕色（2.5Y 5/3，润），浊黄色（2.5Y 6/3，干）；细土质地为砂质壤土，单粒状无结构，较紧实；土体中有少量锈纹；沉积层理清晰；强石灰反应；pH 为 8.7；向下层平滑渐变过渡。

Cr2：51~75 cm，橄榄棕色（2.5Y 4/3，润），灰黄色（2.5Y 6/2，干）；细土质地为砂质壤土，单粒状无结构，较紧实；土体中有少量的锈斑，不规则分布；与下层平滑模糊过渡；沉积层理清晰；强石灰反应；pH 为 8.8；向下层平滑渐变过渡。

Cr3：75~110 cm，黄棕色（2.5Y 5/3，润），暗灰黄色（2.5Y 5/2，干）；细土质地为壤质砂土，单粒状无结构，稍紧实；有较多的水平条状铁锈纹和少量垂直方向的锈斑；沉积层理清晰；强石灰反应；碱性，pH 为 8.9；向下层平滑清晰过渡。

Cr4：110~150 cm，灰红色（2.5Y 4/2，润），黄灰色（2.5Y 6/1，干）；细土质地为壤质砂土，大块状，弱结构发育，疏松；地下水位在 150 cm 以下；沉积层理清晰；强石灰反应；pH 为 9.1。

沥海系代表性单个土体剖面

沥海系代表性单个土体物理性质

土层	深度 /cm	砾石（>2mm，体积分数）/%	细土颗粒组成（粒径:mm）/（g/kg）			质地	容重 /（g/cm³）
			砂粒 2~0.05	粉粒 0.05~0.002	黏粒 <0.002		
Ap	0~22	1	613	305	82	砂质壤土	1.07
Cr1	22~51	0	709	251	40	砂质壤土	1.23
Cr2	51~75	0	753	216	31	壤质砂土	1.23
Cr3	75~110	0	763	206	31	壤质砂土	1.23
Cr4	110~150	0	764	212	24	壤质砂土	1.23

沥海系代表性单个土体化学性质

深度 /cm	pH		有机质 /（g/kg）	全氮（N） /（g/kg）	全磷（P） /（g/kg）	全钾（K） /（g/kg）	CEC_7 /（cmol/kg）	含盐量 /（g/kg）
	H₂O	KCl						
0~22	7.6	—	13.9	1.12	2.34	15.3	11.0	0.5
22~51	8.7	—	4.4	0.20	0.56	15.8	9.7	1.0
51~75	8.8	—	4.7	0.19	0.57	15.9	6.9	1.1
75~110	8.9	—	5.4	0.20	0.56	16.6	6.4	1.1
110~150	9.1	—	5.0	0.18	0.65	17.8	7.2	1.5

11.3.3　西塘桥系（Xitangqiao Series）

土　　族：壤质硅质混合型热性-石灰潮湿冲积新成土
拟定者：麻万诸，章明奎，李丽

分布与环境条件　主要分布于钱塘江口和杭州湾两侧及三门湾的潮间带，以慈溪、余姚、海宁、海盐、平湖、上虞、萧山等县市区的分布面积居大，临海市亦有少量分布，母质为近代河口海相沉积物，受海潮间隙浸渍影响，滩涂区尚未利用。属亚热带湿润季风气候区，年均气温约 15.0~16.5℃，年均降水量约 1205 mm，年均日照时数约 2090 h，无霜期约 230 d。

西塘桥系典型景观

土系特征与变幅　诊断层包括淡薄表层；诊断特性包括热性土壤温度状况、潮湿土壤水分状况、氧化还原特征、盐积现象。该土系分布于江河入海口两侧的潮间带内，母质为近代河口海相沉积物，土体深度在 100 cm 以上，颗粒匀细，无 2 mm 以上的粗骨屑粒，细土质地为粉砂壤土或壤土，其中粉粒含量达 500~600 g/kg，黏粒含量低于 150 g/kg。全土体具有明显的沉积层理，仅受潮积影响，无土壤结构发育。全土体呈碱性，pH 约 8.5~9.0，具有强石灰反应。土体 125 cm 内可溶性全盐含量约 3.0~8.0 g/kg，全土层具有盐积现象。土体 50 cm 内可见少量的锈纹锈斑，游离态氧化铁（Fe_2O_3）含量约 10.0~15.0 g/kg，约 110~120 cm 以下长期处于淹水状态，有明显的潜育斑。表土有机碳约 6.0~10.0 g/kg，100 cm 内无明显变化，全氮<1.0 g/kg，有效磷 10~15 mg/kg，速效钾在 300 mg/kg 以上。

ACz，弱盐表层，厚度 40~50 cm，散粒状无结构，颗粒组成匀细，少有粗骨屑粒，细土质地以粉砂壤土为主，土体根系盘结，pH 为 8.5~9.0，强石灰反应，可溶性全盐含量约 3.0~5.0 g/kg，具有盐积现象。

Cz，弱盐母质层，细土质地为粉砂壤土，粉粒含量 500~550 g/kg，土体呈碱性，pH 约 8.5~9.0，具有强石灰反应，可溶性全盐含量约 5.0~8.0 g/kg，具有盐积现象。

对比土系　娥江口系和沥海系，同一亚类不同土族，颗粒大小级别为砂质。

利用性能综述　该土系发源于近代河口海相沉积物，土体深厚，颗粒组成较为均一，粉粒、砂粒的含量较高，受海水浸渍后土体板实，且淤泥含量较低，有机物质含量较低，不宜用于滩涂贝类养殖。若围垦农用，该土系脱盐脱钙的速度相对较快，但因毛管水运动强烈，也极易发生返盐。土体的有机质和氮、磷素的含量都较低，围垦农用时，需重视有机肥源和氮、磷养分的投入。

参比土种　粗粉砂涂土。

代表性单个土体　剖面（编号 33-143）于 2012 年 4 月 10 日采自浙江省嘉兴市海盐县西塘桥杨家塔村东，杭州湾大桥内侧，30°33′14.1″N，120°59′29.8″E，潮间带，海拔 2 m，母质为近代河口海相沉积物，50 cm 深度土温 18.5℃。

ACz：0~45 cm，浊黄棕色（10YR 4/3，润），浊黄棕色（10YR 5/4，干）；细土质地为粉砂壤土，沉积层理，稍紧实；芦苇中、粗根系盘结；有少量腐根；强石灰反应；pH 为 8.9；向下层平滑清晰过渡。

Crz1：45~110 cm，暗灰黄色（2.5Y 4/2，润），灰黄色（2.5Y 6/2，干）；细土质地为粉砂壤土，散粒状无结构，稍紧实；有少量的芦苇中根系；有少量锈纹锈斑；偶见贝壳残体；强石灰反应；pH 为 8.9；向下层平滑清晰过渡。

Crz2：110~130 cm，黄灰色（2.5Y 4/1，润），灰黄色（2.5Y 7/2，干）；细土质地为粉砂壤土，沉积层理，稍疏松；有少量锈纹，土体可见较多的潜育斑；有少量贝壳残体；强石灰反应；pH 为 8.8。

西塘桥系代表性单个土体剖面

西塘桥系代表性单个土体物理性质

土层	深度 /cm	砾石（>2mm，体积分数）/%	细土颗粒组成（粒径:mm）/（g/kg）			质地	容重 /（g/cm³）
			砂粒 2~0.05	粉粒 0.05~0.002	黏粒 <0.002		
ACz	0~45	0	291	568	141	粉砂壤土	1.31
Crz1	45~110	0	433	502	65	粉砂壤土	1.48
Crz2	110~130	0	453	513	34	粉砂壤土	1.46

西塘桥系代表性单个土体化学性质

深度 /cm	pH		有机质 /（g/kg）	全氮（N）/（g/kg）	全磷（P）/（g/kg）	全钾（K）/（g/kg）	CEC₇ /（cmol/kg）	含盐量 /（g/kg）
	H₂O	KCl						
0~45	8.9	—	11.7	0.41	0.64	20.8	7.5	4.7
45~110	8.9	—	10.0	0.37	0.65	20.2	7.1	5.2
110~130	8.8	—	5.9	0.25	0.66	19.8	5.2	5.0

11.4　普通潮湿冲积新成土

11.4.1　岩坦系（Yantan Series）

土　　族：砂质硅质型非酸性热性-普通潮湿冲积新成土
拟定者：麻万诸，章明奎

岩坦系典型景观

分布与环境条件　主要分布于全省各市的河流中上游和支流两侧的凸岸低河漫滩上，以青田、缙云、莲都、衢江、龙游、兰溪、金东、仙居、天台、临海、永嘉、乐清、桐庐、富阳、嵊州、安吉、宁海、奉化等县市区的分布面积较大，呈条带状分布，海拔一般<300 m，母质为河流冲积物，利用方式多为杂粮旱地或蔬菜园地。属亚热带湿润季风气候区，年均气温约15.0~18.0℃，年均降水量约1570 mm，年均日照时数约1925 h，无霜期约260 d。

土系特征与变幅　诊断层包括淡薄表层；诊断特性包括热性土壤温度状况、潮湿土壤水分状况、氧化还原特征。该土系分布于河流中上游的凸岸低河漫滩上，母质为近代河流冲积物，有效土层厚度约60~120 cm。土体颗粒均匀，质地较轻，细土质地为砂土，黏粒含量<50 g/kg，砂粒含量约850~950 g/kg，其中2~0.25 mm的粗、中砂含量750 g/kg以上，粉粒含量<100 g/kg。土体呈微酸性至中性，pH约6.0~7.5，无石灰反应。土体仍受浸水泛滥影响，剖面均一，无层次发育，呈棕色至浊黄棕色，色调10YR，游离态氧化铁（Fe_2O_3）含量约5~10 g/kg。表土有机质<5 g/kg，全氮<0.6 g/kg，有效磷1~5 mg/kg，速效钾80~120 mg/kg。

　　C，冲积母质层，土体呈棕色至浊黄棕色，细土质地为砂土，砂粒含量>850 g/kg，其中2~0.25 mm的粗砂含量>750 g/kg，pH为6.0~7.5，无石灰反应。

对比土系　皤滩系，同一土族，分布地形部位、母质来源均相同，利用方式和地貌特征相近，但皤滩系颗粒稍细，细土质地为壤质砂土，且土体100 cm内底部亚层有大量的锈纹锈斑。

利用性能综述　该土系地处低河漫滩，当前仍受不定期的洪水影响，土体稍深，颗粒较粗，孔隙度高，通透性良好，肥水保蓄性能极差，以荒芜稀疏的柳树、芦苇等植被为主，部分已开垦作为旱地，适合甘薯、土豆、洋葱、萝卜等地下块根、茎类作物生长。由于颗粒较粗，保蓄性能差，虽有耕作但土体中仍基本无养分积累，在施肥管理上需作少量多次施用，可通过种植绿肥、秸秆还地等措施，使耕层土体的黏粒积累和有机物质淀积，改善结构、提升地力。

参比土种 卵石清水砂土。

代表性单个土体 剖面（编号 33-108）于 2012 年 3 月 6 日采自浙江省温州市永嘉县岩坦镇小舟垟村，楠溪江上游，28°26′05.7″N，120°43′14.6″E，海拔 38 m，河漫滩，母质为近代河流冲积物，50 cm 深度土温 20.0℃。

Ap: 0~30 cm，棕色（10YR 4/4，润），浊黄橙色（10YR 6/4，干）；细土质地为砂土，单粒状无结构，疏松；有较多杂草细根系；极少量锈纹锈斑；偶有大块的卵石；pH 为 7.1；向下层模糊过渡。

C1: 30~60 cm，棕色（10YR 4/4，润），浊黄橙色（10YR 6/3，干）；细土质地为砂土，单粒状无结构，疏松；有少量的细根系；极少量锈纹锈斑；偶有大块卵石；pH 为 6.8；向下层模糊过渡。

C2：60~90 cm，浊黄棕色（10YR 5/4，润），浊黄橙色（10YR 7/3，干）；细土质地为砂土，单粒状无结构，疏松；有少量柳树细根系；偶有少量锈纹锈斑；有少量直径 5 cm 左右的大块卵石，约占土体 10%；pH 为 6.5；向下层平滑清晰过渡。

C3：90~110 cm，卵石夹砂层，浊黄棕色（10YR 5/4，润），浊黄橙色（10YR 7/3，干）；细土质地为砂土，单粒状无结构，稍紧实；偶有乔木粗大根系；偶有少量锈纹锈斑；由砂粒与砾石组成，其中直径 2~10 cm 的砾石占土体 50%以上；pH 为 6.6。

岩坦系代表性单个土体剖面

岩坦系代表性单个土体物理性质

土层	深度/cm	砾石（>2mm，体积分数）/%	砂粒 2~0.05	粉粒 0.05~0.002	黏粒 <0.002	质地	容重/（g/cm³）
Ap	0~30	5	926	43	31	砂土	1.11
C1	30~60	5	942	28	30	砂土	1.26
C2	60~90	10	875	84	41	砂土	1.35
C3	90~110	55	950	27	23	砂土	1.47

岩坦系代表性单个土体化学性质

深度/cm	pH H₂O	pH KCl	有机质/（g/kg）	全氮（N）/（g/kg）	全磷（P）/（g/kg）	全钾（K）/（g/kg）	CEC₇/（cmol/kg）	游离铁/（g/kg）
0~30	7.1	—	2.5	0.32	0.13	33.9	3.0	8.0
30~60	6.8	4.8	2.3	0.22	0.14	29.4	2.2	8.3
60~90	6.5	4.4	3.9	0.39	0.13	29.7	2.0	4.5
90~110	6.6	5.1	3.2	0.32	0.12	32.5	2.1	8.0

11.4.2　皤滩系（Potan Series）

土　族：砂质硅质型非酸性热性-普通潮湿冲积新成土
拟定者：麻万诸，章明奎

皤滩系典型景观

分布与环境条件　主要分布于钱塘江、瓯江、灵江、曹娥江等河流中上游两侧的河漫滩或一级阶地上，以仙居、天台、临海、衢江、龙游、永嘉、瑞安、富阳、莲都等县市区的分布面积居大，地形坡度约 2°~5°，母质为河流冲积物，利用方式多为杂粮旱地或蔬菜园地。属亚热带湿润季风气候区，年均气温约 16.0~18.0℃，年均降水量约 1510 mm，年均日照时数约 1950 h，无霜期约 245 d。

土系特征与变幅　诊断层包括淡薄表层；诊断特性包括热性土壤温度状况、潮湿土壤水分状况、冲积物岩性特征、氧化还原特征。该土系分布于河漫滩阶地，母质为河流冲积物，土体厚度约 80~120 cm，颗粒较粗，细土质地为壤质砂土，砂粒含量约 650~750 g/kg，其中粗、中砂（0.25~2 mm）含量约 500~600 g/kg，粉粒（0.05~0.002 mm）含量约 100~150 g/kg。土体无结构发育，剖面无明显的层次分化，只有不同时期的冲积物形成的颗粒组成差异。土体呈酸性至微酸性，pH 约 5.0~6.5，由表土向下增加，无石灰反应。土体粒间孔隙发达，无明显的腐殖质淀积，土体 100 cm 内底部有明显的锈纹锈斑，游离态氧化铁（Fe_2O_3）含量约 10~15 g/kg。土体中有较多直径 3~8 cm 的卵石，呈水平夹层形式分布，多砾层与少砾层交替出现，底部卵石含量可达土体 30%左右。该土系目前以种植蔬菜或旱粮为主，由于临近河道，当前仍受不定期的洪水泛滥影响。表土有机碳 2.0~6.0 g/kg，全氮 <1.0 g/kg，有效磷约 10~20 mg/kg，速效钾 60~100 mg/kg。

　　Cr，冲积母质层，土体中有较多直径 3~8 cm 的卵石，以水平夹层形式分布，交替出现，土体砂粒含量较高，无结构发育，细土质地为砂质壤土，0.25~2 mm 的中、粗砂含量约 500~600 g/kg，pH 为 5.0~6.5，无石灰反应。

对比土系　岩坦系，同一土族，分布地形部位、母质来源均相同，利用方式和地貌特征相近，但岩坦系颗粒更粗，细土质地为砂土，100 cm 内无明显的锈纹锈斑。

利用性能综述　该土系地处河漫滩阶地，土体较深厚，质地偏砂，疏松，通透性和耕性都较好，保水保肥性能较差，当前多用作蔬菜园地，适宜种植蔬菜、花生、马铃薯及甘蔗等作物。土体有机质和氮素水平较低，磷、钾素含量尚可。因土体砂性较强，土体松散无结构，肥水保蓄能力差，在利用管理上需重视有机肥的投入，对于氮、磷、钾速效养分，需作少量多次施用以减少淋溶渗漏。

参比土种 砾心培泥砂土。

代表性单个土体 剖面（编号 33-121）于 2012 年 3 月 20 日采自浙江省台州市仙居县皤滩乡洪坑村东 300 m，灵江上游，28°45′34.7″N，120°33′45.8″E，海拔 87 m，丘陵河谷平原河漫滩，坡度 2°~5°，母质为近代河流冲积物，50 cm 深度土温 20.0℃。

皤滩系代表性单个土体剖面

Ap：0~30 cm，棕色（10YR 4/4，润），棕色（10YR 4/4，干）；细土质地为壤质砂土，屑粒状结构，疏松；有中量根系；粒间孔隙发达；土体中夹杂有 10% 左右的卵石，直径 2~5 cm；pH 为 5.3；向下层平滑清晰过渡。

Cr1：30~75 cm，棕色（10YR 4/6，润），浊黄棕色（10YR 5/4，干）；细土质地为壤质砂土，单粒状无结构；有少量芦苇、水柳等中、粗根系；粒间孔隙发达；有少量锈纹锈斑；因不同时期的冲积物颗粒结构差异，土体中形成了粗砂、砾石、细砂等混合体交替出现的层理；土体中有较多直径 2~5 cm 的卵石，总量约占土体 10%；pH 为 5.7；向下层平滑清晰过渡。

Cr2：75~120 cm，棕色（7.5YR 4/3，润），浊棕色（7.5YR 5/4，干）；细土质地为壤质砂土，单粒状无结构，疏松；粒间孔隙发达；在交替出现的细砂层有大量的铁锈纹，但尚未形成胶结的磐层；土体中有大量直径 2~5 cm 的卵石，总量约占土体 30%；pH 为 6.1。

皤滩系代表性单个土体物理性质

土层	深度 /cm	砾石（>2mm，体积分数）/%	细土颗粒组成（粒径:mm）/（g/kg）			质地	容重 /（g/cm³）
			砂粒 2~0.05	粉粒 0.05~0.002	黏粒 <0.002		
Ap	0~30	10	815	110	75	壤质砂土	1.13
Cr1	30~75	10	785	140	75	壤质砂土	1.26
Cr2	75~120	30	832	119	49	壤质砂土	1.31

皤滩系代表性单个土体化学性质

深度 /cm	pH		有机质 /（g/kg）	全氮（N） /（g/kg）	全磷（P） /（g/kg）	全钾（K） /（g/kg）	CEC$_7$ /（cmol/kg）	游离铁 /（g/kg）
	H₂O	KCl						
0~30	5.3	4.2	9.4	0.69	0.36	29.0	4.7	12.4
30~75	5.7	4.5	4.7	0.25	0.25	28.9	4.4	13.7
75~120	6.1	4.9	4.4	0.27	0.23	27.9	7.2	12.4

11.5 石灰紫色正常新成土

11.5.1 上林系（Shanglin Series）

土　族：壤质云母混合型热性-石灰紫色正常新成土
拟定者：麻万诸，章明奎

上林系典型景观

分布与环境条件　主要分布于金衢盆地内侧的低山山岗的岗背，以兰溪、东阳、金东、义乌、衢江、龙游、常山等县市区的分布面积居大，嵊州、莲都、缙云、松阳、天台等县市区也有较多分布，母质为石灰性紫色砂岩风化残坡积物，利用方式以旱地和园地为主。属亚热带湿润季风气候区，年均气温约16.5~18.0℃，年均降水量约1610 mm，年均日照时数约2050 h，无霜期约255 d。

土系特征与变幅　诊断层包括淡薄表层；诊断特性包括热性土壤温度状况、湿润土壤水分状况、紫色砂岩岩性特征、石灰性、准石质接触面。该土系分布于石灰性紫砂岩发育区的低丘中上坡，土体浅薄，土层厚度10~30 cm，细土质地为壤土或粉砂壤土。土体基本无层次和结构发育，上下均匀，呈屑粒状或碎角块状，直接覆盖于紫砂岩母岩上，土体具有紫色砂岩岩性特征。地表覆盖较差，植被一般为茅草或稀疏灌木，土体呈中性至微碱性，pH 为 8.0~9.0，具有石灰反应。有机质含量约 10~20 g/kg，CEC$_7$约 20~30 cmol/kg，全氮<0.6 g/kg，有效磷 15~20 mg/kg，速效钾 100~120 mg/kg。

对比土系　佐村系，同一土类不同亚类，佐村系母质为酸性紫砂岩，颗粒更粗，土体为酸性、砂质。芝英系，不同土纲，均分布于石灰性紫砂岩发育的低丘岗地，土体浅薄，有效土层厚度<50 cm，但芝英系已有雏形层，为雏形土。何村系，同一亚类不同土族，所处地形部位、母质来源均相同，土体浅薄，具有石灰反应，但何村系颗粒更细，颗粒大小级别为黏壤质。

利用性能综述　该土系发源于石灰性紫砂岩，矿质养分丰富，吸释热快，昼夜温差较大，利于经济果木生长。目前，该土系是青枣、红心李、青皮糖蔗等水果的重要生产基地，同时也适宜豆类、薯类杂粮的生长。由于地处低丘中上坡或坡顶，灌溉水源相对短缺，再者土体浅薄，结构松散，结持力差，且植被覆盖较差，土体容易遭地表径流侵蚀，土壤养分流失。因此，在利用管理中应注重灌溉设施的配套，并在果地中套种豆科的绿肥植物，以实现涵水增肥和保护水土的多重功效。

参比土种 紫砂土。

代表性单个土体 剖面（编号 33-029）于 2010 年 11 月 4 日采自浙江省衢州市衢江区杜泽镇上林村北，29°04′39.5″N，118°56′35.2″E，海拔 8 m，低丘坡顶，坡度 5°~8°，母质为石灰性紫色砂岩风化残坡积物，园地，植被为杂草，50 cm 深度土温 20.0℃。

上林系代表性单个土体剖面

Ap：0~17 cm，灰红紫色（7.5RP 5/4，润），灰红紫色（7.5RP 5/4，干）；细土质地为壤土，屑粒状结构，疏松；有大量的杂草中、细根系；粒间孔隙发达；pH 为 8.6，土体中有较强的石灰反应；向下层不规则突变过渡。

R：17 cm 以下，紫砂岩母岩，灰紫色（7.5RP 4/3，润），灰红紫色（7.5RP 5/4）。

上林系代表性单个土体物理性质

土层	深度 /cm	砾石（>2mm, 体积分数）/%	细土颗粒组成（粒径:mm）/（g/kg）			质地	容重 /（g/cm³）
			砂粒 2~0.05	粉粒 0.05~0.002	黏粒 <0.002		
Ap	0~17	5	497	376	127	壤土	0.96

上林系代表性单个土体化学性质

深度 /cm	pH		有机质 /（g/kg）	全氮（N）/（g/kg）	全磷（P）/（g/kg）	全钾（K）/（g/kg）	CEC₇ /（cmol/kg）	游离铁 /（g/kg）
	H₂O	KCl						
0~17	8.6	—	12.9	1.21	3.06	29.1	22.9	22.2

11.6　酸性紫色正常新成土

11.6.1　佐村系〔Zuocun Series〕

土　族：粗骨砂质云母混合型热性-酸性紫色正常新成土
拟定者：麻万诸，章明奎

佐村系典型景观

分布与环境条件　主要分布于盆地边缘酸性紫砂岩发育的中低丘斜坡地，以金衢盆地内的金东、东阳以及泗安盆地内的安吉等县市区的分布面积居大，丽水、衢州、宁波、台州等市境内也有少量分布，海拔一般<250 m，坡度15°~25°，母质为酸性紫砂岩风化残坡积物，利用方式以旱地和园地为主。属亚热带湿润季风气候区，年均气温约15.5~17.0℃，年均降水量约1370 mm，年均日照时数约2020 h，无霜期约245 d。

土系特征与变幅　诊断层包括淡薄表层；诊断特性包括热性土壤温度状况、湿润土壤水分状况、紫色砂岩岩性特征、准石质接触面。该土系分布于酸性紫砂岩发育的盆地边缘海拔<250 m的中低丘斜坡地，坡度15°~25°，有效土层厚度30~50 cm，颗粒稍粗，>2 mm的粗骨母岩（紫砂岩）碎屑平均含量约占50%~60%，土体松散无结构，细土质地为砂质壤土，砂粒含量约600~700 g/kg，其中直径2~0.25 mm的粗、中砂粒含量>500 g/kg，土体具有紫色砂岩岩性特征。土体呈酸性，pH约4.5~5.5，CEC_7约5.0~10.0 cmol/kg，盐基饱和度40%~60%，铝饱和度<30%，游离态氧化铁（Fe_2O_3）含量约10~15 g/kg。表土厚度18~25 cm，有机碳约10.0~15.0 g/kg，全氮1.0~1.5 g/kg，有效磷约12~16 mg/kg，速效钾100~120 mg/kg。

BC，厚度20~30 cm，土体松散无结构，颗粒较粗，>2 mm的粗骨母岩（紫色砂岩）碎屑含量约占50%以上，细土质地为砂质壤土，直径2~0.25 mm的中、粗砂粒含量>500 g/kg，pH为4.5~5.5，CEC_7约5.0~10.0 cmol/kg，盐基饱和度40%~60%，铝饱和度<30%。

对比土系　上林系，同一土类不同亚类，上林系母质为石灰性紫砂岩，且颗粒更细，为石灰性、壤质。芝英系，不同土纲，均分布于金衢盆地、新嵊盆地及天台盆地等边缘低丘上，具有紫色砂岩岩性特征，土体松散，颗粒较粗，但芝英系母质为石灰性紫色砂岩，已有雏形层，为雏形土。

利用性能综述　该土系地处低丘中缓坡，发源于酸性紫砂岩母质，土层浅薄，土体松散，孔隙度高，结持性差，土体保水保肥能力极差。该土系当前多为园地或旱作梯地，土体钾素含量较丰富，适合种植李子、桃、梨、板栗等果树以及花生、甘薯等杂粮作物。所处地势相对较高，水源短缺，易受干旱威胁。因土体坡度较大且结持性差，容易形成水土流失。因此，在利用管理中，一是要通过套种箭舌豌豆、三叶草等豆科绿肥作物，保持地表覆盖，固土增肥；二是要建设蓄水、灌溉设施，防止干旱影响。

参比土种 酸性紫砾土。

代表性单个土体 剖面（编号 33-118）于 2012 年 3 月 19 日采自浙江省金华市东阳市佐村镇东陈村，29°22′09.8″N，120°30′20.9″E，海拔 200 m，母质为酸性紫色砂岩风化残坡积物，园地（茶园），50 cm 深度土温 18.4℃。

Ap：0~20 cm，灰棕色（7.5YR 4/2，润），灰棕色（7.5YR 6/2，干）；细土质地为砂质壤土，碎屑状无结构，疏松；有大量茶树中、细根系；无铁锰氧化物等新生体；土体中有较多母岩碎屑，直径 1~2 cm 的砾石约占 15%；pH 为 5.0；向下层平滑渐变过渡。

BC：20~45 cm，灰棕色（5YR 4/2，润），（5YR6/2，干）；细土质地为砂质壤土，碎屑状无结构，疏松；有少量中、粗根系；无铁、锰氧化物等新生体；土体中有大量的母岩碎屑，占土体 50%以上；pH 为 5.0；向下层波状清晰过渡。

佐村系代表性单个土体剖面

R：45 cm 以下，半风化紫砂岩母岩，灰红紫色（5RP 4/4，润），浊红紫色（5RP 5/4）；夹隙中有少量泥土。

佐村系代表性单个土体物理性质

土层	深度/cm	砾石（>2mm，体积分数）/%	细土颗粒组成（粒径:mm）/（g/kg）			质地	容重/（g/cm³）
			砂粒 2~0.05	粉粒 0.05~0.002	黏粒 <0.002		
Ap	0~20	25	670	236	94	砂质壤土	1.07
BC	20~45	55	643	246	111	砂质壤土	1.10

佐村系代表性单个土体化学性质

深度/cm	pH H₂O	pH KCl	有机质/（g/kg）	全氮（N）/（g/kg）	全磷（P）/（g/kg）	全钾（K）/（g/kg）	CEC₇/（cmol/kg）	游离铁/（g/kg）
0~20	5.0	4.2	13.9	1.08	0.32	39.7	6.0	10.1
20~45	5.0	4.2	6.7	0.43	0.18	41.5	8.3	13.4

11.7　石质湿润正常新成土

11.7.1　海溪系（Haixi Series）

土　　族：粗骨质硅质型非酸性热性-石质湿润正常新成土
拟定者：麻万诸，章明奎

海溪系典型景观

分布与环境条件　主要分布于浙南中低丘山垄和岗背地段，以青田、遂昌、云和、松阳 4 个县市的分布面积最大，海拔<500 m，坡度约 15°~25°，母质为粗晶花岗岩风化残坡积物，利用方式以林地为主。属亚热带湿润季风气候区，年均气温约 15.7~18.5℃，年均降水量约 1530 mm，年均日照时数约 1870 h，无霜期约 250 d。

土系特征与变幅　诊断层包括淡薄表层；诊断特性包括热性土壤温度状况、湿润土壤水分状况。该土系地处粗晶花岗岩母质发育的中低丘山垄和岗背，全土体呈松散的屑粒状，无结构发育，结持性极差，结构面无层次分化。土体厚度约 100~150 cm，>2 mm 粗骨石英砂粒平均含量占土体 70%以上，细土质地为壤质砂土或砂质壤土，砂粒含量约 700~800 g/kg，黏粒含量<120 g/kg。土体呈微酸性，pH 约 5.5~6.5，盐基饱和度>70%，铝饱和度<10%，游离态氧化铁（Fe_2O_3）含量 8.0~12.0 g/kg。表土有机质<10 g/kg，全氮<1 g/kg，有效磷约 1~5 mg/kg，速效钾<30 mg/kg。

　　AC，土体松散，无结构发育，>2 mm 的粗骨石英砂粒含量占土体 60%以上，细土质地为壤质砂土或砂质壤土，砂粒含量约 700~800 g/kg，pH 为 5.5~6.0，盐基饱和度>70%，铝饱和度<10%，有机碳<5.0 g/kg。

对比土系　白砂山系，同一亚类但不同土族，发源于石英砂岩风化残坡积物，为粗骨砂质、酸性。

利用性能综述　该土系地处中低丘山垄或岗背，母质为粗晶花岗岩风化残坡积物，粗骨岩石碎屑含量极高，土体松散，结持性差。土体孔隙度偏高，保水保肥性能极差，有机质来源不足且分解快，氮、磷、钾素养分都较为贫瘠。山垄岗背，灌溉水源缺乏。因此，该土系无论是用作林地还是农业耕作都不太适合。在利用上首先需要通过先锋植物进行固土固沙,增加土体的有机物质积累,从而改善土壤结构,逐步实现利用。

参比土种 麻箍砂土。

代表性单个土体 剖面(编号 33-065)于 2011 年 11 月 18 日采自浙江省丽水市青田县海溪乡大麻风堀村,28°24′20.3″N,120°03′55.9″E,海拔 312 m,坡度 15°~20°,母质为粗晶花岗岩风化残坡积物,植被为松树和芒萁等,50 cm 深度土温 19.0℃。

海溪系代表性单个土体剖面

AC:0~10 cm,亮黄棕色(10YR 6/6,润),淡黄橙色(10YR 8/3,干);细土质地为砂质壤土,单粒状无结构,稍疏松;有少量杂草和灌木根系;粒间孔隙发达,直径 2~5 mm 的石英砂粒占土体 60%以上;pH 为 5.6;向下层模糊过渡。

C:10~60 cm,橙色(7.5YR 6/8,润),橙色(7.5YR 7/6,干);细土质地为砂质壤土,单粒状无结构,紧实;粒间孔隙发达;直径 2~5 mm 的石英砂粒占土体 70%以上;pH 为 6.0。

海溪系代表性单个土体物理性质

土层	深度 /cm	砾石 (>2mm,体积分数)/%	细土颗粒组成(粒径:mm)/(g/kg)			质地	容重 /(g/cm³)
			砂粒 2~0.05	粉粒 0.05~0.002	黏粒 <0.002		
AC	0~10	65	786	112	102	砂质壤土	1.40
C	10~60	75	768	148	84	砂质壤土	1.43

海溪系代表性单个土体化学性质

深度 /cm	pH		有机质 /(g/kg)	全氮(N) /(g/kg)	全磷(P) /(g/kg)	全钾(K) /(g/kg)	CEC₇ /(cmol/kg)	游离铁 /(g/kg)
	H₂O	KCl						
0~10	5.6	4.6	6.7	0.43	0.09	26.2	7.8	9.7
10~60	6.0	4.7	2.7	0.20	0.10	22.7	7.3	10.6

11.7.2　铜山源系（Tongshanyuan Series）

土　　族：粗骨壤质硅质型酸性热性-石质湿润正常新成土
拟定者：麻万诸，章明奎

分布与环境条件　主要分布于浙江金华、衢州、台州、温州等市境内的高、中丘陵区的中上坡，海拔 100~400 m，坡度 25°~40°，母质为泥页岩风化物残积物，利用方式为林地。属亚热带湿润季风气候区，年均气温为 15.7~ 18.0℃，年均降水量约 1575 mm，年均日照时数约 2035 h，无霜期约 255 d。

铜山源系典型景观

土系特征与变幅　诊断层包括淡薄表层；诊断特性包括热性土壤温度状况、湿润土壤水分状况。该土系发源于泥页岩母质，地处高中丘的中上坡、陡坡，坡度约 25°~40°。除表层外，下层土体中保留母岩（泥页岩）构造的结构体占到土体的 70%以上，岩隙间有残坡积的泥土，尚未形成明显的雏形层发育。细土质地为黏壤土或粉砂质黏壤土，黏粒含量 300~400 g/kg。全土层呈红棕色，色调 2.5YR~10R，润态明度 4~5，彩度 6~8，游离态氧化铁（Fe_2O_3）含量约 60~80 g/kg，土体呈酸性，pH 为 4.5~5.5，盐基饱和度<50%，铝饱和度 30%~50%。表层有机质 20.0~30.0 g/kg，全氮 1.0~1.5 g/kg，碳氮比（C/N）>12，有效磷<5 mg/kg，速效钾 50~70 mg/kg。

对比土系　张公桥系，同一土族，母质、土体颜色及腐殖质含量等具有明显差异，张公桥系发源于石英砂岩风化物母质，地表枯枝落叶大量覆盖，土体呈黑棕色至暗棕色，色调 10YR，润态明度 2~3，彩度 1~3，表土有机碳含量约 80~100 g/kg。灵龙系，不同土纲，均处低丘陡坡，发源于泥页岩母质，但灵龙系表层之下有厚度 10~20 cm 的雏形层发育，为雏形土。杨家门系，不同土纲，地形位置略低，位于下坡，有效土层深厚，发育更强，出现黏化层，为淋溶土。

利用性能综述　该土系所处地形陡峭，有效土层浅薄，母质为泥页岩风化物，C 层虽然母岩结构体所占比例较大，但乔木类根系仍可穿透，因而宜用作林地。酸性土壤，适宜松林、杉木等针叶林木生长。由于地形坡度大，该土系易遭侵蚀，因而需保持地表有效覆盖以防止水土流失。

参比土种　黄砾泥。

代表性单个土体 剖面（编号 33-031）于 2010 年 11 月 4 日采自浙江省衢州市衢江区杜泽镇铜山源水库坝东北，29°08′25.7″N，118°56′53.7″E，林地，植被为马尾松和芒萁等，海拔 189 m，中丘，坡度 35°左右，母质为泥页岩风化物残坡积物，50 cm 深度土温 19.8℃。

Ah：0~12 cm，红棕色（2.5YR 4/6，润），橙色（2.5YR 6/8，干）；细土质地为粉砂质黏壤土，团块状结构，疏松；有大量的芒萁和灌木中、粗根系；pH 为 4.5；向下层平滑渐变过渡。

C：12~80 cm，红棕色（2.5YR 4/8，润），橙色（2.5YR 6/8，干）；细土质地为黏壤土，稍紧实；有少量的乔木中、粗根系；半风化的泥、页岩与泥土相夹杂，母岩碎屑体占 70%以上；土体中偶见动物孔穴（蚁穴）；pH 为 5.4。

铜山源系代表性单个土体剖面

铜山源系代表性单个土体物理性质

土层	深度 /cm	砾石（>2mm，体积分数）/%	细土颗粒组成（粒径:mm）/（g/kg）			质地	容重 /（g/cm³）
			砂粒 2~0.05	粉粒 0.05~0.002	黏粒 <0.002		
Ah	0~12	10	141	473	386	粉砂质黏壤土	1.11
C	12~80	75	227	472	301	黏壤土	1.56

铜山源系代表性单个土体化学性质

深度 /cm	pH		有机质 /（g/kg）	全氮（N）/（g/kg）	全磷（P）/（g/kg）	全钾（K）/（g/kg）	CEC₇ /（cmol/kg）	游离铁 /（g/kg）
	H₂O	KCl						
0~12	4.5	3.7	26.2	1.26	0.46	7.7	11.4	79.7
12~80	5.4	3.9	7.4	0.43	0.34	11.0	13.8	73.7

11.7.3　张公桥系（Zhanggongqiao Series）

土　　族：粗骨壤质硅质型酸性热性-石质湿润正常新成土
拟定者：麻万诸，章明奎

张公桥系典型景观

分布与环境条件　分布于海拔 500~1000 m 的中、低山的中、上坡，浙江的丽水、温州、台州、宁波、舟山、金华等市境内均有分布，其中以丽水市境内分布面积最大，坡度 35°~45°或更陡，母质为石英砂岩风化残坡积物，植被良好，覆盖度近 100%，多为落叶乔木林地，以青冈等乔木居多，利用现状为林地。属亚热带湿润季风气候区，年均气温 14.0~15.8℃，年均降水量约 1695 mm，年均日照时数约 1885 h，无霜期约 260 d。

土系特征与变幅　诊断层包括暗瘠表层；诊断特性包括热性土壤温度状况、湿润土壤水分状况、盐基饱和度、石质接触面。该土系母质为石英砂岩风化物，土体较为浅薄，有效土层深度约 20~40 cm。土体内>2 mm 的粗骨碎屑含量约占 50%~75%，屑粒状，无结构体发育，细土部分黏粒含量约 200~250 g/kg，砂粒含量约 400~550 g/kg。土体呈强酸性至酸性，pH 约 4.0~5.0，CEC_7 约 15~25 cmol/kg，盐基饱和度<50%，铝饱和度 30%~50%。由于气候潮湿且枯枝落叶富足，地表有枯枝落叶层 2~3 cm，土体有腐殖质大量沉积。表层厚度 10~15 cm，根系盘结，土体呈黑棕色，色调 10YR，润态明度 2~3，彩度 1~3，有机碳含量约 80~100 g/kg。亚表层厚度 20~30 cm，有大量根系，土体呈暗棕色，色调 10YR，润态明度 3~4，彩度 2~3，有机碳含量约 30~50 g/kg。表层与亚表层一起，形成了暗瘠表层。

　　Aho，厚度 10~15 cm，根系盘结，屑粒状无结构，>2 mm 的粗骨屑粒含量占 50%以上，细土质地为砂质黏壤土，土体呈黑棕色，色调 10YR，润态明度 2~3，彩度 1~2，pH 为 4.0~5.0，盐基饱和度<50%，有机碳含量 80~100 g/kg。

对比土系　铜山源系，同一土族，母质、土体颜色及腐殖质含量具有明显差异，铜山源系发源于泥页岩风化物母质，土体呈红棕色，色调 2.5YR~10R，润态明度 4~5，彩度 6~8，表土有机碳含量约 10~20 g/kg。梅石系，同一亚类但不同土族，为非酸性。

利用性能综述　该土系土体浅薄，粗碎屑含量较高，土质疏松，土体内渗水透气性强，同时由于细土中粉粒、黏粒也有较高的含量，因此保肥性能也尚好。在开发利用上，较为适合种植树枝相对矮小的经济果木。保持地表有效覆盖是防止水土和养分流失的最有效途径。由于地表坡度较大，且砾石含量较高，不宜农用。由于碎屑含量高、土体疏松，在地表植被保持不当的情况下，极易造成淋溶土流失，养分淋溶，甚至形成小型的地质灾害。

参比土种　乌石砂土。

代表性单个土体　剖面（编号 33-058）于 2011 年 8 月 11 日采自浙江省丽水市龙泉市锦溪镇张公桥村西北约 50 m 处，28°05′51.4″N，118°53′47.5″E，海拔　570 m，低山上坡，坡度 35°以上，母质为石英砂岩风化残坡积物，林地，多为青冈、马尾松等混生乔木，土体深浅不一，部分地方基岩裸露，50 cm 深度土温 17.8℃。

张公桥系代表性单个土体剖面

Aho：0~10 cm，黑棕色（10YR 3/2，润），灰黄棕色（10YR 4/2，干）；细土质地为砂质黏壤土，单粒状或屑粒状态结构，疏松；大量根系盘结，总量占 25%以上，以细根系和中根系为主，少量粗根系；土体由碎土与石块混合而成，pH 为 4.4；向下层平滑清晰过渡。

ACho：10~30 cm，暗棕色（10YR 3/3，润），浊黄棕色（10YR 4/3，干）；细土质地为壤土，单粒状，无明显的结构体，疏松；有大量粗、中根系，数量占 10%~15%；土体夹杂石块，大小在 1~5 cm，数量在 30%以上，磨圆度较差；pH 为 4.5；向下层波状清晰过渡。

R：30 cm 以下，风化、半风化的基岩。

张公桥系代表性单个土体物理性质

土层	深度 /cm	砾石（>2mm，体积分数）/%	细土颗粒组成（粒径:mm）/（g/kg）			质地	容重 /（g/cm³）
			砂粒 2~0.05	粉粒 0.05~0.002	黏粒 <0.002		
Aho	0~10	70	546	244	210	砂质黏壤土	1.30
ACho	10~30	60	366	391	243	壤土	1.53

张公桥系代表性单个土体化学性质

深度 /cm	pH		有机质 /（g/kg）	全氮（N） /（g/kg）	全磷（P） /（g/kg）	全钾（K） /（g/kg）	CEC₇ /（cmol/kg）	游离铁 /（g/kg）
	H₂O	KCl						
0~10	4.4	3.6	141.7	6.70	7.49	16.5	24.0	18.3
10~30	4.5	3.7	67.8	4.24	0.45	21.1	17.6	20.0

11.8　普通湿润正常新成土

11.8.1　白砂山系（Baishashan Series）

土　族：粗骨砂质硅质型酸性热性-普通湿润正常新成土
拟定者：麻万诸，章明奎

白砂山系典型景观

分布与环境条件　分布在全省各市海拔<200 m 的低丘，以金华、丽水、宁波、温州等市境内的分布面积最大，中坡，坡度 15°~25°，地势起伏，母质为石英砂岩风化残坡积物，利用方式以林地为主。属亚热带湿润季风气候区，年均气温约 15.5~18.0℃，年均降水量约 1385 mm，年均日照时数约 2035 h，无霜期约 235 d。

土系特征与变幅　诊断层包括淡薄表层；诊断特性包括热性土壤温度状况、湿润土壤水分状况。该土系分布于低丘中坡，地势起伏稍大，母质为石英砂岩风化残坡积物。土体颗粒较粗，无明显的结构发育和层次分化，土体中>2 mm 的粗骨屑粒平均含量约 25%~30%，细土质地为壤质砂土或砂质壤土，砂粒含量约 600~800 g/kg。土体呈黄橙色至亮黄橙色，色调 7.5YR~10YR，游离态氧化铁（Fe_2O_3）含量<10.0 g/kg，呈酸性，pH（H_2O）约 4.5~5.0，盐基饱和度约 30%~50%。全土体无明显的腐殖质淀积，表土有机碳约 2.0~5.0 g/kg，全氮含量<1.0 g/kg，有效磷<5 mg/kg，速效钾 40~60 mg/kg。

对比土系　海溪系，同一亚类不同土族，均分布于丘陵中陡坡，景观特征相似，土体粗骨屑粒含量高，砂性强，无结构发育，但海溪系发源于粗晶花岗岩风化残坡积物，颗粒更粗，粗骨屑粒含量>75%，中、粗砂含量约 550~600 g/kg，颗粒大小级别为粗骨质，且为非酸性。

利用性能综述　该土系分布于低丘中坡，坡度较大，且地表植被覆盖度较差，为稀疏杂草和落叶小灌木。由于质地较粗，土体干旱坚硬，遇水容易松散，易因地表径流冲刷而形成沟壑，产生水土流失。水源短缺，土体养分贫瘠且涵水保肥性能都较差。在改良利用上，宜增加地表植被覆盖，从而提升土体的水肥保蓄能力，增加有机物质的投入以提升地力和改善土体结构。

参比土种　石砂土。

代表性单个土体 剖面（编号 33-002）于 2009 年 12 月 7 日采自浙江省杭州市西湖区转塘镇中村，30°09′41.9″N，120°02′35.0″E，低丘中坡，小地形坡度约 15°~25°，海拔 40 m，母质为石英砂岩风化残坡积物，海拔 40 m，植被稀疏，50 cm 深度土温 19.2℃。

AC：0~10 cm，黄橙色（10YR 8/6，润），浅淡黄橙色（10YR 8/3，干）；细土质地为壤质砂土，单粒状无结构，疏松；有少量杂草、灌木根系；>2 mm 的石英砂粒约占土体 30%；pH 为 4.7；向下层波状渐变过渡。

C1：10~52 cm，黄橙色（10YR 8/6，润），浅淡黄橙色（10YR 8/4，干）；细土质地为砂质壤土，单粒状无结构，较紧实；无根系；>2 mm 的石英砂粒约占土体 25%；pH 为 4.8；向下层平滑模糊过渡。

C2：52~120 cm，亮黄棕色（10YR 6/8，润），亮黄棕色（10YR 8/4，干）；细土质地为砂质壤土，单粒状无结构，紧实；>2 mm 的石英砂粒约占土体 25%；pH 为 4.7。

白砂山系代表性单个土体剖面

白砂山系代表性单个土体物理性质

| 土层 | 深度 /cm | 砾石（>2mm，体积分数）/% | 细土颗粒组成（粒径:mm）/（g/kg） | | | 质地 | 容重 /（g/cm³） |
			砂粒 2~0.05	粉粒 0.05~0.002	黏粒 <0.002		
AC	0~10	30	800	104	96	壤质砂土	1.27
C1	10~52	25	738	161	101	砂质壤土	1.27
C2	52~120	25	604	235	161	砂质壤土	1.26

白砂山系代表性单个土体化学性质

| 深度 /cm | pH | | 有机质 /（g/kg） | 全氮（N） /（g/kg） | 全磷（P） /（g/kg） | 全钾（K） /（g/kg） | CEC$_7$ /（cmol/kg） | 游离铁 /（g/kg） |
	H$_2$O	KCl						
0~10	4.7	3.7	3.8	0.20	0.18	36.9	5.0	4.1
10~52	4.8	3.7	3.6	0.21	0.23	30.7	6.0	5.4
52~120	4.7	3.6	3.6	0.14	0.27	28.4	7.0	9.2

参 考 文 献

安玲玲, 吕晓男, 麻万诸, 等. 2014. 浙江省土壤有机碳密度与储量的初步研究. 浙江农业学报, 26(1): 148-153.

陈志诚, 龚子同, 张甘霖, 等. 2004. 不同尺度的中国土壤系统分类参比. 土壤, 36(6): 584-595.

龚子同, 陈志诚. 1999. 中国土壤系统分类: 理论·方法·实践. 北京: 科学出版社.

龚子同, 陈志诚. 等. 1999. 中国土壤系统分类参比. 土壤, 31(2): 57-63.

龚子同, 张甘霖, 陈志诚, 等. 2002. 以中国土壤系统分类为基础的土壤参比. 土壤通报, 33(1): 1-5.

龚子同, 张甘霖. 2006. 中国土壤系统分类: 我国土壤分类从定性向定量的跨越. 中国科学基金, 20(5): 293-296.

胡宏祥, 於忠祥, 汪景宽, 等. 2002. 2 种土壤分类体系的比较及其展望. 安徽农业科学, 30(5): 670-672.

《湖州土壤》编委会, 湖州市农业局. 1995. 湖州土壤. 杭州: 浙江科学技术出版社.

黄金良, 陈健飞, 陈松林, 等. 2002. GIS 在土系数据库建立中的应用. 福建师范大学学报(自然科学版), 18(2): 94-98.

嘉兴市土壤志(图)编委会, 嘉兴市农业林局. 1991. 嘉兴土壤. 杭州: 浙江科学技术出版社.

刘丽君. 2012. 浙西(杭州和衢州)低丘土壤发生特性和系统分类研究. 杭州: 浙江大学.

麻万诸. 2011. 浙江省耕地肥力现状及管理对策. 临安: 浙江农林大学.

麻万诸, 章明奎, 吕晓男. 2012. 衢县白水畈农业科技示范园区土壤肥力状况探讨. 浙江农业学报, 13(5): 55-59.

麻万诸, 章明奎, 吕晓男. 2012. 浙江省耕地土壤氮磷钾现状分析. 浙江大学学报(农业与生命科学版), 38(1): 71-80.

《衢州土壤》编委会, 衢州市农业局. 1994. 衢州土壤. 杭州: 浙江科学技术出版社.

孙向阳. 2005. 土壤学. 北京: 中国林业出版社.

王深法, 王人潮. 1989. 成土母质的概念及其分类: 浙江省成土母质类型划分. 浙江农业大学学报, 15(4): 389-395.

王晓旭, 黄佳鸣, 章明奎. 2102. 浙江省水耕人为土主要肥力指标状况及其演变. 浙江大学学报(农业与生命科学版), 38(4): 429-437.

王晓旭, 麻万诸, 章明奎. 2013. 浙江省典型土壤的发生学性质与系统分类研究. 土壤通报, 44 (5): 1025-1034.

王晓旭. 2013. 浙江省典型土壤的发生学性质与系统分类研究. 杭州: 浙江大学.

魏孝孚. 1999. 浙江省水耕人为土鉴别特性及系统分类研究. 土壤通报, (S1): 45-49.

魏孝孚, 冯志高, 徐祖祥. 1985. 浙江省土壤分类系统初拟. 浙江农业科学, (2): 51-55.

魏孝孚, 冯志高, 徐祖祥. 1987. 浙江省水稻土发生和分类的研究. 浙江农业科学, (2): 69-73.

魏孝孚, 章明奎, 厉仁安. 2001. 浙江衢县样区土系的划分. 土壤, 33(1): 26-31.

吴崇书, 谢国雄, 章明奎. 2014. 水田改旱后土壤供氮能力的变化研究. 现代农业科技, (13): 239-240.

席承藩. 1994. 土壤分类学. 北京: 中国农业出版社.

杨东伟, 徐秋桐, 章明奎. 2014. 水田改雷竹林后土壤发生学性质和土壤类型的演变. 土壤通报, (4): 777-782.

叶仲节, 柴锡周. 1986. 浙江林业土壤. 杭州: 浙江科学技术出版社.

张凤荣, 马步洲, 李连捷. 1992. 土壤发生与分类学. 北京: 北京大学出版社.

张甘霖. 1999. 中国土壤系统分类研究最新进展. 神州学人, (10): 44.

张甘霖. 2001. 土系研究与制图表达. 合肥: 中国科学技术大学出版社.

张甘霖, 龚子同. 2012. 土壤调查实验室分析方法. 北京: 科学出版社.

张甘霖, 史学正, 黄标. 2012. 土壤地理研究回顾与展望: 祝贺龚子同先生从事土壤地理研究 60 年. 北京: 科学出版社.

张甘霖, 王秋兵, 张凤荣, 等. 2013. 中国土壤系统分类土族和土系划分标准. 土壤学报, 50(4): 826-834.

张慧智, 史学正, 于东升, 等. 2009. 中国土壤湿度的季节性变化及其区域分异研究. 土壤学报, 46(2): 227-234.

张建根, 刘学芹, 宋胜虎. 2006. 浅析颗粒分析中比重计读数校正. 岩土工程界, 9(7): 31-32.

张琴. 2008. 地质学基础. 北京: 石油工业出版社.

张天雨. 2011. 浙江省金衢盆地典型土系数据库的建设与应用. 金华: 浙江师范大学.

张天雨, 吕晓男, 麻万诸. 2010. 浙江省金衢盆地土系数据库建设. 农业网络信息, (7): 55-57.

张学雷, 张甘霖, 龚子同. 1999. 土壤基层分类样区土系数据库的建立与应用研究. 土壤通报, (S1): 29-31.

章明奎. 2000. 杭州市之江组网纹红土的矿物学特性. 浙江大学学报(农业与生命科学版), 26(1): 22-24.

章明奎, Wils M J. 1998. 红壤中高岭类矿物的鉴定. 土壤, 30(2): 106-110.

章明奎, Wilson M J, 何振立, 等. 1999. 浙江省三种红、紫色砂页岩发育土壤的矿物学研究. 土壤学报, (3): 308-317.

章明奎. 1996. 浙南变质岩发育土壤中氧化铁组成及其发生学意义. 科技通报, 12(1): 54-58.

章明奎. 2011. 土壤地理学与土壤调查技术. 北京: 中国农业科学技术出版社.

章明奎, 何振兴. 1998. 浙江省山地丘陵主要土壤的粘粒矿物研究. 浙江农业学报, 10(4): 201-205.

章明奎, 胡国成. 2000. 浙西石灰岩发育土壤中氧化铁矿物组成及特性的研究. 土壤, 32(1): 38-42.

章明奎, 厉仁安. 1999. 中国土壤系统分类在浙江省平原旱地土壤分类中的应用. 土壤, 31(4): 190-196.

章明奎, 厉仁安. 2001. 金衢盆地红色和紫色砂页岩发育土壤的特征和分类. 土壤, 33 (1): 52-56.

章明奎, 魏孝孚, 厉仁安. 2000. 浙江省土系概论. 北京: 中国农业科学技术出版社.

浙江省杭州市土壤普查办公室. 1991. 杭州土壤. 杭州: 浙江科学技术出版社.

浙江省金华市土壤肥料工作站. 1989. 金华市土壤. 上海: 上海交通大学出版社.

浙江省丽水地区农业局. 1989. 丽水土壤. 上海: 上海科学技术出版社.

浙江省宁波市土壤普查办公室. 1987. 宁波土壤.

浙江省绍兴市土壤肥料工作站. 1991. 绍兴市土壤. 上海: 上海科学技术出版社.

浙江省台州地区农业局. 1987. 台州土壤.

浙江省土壤普查办公室. 1993. 浙江土种志. 杭州: 浙江科学技术出版社.

浙江省土壤普查办公室. 1994. 浙江土壤. 杭州: 浙江科学技术出版社.

浙江省温州市土壤普查办公室, 浙江省温州市农业技术推广中心. 1991. 温州土壤. 杭州: 浙江科学技术出版社.

浙江省舟山市农林局. 1993. 舟山土壤.

中国科学院南京土壤研究所土壤系统分类课题组, 中国土壤系统分类课题研究协作组. 2011. 中国土壤系统分类检索. 3 版. 北京: 中国科学技术出版社 .

中国科学院南京土壤研究所土壤系统分类课题组. 2004. 关于土壤系统分类中一些诊断层的鉴别. 土壤, 36 (2): 126-131.

Pellant C. 2007. 岩石与矿物. 谷祖纲, 李桂兰译. 北京: 中国友谊出版公司.

Elrashidi M A, West L T, Seybold C A, et al. 2010. Application of soil survey to assess the effects of land management practices on soil and water quality // United States Department of Agriculture, Natural Resources Conservation Service, National Soil Survey Center. Soil Survey Investigations Report No. 52.

United States Department of Agriculture. 2002. Soil Survey Manual. Stockton : University Press of the Pacific.

United States Department of Agriculture. 2010. Keys to Soil Taxonomy. Stockton : University Press of the Pacific.

United States Department of Agriculture. 2015. Soil Survey Laboratory Information Manual. https: //www. lulu. com/

附录 浙江省土系与土种参比表

序号	土系名称	土族名称	土种名称
1	罗塘里系	粗骨壤质硅质混合型石灰性热性-铁聚潜育水耕人为土	烂泥田
2	龙港系	黏壤质云母混合型非酸性热性-铁聚潜育水耕人为土	青紫塥粘田
3	十源系	粗骨砂质硅质混合型酸性温性-普通潜育水耕人为土	烂浸田
4	东溪系	粗骨壤质硅质混合型酸性温性-普通潜育水耕人为土	烂灰田
5	大塘坑系	砂质硅质混合型非酸性热性-普通潜育水耕人为土	棕泥砂田
6	阮市系	黏壤质云母混合型非酸性热性-普通潜育水耕人为土	烂青泥田
7	崇福系	黏壤质云母混合型非酸性热性-普通潜育水耕人为土	烂青紫泥田
8	贺田畈系	黏壤质硅质混合型非酸性热性-普通铁渗水耕人为土	白泥田
9	陆埠系	壤质硅质混合型非酸性热性-普通铁渗水耕人为土	白粉泥田
10	西旸系	壤质硅质混合型非酸性热性-普通铁渗水耕人为土	黄泥田
11	陶朱系	黏质高岭石型非酸性热性-底潜铁聚水耕人为土	黄筋泥田
12	张家圩系	黏壤质云母混合型非酸性热性-底潜铁聚水耕人为土	黄斑青紫泥田
13	古山头系	粗骨砂质硅质型非酸性热性-普通铁聚水耕人为土	焦砾塥泥砂田
14	大洲系	粗骨壤质硅质型酸性热性-普通铁聚水耕人为土	黄泥砂田
15	草塔系	粗骨壤质硅质混合型非酸性热性-普通铁聚水耕人为土	泥砂田
16	双黄系	砂质硅质混合型酸性热性-普通铁聚水耕人为土	砂性黄泥田
17	西周系	砂质硅质混合型酸性热性-普通铁聚水耕人为土	洪积泥砂田
18	白塔系	砂质硅质混合型酸性热性-普通铁聚水耕人为土	砂心泥质田
19	楠溪江系	砂质硅质混合型非酸性热性-普通铁聚水耕人为土	江涂砂田
20	大官塘系	砂质硅质混合型非酸性热性-普通铁聚水耕人为土	黄粉泥田
21	仙稔系	黏壤质云母混合型非酸性热性-普通铁聚水耕人为土	酸性紫泥田
22	锦溪系	黏壤质硅质混合型酸性热性-普通铁聚水耕人为土	红松泥田
23	东溪口系	黏壤质硅质混合型非酸性温性-普通铁聚水耕人为土	山黄泥田
24	皇塘畈系	黏壤质硅质混合型非酸性热性-普通铁聚水耕人为土	老黄筋泥田
25	雉城系	黏壤质硅质混合型非酸性热性-普通铁聚水耕人为土	汀煞白土田
26	崇头系	壤质硅质混合型非酸性温性-普通铁聚水耕人为土	山黄泥砂田
27	塘沿系	壤质硅质混合型非酸性热性-普通铁聚水耕人为土	黄大泥田
28	章家系	壤质硅质混合型非酸性热性-普通铁聚水耕人为土	砾底泥质田
29	吕家头系	壤质硅质混合型非酸性热性-普通铁聚水耕人为土	黄油泥田
30	希松系	壤质硅质混合型非酸性热性-普通铁聚水耕人为土	泥质田
31	梅源系	壤质硅质混合型非酸性热性-普通铁聚水耕人为土	红泥田

　中国土系志·浙江卷

序号	土系名称	土族名称	土种名称
32	鹤城系	壤质硅质混合型非酸性热性-普通铁聚水耕人为土	焦砾塥红泥田
33	丹城系	壤质硅质混合型非酸性热性-普通铁聚水耕人为土	老淡涂泥田
34	林城系	壤质硅质混合型非酸性热性-普通铁聚水耕人为土	棕粉泥田
35	下方系	壤质盖粗骨砂质硅质混合型盖硅质型非酸性热性-普通铁聚水耕人为土	焦砾塥洪积泥砂田
36	西江系	粗骨壤质硅质混合型非酸性热性-漂白简育水耕人为土	砾心泥质田
37	虎啸系	黏壤质云母混合型非酸性热性-底潜简育水耕人为土	壤质加土田
38	浮澜桥系	黏壤质云母混合型非酸性热性-底潜简育水耕人为土	泥炭心黄斑田
39	诸家滩系	壤质云母混合型非酸性热性-底潜简育水耕人为土	青紫泥田
40	联丰系	壤质硅质混合型非酸性热性-底潜简育水耕人为土	粉质加土田
41	西塘系	黏壤质云母混合型非酸性热性-普通简育水耕人为土	泥炭心青紫泥田
42	环渚系	黏壤质云母混合型非酸性热性-普通简育水耕人为土	腐心白土田
43	江瑶系	黏壤质云母混合型非酸性热性-普通简育水耕人为土	红紫砂田
44	长街系	黏壤质云母混合型非酸性热性-普通简育水耕人为土	砂胶淡涂黏田
45	八丈亭系	黏壤质云母混合型非酸性热性-普通简育水耕人为土	红紫泥田
46	长地系	黏壤质混合型非酸性热性-普通简育水耕人为土	棕泥田
47	下井系	壤质云母混合型非酸性热性-普通简育水耕人为土	白底紫大泥田
48	凤桥系	壤质硅质混合型石灰性热性-普通简育水耕人为土	钙质黄斑田
49	干窑系	壤质硅质混合型非酸性热性-普通简育水耕人为土	黄斑田
50	朗霞系	壤质硅质混合型非酸性热性-普通简育水耕人为土	黄斑田
51	长潭系	壤质硅质混合型非酸性热性-普通简育水耕人为土	青紫心黄泥砂田
52	全塘系	壤质硅质混合型非酸性热性-普通简育水耕人为土	淡涂泥田
53	斜桥系	壤质硅质混合型非酸性热性-普通简育水耕人为土	黄砂墡田
54	五丈岩系	壤质混合型非酸性热性-普通简育水耕人为土	棕大泥田
55	郑家系	砂质硅质型非酸性热性-斑纹肥熟旱耕人为土	培泥沙土
56	八里店系	壤质硅质混合型酸性热性-酸性泥垫旱耕人为土	壤质堆叠土
57	越溪系	黏质伊利石混合型石灰性热性-海积潮湿正常盐成土	黏涂
58	涂茨系	黏壤质云母混合型石灰性热性-海积潮湿正常盐成土	泥涂
59	大明山系	壤质硅质混合型酸性温性-普通简育滞水潜育土	山草甸土
60	着树山系	黏壤质混合型非酸性热性-斑纹黏化湿润均腐土	棕泥土
61	天荒坪系	粗骨壤质硅质混合型非酸性热性-普通简育湿润均腐土	灰泥土
62	九渊系	黏壤质硅质混合型酸性热性-盐基黏化湿润富铁土	红松泥（耕作型）
63	黄金垄系	黏质高岭石型酸性热性-普通黏化湿润富铁土	（红色）黄筋泥
64	大公殿系	黏壤质硅质混合型酸性热性-普通黏化湿润富铁土	黄筋泥
65	梵村系	黏壤质硅质混合型酸性热性-斑纹简育湿润富铁土	黄筋泥

序号	土系名称	土族名称	土种名称
66	上山铺系	壤质硅质混合型酸性温性-腐殖铝质湿润淋溶土	山黄泥土
67	云栖寺系	粗骨壤质硅质酸性热性-黄色铝质湿润淋溶土	黄泥砂土
68	凉棚岙系	粗骨壤质硅质混合型酸性热性-黄色铝质湿润淋溶土	砾石黄泥土
69	百公岭系	黏壤质硅质混合型酸性热性-黄色铝质湿润淋溶土	亚黄筋泥
70	岛石系	壤质硅质混合型酸性热性-黄色铝质湿润淋溶土	黄泥砂土
71	石煤岭系	粗骨壤质硅质酸性热性-普通铝质湿润淋溶土	红泥砂土
72	金瓜垄系	砂质云母混合型酸性热性-普通铝质湿润淋溶土	酸性紫砂土
73	杨家门系	黏质高岭石混合型酸性热性-普通铝质湿润淋溶土	黄红泥土
74	转塘系	黏壤质硅质混合型酸性热性-普通铝质湿润淋溶土	砂粘质红泥
75	中村系	黏壤质硅质混合型酸性热性-普通铝质湿润淋溶土	（黄色）黄筋泥
76	鸡笼山系	黏壤质硅质混合型热性-铝质酸性湿润淋溶土	油黄泥
77	八叠系	壤质硅质混合型热性-铝质酸性湿润淋溶土	黄泥土
78	方溪系	黏质高岭石混合型热性-红色酸性湿润淋溶土	红砾黏
79	茶院系	黏质高岭石混合型热性-铁质酸性湿润淋溶土	黄黏泥
80	上天竺系	黏壤质硅质混合型酸性热性-红色铁质湿润淋溶土	油红泥
81	下天竺系	黏壤质硅质混合型酸性热性-红色铁质湿润淋溶土	油红泥
82	寮顶系	黏壤质硅质混合型非酸性热性-红色铁质湿润淋溶土	棕红泥
83	师姑岗系	黏壤质硅质混合型酸性热性-普通铁质湿润淋溶土	亚棕黄筋泥
84	东屏系	壤质硅质混合型非酸性热性-普通铁质湿润淋溶土	棕红泥砂土
85	亭旁系	砂质硅质混合型酸性热性-普通简育湿润淋溶土	红泥砂土
86	平桥系	黏壤质云母混合型非酸性热性-普通简育湿润淋溶土	紫泥土
87	滨海系	壤质硅质混合型石灰性热性-弱盐淡色潮湿雏形土	涂泥
88	浦坝系	壤质硅质混合型石灰性热性-弱盐淡色潮湿雏形土	中咸泥
89	肥艚系	黏壤质云母混合型热性-石灰淡色潮湿雏形土	淡涂黏
90	东海塘系	黏壤质云母混合型热性-石灰淡色潮湿雏形土	中咸黏
91	崧厦系	壤质硅质混合型热性-石灰淡色潮湿雏形土	江涂泥
92	杭湾系	壤质硅质混合型热性-石灰淡色潮湿雏形土	盐白地
93	澥浦系	壤质硅质混合型热性-石灰淡色潮湿雏形土	轻咸泥
94	下渚湖系	壤质云母混合型酸性热性-酸性淡色潮湿雏形土	潮泥土
95	莲花系	砂质盖粗骨砂质硅质混合型盖硅质型热性-酸性淡色潮湿雏形土	砾心培泥砂土
96	浦岙系	粗骨砂质硅质型非酸性热性-普通淡色潮湿雏形土	洪积泥砂土
97	千步塘系	黏壤质云母混合型石灰性热性-普通淡色潮湿雏形土	淡涂黏
98	丁栅系	黏壤质云母混合型非酸性热性-普通淡色潮湿雏形土	潮泥土
99	宗汉系	壤质硅质混合型石灰性热性-普通淡色潮湿雏形土	黄泥翘

序号	土系名称	土族名称	土种名称
100	江湾系	壤质硅质混合型石灰性热性-普通淡色潮湿雏形土	江涂砂
101	大钱系	壤质硅质混合型非酸性热性-普通淡色潮湿雏形土	潮松土（壤质湖泥土）
102	天堂山系	砂质硅质混合型酸性温性-腐殖铝质常湿雏形土	山草甸土
103	东天目系	壤质硅质混合型酸性温性-腐殖铝质常湿雏形土	山黄泥土
104	西天目系	壤质硅质混合型酸性温性-腐殖铝质常湿雏形土	山黄泥土
105	黄源系	壤质硅质混合型酸性温性-腐殖铝质常湿雏形土	山黄泥土
106	仰坑系	砂质硅质型温性-铝质酸性常湿雏形土	山黄泥砂土
107	南田系	粗骨砂质硅质混合型温性-普通酸性常湿雏形土	山香灰土
108	竹坞系	粗骨壤质硅质混合型非酸性热性-石质钙质湿润雏形土	黑油泥
109	龙井系	黏壤质硅质混合型非酸性热性-棕色钙质湿润雏形土	油黄泥
110	芝英系	粗骨砂质云母混合型热性-酸性紫色湿润雏形土	红紫砂土
111	高坪系	壤质云母混合型温性-酸性紫色湿润雏形土	酸性山紫砂土
112	上塘系	砂质云母混合型非酸性热性-普通紫色湿润雏形土	红紫砂土
113	杜泽系	黏壤质硅质混合型酸性热性-表蚀铝质湿润雏形土	黄泥骨
114	上坪系	粗骨砂质硅质型酸性热性-黄色铝质湿润雏形土	黄泥砂土
115	梅家坞系	壤质硅质型酸性热性-黄色铝质湿润雏形土	黄泥砂土
116	宝石山系	壤质硅质混合型酸性热性-黄色铝质湿润雏形土	黄泥土
117	陈婆岙系	壤质硅质混合型酸性热性-黄色铝质湿润雏形土	红粉泥土
118	大茶园系	黏壤质硅质混合型酸性热性-普通铝质湿润雏形土	红泥土
119	新茶系	黏壤质硅质混合型酸性热性-普通铝质湿润雏形土	红松泥
120	上甘系	黏壤质硅质混合型非酸性热性-普通铝质湿润雏形土	油黄泥
121	灵龙系	粗骨壤质硅质混合型酸性热性-红色铁质湿润雏形土	薄层黄红泥土
122	沙溪系	粗骨壤质硅质混合型酸性热性-红色铁质湿润雏形土	砂粘质红泥
123	灵壮山系	粗骨壤质硅质混合型酸性热性-红色铁质湿润雏形土	红砾泥
124	大市聚系	黏质高岭石混合型酸性热性-红色铁质湿润雏形土	红粘泥
125	赤寿系	壤质硅质混合型酸性热性-红色铁质湿润雏形土	褐斑黄筋泥
126	杨家埠系	壤质硅质混合型非酸性热性-红色铁质湿润雏形土	亚棕黄筋泥
127	剡湖系	极黏质高岭石混合型非酸性热性-暗沃铁质湿润雏形土	硅藻白土
128	卓山系	粗骨壤质硅质混合型酸性热性-普通铁质湿润雏形土	白岩砂土
129	罗塘系	壤质硅质混合型非酸性热性-普通铁质湿润雏形土	黄红泥土
130	大溪系	粗骨壤质硅质混合型热性-腐殖酸性湿润雏形土	黑黄泥土
131	许家山系	砂质硅质混合型热性-腐殖酸性湿润雏形土	黄泥砂土
132	庵东系	砂质硅质混合型热性-斑纹淤积人为新成土	夜阴土
133	盖北系	砂质硅质混合型石灰性热性-潜育潮湿冲积新成土	砂涂

序号	土系名称	土族名称	土种名称
134	娥江口系	砂质硅质混合型热性-石灰潮湿冲积新成土	中咸砂
135	沥海系	砂质硅质混合型热性-石灰潮湿冲积新成土	轻咸砂
136	西塘桥系	壤质硅质混合型热性-石灰潮湿冲积新成土	粗粉砂涂
137	岩坦系	砂质硅质型非酸性热性-普通潮湿冲积新成土	卵石清水砂
138	皤滩系	砂质硅质型非酸性热性-普通潮湿冲积新成土	砾心培泥砂土
139	上林系	壤质云母混合型热性-石灰紫色正常新成土	紫砂土
140	佐村系	粗骨砂质云母混合型热性-酸性紫色正常新成土	酸性紫砾土
141	海溪系	粗骨质硅质型非酸性热性-石质湿润正常新成土	麻箍砂土
142	铜山源系	粗骨壤质硅质型酸性热性-石质湿润正常新成土	黄砾泥
143	张公桥系	粗骨壤质硅质型酸性热性-石质湿润正常新成土	乌石砂土
144	白砂山系	粗骨砂质硅质型酸性热性-普通湿润正常新成土	石砂土

(P-2985.01)

ISBN 978-7-03-051457-8

9 787030 514578 >

定价：198.00 元